W0269391

Fumio Inaba

Optische Computer

Deutsche Bearbeitung von P. Slowig

Mit 208 Abbildungen

Springer-Verlag Berlin Heidelberg GmbH

Fumio Inaba
c/o Ohmsha Ltd.
3-1 Kanda Nishiki-cho
Chiyoda-ku
Tokyo 101
Japan

Dr. sc. techn. Peter Slowig
W.-Koenen-Straße 25
O-1153 Berlin

Die japanische Originalausgabe erschien
1985 unter dem Titel „Hikari Konpyuta".
herausgegeben von Fumio Inaba,
im Verlag Ohmsha Ltd., Tokyo, Japan
Die Übersetzungsrechte sind mit Ohmsha, Ltd. vereinbart.

Die Deutsche Bibliothek – CIP-Einheitsaufnahme
Optische Computer / Fumio Inaba.
Berlin ; Heidelberg ; New York ; London ; Paris ; Tokyo ; Hong Kong ; Barcelona ; Budapest :
Springer, 1992
   ISBN 978-3-662-01139-3   ISBN 978-3-662-01138-6 (eBook)
   DOI 10.1007/978-3-662-01138-6
NE: Inaba, Fumio [Hrsg.]

Ursprünglich erschienen bei Springer-Verlag Berlin Heidelberg New York 1992
Softcover reprint of the hardcover 1st edition 1992

Satz: Reproduktionsfertige Vorlage vom Autor
Umschlaggestaltung: K. Lubina, Schöneiche

68/3020 5 4 3 2 1 0 – Gedruckt auf säurefreiem Papier

Vorwort

Die epochemachende Entwicklung der Lasertheorie und -technologie in den letzten 25 Jahren sowie die Glasfasertechnik, die in diesem Zusammenhang bedeutende Fortschritte machte, erbrachte auf einem neuen wissenschaftlich-technischen Gebiet einen Durchbruch, der von der Elektronik, die lediglich Licht aufnimmt, zu einer Elektronik führte, die auf dem Licht beruht, d.h., das Licht als grundlegendes Medium zur Informationserfassung, zu Messung, Übertragung, Austausch, Verarbeitung, Speicherung und Steuerung verwendet. Die Optoelektronik hat große Auswirkungen auf eine Vielzahl von Gebieten der Hochtechnologie wie die Halbleitertechnik, die Techologie zur Entwicklung neuer Werkstoffe und die Bildverarbeitung. Um den vielfältigen Bedürfnissen einer hochtechnisierten Gesellschaft in den verschiedensten Bereichen wie Information, Energiewirtschaft, Rohstoffsuche, Bereitstellung von Nahrungsmitteln, Medizin, Sozialfürsorge usw. zu entsprechen, müssen umfangreiche technologische Fortschritte erzielt werden. Angestrebt wird eine Schlüsseltechnologie, die qualitativ und quantitativ der Mikroelektronik ebenbürtig sein muß. Es wird erwartet, daß die Optoelektronik für die zukünftige Entwicklung der Gesellschaft als fortgeschrittenste Technologie einen äußerst starken Einfluß ausübt. Sie nutzt die größten Vorzüge des Lichtes, dessen hohe Geschwindigkeit und die räumliche Parallelität, wobei die Hoffnung besteht, eine vierdimensionale Steuerung in Zeit und Raum zu ermöglichen sowie eine eigenständige Hard- und Software zu entwickeln.

Der optische Computer benötigt für seine praktische Realisierung noch viel Zeit, wobei selbst sein Grundkonzept noch fließend ist; attraktiv ist er durch die potentielle Nutzung seiner latenten Möglichkeiten. Bisher wurden aber nicht einmal alle für seine endgültige Realisierung erforderlichen Grundlagen entwickelt sowie das Entwurfskonzept praktisch überprüft. Seine Abgrenzung zum elektronischen Computer und der Nachweis seiner Überlegenheit über diesen sind weitere zukünftige Aufgaben. Seine Architektur ist noch von einem dichten Schleier umgeben, der nur durch umfangreiche Anstrengungen in Forschung und Entwicklung beseitigt werden kann. Man kann aber davon ausgehen, daß noch nicht abschätzbare umfassende Folgeeffekte sich einstellen werden, wenn vom sporadischen Abtasten der Möglichkeiten zu kontinuierlicher Forschung übergegangen wird.

Die Anregung für das vorliegende Buch geht auf das 19. Symposium "Architektur optischer Computer" zurück, das unter der Schirmherrschaft des Forschungsinstitutes für Elektronische Kommunikation der Tohoku-Universität im

März 1983 durchgeführt wurde. Es erfüllt den Wunsch und die Erwartung der Teilnehmer, deren Anzahl weit über das erwartete Maß hinausging. Es wurden 31 Spezialisten der auf dem Symposium vertretenen Gebiete gewonnen. Mit der Herausgabe des Buches findet das Anliegen des Symposiums seine Fortsetzung. Es wurden Spezialisten um Beiträge gebeten, die sich auf dem noch wenig erfaßten Gebiet des optischen Computers besonders verdient gemacht haben. Es wird ein Überblick über den Stand und die Perspektiven der ultraschnellen digitalen Rechentechnik gegeben, die die Parallelverarbeitung beinhaltet, die in der nächsten Rechnergeneration eine große Rolle spielt, weiterhin über superschnelle digitale Halbleiterbauelemente, Supraleitungscomputer und Bauelemente, die auf der Steuerung der Quantenzustände beruhen. Bedeutende Persönlichkeiten der japanischen Elektronik- und Informationsindustrie sowie japanischer Forschungseinrichtungen wurden gebeten, ohne Vorbehalte ihre individuellen Meinungen und Ansichten zu äußern.

Bisher gibt es wohl noch kein Buch, das sich mit optischen Computern befaßt. Daher wurden die Autoren gebeten, sich in ihren Erläuterungen möglichst einfach zu halten und neueste Erkenntnisse von Forschung und Entwicklung zu beschreiben, die einen grundlegenden Beitrag auf dem gewiß noch langen und beschwerlichen Weg zum optischen Computer liefern. Lassen sich aus dem vorliegenden Buch wenn auch nur im geringen Umfang neue Anregungen gegenüber den bisherigen Veröffentlichungen entnehmen, so wäre dies für alle Autoren ein äußerst glücklicher Umstand.

Während der Vorbereitungen zum Abfassen dieses Buches verschieden der Direktor des Instituts für Optik sowie Direktor des Vereins für technische Untersuchungen über den praktischen Einsatz opticher Systeme Dr. Sakurai Kenjiro, der der stärkste Befürworter optischer Computer in Japan war, sowie Dr. Seko Atsushiya, außerordentlicher Professor an der Physikalisch- Technischen Fakultät an der Universität von Keio Gijuku, von dem viele richtungsweisende Anregungen stammen und vielfältige Aktivitäten erwartet wurden. Hier sollen die Verdienste dieser beiden Kollegen hervorgehoben und damit ihr Andenken bewahrt werden.

Die im zweiten Kapitel enthaltenen Beiträge über parallele Digitalsysteme von Dr. Seko wurden im Mai 1984 für die Zeitschrift Oyo Butsuri zusammengestellt. Für die Überlassung des Manuskriptes sind wir dem Verlag dieser Zeitschrift zu großem Dank verpflichtet.

Schließlich möchten wir die Gelegenheit nutzen, uns beim Verlag Ohmsha für das Interesse zu bedanken. Er trug durch seine großen Anstrengungen bei der Herausgabe, angefangen von der Planung bis hin zu den Kontakten zu den Autoren, der Abstimmung der Terminologie und Zeichnungen sowie dem Korrekturlesen, zum Gelingen bei.

Der Herausgeber

Inhaltsverzeichnis

1 Einleitung

1.1 Konzepte optischer Computer

Inaba, F. (Tohoku-Universität)

1.1.1 Optoelektronik und optische Computer

Die Wellenlänge des Lichtes, das vom Menschen mit dem Auge wahrgenommen wird, ist auf einen sehr engen Bereich elektromagnetischer Wellen beschränkt, den wir als sichtbares Licht bezeichnen, weil die von der Sonne einfallende Strahlungsenergie in diesem Bereich ihren Maximalwert hat. Man kann sagen, daß die als Optik bezeichnete Wissenschaft und Technik auf der Existenz des Lichtes beruht. Das dem Menschen verliehene Sehvermögen wurde zum Ausgangspunkt einer sich über mehrere Jahrhunderte erstreckenden Entwicklung von Mitteln zur exakten Erfassung räumlicher Informationen angefangen von Helligkeit und Farbe der Körper sowie drei- und mehrdimensionaler Bilder bis hin zu deren Aufzeichnung, Reproduktion, Transformation, Extraktion und Darstellung.

Demgegenüber konnte eine derartige direkte Sinneswahrnehmung nicht den Ausgangspunkt für die Elektronik bilden. Ende des vergangenen Jahrhunderts kam es zu ersten Ansätzen für die praktische Entwicklung technischer Systeme, die den Elektromagnetismus nutzen. Die hier verwendeten elektromagnetischen Wellen besitzen im Vergleich zum sichtbaren Licht eine weitaus größere Wellenlänge sowie die hervorragende Eigenschaft der Kohärenz. Es setzte eine Entwicklung zu den heute vorhandenen erstaunlichen technischen Systemen ein, die die in den Impulsfolgen enthaltenen großen Informationsmengen übertragen, zerlegen, verstärken, modulieren, demodulieren, verarbeiten, speichern, steuern usw.

Jedoch weisen Optik und Elektronik als wissenschaftliche und technische Bereiche spezifische Vorteile auf. Mit der seit 1960 einsetzenden Entwicklung der Laser wurde daher die Erwartung verknüpft, beide Gebiete geschickt zu vereinen und ihre hervorragenden Möglichkeiten zu nutzen sowie neue Funktionen und größere Verarbeitungsleistungen bereitzustellen.

Der Begriff von Optoelektronik oder Elektronik und Optik wird heute so aufgefaßt, daß die Summe von Optik und Elektronik völlig neue Möglichkeiten schaffen wird, die in allen Bereichen von Wissenschaft und Technik ihren Niederschlag finden werden. Schließlich werden mit dem Begriff optischer Computer im breitesten Sinn Hoffnungen geweckt, sehr schnelle Fortschritte auf technologischen Gebieten, für die die Optik relevant ist, zu erreichen, wobei die Bedürfnisse nach einer superschnellen Verarbeitung sehr großer Informationsmengen, wie sie die heutige Gesellschaft benötigt, im Mittelpunkt stehen. Weiterhin konzentriert sich das Interesse auf den Einsatz von Lasern und Glasfasern. Durch deren schnelle technologische Fortschritte werden sie für die optische Informationsverarbeitung bzw. in optischen Computern eingesetzt.

Die Elektronik hat in der ersten Hälfte des jetzigen Jahrhunderts eine Entwicklung über die elektronische Nachrichtentechnik erfahren, deren Hauptziel die Übertragung von Signalen wie kodierten Informationen oder Sprache bzw. Bildern über große Entfernungen ist. Weiterhin kam es zur Entwicklung von Systemen für komplexe Verarbeitungsfunktionen wie numerische Berechnungen, Informationsspeicherung und Prozeßsteuerung, die die heutigen, erstaunlich leistungsfähigen Computer hervorbrachte. Diese Systeme bilden die Grundlage für das heutige Zeitalter der Informationstechnik.

Weiterhin kann das vom Laser erzeugte Licht wie eine elektrische Welle abgelenkt werden, es ist ein kohärentes Licht genau einer Wellenlänge mit hervorragender Richtwirkung und liefert den Schlüssel für die Erzeugung eines hochwertigen optischen Signals, das dem Menschen erst seit kurzem zur Verfügung steht. Durch die in den letzten Jahren zu verzeichnenden Fortschritte bei der Forschung und Entwicklung von Glasfasern, die diese Entwicklungen überlagerten, durch Techniken wie die optische Informationsübertragung, Speicherung und -verarbeitung kam es zum entscheidenden Durchbruch für den Aufbau der entsprechenden Systeme.

Schließlich wird das der Optoelektronik innewohnende Potential den heute abschätzbaren Anwendungsbereich im weiten Maße überschreiten. Mit dem Übergang zum 21. Jahrhundert wird dieses Gebiet zum Hauptzweig der Elektronik. Weiterhin muß hier überlegt werden, ob der Begriff Elektronik nicht prinzipiell neu zu definieren ist.

Historisch hat sich die Elektronik mit den beiden Zweigen Kommunikation und Rechentechnik entwickelt. Die Digitaltechnik und die Technik der integrierten Schaltkreise wie IC, LSI und VLSI, deren Grundlage sie bildeten, vereinigen diese beiden Zweige zu einem eng verknüpten, untrennbaren System. Heute werden durch den breiten Einsatz der Elektronik in allen Bereichen der Gesellschaft wie Produktion, Wirtschaft, Wissenschaft, Kultur, Bildung, Wohlfahrt, Medien sowie im täglichen Leben vielfältige Wirkungen ausgeübt. Die Optoelektronik mit ihren beiden Hauptrichtungen optische Nachrichtentechnik und optische Informationsverarbeitung trat zunächst das Erbe der Kommunikation an. Sie umfaßt auch die Gebiete der optischen Meßtechnik, Fernwirktechnik und der automatischen Steuerung sowie Robotertechnik. Es laufen die Vorbereitungen, einen optischen Computer zu entwickeln, der die Eigenschaften des Lichtes nutzt. Gegenwärtig wurde von der Idee zum Konzept übergegangen und die Entwicklung von Versuchsmustern steht unmittelbar bevor /1/.

Hier soll nachfolgend über die historischen Richtungen der bisher untersuchten und entwickelten Basistechnologie und die Verfahren zur Informationsverarbeitung berichtet werden, die im optischen Computer zum Einsatz kommen, sowie über die hierauf aufbauenden Vorschläge und Konzepte.

1.1.2 Der Weg von der optischen Informationsverarbeitung zum optischen Computer

Im heutigen gesellschaftlichen Leben sind Informationen wie z.B. für die Energie, Ressourcen, Nahrungsmittel, im medizinischen Bereich und Sozialfürsorge unentbehrlich. Sie treten in den vielfältigsten Formen auf, z.B. als Abbildungen von Körpern, zwei- oder dreidimensional verteilte Zeichen oder Signale. Zur Verarbeitung derartig großer Informationsmengen werden die bisher am weitesten entwickelten Von-Neumann-Rechner zur Parallelverarbeitung eingesetzt, die hinsichtlich ihrer Funktion und Struktur als kompliziert anzusehen sind. In der zweiten Hälfte dieses Jahrhunderts begann man aber verschiedene Untersuchungen auf dem Gebiet der Optik durchzuführen, wobei analoge räumliche Verarbeitungsverfahren zum Einsatz kamen, die man als Ausgangspunkt des optischen Computers bezeichnen kann /2- 4/. Später erfolgte mit dem Auftreten der Laser die Untersuchung der Verarbeitung von Bildinformationen mit optischen Systemen sowie die Entwicklung der dafür benötigten Technik. Es wurde dies zum Ausgangspunkt eines Gebietes, das als optische Informationsverarbeitung bezeichnet wird /4/.

Andererseits weckte die Erfindung des Lasers Erwartungen hinsichtlich einer digitalen optischen Verarbeitung und einer Technik zur Verarbeitung optischer Informationen im Zeitbereich unter Verwendung von kohärentem Licht. Seit 1960 wurden Untersuchungen und Entwicklungen neuer Verfahren und Funktionen sowie Bauelementen für diese Zwecke durchgeführt /5,6/.

Jedoch weisen die bisher sich über einen Zeitraum von 30 Jahren erstreckenden Untersuchungen der verschiedenen Vorschläge und Versuchsmuster, die die Architektur und die Systeme für optische Computer betreffen, für deren endgültige praktische Realisierung noch eine Vielzahl von Lücken auf. Die meisten dieser Verfahren fallen unter die Kategorie des häufig gebrauchten Begriffes optische Verarbeitung (optical computing), der hauptsächlich in Amerika geprägt wurde.

In Tabelle 1 sind die wichtigsten Forschungsergebnisse, die bisher auf dem Gebiet der optischen Verarbeitung erzielt wurden, in ihrer zeitlichen Reihenfolge dargestellt. Entsprechend dem verwendeten Prinzip erfolgt eine Unterteilung in analoge und digitale Verfahren /1/. Hier ist anzumerken, daß es noch weitere wichtige Ergebnisse und hervorzuhebende Tatsachen gibt, die aber aus Platzgründen nicht aufgenommen werden konnten, für nähere Erläuterungen sowie den historischen Prozeß von Forschung und Entwicklung ist auf die zitierte Literatur zu verweisen /2-20/. Auf der rechten Seite der Tabelle sind zum Vergleich die wichtigsten historischen Daten von Forschung und Entwicklung dargestellt, die sowohl auf optoelektronischem als auch elektronischem Gebiet festzustellen sind.

Aus Tabelle 1 wird ersichtlich, daß es viele Untersuchungen gibt, die sich mit optischen Verarbeitungsverfahren befassen. Eine Unterteilung ist nicht einfach, grob kann man aber von den folgenden drei Gebieten ausgehen.

Tabelle 1:   Historische Entwicklung von Forschung und Entwicklung der optischen Computer

Jahr	Analog	Digital	Relevante Bereiche	
			Optoelektronik	Quantenelektronik
erste Ansätze	Bahnbrechende Untersuchungen von Abbe und Zernike (um 1870)		Prinzip fotoelektrischer Röhren (1909) Lichtwellenleiter mit dielektrischem Stab (1910) Entdeckung fotoelektronischer Katodenmaterialien (1913)	Theorie der induzierten Entladungen (1916)
1948	Holografisches Prinzip		Vidicon-Entwicklung (1950)	Experimente mit optischen Pumpen (1950) Beobachtung der induzierten Entladung (1951)
1953	Vorschlag der kohärenten Filter		Experimente mit lichtemittierenden GaAS-Dioden (1955) Vorschlag der Optoelektronik (1955)	Entwicklung des NH_3-Masers (1954)
1956	Allgemeine Theorie des räumlichen Frequenzfilters		Vorschlag der Fiberoptik (1956)	Vorschlag des 3-Niveau-Festkörpermaser (1956) Experimente mit 3-Niveau-Festkörpermaser (1957) Vorschlag und Theorie der Laser (1958)

Jahr	Analog	Digital	Relevante Bereiche	
			Optoelektronik	Quantenelektronik
1959	Bildkorrektur durch kohärenten Filter			
1960	Vorschlag des Radars mit synthetischer Apertur			Experimente mit Rubinlaser (1960) Experimente mit He-Ne-Laser (1961) Beginn der nichtlinearen Optik (1961)
1962	Vorschlag des Neuristor-Laser-Rechners			Experimente mit GaAs-Halbleiter-Laser (1962)
1963		Schaltexperimente über optische Laserkopplung	Hologramm-Wiedergabe mit Laser (1963)	Vorschlag eines Lasers mit Heteroübergang (1963)
1964	Bilderkennung mit holografischer Technik	Vorschlag bistabiler Laserdioden	Entwicklung von Plastfasern (1964)	Experimente mit modesynchronisierten Laser (1964) Experimente mit induzierter Brilloin-Streuung (1964)
1965	Algorithmus für die schnelle Fouriertransformation (zweidimensionale FFT) Verbesserung der Aufzeichnung von Erdbebenwellen mit optischem Filter	Vorschlag einer Laser-Inverterschaltung		
1966	Anwendung der kohärenten Optik für Radargeräte mit synthetischem Öffnungswinkel		Hinweis auf die Realisierung optischer Filter mit niedrigen Verlusten (1966) Entwicklung und Fertigung von Dünnschicht-Lichtwellenleitern (1966)	Entwicklung von Farblasern (1966)

Jahr	Analog	Digital	Relevante Bereiche	
			Optoelektronik	Quantenelektronik
1967	Bildkorrektur durch holografische Filterung		Entwicklung von lichtemittierenden Dioden mit einem AlGaAs-Einzel-heteroübergang (1967) Entwicklung des SI-Vidicon (pn-Fotodioden-Array) (1967)	Entwicklung eines Halbleiterlasers mit variabler Wellenlänge im Infrarotbereich (1967)
1968	Entwicklung des holografiscchen Flying-Spot für Speicher großer Kapazität Untersuchung der parallelen Informationvserarbeitung mit synthetischer Aperturtechnik		Entwicklung der selbstfokussierenden Linse (1968) Entwicklung der BBD-Elemente (1968)	
1969		Vorschlag der optischen Bistabilität (mit eindimensionaler Phasendrehung	Entwicklung und Fertigung von selbstfokussierenden Fasern (1969) Vorschlag der integrierten Optik (optische IC) (1969)	Erzeugung ultrakurzer Lichtimpulse (Subpicosec.) (1969)
1970	Experimente mit Echtzeitholografie (phasenkonjugierte Wellen)	Vorschlag der Matrixberechnung	Entwicklung der optischen Glasfasern mit niedrigen Verlusten (1970) Vorschlag der Supergitterstruktur (1970) Entwicklung von CCD-Elementen (1970)	Entwicklung des GaAs/AlGaAs-Halbleiterlasers, der bei Raumtemperatur im Dauerbetrieb arbeitet (1970) Entwicklung des Excimer-Lasers (1970)

Jahr	Analog	Digital	Relevante Bereiche	
			Optoelektronik	Quantenelektronik
1973		Vorschlag hybrider optischer bistabiler Bauelemente	Erprobung der optischen Videoplatte (1973)	Experimente mit DFB-Halbleiterlaser (1973)
1974	Untersuchung von Speichern für Rechner mit eindimensionalem Hologramm			
1975		Vorschlag eines optischen Computers für die Residuenberechnung		
1976		Experimente mit der (rein) optischen Bistabilität		Entwicklung des InGaAsP/InP-Halbleiterlasers (1976)
1977		Vorschlag des Tse-Computers (2-dimensionale optische Parallelverarbeitung) Experimente mit hybriden optischen bistabilen Bauelementen	Entwicklung der phasenkomplexen Optik (1977)	Experimente mit Lasern und freien Elektronen (1977)
1978		Experimente mit optisch bistabilen räumlichen (2-dimensionlen) Bau-elementen	Entwicklung von optischen InGaAsP/InGaAS/InP-Sensoren (1978)	
1979		Experimente mit optischen Multivibratoren unter Verwendung von Wellenleitern		

Jahr	Analog	Digital	Relevante Bereiche	
			Optoelektronik	Quantenelektronik
1980		Experimente mit 2-dimensionalen optischen Logikbauelementen auf der Grundlage von optischen Faserlaserplatten	Entwicklung von Lichtleitern mit sehr niedrigen Verlusten auf der Grundlage von Quarz (1980)	
1981		Entwicklung von optisch bistabilen Halbleitern (mit eindimensionaler Phasendrehung Vorschlag optischer systolischer Rechenverfahren	Entwicklung von Laser-Platte (1981) Entwicklung von Plastfasern mit niedrigen Verlusten (1981 - 1982)	
1982		Entwicklung von parallelen optischen logischen Rechenverfahren unter Verwendung kodierter Eingabefilter	Hohe Ausgangsleistung mit Halbleiterlaser-Arrays (1983 -)	Erzeugung von Lichtimpulsen im Femtobereich (1982)
1984		Beginn des EG-Forschungsprojektes zu Problemen der optischen Bistabilität (optischer Logikschaltung)		Verstärkung, Anregung von weichen Röntgenlasern (1984)

Optische analoge Parallelverarbeitung

Dieses Verfahren geht auf die bahnbrechenden Ergebnisse von Abbe und Zernike zurück. Als Ausgangspunkt für die praktische Anwendung kann man das holografische Prinzip bezeichnen, das auf dem Konzept der Reproduktion von Wellenfronten nach Gabor beruht (1948) /2/. Bei diesem Verfahren der analogen Prallelverarbeitung wird hauptsächlich die Fouriertransformation über die Beugung durch Linsen genutzt. Mit einem optischen System für kohärentes Licht, das Laserstrahlen und Linsen nutzt, lassen sich Bauelemente für die mathematischen Grundoperationen herstellen. Auf den praktisch relevanten Gebieten der Korrelaltionsberechnung und Mustererkennung über die Holografie, die die Aufzeichnung mehrerer Schwingungen ermöglicht, der Raumfrequenzfilter, der Rauschunterdrückung und der Korrektur zweidimensionaler Daten wurden 1950 bis 1960 zahlreiche Fortschritte /2-4, 7-13, 17/ bei der Untersuchung und Entwicklung von optischen Verfahren zur Parallelverarbeitung erzielt, ein Teil davon findet bereits praktische Anwendung. Weiterhin wurden auch mathematische Grundoperationen wie die vier Grundrechenarten, Integration und logische Berechnungen auf optischem Weg realisiert. Die bisher als optische Informationsverarbeitung bezeichnete Technik beruht zumeist auf der optischen analogen Parallelverarbeitung. Bild 1 zeigt hierfür ein Beispiel. Es ist das Blockschaltbild eines optischen analogen Systems zur Parallelverarbeitung, mit dem Informationen über Defekte in Werkstücken mit hoher Geschwindigkeit ermittelt werden /21/.

Dieses Verfahren ist dadurch gekennzeichnet, daß unter Ausnutzung der Möglichkeiten der optischen Parallelverarbeitung zwei- oder dreidimensionale Bilder mit großer Geschwindigkeit ausgewertet werden können. Jedoch besitzen optische Systeme bisher prinzipiell den Nachteil, daß sie entsprechend dem Anwendungszweck Spezialgeräte sind und nur wenige Freiheitsgrade aufweisen. Weiterhin ist ihre Genauigkeit gering, da sie analoge Verfahren verwenden. Daher wurden Spezialprozessoren für besondere Aufgaben entwickelt, die nicht die Genauigkeit, Flexibiltität und Universalität der Elektronenrechner besitzen, wie sie heute für die Bildverarbeitung aufgrund ihrer gestiegenen Verarbeitungsleistung eingesetzt werden. Es sind vielmehr schnelle Baugruppen für eine spezielle Funktion, wobei deren räumliche Auflösung aber beachtlich ist.

Für hybride Bildverarbeitungssysteme, die die Vorteile der Parallelverarbeitungscomputer auf der Grundlage optischer Systeme und der Elektronenrechner geschickt nutzen, wird durch die Entwicklung eines beide gut aneinander anpassenden Interface erwartet, daß sie in Zukunft einen Platz einnehmen, der in der Praxis eine breite Anwendbarkeit und Anpassungsfähigkeit garantiert.

Verarbeitung der Informationen optischer digitaler Impulsfolgen

Im Zeitraum 1962 bis 1965 wurden nach der Entwicklung des Lasers verschiedene Vorschläge geäußert und Versuche durchgeführt, unter Ausnutzung des optischen Schaltens der Laserverstärkung und der Sättigung der optischen Absorption die Laserschwingung zu steuern sowie digitale optische Signale als Kodeimpulsfolgen zu generieren /5,6/. Da jedoch die betrachteten Laser als Festkörperkristalle, die Glasfasern, oder die Halbleiterdioden, die auf tiefe Temperaturen abgekühlt, Impulse erzeugen, nicht für die im folgenden Abschnitt erläuterte Architektur zur zweidimensionalen Parallelverarbeitung geeignet sind, ist davon auszugehen, daß nur eindimensionale Verarbeitungsverfahren für Impulsfolgen, wie sie bei normalen Elektronenrechner angewendet werden, sinnvoll sind. Daher sind die bisher vorgeschlagenen Bauelemente und die Experimente zur Verarbeitung hinsichtlich der Laser und peripheren Geräte noch wenig ausgereift. Gegenüber den logischen Verarbeitungselementen auf der Grundlage elektronischer Schaltkreise ist ihr Einsatz praktisch wenig zweckmäßig. Man muß einschätzen, daß man noch keinen Ansatz für eine erfolgversprechende Entwicklung sowie den praktischen Einsatz hat, die Arbeiten wurden daher eingestellt. Aus dem Verlauf der bisherigen technischen

Opisches System zur Parallelverarbeitung
Licht-Licht-Wandler
Fourier-Transformationslinse
Einstellbarer Frequenzfilter
Linse für die Fourier-Rücktransformation
selbstabgleichendes Schwellwertelement
Fotoelektrischer Sensor
Bildverstärkerelement, variable Verstärkung, Vergrößerung
elektrisch regelbares Element zum Bilddrehen
Spektralfilter elektrisch regelbar
Linsensystem für die optische Eingabe
Auslösebefehl
Festlegen von Verstärkung und Vergrößerung
Befehl für die Raumfrequenz
Befehl für die Signalschwellwerte
Signal zum Festlegen des Schwellwertes
Verarbeitete Daten, geringer Umfang und Geschwindigkeit
Befehl Drehen
Befehl für die spektrale Antwort
Justierbefehl
Impuls-steuergerät
Daten-speicher
zu ermittelnde Defektinformationen
Befehl
Steuereinheit
Operator
neue Testbedingungen
Prüfobjekt
: parallel
: Impulsfolge

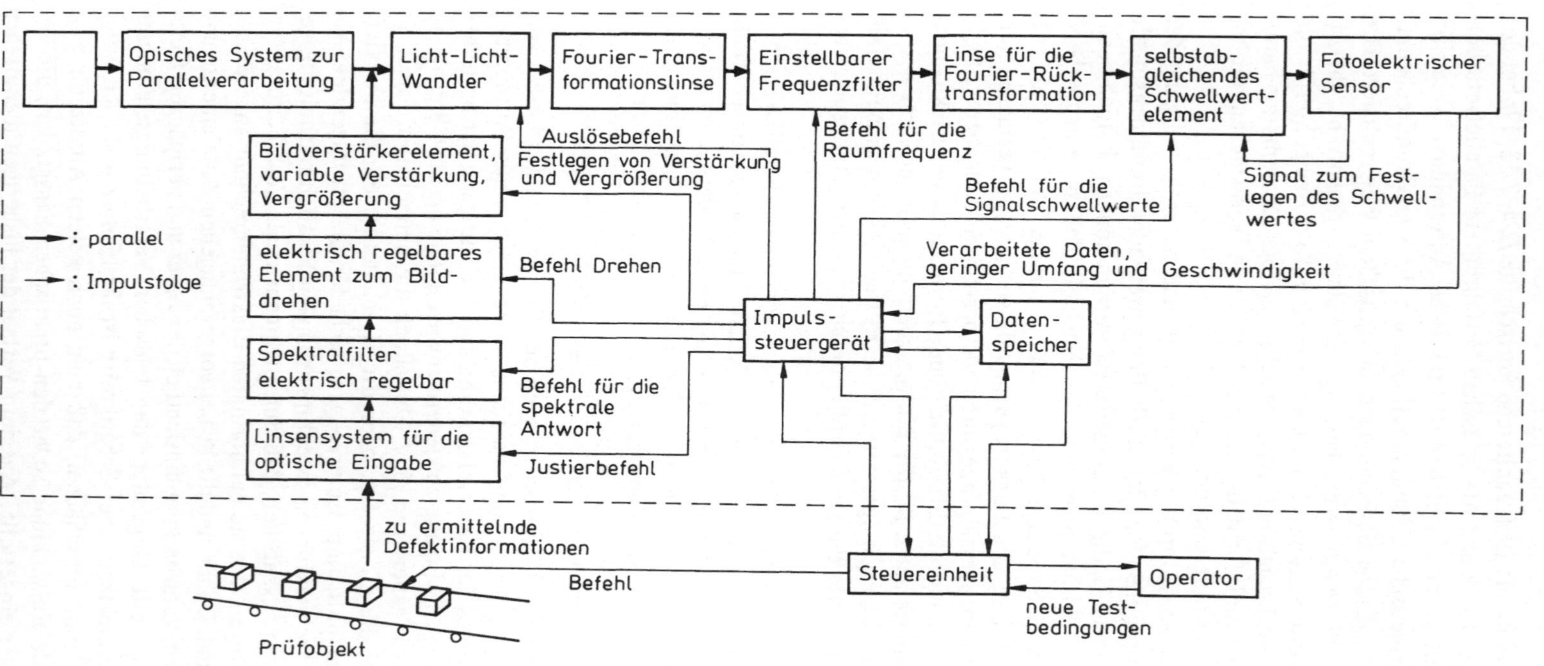

Bild 1

Entwicklung ergibt sich, daß die Verarbeitung optischer digitaler Impulsfolgen auf dem Konzept beruht, die logischen Verarbeitungs- und Speicherelemente der heute verwendeten Elektronenrechner durch superschnelle optische Bauelemente großer Kapazität zu ersetzen und die Verdrahtung mit optischen Fasern bzw. Lichtleitern vorzunehmen. Berücksichtigt man die Ähnlichkeit mit den Informationsverarbeitungssystemen auf der Grundlage heutiger Elektronenrechner, so läßt sich das Funktionsprinzip optischer Verarbeitungssysteme durch den Vergleich bezüglich Architektur und Software begründen. Zudem eröffnet sich durch den Austausch der Elektronen durch Licht als Medium zur Informationsübertragung die Möglichkeit, prinzipiell solche Probleme zu lösen wie Streukapazitäten und Störungen durch elektromagnetische Induktion bei komplizierter Verdrahtung im System.

Somit kann man auf die optischen Bauelementen des Verarbeitungssystems relativ leicht die Funktionen und Struktur der elektronischen Bauelemente übertragen. Eine weitere äußerst wichtige Aufgabe ist der Nachweis, ob eine praktische Umsetzung des Systems tatsächlich die gewünschte Leistung, Zuverlässigkeit, Genauigkeit und Wirtschaftlichkeit garantiert.

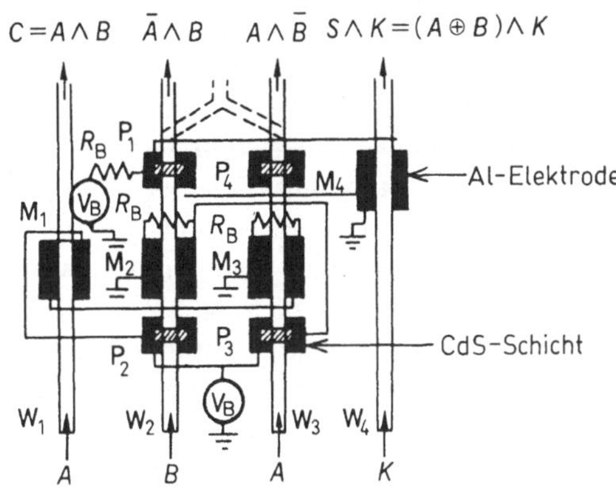

Bild 2: Beispiel für ein System zur Verarbeitung digitaler optischer Impulsfolgen (optischer digitaler Halbaddierer) /21/

Dazu wurden seit der zweiten Hälfte der 70-er Jahre verschiedene digitale optische Bauelemente zur Verarbeitung von Impulsfolgen entwickelt, wobei optische integrierte Schaltkreise (optische IC) das Ziel waren. In Bild 2 ist das Beispiel für eine Struktur eines integrierten optischen digitalen Halbadders dargestellt /21/. Hier sind den elektrooptischen Effekt nutzende Lichtmodulatoren aus Wellenleitern und optische Aufnehmer zu einem Logikelement auf einem $LiNbO_3$-Substrat zusammengefaßt. Mit diesem logischen Grundelement lassen sich die logischen Operationen AND und NOT realisieren. Da hier vier optische Modulatoren, die aus Al-Elektroden M_m gebildet werden, die sich an den beiden Seiten der vier Lichtwellenleiter P_m befinden, und vier Wellenleiter-Lichtmodulatoren P_m aus CdS-Dünnschichten elektrisch geeignet verbunden sind, lassen sich die geforderten logischen Operationen über optische Signalein- und -ausgabe erreichen /22/.

Auch die heute untersuchten optisch bistabilen Bauelemente, aus denen praktisch einsetzbare Bauelemente entwickelt werden, gehen auf Veröffentlichungen in den Jahren 1969 bis 1973 zurück, die das Funktionsprinzip und die Experimente beschreiben /23-29/. Mit diesen Elementen lassen sich solche Funktionen realisieren, wie eine Hysteresis zwischen dem optischen Ein- und Ausgangssignal, die differentielle Verstärkung, Begrenzung und Demodulation /24- 34/. Daher werden sie als ein sehr wichtiges Grundelement zur Verarbeitung von optischen digitalen Signalfolgen und für die Durchführung logischer Berechnungen angesehen. Demgegenüber beruht das Funktionskonzept eines digitalen optischen Logikelementes aus dem Jahr 1960, wie oben dargelegt, auf der zu dieser Zeit bereits gut bekannten Laser-Schwellwert-Kennlinie (physikalisch entspricht dies dem Doppel-Phasen-Übergang). Eine derartige Realisierung der optischen Bistabilität (sie entspricht dem einfachen Phasenübergang /35,36/) war nicht beabsichtigt.

Diese optisch bistabilen Elemente lassen sich prinzipiell durch die Kombination von Materialien mit optischer Nichtlinearität und einem Rückkopplungsmechanismus herstellen. Es gibt 2 Typen, den rein optischen, bei dem die Rückkopplung nur mit Licht erfolgt, und den hybriden Typ, bei dem ein Teil des optischen Ausgangssignals mit einem optischen Aufnehmer in ein elektrisches Signal umgewandelt wird. Beim hybriden Typ jedoch, bei dem ein optischer Schalter aus einem dielektrischen Wellenleiter und ein Lichtmodulator verwendet werden, ist die Bauelementelänge für die Integration zu groß. Ein weiterer Nachteil für die praktische Nutzung ist die komplizierte Ausführung der Lichtquelle als integrierter Schaltkreis. Zum Beispiel besteht im Bild 2 keine Abhängigkeit von der Struktur des optisch bistabilen Elementes, es wird der gleiche Lichtmodulator verwendet, und es ist möglich, mehrere der im Bild 2 dargestellten Halbadder auf einem $LiNbO_3$- Substrat mit einer Größe von 5 x 5 x 0,5 mm^3 unterzubringen. Wird jedoch ein dielektrischer Kristall verwendet, so ist es schwierig, diesen mit stark verringerten Abmessungen herzustellen /34,37/.

Wird demgegenüber der nichtlineare Brechungsindex in der Nähe des Endes des Absorptionsbereiches des Halbleitermaterials genutzt, so ist zu beachten, daß bei einem rein optischen bistabilen Element, bei dem die optische Rückkopplung durch Reflexionsschichten an beiden Seiten des Kristalls erzeugt wird, eine weitaus höhere Miniaturisierung und höherer Integrationsgrad zu erwarten sind. Speziell die in den letzten Jahren im großen Umfang untersuchten GaAs-Systeme mit mehrfachen Quantenmulden oder Supergitterstrukturen haben dreidimensional stark nichtlineare Eigenschaften. Daher läßt sich unter Verwendung von Elementen mit einer Stärke von ca. 5 µm und einem Durchmesser von einigen µm bei Raumtemperatur auf rein optischem Wege Bistabilität erzeugen /34,38/.

Werden diese Bauelemente in Computersystemen zur Verarbeitung von optischen digitalen Impulsfolgen eingesetzt, so lassen sich im Extremfall bei Raumtemperatur eine Schaltzeit von ca. 1 ps, eine Schaltleistung von ca. 1 µW und Abmessungen in der Größenordnung von ca. 1 µm erreichen. Dabei ist davon auszugehen, daß durch die Untersuchung neuer Wirkprinzipien und die Erschließung neuer Materialien, Strukturen, Funktionen sowie Architekturen der große Durchbruch noch bevorsteht.

Optische digitale parallele Informationsverarbeitung

Diese Verfahren werden seit 1970 mit dem Ziel entwickelt, Probleme der oben erläuterten optischen analogen Parallelverarbeitung zu lösen, wie Rechengenauigkeit und unzulängliche praktische Anwendbarkeit, sowie die mangelnde Flexibiltät. Als zukünftige innovative Verfahren läßt sich ein breiter Einsatz erwartet. Auslöser dieser Entwicklung war der Bedarf an neuen Architekturen und Algorithmen für die schnelle logische Parallelverarbeitung zunächst großer Mengen an Bildinformationen sowie 2- und 3-dimensionaler Daten. Hierbei stand das Licht im Mittelpunkt des Interesses, da es bei der Lichtleiter-Elektronik /39/ zu großen Fortschritten kam, deren Grundlage die Glasfasertechnik und die optischen integrierten Schaltkreise bilden (optische IC), die nahezu parallel untersucht und entwickelt wurden. Weiterhin verstärkte sich der praktische Einsatz von Halbleiterlasern und verschiedenen nichtlinearen optischen Bauelementen, Bildverarbeitungs- und Wiedergabegeräten.

Die Entwicklungen auf diesem Gebiet brachten in ca. 10 Jahren die erste Generation optischer Computer hervor. Begonnen wurde mit Vorschlägen für Algorithmen /40-42/, bei denen unter Verwendung von Licht eine zweidimensionale Parallelverarbeitung, und zwar die Restklassenarithmetik durchgeführt wurden. Ein weiterer Schritt war das Konzept des "Tse"-Computers /43/, bei dem der Begriff der optischen digitalen Parallelverarbeitung klar definiert wurde. Weitere Entwicklungen auf diesem Wege waren Experimente mit zweidimensionalen optischen Flip-Flop-Bauelementen /44/, bei denen räumliche Flüssigkristall-Modulatoren und zweidimensionale logische Rechenelemente eingesetzt werden, die optische Faserlaserplatten verwenden /45,46/, Untersuchungen zur Architektur optischer digitaler Computer /47/, ein Vorschlag für optische systolische Rechenverfahren /48/ sowie die Entwicklung von parallelen digitalen optischen Verarbeitungsverfahren unter Verwendung optischer Projektionssysteme /49,50/ für beliebig kodierte Bilder, bei denen eine Zweiwertlogik für zwei Variable zur Anwendung kommt.

Hierbei war der Tse-Computer der erste Vorschlag für ein praktisch einsetzbares optisches Informationsverarbeitungssystem, das die räumliche Parallelität des Lichtes und dessen hohe Geschwindigkeit nutzt, wobei sich die hohe Geschwindigkeit und große Verarbeitungsleistung digitaler Verfahren erwarten lassen. Übrigens ist "Tse" die Lautschrift für das entsprechende chinesische Schriftzeichen und dies soll darauf hinweisen, daß große Mengen räumlicher paralleler Informationen, die kompliziert wie Schriftzeichen oder Bilder sind, mit diesem Computer verarbeitet werden. Der Vorschlag dieses Computers erfolgte zu einem Zeitpunkt, als optische bistabile Bauelemente aus Halbleitermaterialien, die eine Ausführung als optischen integrierten Schaltkreis zulassen, und zweidimensionale optisch bistabile Bauelemente, die räumliche Modulatoren verwenden, noch nicht untersucht und entwickelt waren. Daher wurde hier eine Struktur verwendet, die einen Bild-Bus aus Glasfaserkabeln

und logische Bauelemente aus zweidimensionalen Arrays mit Dünnschicht-
transistoren kombiniert, wobei zwischen den optischen Sensoren und den
Lichtquellen für die logischen Berechnungen elektronische Bauelemente liegen.

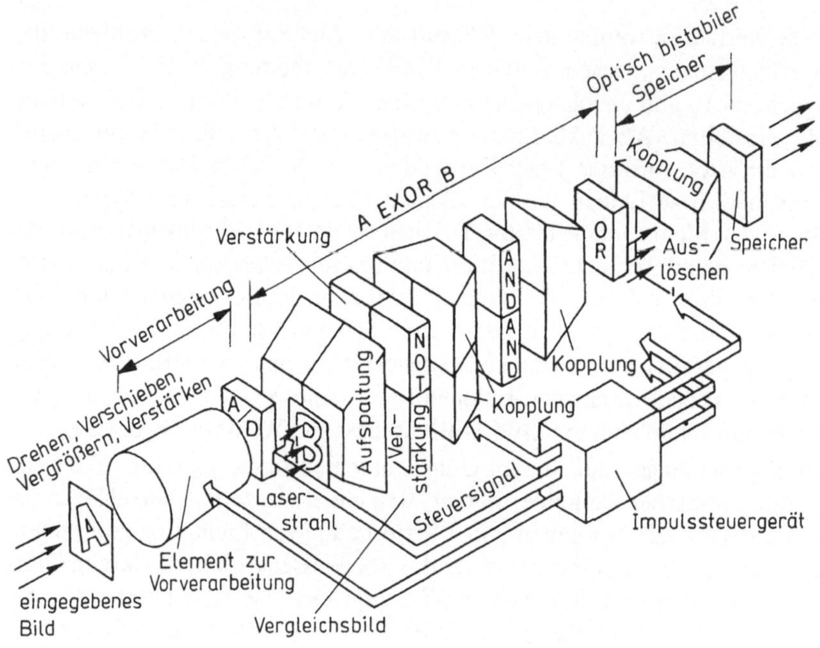

Bild 3:   Beispiel eines Systems zur optischen digitalen Parallelverarbeitung

In Bild 3 ist das jüngste Beispiel eines Systemkonzeptes für die optische
digitale Parallelverarbeitung dargestellt, das ein Nachfolger des Grundkonzeptes des Tse-Computers ist /21/. Bei diesem System wird das eingegebene Bild
zur Anpassung an den Maßstab eines Vergleichbildes vor den Berechnungen
mit Elementen zur Vorverarbeitung gedreht, vergößert, verkleinert, verschoben und verstärkt sowie anschließend mit einem A/D-Umsetzer in ein Zwei-
wertbild umgesetzt. Dann erfolgt die logische Verarbeitung, wobei dieses eingegebene zweiwertige Bild und das Vergleichsbild eine Recheneinheit durchlaufen, die aus den Grundrechenelementen für die zweidimensionalen Logikoperationen NOT, AND, OR besteht. Die Ergebnisse werden in einem zweidimensionalen Flip-Flop oder optisch bistabilen Speicher aufgezeichnet.
Schließlich gewährleistet die Architektur, daß die Vorverarbeitung und die verschiedenen Rechenoperationen entsprechend den Befehlen eines vorgegebe-
nen Algorithmus erfolgen /51/.
   Derartige Systeme erfordern prinzipiell Einheiten zur Durchführung zweidimensionaler logischer Grundoperationen, Speicher und Ein- sowie Ausgabe-
komponenten. Für umfangreichere optische digitale Verfahren zur Informationsverarbeitung sind neue unifizierte Geräte und Bauelemente zu erwarten,
die hinsichtlich Typ und Funktionsstruktur von herkömmlichen Elektronen-

rechnern abweichen und gut aufeinander abgestimmt die erforderlichen Funktionen realisieren. Hierbei ist jedoch davon auszugehen, daß die parallelen optischen logischen Verarbeitungselemente und die entsprechenden A/D-Umsetzer die wichtigste Rolle spielen, daher wird die Technologie dieser zentralen Elemente auch gegenwärtig am stärksten vorangetrieben. Die Anwendung optischer räumlicher Modulatoren /52/ für die digitale Verarbeitung ist ein Beispiel hierfür. Es wurden verschiedene Bauelemente, die Flüssigkristalle und elektrooptische Kristalle oder CCD-Arrays verwenden, experimentell untersucht. Jedoch können deren gegenwärtige Kennwerte zur Zeit noch nicht zufriedenstellen, es werden besonders eine noch bessere Auflösung und höhere Geschwindigkeit gefordert.

Rein optisch arbeitende bistabile Bauelemente, die im Abschnitt optische digitale Parallelverarbeitung beschrieben wurden und Halbleiter des GaAs-Systems verwenden, die die Herstellung optischer integrierter Bauelemente gestatten, lassen sich durch die Ausführung als zweidimensionales Array auch für die optische digitale Parallelverarbeitung einsetzen. Vor kurzem wurden hierzu Untersuchungen und vorbereitende Experimente durchgeführt /53/. Jedoch können die bisher bekannten optisch bistabilen Bauelemente selbst nicht verstärken. Werden sie daher zu mehreren Stufen zusammengeschaltet oder sind die Eingangssignale sehr schwach, so sind optische Verstärker erforderlich. Weiterhin gibt es bei rein optischen Bauelementen die Schwierigkeit, daß prinzipiell Wellenlänge und Amplitude des eingegebenen Lichtes Einschränkungen unterliegen. Um diese Probleme zu lösen, wurde in den letzten Jahren das Interesse auf Halbleiterlaser gelenkt /37/, die mit dem optisch bistabilen Betrieb untersucht und als Muster gefertigt wurden.

Vergleicht man den optisch bistabilen Halbleiterlaser mit dem aus nur einem Material bestehenden optisch bistabilen Elementen, das, wie oben dargelegt, ein Halbleitermaterial mit Mehrfachmuldenstruktur verwendet, so ist ersterer hinsichtlich Verarbeitungsgeschwindigkeit und Leistungsverbrauch schlechter. Für die Parallelverarbeitung einer großen Datenmenge ist er hinsichtlich Funktionalität und Steuerbarkeit, Dynamikbereich und Freiheitsgrad überlegen. Hierbei lassen sich auf der Grundlage der gegenwärtig untersuchten Technologien zur Herstellung von opto-elektronischen integrierten Schaltkreisen (OEIC) monolithisch integrierbare optisch bistabile Halbleiterlaser /54/ und bistabile optisch emittierende Dioden /55/, die aus einer einfachen Kombination von Halbleiterlasern und optischen Sensoren bestehen, für die Durchführung der logischen Grundoperationen einsetzen. Beispiele hierfür sind optische Inverter und optische AND sowie optische Flip-Flop /56-58/. Weiterhin wurden auch Bauelemente für die optische Parallelverarbeitung vorgeschlagen /34/, bei denen diese Elemente für die Grundfunktionen zweidimensional in großer Dichte angeordnet wurden. Konkretere Erläuterungen sind Kapitel 2 des vorliegenden Buches zu entnehmen.

Untersuchungen, die sich mit den oben beschriebenen zweidimensionalen optischen digitalen Logikbauelementen befassen, befinden sich im Anfangsstadium, in dem ihre technischen Möglichkeiten abgeschätzt werden. Die nächstfolgende Phase, die Forschung und Entwicklung sowie die Softwareerstellung schließt sich an. Es ist zu erwarten, daß ausgehend von den Prinzipien und Funktionsexperimenten mit den eigenständigen hochleistungsfähigen Bauelementen sowie deren Bewertung umfangreiche Entwicklungen von Architekturen und Algorithmen für optische Parallelverarbeitungssysteme ausgelöst werden, die auf neuen Konzepten beruhen.

1.1.3 Zusammenfassung

In letzter Zeit zog der optische Computer das Interesse auf sich als eine Möglichkeit, auf der Grundlage neuer logischer und arithmetischer Prinzipien, die die dem Licht innewohnende räumliche Parallelität und die hohe Geschwindigkeit nutzen, zukünftige ultraschnelle und sehr große Rechnersysteme aufzubauen. Gegenwärtig wurde aber die Richtigkeit des Grundkonzeptes praktisch noch nicht nachgewiesen. Entsprechend des Verlaufs der Geschichte des Elektronenrechners hat sich seit der Zeit, als 1940 der erste Rechner auf der Grundlage von Vakuumröhren entwickelt wurde, bis heute, wo die Silizium- Bauelemente als Mikrochip im Mittelpunkt stehen, dessen Grundkonzept nicht geändert. In dieser Zeit wurden verschiedene Formen und Anlagen, Ideen und Vorstellungen geäußert wie mehrwertige Logik und Parallelverarbeitung, d.h., Konzepte für Rechner, die nicht nach dem Von-Neumann-Prinzip arbeiten, sowie analoge Verfahren. Der hervorragende Stellenwert der heute sehr weit entwickelten Digitalrechner änderte sich dadurch aber nicht. Bei dem vorliegenden gegenwärtigen Stand wird als Bewegrund für die Entwicklung optischer Computer davon ausgegangen, daß in einer Gesellschaft, für die die Informationsverarbeitung eine außerordentlich große Bedeutung hat, der Bedarf an Mitteln zur Informationsverarbeitung, die die der heutigen Elektronenrechner übertreffen, sprunghaft wächst. Weiterhin verbessern sich die Möglichkeiten zur Entwicklung eines optischen Computers, d.h. für die praktische Umsetzung der Technologie, die zuerst für die optische Nachrichtenübertragung eingesetzt wurde.

Faßt man systematisch die Forschungsaufgaben zusammen, die bei optischen Computern zu lösen sind, so leuchtet ein, daß zur Entwicklung eines leistungsfähigen, genauen, elastischen und anpassungsfähigen Systems schrittweise Forschritte der komplexen Forschungen und Entwicklungen erforderlich sind. Diese müssen sich sowohl auf die Hardware, die hochleistungsfähigen Grundelemente wie mehrwertige optische Logik, numerische Verarbeitungseinheiten und Speicher sowie die vielfältige Software erstrecken, die die Möglichkeiten optischer Computer geschickt nutzt. Man kann dabei davon ausgehen, daß der Traum eines neuen revolutionären vierdimensionalen Informationsverarbeitungssystems Wirklichkeit wird, das unter Verwendung von Licht im Raum- und Zeitbereich Informationen verarbeitet sowie die Vorteile dieses Verfahrens multiplikativ nutzt.

Literatur

1 Inaba, H.: Konzepte für optische Computer. 19. Symposium des Laboratoriums für Elektrotechnik der Tohoku-Universität Konzepte für optische Computer. Sammelband, 3 (1983) S.1-6 (in Japanisch)

2 Stroke, G.W.: Optical computing. IEEE Spectrum, 9 (1972,) p. 24-41

3 Kock, W.E.: Optical computing. An example of change. Proc. IEEE 65 (1977), p. 6-9

4 Tsujiuchi, J.: Fortschritte der optischen Informationsverarbeitung. Oyo butsuri 51 (1982) 5, S. 543-542 (in Japanisch)

5 Reimann, O.A.; Kosonocky, W.F. Progress in optical computer research. IEEE Spectrum 2 (1965)3, p. 181-195

6 Basov, N.G.: Culver, W.H.; Shah, B.: Applications of lasers to computers. Laser Handbook, Vol. 2, Part F5 p. 1649-1693, Eds. F.T. Arecchi and E.O. Schulz-DuBois (1972) North-Holland, Amsterdam

7 Inaba et al.: Handbuch für Holografie und Laser. Asakura Shoten 1973, S. 594-662 (in Japanisch)

8 Sakurai, K.; Kashiwagi, H.: Handbuch für optische Informationsverarbeitung und Lasertechnik, Asakura Shoten 1973. S. 622-639 (in Japanisch)

9 Tsujiuchi, J.; Murata, W.: Optische Informationsverarbeitung Asakura Shoten 1974 (in Japanisch)

10 Cathey, W.T.: Optical information processing and holography. New York: John Wiley and Sons 1973

11 Ogoshi, K.: Holografie. Denshi tsushin gakkai (1977) (in Japanisch)

12 Sakurai, K.; Morigawa, T.: Informationsverarbeitung mit Laser - Laserphysik. Nihon butsuri gakkaihen, Maruzen: 1978. S. 292-317 (in Japanisch)

13 Inaba: Optische Informationsverarbeitung. Einführung in die Lasertechnik, Denshi tsushin gakkai: 1979 S. 285-308 (in Japanisch)

14 Ishihara, S.; Shimada, J.; Sakurai, K.: Optische Computer. Denshi tsushin gakkaishi 64 (1981) 1, S. 89-94 (in Japanisch)

15 Shimada, J.; Ishihara, S.: Aufgaben und Entwicklungstendenzen der optischen Informationsverarbeitung. Kogaku 10(1981)2, S. 237- 242 (in Japanisch)

16 Ishihara, S.: Optical computing. Oyo butsuri 51 (1982) 5, S. 570-572 (in Japanisch)

17 Mitsubashi, Y.: Handbuch für optische Informationsverarbeitung und Lasertechnik. Resagakkaishu, Ohmsha: 1982 S. 643-652 (in Japanisch)

18 Ichioka, Y.: Möglichkeiten optischer Computer. Keisoku to seigyo 22 (1983), 10. S. 851-858 (in Japanisch)

19 Sonderheft Optical Computing. Proc. IEEE 72 (1984) 7

20 Tanida, J.: Optischer Computer. Kogaku 14 (1985) 1, S. 2-10 (in Japanisch)

21 Yokata, Sh.; Seko, A.: Probleme und Lösungen der Optoelektronik. Erekutoronikusu bunko, Ohmsha: 26 (1984), S. 119 (in Japanisch)

22 Goldberg, L.; Lee, S.H.: Integrated optical half adder circuit. Applied Optics 18(1979) 12, p. 2045-2051

23 Szöke, A.; Daneu, V.; Goldhar, J.; Kurnit, A.: Bistable optical element and its applications. Appl. Phys. Lett. 15 (1969) 11, p. 376-379

24 Gibbs, H.M.; McCall, S.L.; Venkatesan, T.N.C.: Optical bistability. Optic News, Summer, (1979) pp. 6-12

25 Garmire, E.; Allen, S.D.; Marburger, J.H.: Bistable optical devices for integrated optics and fiber optics applications. Opt. Eng. 18 (1979) 2, p. 194-197

26 Hanamura, E.: Physikalische Körper und Informationen. Oyo butsuri 49 (1980) 4, S. 387-394 (in Japanisch)

27 Okada, M.: Optisch bistabile Bauelemente. Oyo butsuri 49 (1980) 8, S. 825-830 (in Japanisch)
28 Ito, H.; Inaba,H.: Optisch bistabile Bauelemente. Denshi tsushin gakkaishi 63 (1980) 10, S. 1025-1027 (in Japanisch)

29 Smith, P.W.; Tomlinson, W.J.: Bistable optical devices promise subpicosecund switching. IEEE Spectrum, 18 (1981) 6, p. 26-33

30 Okada, M.: Optisch bistabile Bauelemente. Kogaku 11 (1982) 2, S. 163-172 (in Japanisch)

31 Inaba, H.: Optische Bistabilität, Laserhandbuch, Resa Gakkaishu Ohmsha: 1982, S. 169-173 (in Japanisch)

32 Abraham, E.; Smith, S.D.: Optical bistability and related devices. Rep. Prog. Phys., 45 (1982), p.815-885

33 Inaba, H.: Optisch bistabile Bauelemente. Kogaku 14 (1985) 1, S. 11-18 (in Japanisch)

34 Ito, H.; Okumura, K.; Inaba, H.: Optische logische Bauelemente, Kapitel 2 (in Japanisch)

35 Inaba, H.: Laser operation with output feedback pumping and first- order phase transition analogy. Phys. Lett. 86A (1981) 9, p. 452-456

36 Inaba, H.: Zukunft der Quantenelektronik - neue Anwendungen und Entwicklungen. Oyo butsuri 52 (1983) 10, S. 877-882 (in Japanisch)

37 Ogawa, Y.; Ito, H.; Inaba, H.: Optisch bistabile Halbleiterlaser. Oyo butsuri 52 (1983), 10 S. 877-882 (in Japanisch)

38 Tarng, S.S.; Gibbs, H.M.; Jewell, J.L.; Pegyghambarian; Gossard, A.C.; Venkatesan, T.; Wiegmann, W.: Use of a diode laser to observe room-temperature, low-power optical bistability in a GaAs-AlGaAs etalon. Appl. Phys. Lett. 44 (1984) 4, p. 360-361

39 Kodoba Erekutoronikusu Henshu Iin Kaisha: Lichtleiterelektronik. Nihon Gakujutsu shinkokai 1981 (in Japanisch)

40 Huang, A.: The implementation of a residue arithmetic unit via optical and other physical phenomena. Proc. Internat. Opt. Computing Conf., Washington, D.C., IEEE Cat. No. 75 CH 0941-5C, (1975), p. 14-18

41 Huang, A.; Tsunoda, Y.; Goodman, J.W.; Ishihara, S.: Optical computing using residue arithmetic. Appl. Opt. 18 (1979) 2, p. 146-162

42 Ishihara, S.: Optische Residuenrechnung. Kogaku 9 (1980) 5, S. 305 (in Japanisch)

43 Schaefer, D.H.; Strong, J.P.: Tse computers. Proc. IEEE 65 (1977), p. 129-138

44 Senguputa, U.K.; Gerlach, U.H.; Collins, S.A.: Bistable optical device using direct optical feedback. Opt. Lett. 3 (1978) 5, p. 199-201

45 Seko, A.; Sasamori, A.: Fiber laser plate. Appl. Opt. 18 (1979) 12, p. 2052-2055

46 Seko, A.: All-optical parallel logic operation using fiber laser plate for digital image processing. Appl. Phys. Lett. 37 (1980) 3, p. 260-262

47 Jahns, J.: Concepts of optical digital computing - a survey. Optik 57 (1980) 3, p. 429-449

48 Caulfield, H.J.; Rhodes, M.J.; Foster, M.J.; Horvitz, S.: Optical implementation of systolic array processing. Opt. Commun. 40 (1981) 2, p. 86-90

49 Tanida, J.; Ichioka, Y.: Optical logic array processor using shadowgrams. J. Opt. Soc. Am. 73 (1983) 6, p. 800-809

50 Ichioka, Y.; Tanida, J.: Optical parallel logic gates using a shadow-casting system for optical digital computing. Proc. IEEE 72 (1984) 7, p. 787-801

51 Seko, A: Optische Logikelemente für die Prallelverarbeitung. Oyo butsuri 53 (1984) 5, p. 409 -414 (in japanisch)

52 Kuboda, K; Nishida, N.: Optische räumliche Modulatoren. Kogaku 14 (1985) 1, S. 19-28 (in japanisch)

53 Jewell, J.L.; Lee, Y.H.; Warren, M.; Gibbs, H.M.; Peyghambarian, N.; Gossard, A.C.; Wiegmann, W.: Low-energy fast optical logic gates in a room-temperature GaAS etalon. Tech. Prog. Opt. Soc. Am. 1984 Ann. Meeting, San Diego, USA., Paper ThF 6 (1984), p. 72

54 Ogawa. Y.; Iro, H.; Inaba, H.: New bistable optical device using semiconductor laser diode. Jpn. J. Appl. Phys. 20 (1981) 9, p. L 646-L648

55 Ogawa, Y.; Ito, H.; Inaba, H.: Bistable optical device using a light emitting diode. Appl. Opt. 21 (1982) 11, p. 1878-1880

56 Okumara, K.; Ogawa, Y.; Inaba, H.: Einsatzmöglichkeiten optisch bistabiler Halbleiterlaser und lichtemittierender Dioden. Denshi Tsushin Gakkai Rombunshi J 66-C (1983) 5, S. 393-400 (in japanisch)

57 Okumara, K.; Ogawa, Y.; Ito, H.; Inaba, H.: Optical logic inverter and AND elements using laser or light-emitting diodes and photodetectors in a bistable system. Opt. Lett. 9 (1984) 11, p. 519-521

58 Okumara, K.; Ogawa, Y.; Ito, H.; Inaba, H.: Optical bistability and monolithic, logic functions based on bistable laser/light-emitting diodes. IEEE J. Quantum Electron. QE-21 (1984) 4, p. 377-382

1.2 Lösungsansätze für optische Computer

Shimoda, K. (Keio Gijuku-Universität)

1.2.1 Einleitung

Die Idee des optischen Computer wurde mit der Entdeckung des Lasereffektes /1/ geboren. Zu dieser Zeit bestand die Vorstellung, unter Verwendung eines Laserstrahls eine Informationsrecherche in Literatursammlungen durchzuführen, und weiterhin der Traum, mit nichtlinearen optischen Materialien die Elektronenrechner durch Computer auf molekularer Basis zu ersetzen. Seitdem sind mehr als 20 Jahre vergangen. Bis heute wurden, wie auch anhand des vorliegenden Buches zu sehen ist, Ideen für mehrere Typen optischer Computer geäußert und in reale Anlagen für experimentelle Zwecke umgesetzt und untersucht. Trotzdem gibt es heute noch keinen optischen Computer als einsetzbares System. Der vollständige Funktionsnachweis eines Konzeptes wurde noch nicht erbracht. Da sich die Entwicklung des optischen Computers noch in einem sehr frühen Stadium befindet, werden hier noch viele neue Ideen benötigt.

Das Ziel des vorliegenden Artikels besteht nicht darin, aufzuzählen, welche Ideen für den optischen Computer geäußert wurden oder noch erforderlich sind. Eine Aufstellung der bereits vorgeschlagenen Konzepte ist im vorliegenden Buch enthalten und diesem zu entnehmen. Es braucht nicht gesagt zu werden, daß für jede technische Entwicklung Ideen erforderlich sind und daß sich aus einer hervorragenden Idee epochemachende neue Technologien entwickeln. Die optischen Computer sind, wie oben dargelegt, eine noch wenig ausgereifte Technologie, sie werden aber wohl zu einer Hochtechnologie, die in Zukunft eine Vielzahl von Bereichen beeinflussen wird. Hier wird das Keimen verschiedener bahnbrechender origineller Ideen beschleunigt. Werden diese Ideen sinnvoll umgesetzt, so ist davon auszugehen, daß die Untersuchungen ihren Abschluß in der praktischen Entwicklung eines optischen Computers finden werden.

Im Unterschied zu den Dingen des täglichen Bedarfs und einfachen Mechanismen kommt es bei einer so hochentwickelten und komplizierten Technologie, wie es die optischen Computer sind, auch bei Vorliegen einer oder zweier guter Ideen nicht zur sofortigen Umsetzung in einem neuen Gerät. Der optische Computer wartet auf jede neue Idee für seine Struktur oder Bauelemente. Auch wenn optische Bauelemente für die Verarbeitung entwickelt werden, sind bis zur Herstellung eines optischen Computers, der deren Funktionen optimal nutzt, noch viele neue Konzepte für die Forschung und Entwicklung zahlreicher damit im Zusammenhang stehender Bauelemente und zur Ausführung der Systeme erforderlich.

Die Entwicklung, bei der die herkömmliche Technik durch eine neue ersetzt wird, läuft nur schrittweise ab. Man geht aber davon aus, daß in einem optischen Computer als Hochleistungsanlage die einzelnen Bauelemente des Elektronenrechners durch optische Bauelemente ersetzt werden. Wie im vorigen Kapitel von Inaba dargelegt, sollen mit dem optischen Computer nicht nur sehr schnelle Berechnungen durchgeführt werden, sondern es wird auch die Entwicklung einer räumlichen Parallelverarbeitung gefordert. Der optische Computer ist also nicht einfach eine Erweiterung des für Elektronenrechner entwickelten Konzeptes. Hier soll dargelegt werden, welche zusätzlichen Funktionen Beachtung verdienen.

1.2.2 Konzept des vierdimensionalen optischen Computers

Die Quanten- oder Optoelektronik kann man als Synthese von Optik und Elektronik bezeichnen. Die Optik verarbeitet Informationen wie Bilder räumlich, die Elektronik elektrische Signale zeitlich. Mit der Entwicklung der Laser wurde die Verarbeitung von zeitlichen und räumlichen, d.h. von vierdimensionalen Informationen möglich. Schließlich werden unter dem Gesichtspunkt der Quantenelektronik zeitliche und räumliche Informationen im atomaren und molekularen Mikrobereich verarbeitet.

Das Konzept des optischen Computers soll im oben dargelegten Rahmen diskutiert werden. Der optische Computer, der zeitliche Signalfolgen räumlich parallel verarbeitet, und der optische Computer, der eine räumliche Bildverarbeitung zeitlich vornimmt, sind optische Computer der ersten Generation. Durch den Einsatz der Optoelektronik lassen sich mit hoher Geschwindigkeit zu einem bestimmten Zeitpunkt eine Vielzahl von Informationen verarbeiten, räumlich ist dies mit hoher Auflösung möglich.

Mit anderen Worten gibt es bei der Untersuchung der optischen Computer die Vorgehensweise, mit Licht zu rechnen und die, das Licht zu berechnen. Die Elektroniker haben mit Licht rechnende Bauelemente und einen optischen Verarbeitungsprozeß entwickelt, den sie als räumlichen Parallelbetrieb ansehen.

Demgegenüber haben die Spezialisten auf dem Gebiet der Optik zur Berechnung des Lichtes die Fourier-Optik sowie die Holografie verwendet und sind davon ausgegangen, hiermit eine Verarbeitung von Zeitfolgen vorzunehmen. Unter dem jeweiligen speziellen Hintergrund ergeben sich die Herausforderungen für die neue Technologie, die natürlich umfangreiche Untersuchungen erfordern. Die Ergebnisse dieser Verfahren müssen miteinander verglichen und geeignet bewertet werden, darauf aufbauend sind neue zukünftige Vorgehensweisen festzulegen. Es wäre wohl optimal, jedes Bauelement des optischen Computers zu untersuchen, der durch die Zusammenfassung von zeitlichen und räumlichen Dimensionen auf einem vierdimensionalen Konzept beruht.

Die vier Dimensionen sind normalerweise die räumlichen Koordinaten x,y,z und die Zeitachse t. Das Informationssignal wird durch $P(x,y,z,t)$ beschrieben. Es bestimmt bei der Verarbeitung das Schreiben und Lesen von Speichern. Die mit den Variablen für die Koordinaten verknüpften Größen sind k_x, k_y, k_z, ω. Hierbei sind k_x, k_y, k_z die x, y, z-Komponenten des Wellenvektors k, ω ist die Kreisfrequenz. Weiterhin können das Informationssignal mit $Q(k_x,k_y,k_z,\omega)$ beschrieben und die Verarbeitungsbefehle auf die gleiche Weise festgelegt werden. Werden die einzelnen optischen und die optoelektronischen Bauelemente im Rahmen dieser Koordinaten bewertet, so ergibt sich für die Entwicklung ein besserer Überblick.

Um die Erläuterungen zu konkretisieren, soll als relativ einfaches Bespiel ein optischer Speicher betrachtet werden. Arten optischer Speicher sind Glasfasern, fotografische Aufnahmen oder das Hologramm. Wird die Längsrichtung einer Glasfaser als z- Koordinate gewählt, so läßt sich die optische Information von $x = x_0$, $y = y_0$ (Koordinate der Faser) mit $P(z,t)$ beschreiben. z und t sind nicht unabhängig voneinander. Ist c die Lichtgeschwindigkeit in der Faser, so besteht der Zusammenhang:

$$z = z_0 + ct.$$

Folglich ist der Lichtleiter ebenso ein eindimensionaler Speicher wie das Magnetband $P(z)$.

Bei der fotografischen Aufnahme werden die optischen Informationen zum Zeitpunkt der Aufnahme $t = t_0$ mit $P(x,y,z)$ beschrieben. Hierbei sind x,y,z nicht unabhängig voneinander, in Abhängigkeit von der Lage auf der fotografischen Platte während der Aufnahme besteht der Zusammenhang:

$$z = z_0 + ax + by$$

(a, b sind Konstanten, die die Richtung der Platte bestimmen).

Folglich ist das Foto ein zweidimensionaler Speicher. Vom Einschreiben bis zum Auslesen ist etwa eine Zeit von 1000 s erforderlich, bei den vor kurzem entwickelten optischen Platten konnte diese Zeit auf ca. 1 s verringert werden. Betrachtet man sie als Spirale, so ist es ein eindimensionaler Speicher. Bei einer Dimension ist die Zugriffszeit lang, günstiger ist die Verwendung zweier Koordinaten, von Radius r und Winkel θ. Das heißt, es ist ein zweidimensionaler Speicher günstiger, bei dem die Aufzeichnung nicht auf einer Spirale, sondern auf eng zueinander benachbarten konzentrischen Kreisen erfolgt. Bei zweidimensionalen Bildspeichern, die neue Aufzeichnungselemente nutzen wie Flüssigkristalle oder Pockels-Elemente, ist eine zeitliche Antwort in der Größenordnung von ms möglich, das räumliche Auflösungsvermögen ist aber schlecht.

Es gibt Untersuchungen an zweidimensionalen Bildspeichern, die Antwortzeiten in der Größenordnung von µs haben, ns und ps sind dagegen wenig realistisch. Auch wenn sie einmal möglich sein werden, verschlechtert sich das räumliche Auflösungsvermögen. Die Bestimmung ihrer prinzipiellen Grenzen ist von großer Bedeutung. Die Berechnung der Bitdichte pro vierdimensionaler Volumeneinheit (pro Kubikmeter und Sekunde) für Glasfaserkabel gegenwärtiger Technik und Bildspeicherelemente sowie deren Vergleich wurden bis heute noch nicht vorgenommen.

Das Ziel des vorliegenden Artikels besteht nicht in der Einschätzung der verschiedenen optischen Speicher, hier soll der Vergleich anhand von Zahlenwerten durchgeführt werden. Beim gegenwärtigen technischen Stand werden entweder die räumlichen oder die zeitlichen Koordinaten bevorzugt. Durch umfassende Untersuchung der zukünftigen optischen Speicher im vierdimensionalen Raum muß ermittelt werden, in welchem optimalen Bereich sie zu betreiben sind.

1.2.3 Konzept des vierdimensionalen optischen Speichers

Wie oben dargelegt, werden die gegenwärtigen optischen Speicher in den vier Koordinaten (x,y,z,t) konzipiert. Wird der Effekt des chemischen Brennens von Löchern genutzt (chemical hole-burning effect) /2/, so läßt sich ein Speicher für die vier Dimensionen (x,y,z,ω) aufbauen. Dieser Effekt besteht darin, daß, wenn das Spektrum einer Molekülgruppe inhomogen erweitert ist und diese mit einfarbigem Licht angeregt wird, in der Umgebung der Frequenz des einfallenden Lichtes im inhomogenen Spektralbereich nur die Moleküle angeregt werden, die im homogenen Bereich liegen. Es ist ein nichtlinearer spektraler Effekt. Da es nicht wenige Materialien gibt, bei denen das Verhältnis von homogenem zu inhomogenem Bereich 10^2 bis 10^3 beträgt, werden für den optischen Speicher Moleküle ausgewählt, die hinsichtlich ihrer Eigenschaften wie der Lebensdauer des angeregten Zustandes günstig sind. Es können Speicher in einem Frequenzband von mehreren hundert Kanälen betrieben werden /3/.

Werden jetzt, wie Bild 1 zeigt, in Plast oder Gelatine Moleküle, die für das chemische Brennen von Löchern vorgesehen sind, diffus verteilt, so läßt sich ein mit (x,y,z,ω) adressierbarer Speicher herstellen.

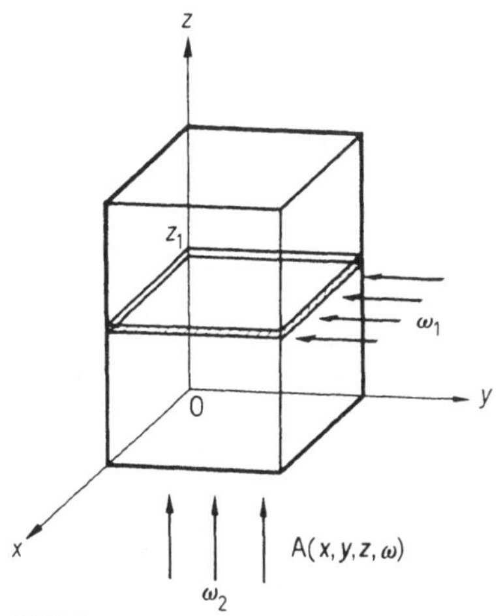

Bild 1

Für das Einlesen in den Speicher A (x,y,z,ω) wird die Absorption zweier Photonen genutzt. Wird zum Beispiel mit einem Lichtstrahl der Kreisfrequenz ω_1 eine dünne Schicht senkrecht zur z-Achse bestrahlt und mit einem Lichtstrahl mit der Kreisfrequenz ω_2 parallel zur z-Achse, so werden nur in die Moleküle, die mit dem Licht von beiden Quellen bestrahlt werden, mit der spektralen Frequenz $\omega_1 + \omega_2 = \omega$ chemisch Löcher gebrannt. Wird das Licht ω_1 in die Ebene z = z_1 mit z_1 als variablen Parameter eingestrahlt und für die

Amplitudenverteilung des Lichtes ω_2 in der xy-Ebene $A(x,y,z_1,\omega)$ angenommen, so kann man dreidimensional einschreiben. Wird $\omega_1 + \omega_2$ geändert, so kann ein vierdimensionaler Speicher aufgebaut werden. Beim Auslesen kann wie beim Einlesen der Transport zweier Photonen genutzt werden.

Wird ein derartiger vierdimensionaler Speicher hergestellt, so beträgt das spektrale Auflösungsvermögen bezüglich ω 10^2 bis 10^3 Kanäle, das räumliche Auflösungsvermögen für x,y,z jeweils 10^2 bis 10^3. Die gesamte Speicherkapazität beläuft sich dann auf 10^8 bis 10^{12} bit. Wird nicht mit den lokalen Koordinaten, sondern in Richtung des Wellenvektors der Speicher beschrieben, d.h. ein laserinduziertes räumliches Beugungsgitter verwendet, so lassen sich Fehler vermeiden, die durch Inhomogenitäten des Elementes und Staub entstehen. Ist in diesem Fall der Brechungsindex des Mediums konstant, so erhält man, da $\omega/k = c$ konstant ist, einen dreidimensionalen Speicher. Da der vierdimensionale Speicher auf einen dreidimensionalen reduziert wurde, sinkt die Fehlerrate, aber dadurch auch die Speicherkapazität.

Schließlich sind die Phase Φ der Lichtquelle und der Polarisationszustand Größen, die den Zusammenhang zwischen den Lichtwellenkomponenten jeder Koordinate der 4 Dimensionen beschreiben, was sich für die optische Speicherung nutzen läßt. Der polarisierte Zustand läßt sich mit drei unabhängigen Variablen, den beiden Komponenten p und s, die senkrecht zum Wellenvektor **k** und zueinander sind, und deren Phasendifferenz beschreiben. Natürlich können diese Effekte nicht nur beim optischen Speicher, sondern auch für optische Verarbeitungen genutzt werden.

Literatur

1   Shimoda, K.: Kagaku 31 (1961), 12 S. 660 (in Japanisch)
2   Macfarlane, R.M.; Shelby, R.M.: Phys. Rev. Lett. 42 (1979), p. 788
3   Bijorklund, G.C.; Lenth, W.; Levenson, M.D.; Ortiz, C.: in "Laser Spectroskopy V", eds. McKellar, A.R.W. et al., Springer (1981), p. 389-398

1.3 Aufgaben optischer Computer

Shimada, J. (Denshi Gijutsu Sogo Kenkyusho)

1.3.1 Einleitung

Man muß zum gegenwärtigen Zeitpunkt feststellen, daß nicht nur kein optischer Computer verfügbar ist, sonder sogar über seine Funktion und die möglichen Typen Unklarheiten bestehen. Hier sollen daher die Untersuchungen von zwei Hauptrichtungen der optischen Computer vorgestellt und deren jeweilige Aufgabenstellungen untersucht werden.

Unter dem Begriff "optischer Computer" wird hier ein universeller Computer verstanden, "Spezialprozessoren" werden nicht behandelt.

1.3.2 Konzept

Eines der möglichen Konzepte für optische Computer läßt sich mit dem einer komplizierten Kamera vergleichen, bei der eine räumliche Parallelverarbeitung von Bildern stattfindet.

Ein weiteres Konzept des optischen Computers ist eine Platine mit optischen integrierten Bauelementen, bei der Zahlen als Impulsfolgen verarbeitet werden.

1.3.3 Aufgaben und Ziele

Beim ersten Typ des optischen Computers kann ein Bild z.B. mit kohärentem Licht bestrahlt und augenblicklich eine Fourieranalyse durchgeführt werden, d.h., die Verarbeitung erfolgt sehr schnell. Der zweite Typ des optischen Computers beruht auf dem Konzept, aus optischen Bauelementen bestehende, sehr schnelle Digitalrechner zu entwickeln, deren Geschwindigkeit höher als die Laufgeschwindigkeit der Elektronen ist.

1.3.4 Aufbau eines Computersystems

Damit der erste Typ des optischen Computers ein echter Computer wird, darf er nicht nur Bilder, sondern er muß auch Zahlen verarbeiten können.

Für die Realisierung des zweiten Computerkonzeptes müssen nicht nur die Bauelemente schnell, sondern es muß auch die Verdrahtung kurz sein. Daher ist das Zusammenschalten von Einzelbauelementen wenig sinnvoll, die optischen Bauelemente müssen als integrierte Schaltkreise ausgeführt werden.

1.3.5 Wesentliche Probleme

Das große Problem für den Einsatz optischer Computer des ersten Typs besteht in den zu untersuchenden Algorithmen zur Parallelverarbeitung. Der zweite Typ erfordert miniaturisierte optische Bauelemente. Da flächenhaft integrierte Bauelemente nicht unbedingt eine hohe Dichte garantierten, müssen räumlich integrierte Bauelemente entwickelt werden.

1.3.6 Sekundäre Probleme

Um Computer des ersten Typs für universelle Aufgaben einsetzen zu können, ist ein Verfahren erforderlich, mit dem eine große Anzahl von Rechen-
schritten entsprechend der Aufgabenstellung komplex zusammengefaßt werden. Bezieht man hier analoge Rechenschritte mit ein, so ist eine Verringerung
der Rechengenauigkeit in Kauf zu nehmen.

Nimmt beim 2. Typ des optischen Computers die Anzahl der räumlich integrierten Schaltkreisen zu, so verursacht die Wärmeerzeugung Schwierigkeiten.

1.3.7 Maßnahmen zur Lösung der Probleme

Die Verschlechterung der Rechengenauigkeit beruht beim ersten Typ auf
der Analogverarbeitung. Zur Verbesserung der Genauigkeit muß eine Digitalisierung angestrebt werden.

Die digitale Verarbeitung beim 2. Computertyp erfordert eine große Anzahl
von Bauelementen. Wird diese Zahl zu groß, müssen analoge Elemente einbezogen werden.

1.3.8 Einzugehende Kompromisse

Mit fortschreitender Einbeziehung digitaler Elemente in den ersten Computertyp gehen die durch die Nutzung der Kohärenz des verwendeten Lichtes
bedingten Vorteile verloren.

Mit zunehmendem Einsatz der Analogverarbeitung im zweiten Computertyp wird die Flexibilität geopfert, eine zunehmende Anzahl einfacher logischer
Schritte zu beherrschen.

1.3.9 Bauelementeprobleme

Bauelemente, die sowohl zeitlich als auch räumlich eine digitale Verarbeitung vornehmen, haben eine komplizierte dreidimensionale Struktur, die sich
für den ersten Typ des optischen Computers schwierig herstellen läßt.

Werden einzelne Bauelemente des 2. Typs analog ausgeführt, so lassen sich
alle von den Bauelementen geforderten Funktionen erreichen. Punktförmige
Bauelemente für die zeitliche Verarbeitung werden angestrebt, lassen sich aber
wohl kaum realisieren.

1.3.10 Einzugehende Kompromisse

Beim ersten Computertyp wird eine räumliche Dimension geopfert, und
arrayförmige Bauelemente sind zugelassen. Beim zweiten Typ sind einfache
Elemente, die als Array angeordnet werden, noch einsetzbar.

1.3.11 Wesentliche Probleme

Kann man arrayförmige Bauelemente herstellen, so ist davon auszugehen,
daß auch elektronische integrierte Schaltkreise stark parallelisiert werden, es
wird zu einem starken Wettbewerb kommen.

1.3.12 Schlußfolgerungen

Damit sie sich durchsetzen können, müssen für die optischen Computer Verfahren entwickelt werden, die die Besonderheit des Lichtes noch besser ausnutzen. Weiterhin sind Grundlagenuntersuchungen zu betreiben.

1.3.13 Zusammenfassung

Entsprechend dem oben dargelegten Szenarium drehen sich die Untersuchungen an optischen Computern im Kreis. Um diesen zu durchbrechen, ist eine grundlegende "Entdeckung" erforderlich.

2 Optische Bauelemente

2.1 Grundlegende physikalische Eigenschaften optischer Bauelemente

Sakaki, H. (Universität Tokyo)

2.1.1 Einleitung

Da eine sehr große Anzahl von physikalischen Zusammenhängen das Funktionsprinzip für ein optisches Bauelement bilden können, ist es nicht möglich, im vorliegenden Beitrag auf alle einzugehen. Hier wird durch die Konzentration auf Untersuchungen an ultradünnen Halbleiterschichten und Supergittern, die in den letzten Jahren erheblich verstärkt wurden, sowie durch die Einbeziehung quantenmechanischer Überlegungen theoretisch ermittelt, welche optischen Eigenschaften sich für diese Zwecke nutzen lassen /1/.

Die Quantenmulde

In einer Struktur, bei der eine ultradünne GaAs-Schicht von einer $Al_xGa_{1-x}As$-Schicht eingeschlossen wird, wird durch die Differenz der beiden Elektronenaffinitäten das in Bild 1(a) gezeigte Rechteckpotential $V(z)-E_c(z)$ erzeugt. Die Höhe der Wand ist etwa proportional dem Al-Anteil x. Da bei x = 0,3 E_c ca. 0,3 eV beträgt, können die Leitungselektronen vollständig im GaAs eingeschlossen werden. Ist nun die Stärke der GaAs-Schicht ausreichend gering (20 nm), so nimmt die Wellenfunktion $\varphi(z)$ der Elektronen die Form einer stehenden Welle ($\sin\{(n+1)\pi z/L_z^*\}$) an. Hierbei sind n die Quantenzahl (0,1,2....) und L_z^* die effektive Stärke der GaAs-Schicht (L_z).

Da die Elektronen innerhalb der ultradünnen Schicht nur entlang der Richtungen x und y als freie Teilchen schwingen können, bezeichnet man sie als zweidimensionales Elektronengas. Die Gesamtenergie der Elektronen kann als Summe der kinetischen Energie E_{kin} in der (x,y)-Ebene und der Energie E_{ze} der Quantenniveaus beschrieben werden, es ergibt sich:

$$E = E_{kin}(k_x, k_y) + E_{ze}(n) \tag{1}$$

und

$$E_{kin} = \frac{h^2}{2m_e}(k_x^2 + k_y^2). \tag{2}$$

Bekanntlich wird bei einer ausreichenden Tiefe der rechteckigen Potentialmulde $E_{ze}(n)$ durch die folgende Gleichung gegeben:

$$E_{ze}(n)=\frac{\hbar^2}{2m_e^*}\left(\frac{\pi}{L_z^*}\right)^2(n+1)^2 \tag{3}$$

Hier wird mit m_e^* die effektive Elektronenmasse bezeichnet. Die Einbeziehung der Quantenmechanik kann auch unter Verwendung der Grenzflächen-Raumladungsschicht nach Bild 1(b) zwischen dem p- GaAs und dem n-AlGaAs vorgenommen werden.

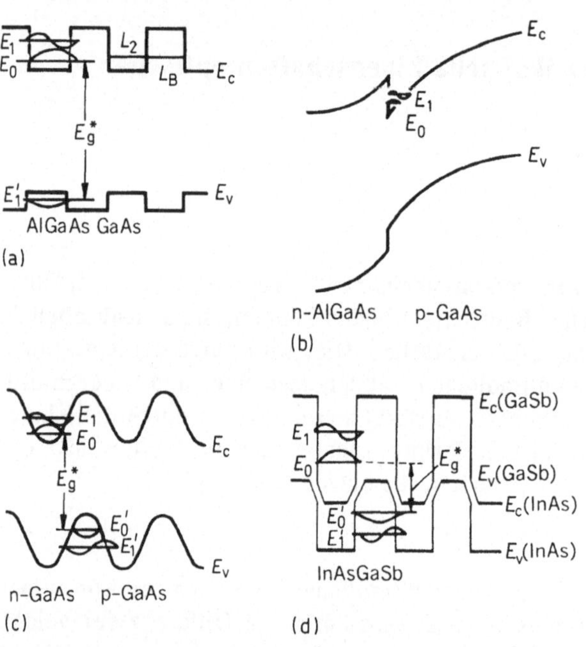

Bild 1:   Ultradünne Halbleiterschichten und Supergitterstrukturen
           sowie deren Bändermodelle /1/

Supergitter

Verringert man die Stärke der AlGaAs-Schicht, die die ultradünnen GaAs-Schichten voneinander trennt, so werden die Elektronenwellen im AlGaAs nicht ausreichend gedämpft, und es kommt zwischen den Quantenniveaus benachbarter ultradünner GaAs-Schichten zu Kopplungen. Als Ergebnis werden kleine Energiebänder (Minibänder) erzeugt. Werden wechselseitig eine Schicht (z.B. eine ultradünne GaAs-Schicht), die die Elektronen einschließt, und eine Schicht (AlGaAs-Schicht), die die Tunnelung ermöglicht, aufgetragen, so bezeichnet man die so hergestellte periodische Struktur (Periode d = $L_z + L_B$) als Halbleiter-Supergitter (Superlattice: SL) /2/.

Da bei einem GaAs/GaAlAs-Supergitter das Leitband und das Valenzelektronenband ausreichend voneinander entfernt sind, darf deren gegenseitige

Wechselwirkung vernachlässigt werden. Bei bestimmten Typen von Supergittern muß sie aber berücksichtigt werden. Als Beispiel ist im Bild 1(c) ein nipi-Supergitter dargestellt, bei dem superdünne n-GaAs und p-GaAs-Schichten übereinander aufgetragen wurden.

Bei dem im Bild 1(d) dargestellten InAs/GaSb-Supergitter sind die Verhältnisse noch eindeutiger /3/. In der hierbei auftretenden Hetero-Verbindung kommt es zu einer Überlagerung des InAs-Leitbandes mit dem Valenzband des GaSb. Die Kopplung der von beiden Teilen herrührenden Wellen ist dabei ein wichtiges Problem. Durch Steuerung der vielfältigen Einschlußmöglichkeiten der Elektronen lassen sich verschiedene Eigenschaften der ultradünnen Schichten und der Supergitter erzielen.

2.1.2 Zwischen den Bändern ablaufende Prozesse (I) - GaAs/GaAlAs-System

Verschiebung der Grundabsorption in den kurzwelligen Bereich

Wie im Bild 1(a) dargestellt, ist bei einer Struktur, bei der die ultradünne GaAs-Schicht in eine AlGaAs-Schicht eingeschlossen ist, die für die Photoanregung zwischen den Bändern erforderliche Photonenenergie hv gleich der Summe aus der Breite des verbotenen Bandes E_g des normalen massiven GaAs und der Quantenniveaus der Elektronen $E_{ze}(n)$ sowie positiven Löcher bzw. $E_{zh}(n)$.

$$h\nu = E_g^* = E_g + E_{ze}(n) + E_{zh}(n) \tag{4}$$

Daher entsteht für das optische Absorptionsspektrum einer ultradünnen Schichtstruktur aus GaAs/AlGaAs mit Zunahme der effektiven verbotenen Bandbreiten eine Struktur, die eine zunehmende Anzahl von Quantenniveaus aufweist /4/.

Im Bild 2(b) ist ein Meßbeispiel für die optische Absorption dargestellt. Da, wie oben dargelegt, das 2. und 3. Glied der Gleichung (4) von der Stärke L_z der GaAs-Schicht abhängen, können das Absorptions- und Emissionsspektrum durch die Wahl von L_z gesteuert werden (Bild 3).

Der inverse Prozeß zur optischen Absorption ist die Lichtemission, zu der es durch Rekombination der injizierten Elektronen und Löcher kommt. In Bild 2(a) ist das Fotolumineszenz-Spektrum einer ultradünnen GaAs-Schicht dargestellt. Es ist eine Lichtemission zu beobachten, die die Übergänge zwischen den Grundniveaus begleitet.

Verstärkt man die Anregungsamplitude und sorgt für eine optische Rückkopplung, so wird die induzierte Emission dominant, es kommt schließlich zu Laserentladung. Hierauf beruht die Funktion des Qantenmuldenlasers (QW) /7/.

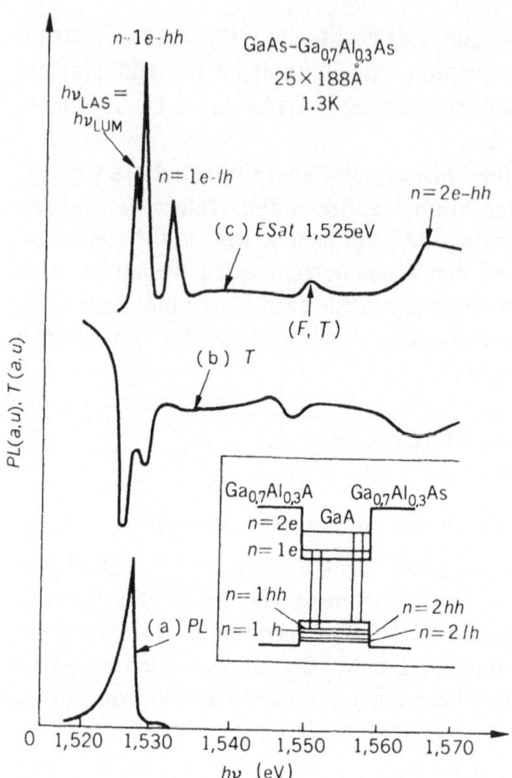

Bild 2: GaAs/Al$_{0,3}$Ga$_{0,3}$As-Struktur (nach Weisbuch et al. /5/)
(a) Fotolumineszenz PL
(b) optische Durchlässigkeit T
(c) Anregungsspektrum ES

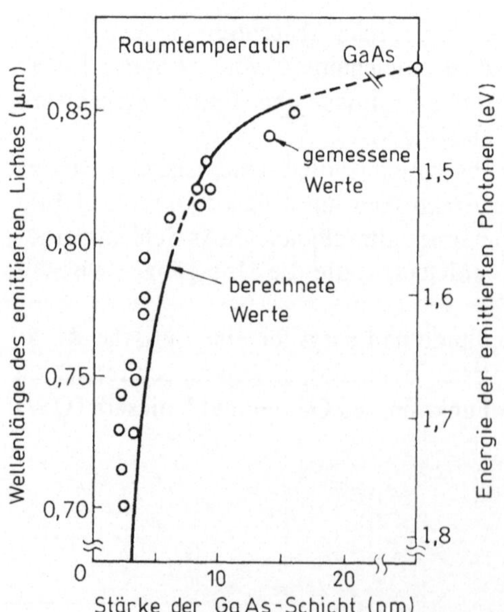

Bild 3: Änderung der emittierten Wellenlänge in Abhängigkeit von der Stärke der
GaAs-Quantenmuldenschicht (nach Ishibashi, Suzuki, Okamoto /6/)

Quantenmuldenlaser

Das Interesse konzentrierte sich zunächst auf die Quantenmuldenlaser, da sich durch die Wahl der Schichtdicke L_z die Wellenlänge des emittierten Lichtes steuern läßt. Speziell läßt sich durch eine Verringerung der Stärke der GaAs-Schicht die Wellenlänge des emittierten Lichtes von 880 nm auf 650 nm verringern. Dadurch ist dies auch als ein Verfahren zur Herstellung eines Lasers interessant, der im sichtbaren Spektralbereich emittiert. In letzer Zeit wurden durch umfangreiche Untersuchungen Quantenmuldenlaser mit folgenden hervorzuhebenden Eigenschaften entwickelt:

- Verringerung des Schwellwertes für den Anregungsstrom I_{th} bis auf 250 A/cm^2 /8/,

- geringe Temperaturabhängigkeit von I_{th} ($T_0 = $ 200 bis 400° C)

- hohe Anisotropie der Verstärkung ($g_{TE} >> g_{tM}$).

- geringe Anzahl von Moden bei hoher Modulationsgeschwindigkeit.

Einige dieser Eigenschaften lassen sich bis zu einem gewissen Grad dadurch erklären, daß die Verstärkungskurve aufgrund des zweidimensionalen Elektronenzustandes eingeengt ist.

Die Photonenenergie hν, die der Emissionswellenlänge des Lasers entspricht, ist mit 30 meV normalerweise kleiner als die Energie zwischen den Quantenniveaus. Von einer Gruppe der Universität von Illinois wurde hierfür die Interpretation vorgeschlagen /9/, daß diese Verringerung auf die Emission optischer Phonone (ca. 37 meV) zurückzuführen sei. Später wurde ermittelt, daß dieser Verringerungseffekt von der Größe der Trägerinjektion abhängt, das Phononenmodell daraufhin angezweifelt und der Doppelkörpereffekt als Erklärung angeführt /10/.

2.1.3 Bandprozesse II - InAs/GaAs/GaSb und nipi-Systeme

Bei der oben beschriebenen GaAs- und AlGaAs-Mehrschichtstruktur muß für die Erzeugung der Quantenniveaus die Breite des verbotenen Bandes größer sein als E_g von GaAs. Übrigens kann in dem Fall, wo wie im Bild 1(c) und (d) Elektronen und positive Löcher räumlich getrennt sind, die Breite des verbotenen Bandes einen Wert annehmen, der geringer als E_g ist. Zum Beispiel kann bei einer nipi-Struktur nach Bild 1(d), bei der äußerst dünne n-GaAs- und p-GaAs-Schichten übereinandergebracht wurden, davon ausgegangen werden, daß der Abstand der Quantenniveaus der eingeschlossenen Elektronen und Löcher kleiner als Eg wird. Diese Erscheinung kann als Frantz-Kerdish-Effekt angesehen werden, der auf dem durch die Raumladung hervorgerufenen elektrischen Feld beruht. In Bild 4 ist ein Beispiel für die Messung der von dieser Struktur ausgehenden Fotoluminszenz angeführt. Als untere Grenze für eine schwache Anregung wurde eine Lichtemission bei einer Photonenenergie nachgewiesen, die um ca. 300 meV niedriger lag als E_g von GaAs /11/.

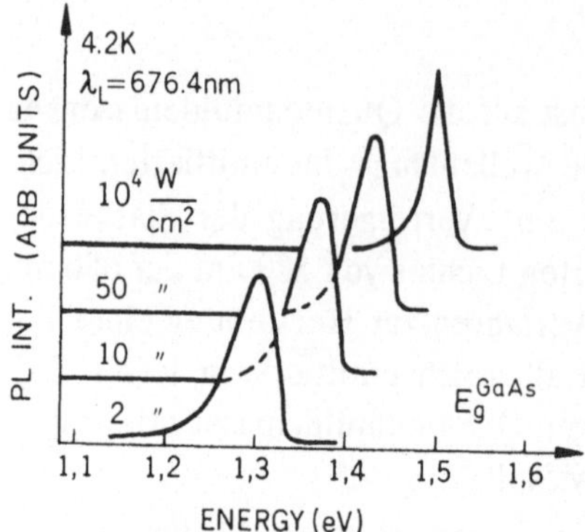

Bild 4: Abhängigkeit der Fotolumineszenz PL von der Anregungsamplitude für ein GaAs-nipi-
Supergitter (nach G.H. Döhler /11/).

In der nipi-Struktur wird mit zunehmender Anzahl der bei der Photoanregung erzeugten Träger schließlich ein ebenes Potential erzeugt. Damit nähert
sich E_g der nipi-Struktur dem E_g-Wert von GaAs. Bild 4 zeigt diese Tendenz.
Folglich hat das nipi-Kristall die Eigenschaft, daß durch die Photoanregung die
Breite E_g des verbotenen Bandes auf einen bestimmten Wert eingestellt werden kann.

Ein weiteres Beispiel für eine aus mehreren Schichten bestehende Struktur
aus ultradünnen Schichten, bei der Elektronen und positive Löcher räumlich
getrennt sind, ist das im Bild 1(d) gezeigte InAs/GaSb-Supergitter /3/. Da in
diesem Fall die Unstetigkeit ΔE_c des Leitbandes größer ist als E_g von GaSb,
wird das Leitband von InAs gegenüber dem Valenzelektronenband von GaSb
um 0,14 eV nach unten verschoben. In dem Bereich ($L_z = L_B > 10$ nm), in
dem die Summe der Quantenniveaus $\{E_{ze}(0) + E_{zh}(0)\}$ 0,14 eV nicht überschreitet, wird das Elektronenniveau im InAs niedriger als das Niveau der
positiven Löcher im GaSb. Es tritt der sogenannte halbmetallische Zustand
auf, dessen Herausbildung sich mit der Photoabsorption und dem Löchereffekt
nachweisen läßt /12/.

2.1.4 Gebundene Zustände in ultradünnen Schichten - Verunreinigungsniveaus und Exzitonen

Wirken auf die in ultradünnen Schichten eingeschlossenen Elektronen Coulombsche Anziehungskräfte, so werden lokale Donatorenniveaus erzeugt. Da
diese Donatorenniveaus die Bedingung erfüllen müssen, daß die Wellenfunktion φ an der Schichtoberfläche Null wird, ist dies ein Zustand, der sich von
dem des herkömmlichen Wasserstoff-Atommodells unterscheidet. Im allgemeinen ist es nicht einfach, die exakte Lösung zu bestimmen. Beschreibt man φ
mit der folgenden Variationsgleichung, so lassen sich die meisten Zustände
erfassen /13/.

$$\varphi = N cos \left(\pi \frac{z}{L_z} \right) \exp - \left\{ \frac{\sqrt{p^2 + (z - z_i)^2}}{\lambda} \right\}$$

Hierbei sind $(0, 0, z_i)$ die Koordinaten der Verunreinigung, $\rho = (x^2 + y^2)^{1/2}$ die Koordinate des Radius, ausgedrückt mit den Koordinaten (x, y) der Schicht, L_z die Schichtdicke, a^* der effektive Bohr-Radius (= $\varepsilon h^2/m^* e^2$); der Koordinatenursprung der z- Achse wurde in die Mitte der Schicht gelegt. Schließlich ist λ der Variationsparameter.

Allgemein hängt die Bindungsenergie E_i des Verunreinigungsniveaus im starken Maße von der Schichtdicke L_z und der Koordinate z_i der Verunreinigung ab. Da dann, wenn die Verunreinigung in die Mitte der Schicht gebracht wird ($z_i = 0$) und die Schicht eine geringe Stärke aufweist ($L_z/a^* >> 1$), das Wasserstoff-Atommodell gilt, läßt sich E_i mit der folgenden Gleichung angeben:

$$E_i(z_i = 0, L_z \rightarrow \infty) = 1R_y^* = \frac{m^* e^4}{3\varepsilon^2 h^2}$$

Ist andererseits die Schichtstärke ausreichend groß und befindet sich die Verunreinigung an der Schichtoberfläche ($z_i = \pm L_z/2$), entspricht der Eigenzustand dem 2p-Orbit des Wasserstoffatoms, und E_i läßt sich durch die folgende Gleichung angeben:

$$E_i(z_i = \pm L_z/2, L_z \rightarrow \infty) = \frac{1R_y^*}{n^2} = \frac{1}{4}R_y^*$$

Befindet sich schließlich die Verunreinigung in der Mitte der Schicht und ist die Schicht ausreichend dünn ($L_z/a << 1$), konnte durch Variationsrechnung nachgewiesen werden, daß die Bindungsenergie die folgenden Werte annimmt:

$$E_i(z_i = 0, L_z/a << 1) = 4R_y*$$

Aus den obigen Ergebnissen lassen sich die folgenden Schlußfolgerungen ziehen:

1. Die Bindungsenergie der Niveaus der sich in der Mitte der Schicht befinden-den Verunreinigungen wächst mit abnehmender Schichtstärke.
2. Bei gleicher Schichtstärke nehmen mit zunehmender Entfernung von der Schichtdicke die Verunreinigungen ab.

Untersucht man die Fotolumineszenz von GaAs/AlGaAs-Quantenmulden bei niedrigen Temperaturen, so ist nach Bild 5(a) neben der eigentlichen, durch die Bandübergänge verursachten Emission noch eine auf den Übergängen zwischen dem Leitband und den Kohlenstoff-Akzeptoren beruhende nachweisbar /14/. Bild 5(b) zeigt die auf der Grundlage von Messungen ermittelten Ergebnisse für die Abhängigkeit der Akzeptor-Bindungsenergie von L_z. Wie dargestellt ist, stimmen die Meßpunkte für $z_i = 0$ etwa mit dem theoretischen Verlauf überein. Weiterhin sind die Kohlenstoff-Akzeptoren in der Quantenmulde etwa homogen verteilt. Die Akzeptor-Verunreinigungen liefern einen großen Beitrag zu der extern angeregte Fotolumineszenz bei normalen massiven Kristallen. Übrigens wurde ermittelt, daß in der Quantenmulde im Vergleich zur Eigenlumineszenz der durch die Verunreinigungen verursachte Beitrag klein wird. Die Ursachen werden gegenwärtig untersucht.

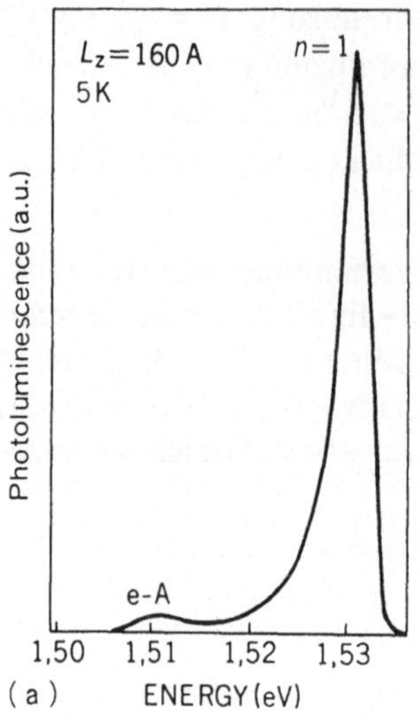

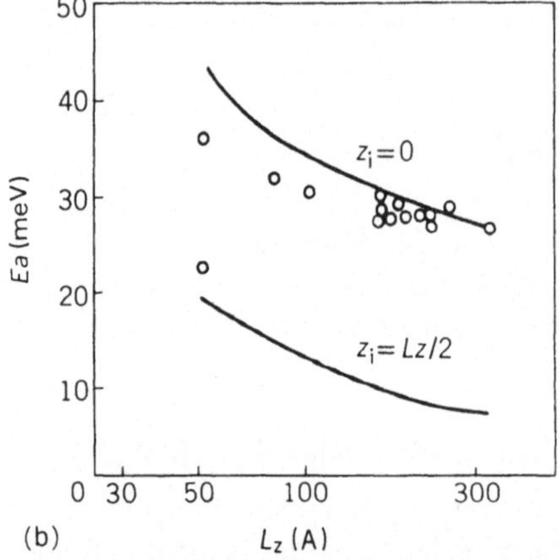

Bild 5:   (a) Kennlinie der Fotolumineszenz einer Quantenmulde

(b) Mit (a) ermittelte Abhängigkeit der Akzeptor- Bindungsenergie von der
Schichtstärke (nach R.C. Miller et al. /14/)

Wirken auf die Elektronen-Löcher-Paare der ultradünnen Schicht Coulombsche Kräfte, so werden Exzitonen erzeugt. Es läßt sich abschätzen, daß die
Bindungsenergie der Exzitonen in der ultradünnen Schicht wie für die Verunreinigungsniveaus größer ist als in der Volumenmasse. Wird auf der Grundlage
einer Analyse des Lumineszenz-Anregungsspektrums die Energiedifferenz
zwischen den Zuständen 1 s und 2 s des Exzitons bestimmt und dem theoretischen Wert gegenübergestellt /15/, so ergibt sich die in Bild 6 gezeigte gute
Übereinstimmung. In dieser Abbildung ist auch das Ergebnis für die Bindungsenergie des 1s-Zustandes dargestellt, das theoretisch ermittelt wurde. Hieraus
ist ersichtlich, daß sich die Bindungsenergie mit Verringerung der Schichtstärke ($L_z = $ 30 nm bis 0 nm) von 11 meV auf 17 meV erhöht. Für Exzitonen in
einem massiven GaAs-Kristall ist diese Bindungsenergie gering (ca. 4 meV),

durch eine geringe thermische Energie wird der größte Teil zerstört. Da sich in der ultradünnen Schicht dagegen die Bindungsenergie erhöht, ist es möglich, daß bis hin zu hohen Temperaturen der Beitrag der Exzitonen erhalten bleibt.

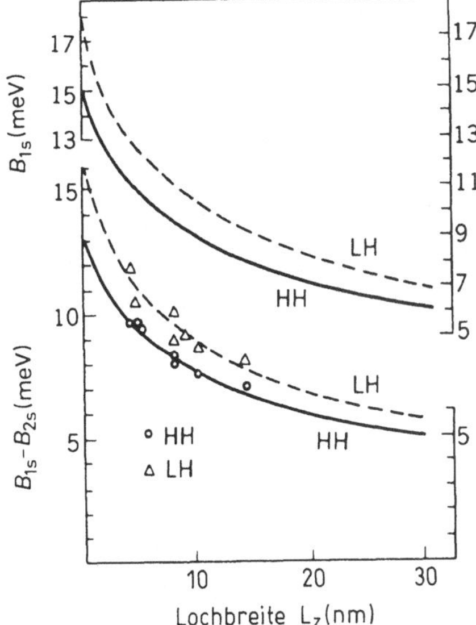

Bild 6: Experimentell bestimmte Werte und theoretischer Verlauf für die Abhängigkeit der Bindungsenergie B_{1s} der Exzitonen von der Schichtstärke (nach R.C. Miller et al. /15/)

Weiterhin wurde wurde veröffentlicht /16/, daß man praktisch von einer scharfen Spitze im optischen Absorptionsspektrum bei Zimmertemperatur ausgehen kann, die vom Beitrag der Exzitonen herrührt. Weiterhin läßt sich eine optische Bistabilität bei Raumtemperatur durch die Exzitonen einer dünnen GaAs-Schicht beobachten, die in einen Fabry-Perot-Resonator gebracht wurde. Die Besonderheiten der Exzitonen in einer ultradünnen Schicht verdienen daher Aufmerksamkeit.

2.1.5 Optische Eigenschaften einer Quantenmulde im elektrischen Querfeld und deren praktische Nutzung

Wird senkrecht zur Quantenmulde ein elektrisches Gleichfeld angelegt, so ändert sich nach Bild 7(a) die Form der Potentiale. Hierdurch kommt es zu den folgenden Erscheinungen:

1. Die Eigenfunktionen der Elektronen und positiven Löcher werden in rechte und linke getrennt, die Wahrscheinlichkeit für Bandübergänge verringert sich /17,18/.
2. Die Energie der Quantenniveaus für Elektronen und positive Löcher ändert sich. Als Ergebnis kommt es zu einer Verringerung der effektiven Breite E_g des verbotenen Bandes /19,20/ (Stark- Effekt der Quantenmulde).

Speziell verschiebt sich durch den 2. Effekt beim Anlegen eines elektrischen Feldes wie Bild 7(b) zeigt, die Grundabsorption hin zu größeren Wellenlängen, was sich für die Realisierung von absorbierenden optischen Modulatoren ausnutzen läßt /19/. Da bei diesem Modulator die durch Licht erzeugten Elektronen-Löcher-Paare mit einer äußeren Schaltung entfernt werden, ließ sich die Reaktionszeit auf 100 ps verringern sowie eine starke Miniaturisierung erreichen.

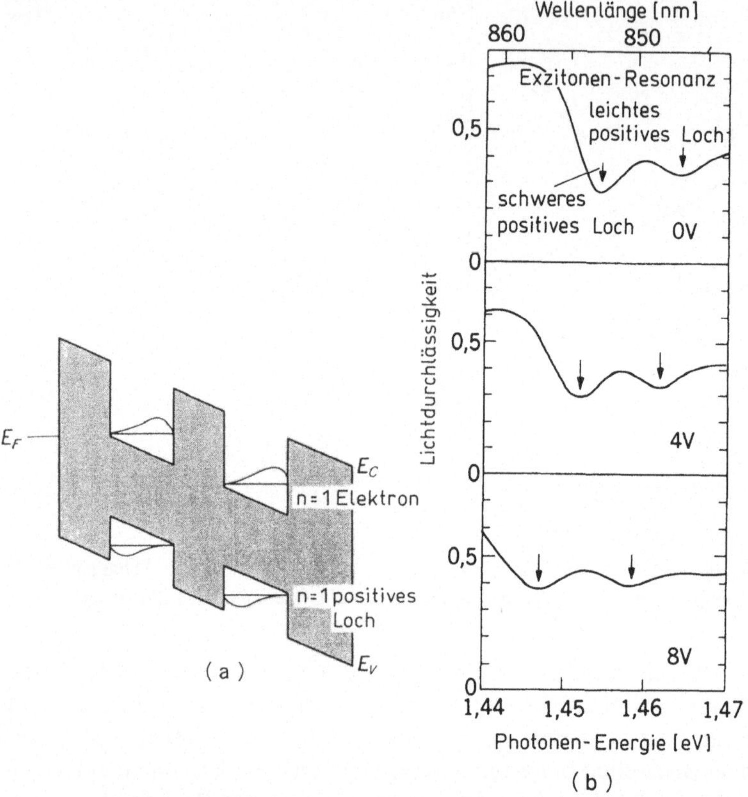

Bild 7:   Abhängigkeit des Potentials (a) und des optischen Übertragungsspektrums (b) von der elektrischen Feldstärke für eine Quantenmulde, an die ein elektrisches Gleichfeld angelegt wurde /19/

Wird eine derartige Quantenmulde in eine pin-Struktur integriert und an eine Außenschaltung über einen geeigneten Lastwiderstand angeschlossen, so kann die durch die Lichtabsorption erzeugte Stromkomponente zur Änderung der an die Quantenmulde angelegten Spannung (Feldstärke) positiv (oder negativ) zum Lichtabsorptionsprozeß rückgekoppelt werden. Hierbei lassen sich eine optische Bistabilität sowie spezielle Funktionen realisieren. Die diesen Effekt nutzenden Bauelemente bezeichnet man als SEED-Bauelemente (self-emitting-electro-optical devices) /20/.

Wird andererseits in dem Zustand, bei dem Elektronen-Löcherpaare in die Quantenmulde injiziert wurden, ein elektrisches Feld angelegt, so werden diese räumlich getrennt, der Prozeß der optischen Rekombination unterdrückt und die Stärke des emittierten Lichtes verringert. Ist speziell die Wand der Quantenmulde niedrig, fließen Elektronen und positive Löcher nach außen ab.

Bei einer hohen Wand dagegen verbleiben die Elektronen und positiven Löcher getrennt in der Mulde. In diesem Fall haben die Träger eine lange Lebensdauer. Wird weiter injiziert, wächst die Trägerdichte in der Quantenmulde. Nutzt man diese Steuerung der optischen Emission über das elektrische Feld, so besteht die Möglichkeit, ein lichtemittierendes Bauelement herzustellen, bei dem sich die Lichtemission mit geringer Verzögerung modulieren läßt, was Möglichkeiten für zukünftige Entwicklungen bietet.

2.1.6 Teilband-Übergänge und nichtlineare Reaktionen in Minibändern

Teilband-Übergänge

Es soll hier über die Untersuchung der optischen Übergänge zwischen den im Leitband erzeugten Quantenniveaus, der optischen Absorption, Emission und Elektronen-Raman-Streuung berichtet werden. Speziell bei einer ultradünnen Schicht mit SiMOS-Inversionsschicht ändert sich bei Variation der Gate-Spannung der Abstand ΔE zwischen den Quantenniveaus entsprechend Gl. (2). Daher kann die Lichtenergie von Lasern im tiefen Infrarotbereich wie H_2O- und HCN-Lasern ($\lambda = 47{,}118$ bzw. $321\ \mu m$) auf ΔE abgestimmt werden. Hierbei kommt es zu einer selektiven optischen Absorption bei bestimmten Wellenlängen sowie zur Fotoleitung. Es wird versucht, diesen Effekt für optische Sensoren zu nutzen. Als inverser Prozeß zur Absorption werden durch Anlegen eines starken elektrischen Feldes in Richtung der Grenzfläche die Elektronen auf ein angeregtes Quantenniveau angehoben. Kehren sie in den Grundzustand zurück, so tritt eine Emission im Infrarotbereich auf. Gornik hat diese Erscheinung für ultradünne Schichten aus SiMOS und GaAs untersucht und nachgewiesen, daß das optische Emissionsspektrum die Quantenniveaus widerspiegelt /21/.

Nichtparabelförmiger Verlauf der Dispersion und nichtlineares Verhalten

Wird, wie oben dargelegt, bei einer Struktur aus mehreren GaAs- und AlGaAs-Schichten die Stärke L_B der AlGaAs-Wand so dünn gestaltet, daß es zwischen den GaAs-Schichten zum Tunneleffekt kommt, so besteht die Möglichkeit für eine Ausbreitung der Elektronenwelle in z-Richtung. Eine aus mehreren Schichten bestehende Struktur, die diese Bedingungen erfüllt, wird als Supergitter bezeichnet /2/.

Zum Beispiel gehört hierzu eine Schichtstruktur aus mehreren 4- nm-GaAs- und 3-nm-$Al_{0,1}Ga_{0,9}As$-Schichten. Die Dispersionsfunktion $E_z(k_z)$ hat die im Bild 8 dargestellte Form. In diesem Fall entsteht durch Braggsche Reflexion bei $k_z = n\pi/(L_z + L_B)$ ein verbotenes Band. Wird an diese Struktur in senkrechter Richtung (z) zur Schichtfläche ein elektrisches Feld angelegt, so wird ein Elektron, das sich im Basisbereich des Bandes nach Bild 8 befindet, in den nichtparabelförmigen Bereich verschoben. In diesem Fall besteht die Möglichkeit, daß sich der Wert für die Elektronengeschwindigkeit $v_g\ \{\approx\ \hbar^{-1}(dE_z/dk_z)\}$ verringert, nachdem er einen Maximalwert aufwies /2/. Weiterhin läßt die Strom-Spannungs-Funktion eine starke Nichtlinearität sowie einen N-förmigen negativen Widerstand erwarten. Hier wurden praktische Anwendungen als

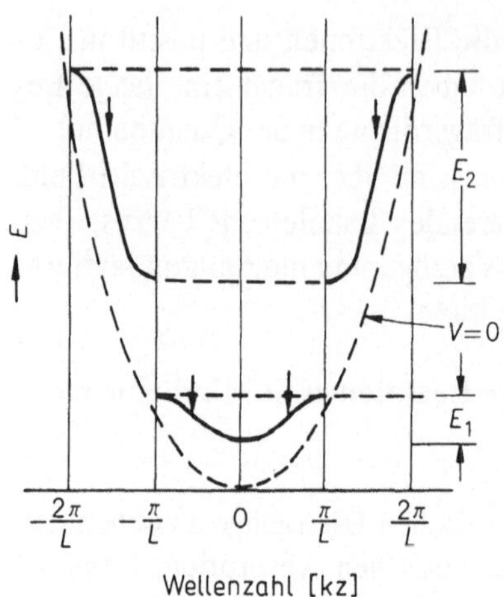

Bild 8:   Dispersionsfunktion des Supergitters

Höchstfrequenz-Generatoren für Frequenzen über 100 GHz sowie für die Anregung von Oberwellen im Infrarotbereich in Erwägung gezogen /22/.

Optische Prozesse zwischen Landau-Niveaus

Wird senkrecht zur Oberfläche der ultradünnen Schicht ein starkes Magnetfeld B angelegt, so führen die Elektronen in der Schicht eine Zyklotron-Bewegung mit der Frequenz ω_c (= eB/m)* aus. Die kinetische Energie E_{kin} der durch den Elektroneneinschluß zweidimensionalen Elektronen wird quantisiert. Sie nimmt einen diskreten Wert von $\hbar\omega_c(n+1/2)$ mit dem Landau-Exponenten n an. Folglich ist der Eigenwert der Energie der zweidimensionalen Elektronen:

$$E = E_i + \hbar\omega_c\left(n + \frac{1}{2}\right)$$

Er ist vollständig quantisiert.

Für den Gleichstrom-Widerstand in diesem Zustand ist z.B. die Quantisierung des Widerstandes für die Löcher ρ_{xy} eine wichtige Eigenschaft. Im vorliegenden Artikel soll dies aber nicht näher betrachtet werden. Lediglich der Zusammenhang mit dem Licht als elektromagnetische Welle wird näher erklärt.

Da bei GaAs (m* $\approx$ 0,07 m₀) für B = 10 Tesla $\hbar\omega_c$ ca. 16 meV beträgt, wird Licht im tiefen Infrarotbereich (ca. 77 µm) durch Resonanz absorbiert. Diese Zyklotron-Resonanz ist bei einer zweidimensionalen Elektronenverteilung mit geringer Elektronenstreuung deutlich ausgeprägt. Da sich hiermit der spezifische elektrische Leitwert ändert, läßt sich ein abgleichbarer Sensor herstellen.

2.1.7 Steuerung von Avalanche-Dioden

Einer der heute wichtigsten optischen Sensoren ist die Avalanche-Diode (ADP). Es sei der bei der Elektronenbeschleunigung auftretende Ionisationskoeffizient α, der bei der Beschleunigung der Löcher β. Für die Herstellung einer hochwertigen Avalanche-Diode ist es dann erforderlich, daß entweder α oder β deutlich größer als der jeweilige andere Koeffizient ist. Sind α und β etwa gleich, so werden die durch die Lichtstrahlung in der Nähe der Kathode erzeugten Elektronen in Richtung zur Anode beschleunigt und es kommt zu einer lawinenartigen Vervielfachung. Da es gleichzeitig auch zu einer lawinenartigen Vervielfachung der positiven Löcher kommt, entsteht eine positive Rückkopplung. Folglich wird das Gesamtsystem instabil, die Rauscheigenschaften sowie die Geschwindigkeit der Sensoren gehen verloren. Bei vielen praktisch hergestellten Halbleiter-Bauelementen ist aufgrund der Symmetrie von Leit- und Valenzband das (α/β)-Verhältnis weniger günstig. Lediglich Si $(\alpha/\beta$ ca. 10) bildet hier eine Ausnahme. Verwendet man dagegen Strukturen aus ultradünnen Halbleiterschichten, wird es möglich, mit den beiden nachfolgend beschriebenen Mechanismen das Verhältnis (α/β) in einem breiten Bereich zu variieren. Beim ersten Prinzip werden Elektronen und positive Löcher räumlich getrennt /23/. Geht man von GaAs aus, so ist für InGaAs die Kraft, mit der Elektronen angezogen werden (Affinität) groß, während bei GaAsSb die Kraft groß ist, mit der die positiven Löcher angezogen werden. Daher können in einer Struktur, bei der InGaAs (Schicht A) und GaAsSb (Schicht B) übereinander geschichtet sind, Elektronen und positive Löcher direkt getrennt werden. Wird bei diesem System parallel zur Schicht ein starkes elektrisches Feld angelegt (vergleiche Bild 9(a)), so ist der durch die Elektronen mit der Elektronentemperatur T_e bedingte Ionisations-Koeffizient durch die Breite E_{gA} des verbotenen Bandes der Schicht A mit ($\alpha \propto \exp(-1,5\,E_{gA}/kT_e)$ gegeben. Der durch die positiven Löcher mit der Temperatur T_h festgelegte Ionisations-Koeffizient ergibt sich mit der Breite E_{gB} des verbotenen Bandes der Schicht B zu $\beta \propto \exp(-1,5\,E_{gB}/kT_\kappa)$. Eine Unterdrückung der Ionisation durch die positiven Löcher und damit das Überwiegen der Elektronen-Ionisation kann durch Beimengen von Al zum GaAsSb und damit durch Erhöhung von E_{gB} erreicht werden. Kombiniert man InGaAs und AlAsSb, so läßt sich rechnerisch abschätzen, daß (α/β) 10^3 erreicht /23/.

Beim 2. Verfahren zur Beeinflussung des Stoß-Ionisations- Koeffizienten (α/β) wird senkrecht zur Schichtoberfläche der GaAs/AlGaAs-Mehrschichtstruktur ein starkes elektrisches Feld angelegt (vergleiche Bild 9(b)) /24,25/.

Werden in diesem Fall vom AlGaAs-Bereich in den GaAs-Bereich Träger injiziert, wird die potentielle Energie unmittelbar in kinetische umgewandelt, und die Träger-Temperatur erhöht sich. Da an der AlGaAs/GaAs- Grenzfläche die Höhe des Elektronenpotentials etwas größer ist als die des Potentials der Löcher, wirkt die Beschleunigung für die Elektronen etwas stärker. Dadurch kommt es zu einer Erhöhung des Quotienten (α/β). Anhand einer praktisch hergestellten Schichtstruktur aus einer 50 nm starken GaAs- und einer 50 nm starken $Al_{0,3}\,Ga_{0,7}Al$-Schicht wurde ermittelt, daß das Verhältnis (α/β) in der Größenordnung von 10 liegt /25/. Erfolgt jedoch die Injektion vom GaAs in das AlGaAs, so kann eine Potentialwand zum Strömungshindernis werden. Um dies zu verhindern, wurde vor kurzem versucht, durch stetige Änderung des Al-Anteils x ein sägezahnförmiges Potential zu erzeugen.

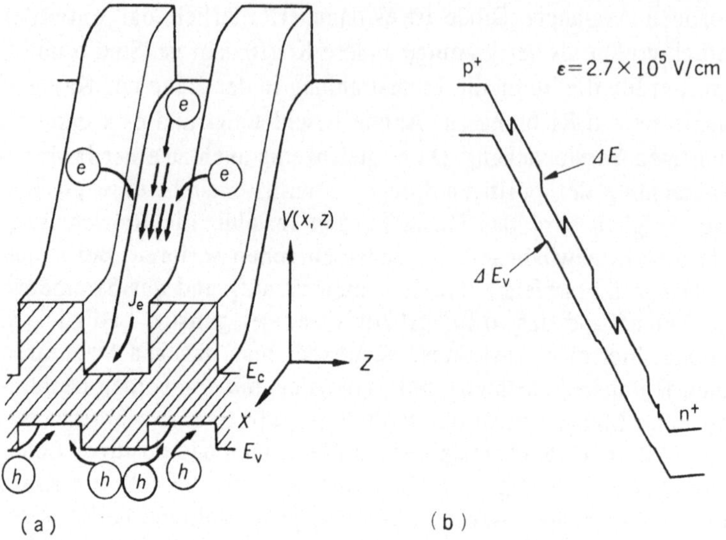

Bild 9: (nach R.Chin)
   (a) Stoßionisation am Heteroübergang /23/ nach Tanoue und Sakaki
   (b) Stoßionisation im Supergitter /24,25/

2.1.8 Zusammenfassung und Ausblick

Wie in den vorangegangenen Abschnitten erläutert wurde, weisen superdünne Halbleiterschichten spezielle optische Eigenschaften auf. Als Materialien für optische Bauelemente bieten sie eine Vielzahl von Möglichkeiten. Aus
Platzgründen entfiel die Erörterung solcher Probleme, wie

1. Kennwerte des Brechungsindex von Supergitterstrukturen (Dispersion und
   Mehrfachbrechung) /26/,

2. Sättigungserscheinungen der Absorption und

3. Möglichkeiten für mehrdimensionale Elektroneneinschlüsse mit ultrafeinen
   Faserstrukturen /27/.

Es wird erwartet, daß durch neue schöpferische Konzepte und Technologien
zur Kristallherstellung optische Bauelemente auf der Grundlage ultradünner
Schichten mit vielfältigen neuen Funktionen bereitgestellt werden.

Literatur

Da es für den vorliegenden Artikel eine umfangreiche Literatur gibt, sind die folgenden Angaben als einführende Erläuterungen und Auswahl gedacht.

1 Sakaki, K.: Oyo butsuri 51 (1982) p. 182-191; Iwanami kagaku 54 (1984), p. 237, p. 351 und Nihon Butsuri Gakkai Rombun Senshu 224 (1984) (in Japanisch)

2 Esaki, L.; Tsu, R.: IBM J. Res. Devel. (1978), 14 p. 61

3 Sakaki, H.; Chang, L.L.; Sai-Halasz, G.A.; Chang, C.A.; Esaki, L.: Solid State Commun. 26 (1978) p. 589

4 Dingle, R.; Wiegmann, W.; Hermry, C.H.: Phys. Rev. Lett. 33 (1974), p. 827

5 Weisbuch, C.; Miller, R.C.; Gingle, R.; Gossard, A.C.; Wiegmann, W.: Solid State Commun. 37 (1981), p. 219

6 Ishibashi, T.; Suzuki, Y.; Okamoto, H.: Jpn. J. Appl. Phys. 20 (1981), p. 1-23

7 Van der Ziel, J.P.; Dingle, R.; Miller, R.C.; Wiegmann, W.; Nordland, W.A.: Appl. Phys. Lett. (1975) 26, p. 463

8 Tsang, W.T.: Appl. Phys. Lett. (1981) 39, p. 786

9 Holonyak, H. et al.: IEEE J. Quant. Electron. QE-16 (1980), p. 170

10 Tarucha, S.; Ishibashi, T.; Okamoto, H.: Proc. 2nd Int. Symp. on MBE, (1982), p. 43

11 Döhler, G.H.; Künzel, H.; Olego, D.; Ploog, K.; Ruden, P.; Stolz, H.J.: Phys. Rev. Lett. (1981) 47, p. 864

12 Guldner, Y.; Vieren, J.P.; Voisin, P.; Voos, M.; Chang, L.L.; Esaki, L.: Phys. Rev. Lett. 45 (1980), p. 1719

13 Bastard, D.: Phys. Rev. B-24 (1981), p. 4714

14 Miller, R.C.; Gossard, A.C.; Tsang, W.T.; Munteanu, O.: Phys. Rev. B-25 (1982), p.3871

15 Miller, R.C.; Kleinmann, D.A.; Tsang, W.T.; Gossard, A.C.: Phys. Rev. B-24 (1981), p. 1134

16 Gibbs, H.M.; Tarng, S.S.; Jewell, J.L.; Weinberger, D.A.; Tai, K.; Gossard, A.C.; McCall, S.L.; Passner, A.; Wiegmann, W.: Appl. Phys. Lett. (1982), 221

17 Mendez, E.; Bastard, G.; Chang, L.L.; Esaki, L.; Morkoc, H.; Fischer, R.: Phys. Rev. B-26 (1982), p. 7101

18 Yamanishi, M.; Suemune, I.: Japan. J. Appl. Phys. L22 (1983), 22; Yamanishi, M.; Usami, Y.; Kan, Y.; Suemune, I.: Proc. 2nd Int. Conf. on Modulated Semiconductor Structures (1985) Kyoto: North - Holland (1986)

19 Wood, T.H.; Burrus, C.A.; Miller, D.A.B.; Chemia, D.S.; Damen, T.C.; Gossard, A.C.; Wiegman, W.: Appl. Phys. Lett. 44 (1984), 16

20 Neuste Entwicklungen: Miller, D.A.B.: Proc. 2nd Int. Conf. on Modulated Semiconductor Structures (1985) Kyoto (North-Holland, 1986, ed. by Sakaki, H.)

21 Gornik, E.; Schwarz, R.; Tsui, D.C.; Gossard, A.C.; Wiegmann, W.: Solid State Comm. 38 (1980), p. 541

22 Tsu, R.; Esaki, L.: Appl. Phys. Lett. 19 (1971), p. 246

23 Tanoue, T.; Sakaki, H.: Appl. Phys. Lett. 41 (1982), p. 67

24 Chin, R.; Holonyak, N.; Stillman, G.E.; Tang, J.Y.; Hess, K.: Electronics Lett. 38 (1980), p. 467

25 Capasso, F.; Tsang, W.T.; Hutchinson, A.L.; Williams, G.F.: Appl. Phys. Lett. 40 (1982), p. 38

26 Suzuki, Y.; Okamoto, H.: Proc. 2nd Int. Symp. on MBE (1982), p. 51 Tokyo

27 Arakawa, Y.; Sakaki, H.: Appl. Phys. Lett., 39 (1982), p. 939

2.2 Optisch bistabile Exziton-Systeme

Hanamura, E. (Universität Tokyo)

2.2.1 Bistabilität optischer Bauelemente

Es soll ein System betrachtet werden, bei dem ein nichtlineares optisches
Medium mit Licht bestrahlt und das durchgehende Licht über einen ringförmi-
gen Hohlraum nach Bild 1 zum nichtlinearen Medium rückgekoppelt wird.
Erfüllt dieses System gewisse Bedingungen, so bestehen für das durchgehende
Licht zwei stabile Zustände, die durch eine niedrige Durchlässigkeit (hohe
Reflexion) und eine hohe Durchlässigkeit gekennzeichnet sind. Dieses Phäno-
men wird als optische Bistabilität bezeichnet. Im Zustand der niedrigen Durch-
lässigkeit wird die eingestrahlte Lichtenergie fast gänzlich von der bestrahlten
Fläche reflektiert.

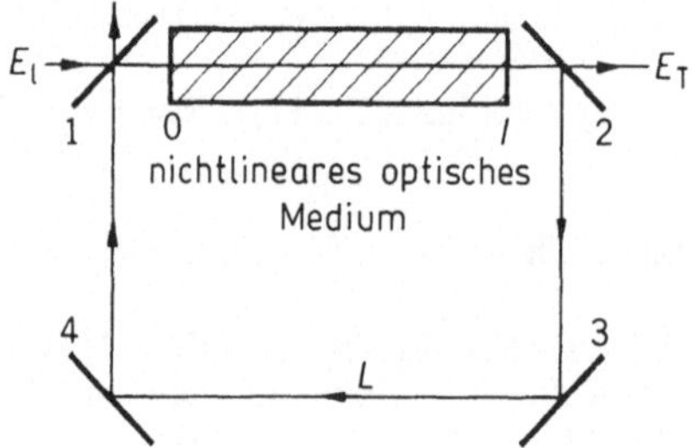

Bild 1:   Modell des Ringhohlraumes (Der Reflexionsfaktor der Spiegel 3,4 beträgt 100%)

In Abhängigkeit vom Typ der Nichtlinearität des Mediums und der Art der
Rückkopplung lassen sich vier Arten der optischen Bistabilität unterscheiden .
Hiernach gibt es die optische Bistabilität mit Dispersion und Sättigung der
Absorption, bei der die optische Nichtlinearität des Real- und Imaginärteiles
der Dielektrizitätskonstanten verwendet werden. Weiterhin gibt es die rein
optische Rückkopplung wie den Ringhohlraum und den Fabry-Perot-Hohl-
raum, bei denen nur das Licht genutzt wird, und die gemischte Rückkopplung,
bei der mit einem Medium, das einen fotoelektrischen Effekt aufweist, die
Rückkopplung über ein verstärktes elektrisches Signal, das durch Umwandlung
des durchgelassenen Lichtes erzeugt wird, vorgenommen wird. Bei Kombination dieser Verfahren sind 4 Typen optisch bistabiler Elemente möglich. Allgemein ist für die Realisierung der optischen Bistabilität über die Sättigung der
Absorption im Vergleich zur Dispersion eine um mehrere Größenordnungen
höhere Lichtleistung für die Bestrahlung erforderlich. Bei der gemischten
Rückkopplung wird ein Element mit einer Größe von ca. 1 cm benötigt. Betrachtet man dies unter dem Gesichtspunkt der später vorgestellten optischen
Computer, so ist der praktische Einsatz dieses Elementes wenig sinnvoll. Hier
werden daher nur die optische Bistabilität über die rein optische Rückkopplung und das Dispersionsprinzip untersucht.

Es wird vorgeschlagen, die beiden Zustände hoher Durchlässigkeit und hoher Reflexion den beiden Signalwerten "ein" bzw. "aus" zuzuordnen und sie für

die Rechen- un Speicherelemente eines optischen Computers zu nutzen. Um
den LSI- und VLSI-Schaltkreisen sowie Josephson-Elementen heutiger Com-
puter-Baugruppen ebenbürtig zu sein oder diese zu übertreffen, müssen die
optisch bistabilen Zustände garantiert werden bei
1. einer Umschaltzeit im Picosekundenbereich (ps),
2. einem Umschalten mit optischen Impulsen im Picojoule-Bereich (pJ),
3. einer Halteleistung im mW-Bereich.
Dazu muß die Systemgröße zunächst im Bereich von 1 µm liegen. Speziell soll
zunächst gezeigt werden, daß beim Einsatz von CuCl- Kristallen mit einer
Stärke von einigen µm und der Verwendung von deren Exziton-Exziton-Mole-
külsystemen ein Schalten mit Lichtimpulsen von 10 ps; 0,1 pJ und der Betrieb
eines optisch bistabilen Systems mit einer Halteleistung von 0,1 mW möglich
sind.

2.2.2 Bistabiles Exziton-System - GaAs

Wie Bild 2(a) zeigt, ist der Aufbau eines optisch bistabilen Systems äußerst
einfach, Vorder- und Rückseite eines GaAs- Kristalls der Dicke l, das eine
nichtlineare optische Reaktion zeigt, werden mit einem dielektrischen Material beschichtet. Der Reflexionsfaktor beträgt 0,9. Das Verhältnis der durchgelassenen optischen Leistung P_t zur eingestrahlten optischen Leistung P_i läßt sich
unter Verwendung des Reflexionsfaktors R und der Phasenverschiebung δ
beim einmaligen Hin- und Rückweg des Lichtes im Medium nach folgender
Gleichung berechnen:

$$\frac{P_t}{P_i} = \frac{(1 - R)^2}{(1 - R)^2 + 4R\sin^2(\delta/2)} \tag{1}$$

Hierbei ergibt sich für die optische Nichtlinearität des Mediums über die Abhängigkeit des Brechungsindex $n = n_0 + n_2 P$ von $P_t = (1-R)P$

$$\delta \equiv 4\pi\frac{nl}{\lambda} = \frac{4\pi n_0 l}{\lambda} + \gamma P_t \tag{2}$$

Hier ist P die Leistung des inneren elektrischen Feldes, λ ist die Wellenlänge
des eingestrahlten Lichtes, $\gamma = 4\pi n_2/(1-R)\lambda$.

Kombiniert man, wie in Bild 3 dargestellt, Gleichung (1) und (2), so läßt
sich, wie Bild 3 (b) zeigt, nachweisen, daß die Stärke des durchgelassenen
Lichtes P_t bezogen auf die Änderung der Bestrahlungsstärke P_i eine Hysteresis zeigt. In der Tat haben Gibbs et al. /1/ entsprechend Bild 2(b) die optische
Bistabilität beobachtet. Weiterhin kann in Bild 3(a) durch Änderung des linearen Brechungsindex n_0 der Ursprung o der Phasenverschiebung frei gewählt
werden. Hierdurch läßt sich, wie Bild 4 zeigt, eine Vielzahl von Funktionen

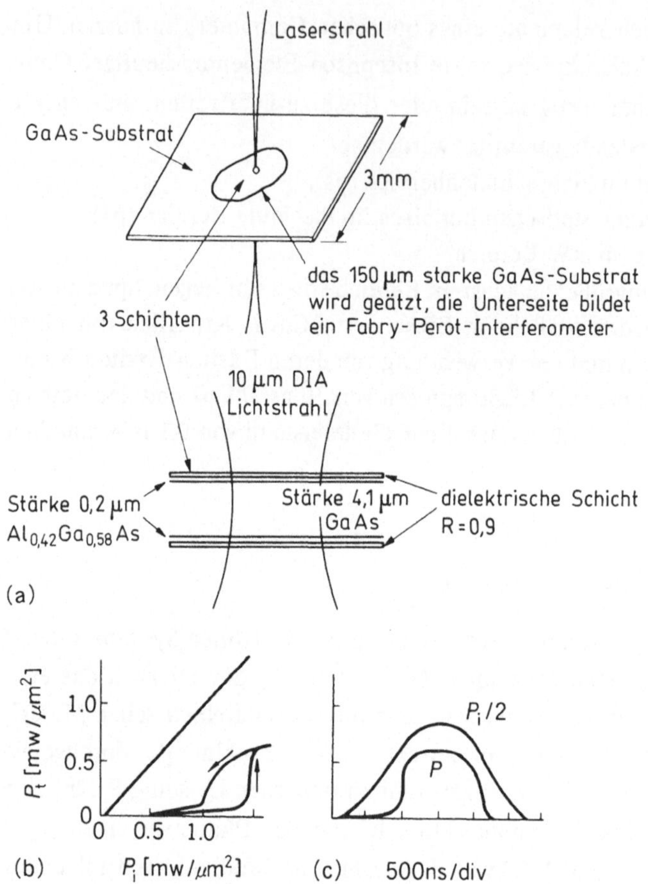

Bild 2:   (a) Optisch bistabiles System unter Verwendung des Halbleitermaterials GaAs

       (b) Die Stärke P_t des durchgelassenen Lichtes zeigt in Abhängigkeit von der Änderung der Bestrahlungsstärke P_t einen Hysteresiseffekt, der die optische Bistabilität kennzeichnet.

       (c) Darstellung der zeitlichen Änderung von P_t und P_i. Hieraus lassen sich die dynamischen Eigenschaften von optisch bistabilen Systemen entnehmen.

realisieren, wie die Begrenzerfunktion nach Bild (a), die Differenzverstärkung (c) und optische Bistabilität nach (e) und (f)/2/.

Bei den Experimenten zur Untersuchung der optischen Bistabilität von GaAs-Systemen nach Gibbs et al. traten zwei Probleme auf. Das erste besteht darin, daß die optische Bistabilität nur unterhalb 120° K nachweisbar ist. Das zweite Problem äußert sich darin, daß, wie Bild 2 (b) zeigt, das Einschalten in einer Zeit erfolgt, die unterhalb der Meßgrenze von 1 ns (Nanosekunde) liegt, die Abschaltzeit dagegen beträgt 40 ns. Das erste Problem wurde bereits von Gibbs et al. gelöst.

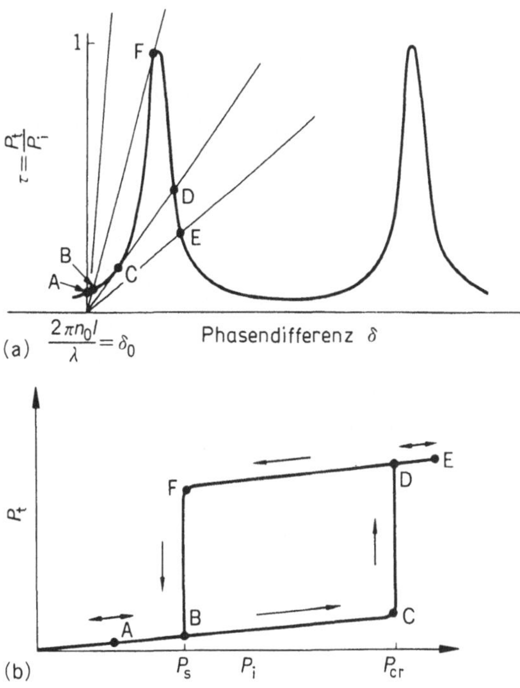

Bild 3: (a) Die Kurve zeigt die Abhängigkeit der optischen Durchlässigkeit P_t/P_i von der Phasendifferenz nach Gl. (1), die Gerade die Werte, die sich nach Gl. (2) ergeben

(b) Stärke P_t des durchgelassenen Lichtes in Abhängigkeit von der Lichtstärke P_i, mit der bestrahlt wird, ermittelt aus Bild 3(a)

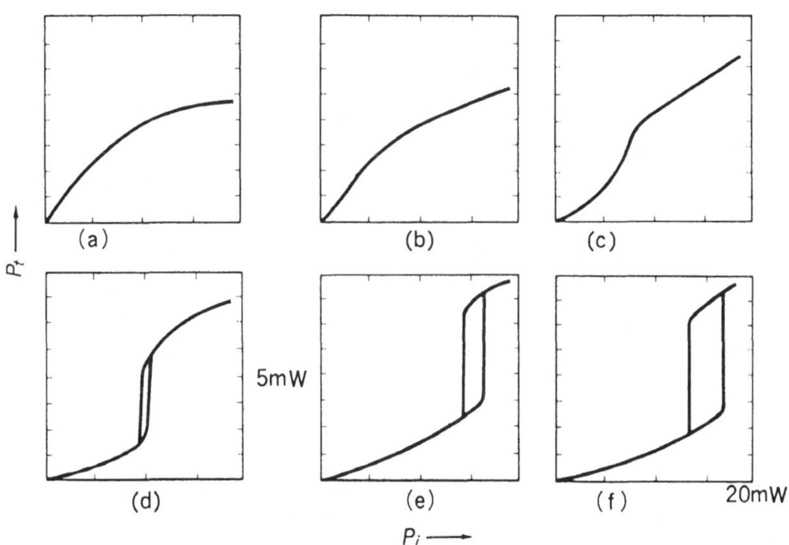

Bild 4: Darstellung der Antwort des Fabry-Perot-Interferometers, das als nichtlineares Medium Rubin verwendet

Unter Verwendung eines Supergitters aus 61 GaAs-GaAlAs-Schichten wurde dadurch, daß die Exzitonen sich in einer schmalen GaAs- Schicht befinden, die Bindungsenergie der Exzitonen erhöht /3/. Durch die Konzentration der Oszillatorstärke auf dem niedrigsten Energieniveau wird ein optisch bistabiler Betrieb bei Zimmertemperatur möglich.

Dagegen blieb das zweite Problem, die Schaltzeit von 40 ns, ungelöst. Diese optische Bistabilität beruht natürlich auf der Dispersion, d.h. dem Realteil der Nichtlinearität der Dielektrizitätskonstanten. Dieses Glied erhält Beiträge aus zwei Kanälen. Bei dem GaAs-System von Gibbs et al. werden die Exzitonen durch Lichtabsorption angeregt. Die dadurch bedingte Änderung der Dielektrizitätskonstanten ist die Ursache für die optische Bistabilität. Daher muß beim Abschalten die Lebensdauer der Exzitonen in der Größenordnung von 40 ns gehalten werden, wodurch sich die dynamischen Eigenschaften verschlechtern. Im vorliegenden Artikel sollen mögliche Lösungsvarianten für dieses Problem beschrieben werden.

2.2.3 Kohärente nichtlineare Prozesse eines Exziton-Exziton-Molekülsystems

Vor vier bis fünf Jahren wurde die Konkurrenz zwischen der Raman- Streuung des einstufigen Doppelphotonenprozesses und der Lumineszenz des zweistufigen Einphotonen-Prozesses untersucht /4/. Für die dynamischen Eigenschaften ergab sich, daß die inkohärente Lumineszenz mit einer großen Zeitkonstanten während der Längs-Relaxation und demgegenüber die kohärente Raman- Streuung mit einer kurzen Zeitkonstanten während der Quer- Relaxation reagiert. Normalerweise liegt die Zeit der Querrelaxation der Elektronenanregung in Festkörpern im Bereich von ps, die Zeit für die Längsrelaxation in der Größenordnung von ns. Unter Beachtung dieser Hinweise lassen sich folgende Schlußfolgerungen ziehen. Die nichtlineare Reaktion, die zur optischen Bistabilität von GaAs führt, beruht auf der Änderung der Polarisation, die durch die Einwirkung der Exzitonen entsteht. Dies entspricht der Lumineszenz durch Lichtabsorption. Liegt übrigens eine kohärente Nichtlinearität vor, die der Raman- Streuung entspricht, so kann die Reaktion innerhalb einiger ps erfolgen.

Jetzt soll ein System betrachtet werden, bei dem der Exziton- Zustand dem ersten angeregten Zustand und der Exziton- Molekülzustand dem zweiten angeregten Zustand entspricht. Beim Exziton-Molekül wirken zwischen zwei Exzitonen Anziehungskräfte. Infolgedessen liegt ein Quantenzustand mit Doppelelektronenanregung vor, die den Bindungszustand erzeugt. Nach Bild 5 liegen beim Doppelphotonenprozeß zwei Kanäle vor. Bedingt durch die Unterschiede der ersten Stufe des optischen Prozesses treten Unterschiede beim langsamen und schnellen Prozeß auf. Glücklicherweise wird dann, wenn man für ein Exzitonensystem speziell CuCl verwendet, der außer Resonanz befindliche Bereich Δ für den Einphotonenprozeß groß, und der inkohärente Prozeß verringert sich mit dem Exponenten von $/\Delta/$. Der kohärente Prozeß von Bild (a) wird dagegen nur mit dem Kehrwert von $/\Delta/$ gedämpft.

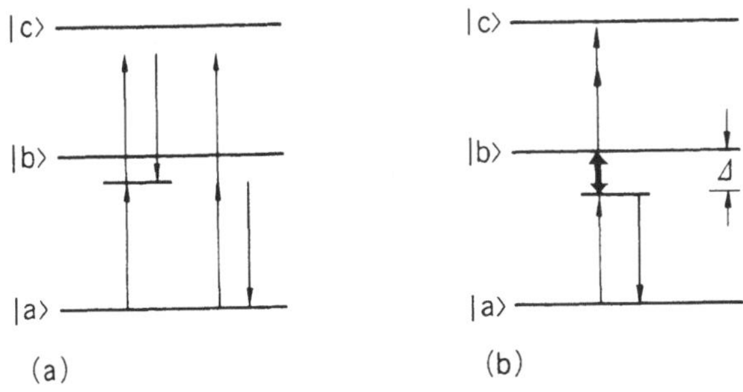

Bild 5: (a) Kohärenter Doppelphotonenprozeß im System mit drei Niveaus
(b) Inkohärenter Doppelphotonenprozeß bei der Elementaranregung

Als Ergebnis wird dann, wenn die Anregung sinnvollerweise nicht im Resonanzbereich erfolgt, der kohärente Prozeß vorherrschend. Es läßt sich eine schnelle Reaktion erwarten, die in der Größenordnung von ps liegt. Um übrigens außerhalb des Resonanzbereiches eine optische Bistabilität zu erreichen, ist ungünstigerweise ein möglichst starker Laser erforderlich. Wird jedoch ein Exziton-Exziton-Molekülsystem verwendet, tritt dieser Nachteil nicht auf.

Die kohärente nichtlineare Dispersion, die die optische Bistabilität erzeugt, wird in der Nähe der Resonanz der Einphotonenübergänge des Exzitons und der Zweiphotonenübergänge des Exzitonmoleküls groß. Weiterhin nimmt diese nichtlineare Dispersion mit Verstärkung der Doppel-Photonenübergänge zu. Dies läßt sich aus der Cramer-Kronich-Beziehung (Gleichung (3)) ableiten. Hier kann die Übergangswahrscheinlichkeit der durch die Exziton-Moleküle hervorgerufenen Doppelphotonenabsorption berechnet werden /5/.

$$W = 2\frac{\pi}{h} \mid < \Gamma_1{}^{mol} \mid H' \sum_i \frac{\mid i > < i\mid}{E_{ig} - h\nu} H' \mid g > \mid^2 \delta(2h\nu - E_{mol}) \qquad (3)$$

In der Gleichung ist H' der Hamilton-Operator der Wechselwirkung zwischen Elektron und elektromagnetischer Welle. Für den mittleren Zustand /i⟩ genügt es, das 1s-Exziton der niedrigsten Energie als einen Anregungszustand zu wählen. Bei normalen Kristallen gilt dies offensichtlich, wenn das Photonenquant hν kleiner ist als die Exziton-Energie E_{1s}. Bei starkem Laserstrahl tritt für Licht mit einer Photoenenergie, die die Hälfte der Exziton-Molekülenergie h = E_{mol}/2 beträgt, eine scharf ausgeprägte Absorption auf. Es ist dies der Wert der Photonenenergie, die um die Hälfte der Bindungsenergie E_{mol}^b (bei CuCl ca. 30 meV) der Exzitonmoleküle niedriger ist als E_{1s}.

Des weiteren liegt bei einem Laserstrahl von 1 MW/cm^2 der optische Absorptionskoeffizient in der gleichen Größenordnung wie der Absorptionskoeffizient für Exzitonen. E_r wird jedoch im Absorptionsspektrum der Doppelphotonen, die nach Bild 6 durch die normalen Bandübergänge hervorgerufen werden, überdeckt. Es tritt nicht nur ein scharfes Absorptionsspektrum auf, sondern der Absorptionskoeffizient ist um den Faktor 10^6 größer. Dies ist auf das Wirken zweier Faktoren zurückzuführen. Der erste besteht darin, daß ein großer Oszillatoreffekt eine Verstärkung um den Faktor 10^2 bewirkt. Hierbei wird das erste Photon absorbiert und ein Exziton angeregt. Ein beliebiges Valenzelektron im großen Exziton-Molekülorbit, in dessen Mittelpunkt sich dieses Exziton befindet, regt ein zweites Photon an. Dadurch entstehen kohärente Exziton-Moleküle. Der große Freiheitsgrad bei der Wahl dieses Valenzelektrons erzeugt einen großen Oszillatoreffekt. Bei Bandübergängen, die durch Absorption normaler Doppelphotonen erzeugt werden, kommt es zur doppelten Wechselwirkung des gleichen Elektrons mit der elektromagnetischen Welle. Ein derartig großer Oszillatoreffekt tritt daher nicht auf. Durch den zweiten Faktor kommt es aufgrund von Resonanzeffekten zu einer Verstärkung um den Faktor 10^4. Dies ist dadurch bedingt, daß der Nenner für die Energie von Gl. (3) beim Bandübergang in der Größenordnung von 1 eV liegt. Weiterhin sind 15 meV, die im vorliegenden Fall die Hälfte der Bindungsenergie der Exzitonmoleküle sind, ein geringer Wert. Die starke Doppel-Photonenabsorption dieser Exzitonmoleküle wurde ein Jahr nach der theoretischen Begründung /5/ experimentell nachgewiesen /6,7/.

Dies verdeutlicht, daß die nichtlineare Polarisation äußerst stark ist und daß bei einem geeigneten Zustand, bei dem keine Resonanzen auftreten, die nichtlineare Dispersion durch die Doppelphotonenübergänge groß ist.

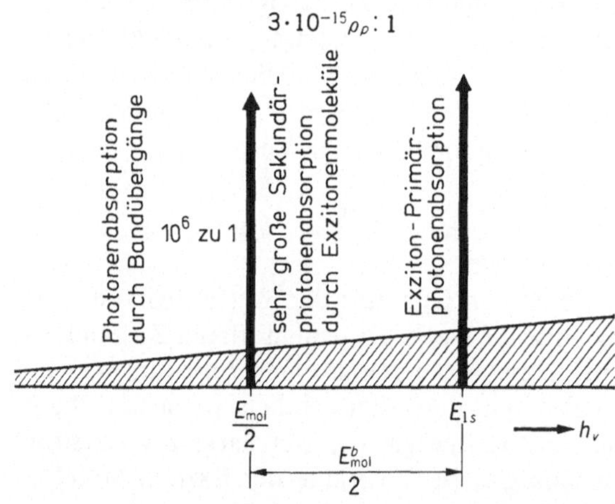

Bild 6:   Darstellung des optischen Absorptionsspektrums bei großer Doppelphotonenanregung der Exziton-Moleküle (E_{mol}). E_{1s} ist das Exzitonenniveau, ρ_p die Photonendichte.

Hieraus ergibt sich, daß dann, wenn im Halbwertbereich bestrahlt wird, wobei man sowohl von den Einphotonen-Exzitonenniveaus als auch der Doppelphotonen-Resonanz der Exziton-Moleküle ausreichend entfernt im Nichtresonanzbereich liegt, eine optische Bistabilität bei geeigneter Stärke des Laserstrahls möglich ist.

2.2.4 Optische Bistabilität des Exziton-Exziton-Molekülsystems /8,9/

Es soll von einem CuCl-Kristall mit einer Dicke von 1 µm ausgegangen werden, auf dessen Vorder- und Rückseite ein Dielektrikum aufgetragen wurde und das ein Fabry-Perot-Interferometer mit einem Reflexionsfaktor von 0,9 bildet. Der Grund für die Verwendung von CuCl ist darin zu suchen, daß es von den bis heute bekannten Stoffen das Material ist, bei dem die Existenz der stabilsten Exzitonen sowie Exziton-Moleküle nachgewiesen wurde. Für dieses Exziton-Exziton-Molekülsystem wurde für Licht in der Nähe von 3,185 eV die nichtlineare Polarisation bestimmt. Diese wurde in die Maxwellschen Gleichungen für die elektromagnetischen Wellen im Fabry-Perot-Interferometer eingesetzt und die optische Bistabilität zunächst für konstante Anregung bestimmt. Anschließend wurden die dynamischen Eigenschaften berechnet. In Bild 7 ist die Funktion für die optische Bistabilität bei konstanter Anregung dargestellt. $\Delta\omega_{ba}$ zeigt den Grad der Nichtresonanz des Einzelphotons, wobei der Koeffizient K_α für die Querrelaxation der Exzitonen als Einheit dient.

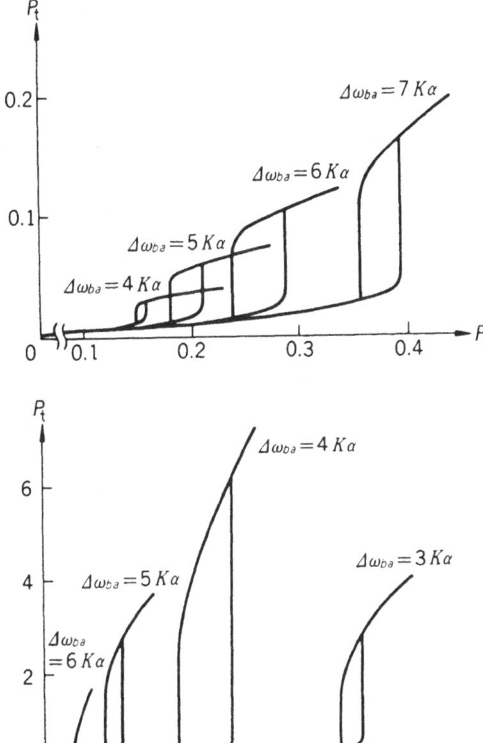

Bild 7: Kennlinien für die optische Bistabilität mit einem CuCl- Kristall als nichtlineares optisches Medium. Unter Verwendung der physikalischen Konstanten für CuCl ist $\Delta\omega_{ba}$, die Nichtresonanz, die durch die Exzitonenniveaus der Einzelphotons bedingt ist, mit der Konstanten K_α für die Phasenrelaxation der Exzitonen als Einheit dargestellt. P_i, P_t sind normierte Werte, die Normierungseinheit beträgt etwa $1\ MW/cm^2$.

Unter den gleichen Bedingungen für die Nichtresonanz ist für die beiden Bereiche einer schwachen Lichtstrahlung (0,2 MW/cm²) und einer großen Bestrahlungsstärke (4-10 MW/cm²) die optische Stabilität dargestellt.

Die in der Nähe von 0,2 MW/cm² auftretende optische Bistabilität ist auf einen kohärenten nichtlinearen Prozeß zurückzuführen, die bei 10 MW/cm² auf einen kohärenten Prozeß, der von der realen Erzeugung der Exzitonmoleküle begleitet wird.

Weiterhin wurde das Verhalten des Exzitons und des Exziton-Molekülsystems sowie die dynamischen Eigenschaften dieses Systems über das Gleichungssystem für die elektromagnetischen Wellen im Fabry-Perot-Resonator bestimmt und damit die dynamischen Eigenschaften des Systems ermittelt. Für den Fall, daß der kohärente nichtlineare Prozeß vorherrschend ist, wurde nachgewiesen, daß mit einem Impuls von 0,1 pJ in einer Zeit, die in der Größenordnung von 10 ps liegt, ein Ein- und Ausschalten möglich ist. Die hierbei erforderliche Halteleistung beträgt 0,2 MW/cm².

Vor kurzem gelang Peyghambarian et al. /10, 11/ von der Universität von Arizona durch Verwendung dieses CuCl-Materials der experimentelle Nachweis der im Bild 8 dargestellten optischen Bistabilität. Die Stärke des als nichtlineares optisches Material verwendeten CuCl betrug 12 µm, der Reflexionsfaktor beider Seitenflächen 0,94. Zum ersten waren die Bedingungen etwas unterschiedlich, die Halteleistung betrug 10 mW/cm². Zum zweiten lag die Frequenz des Anregungslichtes mit dem starken Absorptionsspektrum der Doppelphotonen der Exziton-Moleküle etwa in Resonanz. Daher wird angenommen, daß die Ursachen für die hier auftretende optische Bistabilität auf die inkohärente nichtlineare Reaktion zurückzuführen sind, die durch das reale Einwirken der Exziton-Moleküle entsteht. Jedoch wurde nachgewiesen, daß das Schalten dieses Systems in einer Zeit erfolgt, die kürzer als die Auflösung des Meßsystems von 100 ps ist. Die Relaxationszeit der inkohärenten nichtlinearen optischen Reaktion, die bei der Erzeugung der Exziton-Moleküle auf-

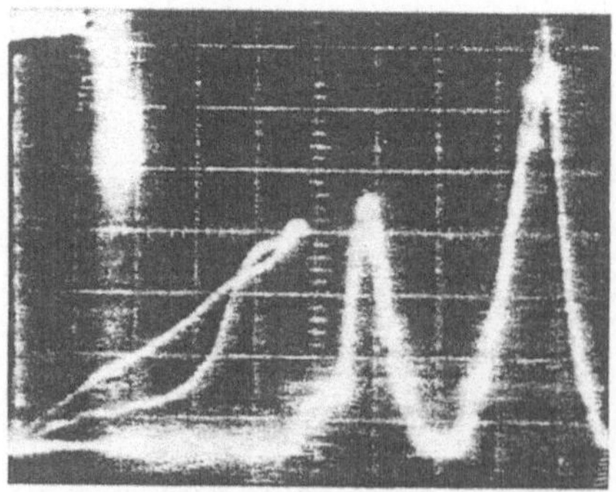

Bild 8:   Meßbeispiel für die optische Bistabilität eines CuCl- Systems (Peyghambarian et al. /10/). Rechts und in der Mitte des Bildes ist die zeitliche Änderung des einfallenden Strahles P_i und des durchgelassenen P_t abgebildet, links die P_i-P_t-Kurve. Es wurde eine Hysteresis der optischen Bistabilität meßtechnisch nachgewiesen.

tritt, kann auf 300 ps abgeschätzt werden. Dies ist gleich der Lebensdauer der Exziton-Moleküle. Ist die Zeitkonstante der oben beschriebenen Übergangs-antwort kürzer als 100 ps, so liefert auch der kohärente Prozeß einen wesentlichen Beitrag. Über dieses Problem werden theoretische und experimentelle Ergebnisse ausgetauscht. Die Untersuchungen hierzu laufen derzeit und es ist zu erwarten, daß in Kürze eindeutige Ergebnisse vorliegen.

Literatur

 1 Gibbs, H.M.; McCall, S.L.; Venkatesan, T.N.C.: Optics News/Summer (1976), p. 6
 2 Venkatesam, T.N.C.; McCall, S.L.: Appl. Phys. Lett. 30 (1977), p. 282
 3 Gibbs, H.M.; Tarng, S.S.; Jewell, J.L.; Weinberger, D.A.; Tai, K.; Gossard, A.C.; McCall, S.L.; Passner, A.; Wiegmann, W.: Appl. Phys. Lett. 41 (1982), p. 221; Oscillations No. 229 March 26 (1982) News Paper of Optical Science Center, Univ. of Arizona
 4 Takagahara, T.; Hanamura, E. ; Kubo, R.: J. Phys. Soc. Jpn. 43 (1977), p. 802, p. 811, p. 1522; 44 (1978), p. 728, p. 742
 5 Hanamura, E.: Solid State Commun. 12 (1973), p. 951
 6 Gale, G.M.; Mysyrowicz, A.: Phys. Rev. Lett. 32 (1974), p. 727
 7 Nagasawa, N.; Nakata, N.; Doi, Y.; Ueta, M.: J. Phys. Soc. Jpn. 38 (1975), p. 593
 8 Hanamura, E.: Solid State Commun. 38 (1981), p. 939
 9 Koch, S.W.; Haug, H.: Phys. Rev. Lett. 46 (1981), p. 450
10 Peyghambarian, N.; Gibbs, H.M.; Rushford, M.C.; Weinberger, D.A.: Phys. Rev. Lett. 51 (1983), p. 1962
11 Hönerlage, B.; Bigot, J.Y.; Levi, R.: Proceedings of the Optical Bistability Conference, Rochester (1983)

2.3 Konstruktive Grundlagen optischer Bauelemente

Okada, M. (Nihon Hoso Kyokai)

2.3.1 Einleitung

Im Zusammenhang mit der jüngsten Entwicklung der optischen Nachrichtentechnik wird auch immer häufiger der Begriff des optischen Computers verwendet. Den zukünftigen Anforderungen an die gesellschaftlich benötigte Informationstechnik kann nur mit den Mitteln für die Informationsverarbeitung, die hauptsächlich die gegenwärtigen Computer verwenden, nicht ausreichend entsprochen werden. Es wird daher erwartet, daß der auf einem neuen Konzept beruhende optische Computer diese Aufgabe übernehmen muß. Mit Sicherheit ist das potentielle Vermögen einer Optik, in deren Mittelpunkt der Laser steht, außerordentlich groß. Wie anhand der optischen Nachrichtentechnik zu sehen ist, sind hier ausreichend Möglichkeiten für eine sehr schnelle technische Entwicklung vorhanden.

Jedoch ist der gegenwärtige Stand der optischen Informationstechnik, wie sich leicht nachweisen läßt, noch in einem sehr wenig ausgereiften Zustand. Als eine Ursache hierfür wird angenommen, daß bisher noch kein brauchbares optisches Bauelement entwickelt wurde. Das wesentlichste Problem besteht aber darin, daß die praktische Realisierbarkeit des Konzeptes eines optischen Computers noch nicht nachgewiesen wurde. Hier kann ebenfalls noch kein endgültiges Konzept für den optischen Computer vorgestellt werden. Es werden die bisher entwickelten technischen Lösungen für optische Computer beschrieben. Dabei wird davon ausgegangen, daß die Erfassung des gegenwärtigen Standes der optischen Bauelemente und der zukünftigen Entwicklungsaufgaben für die Weiterentwicklung des Konzeptes optischer Computer von großer Bedeutung ist.

Die bisherigen Konzepte für optische Computer als Datenverarbeitungssysteme lassen sich wie folgt unterteilen /1/:
1. Digitale Verarbeitung von Impulsfolgen (eindimensional)
2. Analoge (zweidimensionale) Parallelverarbeitung optischer Signale
3. Digitale (zweidimensionale) Parallelverarbeitung optischer Signale
Die nachfolgenden Erläuterungen werden entsprechend dieser Einteilung vorgenommen.

2.3.2 Digitale Verarbeitung von Impulsfolgen

Die digitale Verarbeitung von Impulsfolgen stellt das Grundprinzip der heutigen Computer dar, deren Verarbeitungskonzepte und Rechenprinzipien im ausreichendem Maße als realisierbar nachgewiesen sind. Die Idee, für diese Verarbeitung das Licht einzusetzen, ist durch die Erhöhung der Leistungsparameter der Berechnungen begründet. Da das Grundkonzept klar ist, lassen sich elektronische und optische Bauelemente einfach gegenüberstellen. Die Untersuchungen über Realisierungsvarianten optischer Computer weisen ebenfalls einen fortgeschrittenen Stand auf.

Funktionen

Die als Bauelemente für einen Rechner erforderlichen Funktionen sind AND, OR und NOT, mit denen "logische Operationen" und "Speichern" möglich sind; weiterhin sollen sich Signale "regenerieren" und "verstärken" lassen. Um diese Funktionen unter Verwendung von Licht auszuführen, wird ein Fototransistor benötigt, der die erforderlichen Ein- und Ausgangssignale optisch verarbeitet. Gegenwärtig sind "optisch bistabile Bauelemente" am erfolgversprechendsten, prinzipiell wurden die oben beschriebenen Funktionen nachgewiesenermaßen realisiert. Für optisch bistabile Bauelemente gibt es bereits mehrere Konzepte /2/, die hier nicht ausführlich erläutert werden sollen. Prinzipiell ist es ein Bauelement, das die in Bild 1 gezeigten Ein-Ausgabe-Eigenschaften für Licht besitzt. Hiernach hat die abgestrahlte Lichtstärke einen niedrigen Wert, wenn die Lichtstärke, die eingestrahlt wird, in einem niedrigen Bereich liegt. Erreicht die Lichtstärke I_c einen bestimmten Wert, so nimmt die Stärke des abgestrahlten Lichtes augenblicklich einen hohen Pegel an. Demgegenüber springt sie in den Zustand mit niedrigem Pegel, wenn die Stärke des Lichtes, mit dem bestrahlt wird, sich auf einen Wert I'_c verringert, der kleiner als I_c ist. Für eine Lichtstärke, die zwischen I_c und I'_c liegt, gilt, daß für einen Wert der Lichtstärke zwei Zustände für das abgestrahlte Licht existieren. Daher bezeichnet man diese Bauelemente als optisch bistabil. Ändert man die Betriebsbedingungen, so erhält man ein Verhalten, bei dem sich in der Umgebung einer Bestrahlungsstärke, die nicht von der Hysteresis begleitet ist, die Stärke des abgestrahlten Lichtes bei kleinen Änderungen der Bestrahlungsstärke stark ändert.

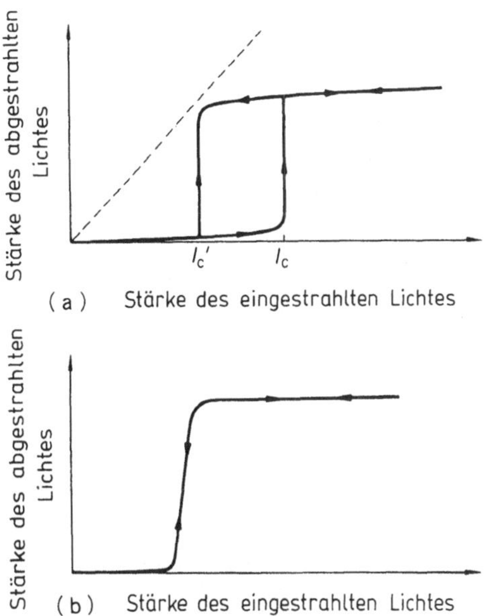

Bild 1:   Verhalten optisch bistabiler Bauelemente
(a) Kennlinie mit Hysteresis
(b) Kennlinie mit differentieller Verstärkung

Für optisch bistabile Bauelemente gibt es, wie Bild 2 zeigt, zwei Konstruktionsprinzipien. Bei der ersten Ausführung befindet sich zwischen dem Fabry-Perot-Resonator, der aus zwei einander gegenüberstehenden Reflexionsspiegeln besteht, ein nichtlineares optisches Medium, das entsprechend der Lichtstärke seinen Absorptionskoeffizienten oder Brechungsindex ändert. Beim zweiten Prinzip wird das optische Signal eines elektrooptischen Wandlers als Spannung rückgekoppelt.

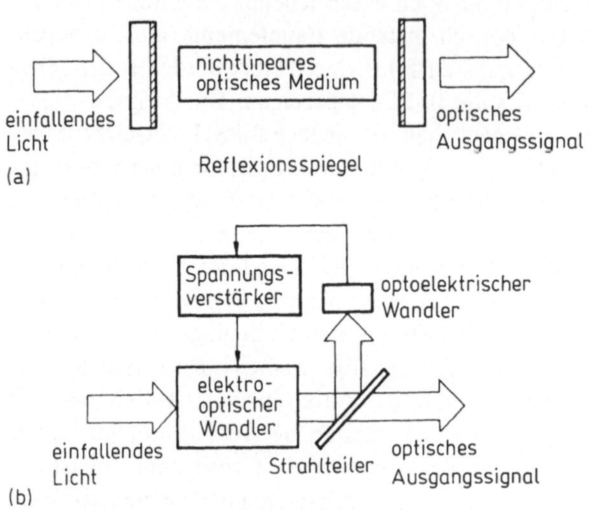

Bild 2:   Aufbau optisch bistabiler Elemente
           (a) Rein optisches Bauelement
           (b) Hybrides Element

In letzter Zeit werden auch umfangreiche Untersuchungen an Bauelementestrukturen durchgeführt, die Halbleiterlaser und lichtemittierende Dioden enthalten. Weiterhin wurden als Ergebnis jüngster Untersuchungen neben den Funktionen optische Logik und optischer Transistor, die die in Bild 1 dargestellten Eigenschaften nutzen, optische Impulsgeneratoren auf der Grundlage der Übergangsfunktion der optisch bistabilen Bauelemente und der astabilen Zustände sowie optische monostabile und bistabile Multivibratoren realisiert.

Funktionen

Die vom zukünftigen Computer im größten Maße geforderten Eigenschaften sind wohl eine hohe Verarbeitungs-Geschwindigkeit und eine Verringerung der aufgenommenen Leistung. Speziell werden zur Verarbeitung der zukünftig anfallenden großen Informationsmengen Bauelemente gefordert, die für die Verarbeitung von Signalfolgen Zeiten im Bereich von ps und Schaltenergien im Bereich von fJ benötigen. Weitere angestrebte Ziele sind der Betrieb bei Normaltemperatur und ein hoher Integrationsgrad.

Das Interesse an optisch bistabilen Bauelementen als Komponenten zukünftiger Computer setzte ein, als 1979 Bauelemente aus Halbleitermterialien wie

GaAs /3/ und InSb /4/ technologisch beherrscht wurden. Werden speziell bei GaAs-Baueelementen beiderseitig reflektierende 4 µm starke Dünnschichten aus GaAs aufgebracht, so läßt sich bei der Bestrahlung mit einem 10 µm-Laserstrahl eine optische Bistabilität nachweisen. Vor kurzem gelang es, den GaAs-Kristallbereich als GaAs- und GaAlAs-Supergitterstruktur herzustellen, was den Betrieb bei Normaltemperatur ermöglichte /5/. Diese Miniaturbauelemente können prinzipiell als integrierter Schaltkreis ausgeführt werden. Es ist davon auszugehen, daß auch eine Einschaltzeit im ps-Bereich möglich ist. Vom Einsatz dieser Bauelemente im optischen Computer verspricht man sich heute das meiste. Weiterhin wurde in Japan auch vorgeschlagen, optisch bistabile Bauelemente auf der Grundlage von CuCl zu entwickeln /6/. Weisen GaAs-Bauelemente Abschaltzeiten von einigen ns auf, so kann bei CuCl-Bauelementen sowohl die Ein- als auch die Abschaltzeit unterhalb von ps gebracht werden.

Jedoch gibt es nur wenige Untersuchungen an optisch bistabilen Bauelementen. Es wird prognostiziert /7/, daß das Schalten im Bereich von ps mit Energiewerten im pJ-Bereich vorgenommen werden kann. Ein praktischer Nachweis wurde hierfür aber noch nicht erbracht. Es ist wohl eine der dringendsten Aufgaben, die Grenzen dieser Kennwerte zu ermitteln. Dann läßt sich entscheiden, ob optisch bistabile Bauelemente für Computer eingesetzt werden können, die Signalfolgen verarbeiten.

Periphere Technik

Damit ein optischer Computer mit hoher Geschwindigkeit Rechenoperationen ausführen kann, benötigt er schnelle optische Impulsfolgen . Dabei spielen die Technik zur Erzeugung ultrakurzer Lichtimpulse /8/ und die Sensortechnik eine bedeutende Rolle. Für einen Bauelementetyp nach Bild 2(a) bestehen für die Wellenlänge des einfallenden Lichtes starke Einschränkungen. Es ist erforderlich, entsprechend dem nichtlinearen optischen Medium die Lichtwellenlänge zu wählen und Schwankungen dieser Wellenlänge weitestgehend zu unterdrücken. Als Lichtquellen, die diese Forderungen erfüllen, lassen sich Farblaser einsetzen. Für deren Einsatz in optischen Computern ist es wohl erforderlich, deren Abmessungen zu verkleinern und sie zu stabilisieren bzw. geeignete Halbleiterlaser zu entwickeln.

Weiterhin ist anzustreben, alle Operationen mit Licht auszuführen. Eine entsprechende Hybridisierung der elektronischen Bauelemente ist vorzunehmen, und Interfaceeinheiten für die elektronischen Geräte müssen entwickelt werden. Hierbei liefern wohl die Fortschritte der optischen und elektronischen Schaltkreistechnologie wichtige Voraussetzungen. Weiterhin spielen die Lichtimpuls-Schaltungstechnik /2/ wie schnelle optische Modulatoren, optische A/D-Umsetzer /9/ und Multivibratoren als periphere Baugruppen optischer Computer eine äußerst wichtige Rolle. Deren weitere technische Entwicklung muß durchgesetzt werden.

Was weiterhin die Optik betrifft, so ist die Verzweigung und Zusammenführung von Lichtsignalen zwischen den optischen Bauelementen ein wichtiges Problem. Bekanntlich führt ein Computer komplizierte Berechnungen in groß-

er Anzahl durch. Bei jedem Verzweigen und Zusammenführen kommt es zu
Verlusten, die sich summieren. Hierdurch verschlechtert sich das Signal-
Rauschverhältnis. Es müssen daher die Möglichkeiten optischer Verstärker
untersucht werden, die diese Verluste kompensieren.

***Neue Möglichkeiten und Probleme, die sich aus der Verwendung
von Licht ergeben***

Optische Computer, die anstelle des Fließens von Elektronen die Lichtaus-
breitung nutzen, besitzen den Vorteil, daß sie nicht dem Einfluß von Leckkapa-
zitäten und der elektromagnetischen Induktion unterliegen. Zudem ist es möglich, mehrere Strahlen zu verwenden, wodurch ein räumlicher Wellenlängen-
Multiplexbetrieb möglich ist, der die Verarbeitungsleistung erhöht. Dies bedeutet, daß dann, wenn ein Lichtstrahl mit mehreren Signalen das optische
Bauelement an unterschiedlichen Stellen bestrahlt oder ein Lichtstrahl mit
verschiedenen Wellenlängen gleichzeitig das optische Bauelement beeinflußt,
eine parallele Verarbeitung jedes optischen Signales möglich ist. Entsprechend
der Anzahl der Lichtstrahlen erhöht sich die Verarbeitungsleistung.

Andererseits besteht das größte Problem bei der Realisierung eines optischen Computers, der Signalfolgen digital verarbeitet, darin, eine größere Verarbeitungsleistung als andere Logikbaugruppen wie z.B. superschnelle Halbleiterbauelemente und supraleitende Bauelemente zu erreichen. Für optisch bistabile Bauelemente kann man davon ausgehen, daß im Vergleich zu anderen
Bauelementen die Möglichkeit besteht, die kürzesten Schaltzeiten zu erzielen.
Da sich jedoch beim Einschalten mit einem etwas größeren Wert als I_c nach
Bild 1 für die Bestrahlungsstärke die Schaltzeit verlängert, was als critical slow-
ing down bezeichnet wird, muß für eine Verkürzung der Schaltzeiten dafür
gesorgt werden, daß die Bestrahlung mit einer ausreichenden Stärke vorgenommen wird. Weiterhin ist das Problem nicht ausreichend gelöst, daß, wie
oben dargelegt, die Abschaltzeit erheblich größer als die Einschaltzeit ist.

Die Entwicklung der optisch bistabilen Bauelemente ist kurz. Es sind bisher
nicht einmal 10 Jahre seit der Herstellung der ersten Versuchsmuster vergangen. Da sie seit einiger Zeit im Mittelpunkt des Interesses stehen und umfangreiche Anstrengungen zur Verbesserung unternommen werden, wird sich deren Leistung bald verbessern. Aber auch dann, wenn sie nicht als optisch bistabile Bauelemente für optische Computer eingesetzt werden, die Impulsfolgen
verarbeiten, weisen sie, falls eine zweidimensionale Integration möglich wird,
als Bauelemente zur zweidimensionalen Parallelverarbeitung ausgezeichnete
Eigenschaften auf. Daher besteht auf diesem Gebiet die größte Wahrscheinlichkeit für ihren zukünftigen Einsatz.

2.3.3 Parallele Analogverarbeitung

Ein Bild ist zweidimensional und enthält eine sehr große Informationsmenge.
Wird diese Informationsmenge mit den heutigen Computern verarbeitet, erfor-
dert die Verarbeitung in Form von Impulsfolgen einen nicht unerheblichen
Zeitaufwand. Daher sind sie wenig effektiv. Führt man daher heute mit Com-

putern eine Bildverarbeitung durch, so erreicht man keine hohe Leistung. Für eine effektive Bildverarbeitung ist das Bild als solches zu verarbeiten. In diesem Sinne wurde auch der zukünftige optische Computer als Parallelrechner für Bilder betrachtet. Hier wurden für die zweidimensionale optische Analogverarbeitung bereits Untersuchungen durchgeführt. Eine Vielzahl von Berechnungsmethoden wie die Fouriertransformation, Addition, Subtraktion, Multiplikation, Division und Integration sowie für die Mustererkennung auf der Grundlage der Raumfrequenzfilterung und der Korrelationsberechnung wurden entwickelt /10/, und teilweise werden die Verfahren schon praktisch eingesetzt.

Optische Bauelemente

Die für eine zweidimensionale Analogberechnung benötigten optischen Bauelemente sind räumliche Lichtmodulatoren, Wandler für kohärentes in inkohärentes Licht und räumliche optische Speicherelemente /11/.

Räumliche Lichtmodulatoren werden als Eingabegeräte für optische Signale verwendet, die aus einem elektrischen Signal ein räumliches optisches Eingangssignal erzeugen. Weiterhin dienen sie als aktives räumliches Filter. Eine weitere Anwendung ist der Einsatz als Element zur Wandlung von inkohärentem in kohärentes Licht. Optisches Rechnen wird im allgemeinen mit kohärentem Licht durchgeführt, häufig ist aber das eingegebene Lichtsignal inkohärent. In diesem Fall wird ein Wandler zur Umsetzung eines inkohärenten Bildsignals in ein kohärentes eingesetzt. Ebenso kann der Wandler als Verstärker für ein schwaches kodiertes Bildsignal Verwendung finden.

Auch räumliche optische Speicherelemente, im weitesten Sinne auch fotografische Filme, lassen sich der Kategorie räumlicher Lichtmodulatoren zuordnen. Stehen optische Speicher zur Verfügung, die sich mit großer Geschwindigkeit in Echtzeit beschreiben lassen, so werden sich bei zweidimensionalen Parallelverarbeitungssystemen revolutionäre Fortschritte ergeben. Da es dann möglich ist, in Echtzeit ein räumliches Filtern und komplizierte Berechnungen mit mehreren Bildern durchzuführen, läßt sich erwarten, daß es hier nicht nur zu einer Erhöhung der Rechengeschwindigkeit, sondern zu qualitativen Fortschritten kommt.

Bisher wurden mehrere Typen räumlicher Lichtmodulatoren entwickelt. Beispiele hierfür sind Lichtmodulatoren, bei denen Flüssigkristalle und fotoelektrische Schichten kombiniert sind, sowie Bauelemente, die Platten mit Mikrokanälen und elektrooptische $LiNbO_3$-Kristalle enthalten, weiterhin $Bi_{12}SiO_{20}$-Kristalle, die sowohl einen optoelektrischen als auch elektrooptischen Effekt aufweisen. Diese Bauelemente werden in /11/ erläutert. Da ihnen ein Kapitel des vorliegenden Buches gewidmet ist /12/, ist hierauf Bezug zu nehmen.

Um neben den oben erwähnten Eigenschaften dem Bildverarbeitungssystem Redundanz und Flexibiltät zu verleihen, müssen ebenfalls eine optische Rückkopplung und eine Bildaufteilung möglich sein, wodurch man ebenfalls Fortschritte erwartet.

Probleme zweidimensionaler analoger Verarbeitungssysteme

Die zweidimensionalen analogen Verarbeitungssysteme haben eine lange Geschichte. Ein Beispiel für den Erfolg dieser Arbeiten ist die Entwicklung von Geräten zur Defektoskopie von IC-Masken. Jedoch sind diese Geräte auf ihr spezielles Einsatzgebiet beschränkt, von dem Konzept eines optischen Computers sind sie weit entfernt. Heute wird die praktische Realisierbarkeit eines optischen Computers über die zweidimensionale Analogverarbeitung pessimistisch beurteilt. Ursachen hierfür sind die geringe Rechengeschwindigkeit und Erkennerleistung, das Fehlen von Verfahren zur Echtzeitverarbeitung und die schlechte Peripherie. Mehr prinzipieller Natur sind die wenig effektiven Algorithmen für die optischen Computer auf der Grundlage der zweidimensionalen analogen Verarbeitungssysteme.

Die ideale Form eines optischen Computers ähnelt dem System, das die Informationen des menschlichen Sehens verarbeitet. Im gewissen Sinne hat er ein dem Menschen nahekommendes Leistungsvermögen. Vergleicht man ihn unter diesem Gesichtspunkt mit Mustererkennungssystemen, die das Sehnervensystem von Lebewesen als Modell verwenden (z.B. das Lernfunktionen besitzende Neocognitron /13/), so ist es wohl sinnvoll, hierauf aufbauend Algorithmen für optische Computer zu entwickeln.

Andererseits drängt sich das Konzept auf, ein zweidimensionales analoges Verarbeitungssystem mit einem Elektronenrechner zu koppeln und eine hybride Bildverarbeitungstechnik zu entwickeln. Die Verarbeitungsleistung von Elektronenrechnern wird sich in Zukunft wohl auch weiter erhöhen. Werden die wenig effektiven Teile durch die optische Verarbeitung ersetzt, so läßt sich insgesamt eine Verbesserung der Verarbeitungsleistung erwarten. Hierfür ist natürlich eine Verbesserung der zweidimensionalen optischen Verarbeitung erforderlich. Weitere wichtige Probleme sind die Klärung der Aufgaben- bzw. Lastverteilung zwischen elektronischem und optischem Computer, deren ausreichende Abstimmung aufeinander sowie die Entwicklung einer geeigneten Interfacetechnik.

2.3.4 Digitale Parallelverarbeitung

Das oben erläuterte zweidimensionale analoge Verarbeitungsverfahren bietet eine Vielzahl von Möglichkeiten. Will man es für einen universellen optischen Computer weiterentwickeln, so ist eine gewisse Stagnation festzustellen. Demgegenüber wird verstärkt der Begriff der zweidimensionalen optischen digitalen Verarbeitung verwendet, bei der der zweidimensionale schnelle Speicher großer Kapazität beibehalten und die Berechnungen digital durchgeführt werden. Die Eigenschaften dieses Verarbeitungsverfahrens sind die folgenden:

1. Prinzipiell werden durch Kombination der optischen logischen Verarbeitung mit AND-, OR-, NOT-Bauelementen die Berechnungen zweidimensional durchgeführt, wobei die Rechengenauigkeit groß ist.
2. Im Vergleich zur analogen Verarbeitung ist die Programmerstellung einfach, Universalität und Flexibiltät sind hervorragend.

3. Beim Übergang vom elektronischen Analog- zum Digitalrechner wurden umwälzende Fortschritte erzielt, dies läßt sich auch beim optischen Computer erwarten.

In Bild 3 ist das Blockschaltbild eines optischen Computers für die zweidimensionale digitale Berechnung dargestellt, wie es von Seko vorgeschlagen wurde /1/. Um diesen optischen Computer aufzubauen, benötigt man ein Gerät zur Vorverarbeitung, einen zweidimensionalen optischen A/D-Umsetzer, ein optisches Koppel- und Verzweigungselement sowie einen zweidimensionalen optischen Digitalrechner. Die wichtigsten optischen Funktionselemente sind der zweidimensionale optische A/D-Umsetzer und der optische Digitalrechner. Bisher wurden als optische Bauelemente eine Faserlaserplatte /14,15/ mit gebündelten Neodynglasfasern, optisch bistabile Elemente auf der Grundlage von Modulatoren mit Flüssigkristallen sowie ein vor kurzem entwickeltes Rechenverfahren /17/ mit inkohärenter Projektion untersucht, wobei vier Leuchtdioden verwendet werden. Jedoch reicht die Leistung dieser Bauelemente noch nicht aus. Es gibt noch eine Vielzahl von Problemen zu lösen, ehe sie als optische Logikelemente für die genaue und schnelle zweidimensionale optische digitale Verarbeitung eingesetzt werden können.

Gegenwärtig gibt es mehrere Richtungen, in denen versucht wird, leistungsfähigere zweidimensionale optische Logikelemente zu realisieren. Beispiele sind optisch angeregte Bildgeneratorlaser, die GaAs-Dünnschichten verwenden, die zweidimensionale Integration von optisch bistabilen Elementen mit Halbleitern, die zweidimensionale Integration von flächenemittierenden Halbleiterlasern /18/ und die zweidimensionale Integration von Elementen /19/, bei denen Fototransistoren und Leuchtdioden übereinander angebracht wurden. Gegenwärtig wurden diese Elemente nur als Versuchsmuster gefertigt, deren Kennwerte noch ermittelt werden müssen. Auf jeden Fall sind es optische Bauelemente, die auf Halbleiterdünnschichten beruhen. Die Fortschritte der Herstellungstechnologie für Halbleiterdünnschichten und der Bauelementetechnologie liefern hier die entscheidenden Voraussetzungen.

Die Untersuchungen an optischen digitalen Bauelementen werden aber fortgeführt. Durch die Untersuchung der physikalischen Eigenschaften und der Erscheinungen der nichtlinearen Optik ist mit großer Wahrscheinlichkeit von der Entwicklung leistungsfähiger zweidimensionaler optischer digitaler Bauelemente auszugehen. Dies wird der Durchbruch für eine stürmische Entwicklung zweidimensionaler digitaler Verarbeitungssysteme sein.

Aber auch wenn die Notwendigkeit und Effektivität zweidimensionaler digitaler optischer Computer nachgewiesen wurde, gibt es für deren Realisierung noch eine Vielzahl von Schwierigkeiten zu überwinden. Obwohl die Berechnungen selbst digital durchgeführt werden, ist eine räumliche Digitalisierung erforderlich. In einer zweidimensionalen Ebene muß die Korrelation zwischen den einzelnen Bildelementen berücksichtigt werden. Schwachstellen der digitalen Verarbeitungseinheiten sind die Berechnung von Integralen und die räumliche Filterung. In einigen Fällen kann auch eine Hybridisierung mit einem parallelen analogen Verarbeitungssystem erforderlich sein. Das gegenwärtig wichtigste Problem besteht darin, mit den optischen Bauelementen als Grundlage, deren praktische Realisierbarkeit sich nicht voraussagen läßt, die Algorithmen für den zweidimensionalen optischen Computer zu entwickeln. In diesem Sinne spielen die optischen Bauelemente eine große Rolle.

2.3.5 Zusammenfassung

Es wurde über den gegenwärtigen Stand und die zukünftigen Entwicklungen von optischen Bauelementen als Grundlage optischer Computer berichtet. Die Form des zukünftigen optischen Computers ist im gegenwärtigen Stadium noch unklar. Man kann aber abschätzen, daß Systeme, in deren Mittelpunkt die zweidimensionale digitale optische Verarbeitung steht, die Hauptrichtung sein werden. Jedoch befindet sich die Entwicklung der hierfür erforderlichen Bauelemente noch im Anfangsstadium. Um ein Grundkonzept für einen optischen Computer aufzustellen, sind Verbesserungen der optischen Bauelemente dringend erforderlich. Hierfür ist aufbauend auf Grundlagenuntersuchungen die Entwicklung origineller Elemente erforderlich, wobei Spezialisten aus einer Vielzahl von Gebieten kooperieren müssen. Obwohl sich viele Schwierigkeiten abschätzen lassen, werden dann, wenn der optische Computer realisiert ist, seine Auswirkungen auf die Gesellschaft groß sein. Dabei ist zu hoffen, daß die Fortschritte der optischen Bauelemente diese Richtung unterstützen.

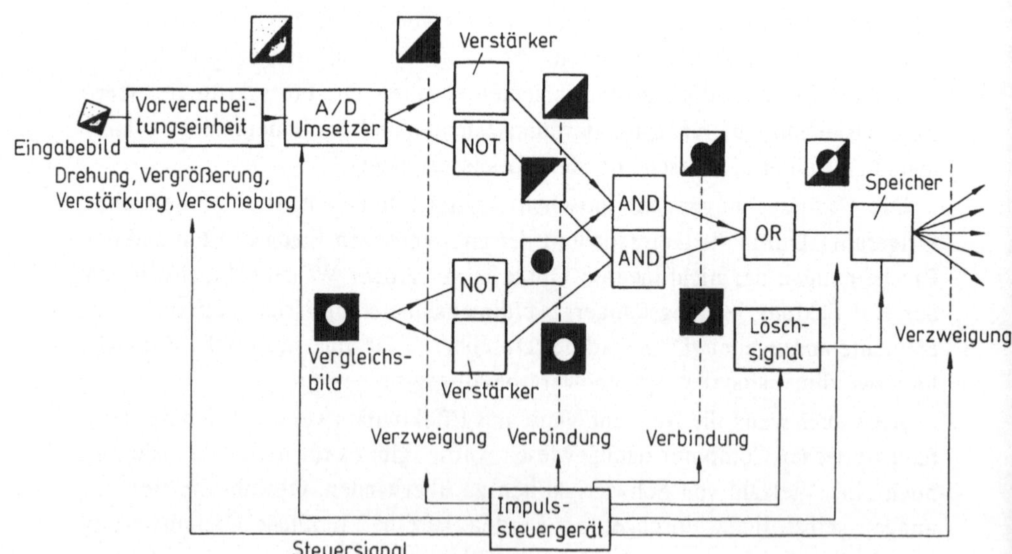

Bild 3: Blockschaltbild eines zweidimensionalen digitalen optischen Computers (Beispiel für das Exklusiv-ODER zweier Bilder)

Literatur

1 Seko: Optische Computer. Materialien des 19. Seminars der Oyo Butsuri Gakkai Kogaku Konwakai (in Japanisch)

2 Okada: Optisch bistabile Elemente. Oyo butsuri 49 (1980) 8, S. 825, Kogaku: 11 (1981) 2, S. 163 (in Japanisch)

3 Gibbs, H.M.; McCall, S.L.; Venkatesan, T.N.C.; Passner, A.C.; Gossard, A.C.; Wiegmann, W.: Optical bistability in semiconductors. Appl. Phys. Lett. 35 (1979) 6, p. 451

4 Miller, D.A.B.; Smith, S.D.; Johnston, A.: Optical bistability and amplification of new low-power nonlinear effect in InSb. Appl. Phys. Lett. 35 (1979) 9, p. 658

5 Gibbs, H.M.; Tarng, S.S.; Jewell, J.L.; Weinberger, D.A.; Tai, K.; Gossard, A.C.; McCall, S.L.; Passner, A.; Wiegmann, W.: Room-temperature excitonic optical bistability in a GaAs-GaAlAs superlattice. Etalon Appl. Phys. Lett. 41 (1982) 3, p. 221

6 Hanamura, E.: Optical bistable system responding in picosecond. Solid State Commun. 38 (1981), 10 p. 939

7 Smith, P.W.; Tomlinson, W.J.: Bistable optical devices promise subpicosecond switching. IEEE Spectrum 18 (1981) 6, p. 26

8 Kobayashi; Sueda: Erzeugung von Picosekunden-Impulsen mit Halbleiterlasern. Oyo butsuri 50 (1981) 9, S. 951 (in Japanisch)

9 Takizawa; Okada: Analog-Digitalumsetzer unter Verwendung von elektrooptischen Lichtmodulatoren. NHK Gijutsu kenkyu 32 (1980) 1, S. 19 (in Japanisch)

10 Iizuwa: Optik. Verlag Tomodate (1983) (in Japanisch)

11 Koyama; Nishihara: Lichtwellenleiter-Elektronik. Verlag Korona (1978) (in Japanisch)

12 Nishihara: Optische Speicherelemente. Kapitel 2 (in Japanisch)

13 Fukushima: Erhöhung der Leistung bei der Mustererkennung mit dem Kognitron. Denshi Tsushin Gakkai Rombunshi 62-A (1979), S. 650 (in Japanisch)
Modell für ein Nervensystem zur Mustererkennung ohne Beeinflussung durch örtliche Verschiebungen - Neocgnitron. Denshi Tsushin Gakkai Rombunshi 62-A (1979) 10, S. 658 (in Japanisch)

14 Seko, A.; Sasamori, A.: Fiber Laser Plate. Appl. Opt. 18 (1979), p. 2052

15 Seko, A.: All-optical parallel logic operation using fiber laser plate for digital image processing. Appl. Phys. Lett. 37 (1980) 3, p. 260

16 Sengupta, U.K.; Gerlach, U.H.; Collins, S.A.: Bistable optical spatial device using direct optical feedback. Opt. Lett. 3 (1978) 5, p. 199

17 Ichioda: Digitale optische Verarbeitung. Kapitel 3 (in Japanisch)

18 Motegi, Y.; Soda, H.; Iga, K.: Surface-emitting GaInAsP/InP injection laser with short cavity. length Electron. Lett. 18 (1982) 11, p. 461

19 Sasaki, A.; Matsuda, K.; Kimura, Y.; Fujita, S.: High-current InGaAsP-InP phototransistor and some monolithic optical devices. IEEE Trans. Electron. Devices ED-29 (1982) 9, p. 1382

2.4 Logik-Bauelemente für die optische Parallelverarbeitung

Seko, J. (Keio Gijuku Universität)

Für die Verarbeitung der immer mehr zunehmenden Informationsmengen setzt man die Hoffnung auf ultraschnelle optische Computer mit sehr großer Speicherkapazität. Mit digitalen Verarbeitungsverfahren sollen über die Parallelverarbeitung eine hohe Geschwindigkeit sowie Universalität und Genauigkeit erzielt werden. Was sind aber parallele digitale optische Bauelemente? Der vorliegende Beitrag soll einen Überblick über die Entwicklungstendenzen von Bauelementen geben, die eine parallele Verarbeitung ermöglichen.

2.4.1 Einleitung

Das Schalten unter Verwendung elektronischer Bauelemente stößt, bedingt durch parasitäre Kapazitäten und die Laufzeiten der Elektronen, auf bestimmte Grenzen. Auch wenn die Rechengeschwindigkeit von Computern mit elektronischen Bauelementen groß ist, werden heute die Grenzen für ihre Geschwindigkeit sichtbar. Speziell beanspruchen die Elektronenrechner, die für die Verarbeitung von zwei- und dreidimensionalen Informationen (z.B. für die Bildverarbeitung) eingesetzt werden, erheblichen Platz. Werden diese Informationen zeitlich quantisiert und verarbeitet, was der gegenwärtigen Lösung entspricht, so wird die Verarbeitung kompliziert und erfordert einen hohen Zeitaufwand. Es wird daher erwartet, daß ein Computer, bei dem die Elektronen durch Licht ersetzt werden, diese für Elektronenrechner vorhandene Grenze durchbrechen und höhere Verarbeitungsgeschwindigkeiten zulassen wird /1-5/.

Ein Vorteil des optischen Computers besteht darin, daß er durch die dem Licht innewohnende Fähigkeit zur Parallelverarbeitung Bilder unmittelbar verarbeitet. Mit der Entwicklung der Optoelektronik trat er daher in den Vordergrund. Zum Beispiel wurde 1984 von der Gesellschaft für Optik im Rahmen der Gesellschaft für Angewandte Physik (Japan) eine Forschungsgruppe "Optische Computer" gegründet, die ihre regelmäßige Tätigkeit aufnahm. Im vorliegenden Artikel wird ein Überblick über Tendenzen auf dem Gebiet der Forschung an parallelen digitalen optischen Logikbauelementen gegeben, die die Grundlage für die zukünftigen optischen Computer bilden.

2.4.2 Der optische Computer

Der Begriff "optischer Computer" ist noch nicht endgültig definiert, es lassen sich aber drei Typen unterscheiden. Beim ersten Typ werden Impulsfolgen optisch verarbeitet. Die Logikbauelemente heutiger Elektronenrechner werden durch optische Logikbauelemente mit äußerst kurzen Schaltzeiten ersetzt, und weiterhin wird die Verdrahtung mit Glasfaser- und Lichtleiterkabeln vorgenommen /6/. Beim zweiten Typ wird eine analoge Parallelverarbeitung durchgeführt. Die durch Laserbestrahlung gewonnenen Bildinformationen werden über Linsen übertragen und dabei mit Lichtgeschwindigkeit die Fouriertransformation durchgeführt und die Korrelationsfunktionen bestimmt /7-12/. Beim dritten Typ erfolgt eine digitale Parallelverarbeitung, wodurch eine hohe Geschwindigkeit und über die große Wortbreite eine hohe Genauigkeit erzielt werden. Eine freie Programmierung ist möglich. Unter diesem Gesichtspunkt ist dieses Rechenverfahren wohl das effektivste.

In Bild 1 ist das parallele digitale Verarbeitungsverfahren im Überblick dargestellt. Das mathematisch auszuwertende eingegebene Bild wird zunächst mittels Drehen, Vergrößern, Verkleinern, Verschieben, Verstärken usw. vorverarbeitet und dann entsprechend den logischen Operationen mit einem Vergleichsbild nach einem Programm verknüpft. Die Recheneinheit besteht aus den zweidimensionalen logischen Basisbausteinen AND, OR und NOT, die als Einheit zusammengefaßt angeordnet sind. Die Rechenergebnisse werden in zweidimensionalen Flip-Flop- oder optisch bistabilen Speichern erfaßt und für weitere Berechnungen bereitgehalten.

In letzter Zeit findet dieses Konzept für die Parallelverarbeitung allmählich Zustimmung. Zum Beispiel bezeichnen Schaefer et al. einen optischen Computer, der aus der Kombination von Lichtleiterkabeln und zweidimensionalen optischen Logikbauelementen besteht, als "Tse-Computer". Das in der Bezeichnung verwendete "Tse" /13,14/ geht auf das entsprechende chinesische Zeichen zurück, was darauf hinweisen soll, daß eine große, organisch verbundene parallele Informationsmenge vorliegt, wie das bei den bildhaften chinesischen Schriftzeichen der Fall ist. Basov hat ein System entworfen, bei dem zwischen dem räumlichen Lichtmodulator und einem holografischen Speicher eine Rückkopplungsschleife liegt, sowie einen Prozessor vorgeschlagen, der sich dadurch auszeichnet, daß die zweidimensionalen Operatoren der Reihe nach transformiert werden /15,16/. Jahns verglich duale Rechenverfahren mit Restklassen-Verfahren, für die optische Gatter verwendet wurden, weiterhin mit Verfahren, die die Verstärkung und Phasenverschiebung des Lichtes verwenden, sowie räumliche Koordinaten und Wahrheitstafeln. Es wurde ein vollständiger optischer Computer entwickelt /17/. Beim Restklassen-Verfahren wird die numerische Verarbeitung von Zahlen mit einer großen Anzahl von Stellen für jede Stelle parallel durchgeführt. Erhöht man die Stellenzahl, so können unverändert Additionen, Subtraktionen, Multiplikationen sowie Berechnungen von Gleichungen mit mehreren Gliedern durchgeführt werden. Dies garantiert eine hohe Rechengeschwindigkeit. Huang et al. haben ein derartiges optisches Verfahren vorgeschlagen /18,19/. Weiterhin geht auf Ichioka et al. ein Vorschlag für ein optisches Verarbeitungsverfahren zurück, bei dem das kodierte Bild unter Verwendung eines Konturverfahrens mit logischen dualen Funktionen zweier Variabler verarbeitet wird /20/.

Bei jedem Konzept sind prinzipiell logische Grundbausteine und Speicherbaugruppen erforderlich. Weiterhin sind auch die Funktionen Signalregenerierung und Verstärkung wichtig. Hier sollen Faserlaserplatten, räumliche Lichtmodulatoren, bistabile optische Elemente und Halbleiterlaser zur Bilderzeugung erläutert werden, die die Funktionen paralleler digitaler optischer Logikbaugruppen erfüllen, aus denen sich zukünftige optische Computer aufbauen lassen.

2.4.3 Faserlaserplatte

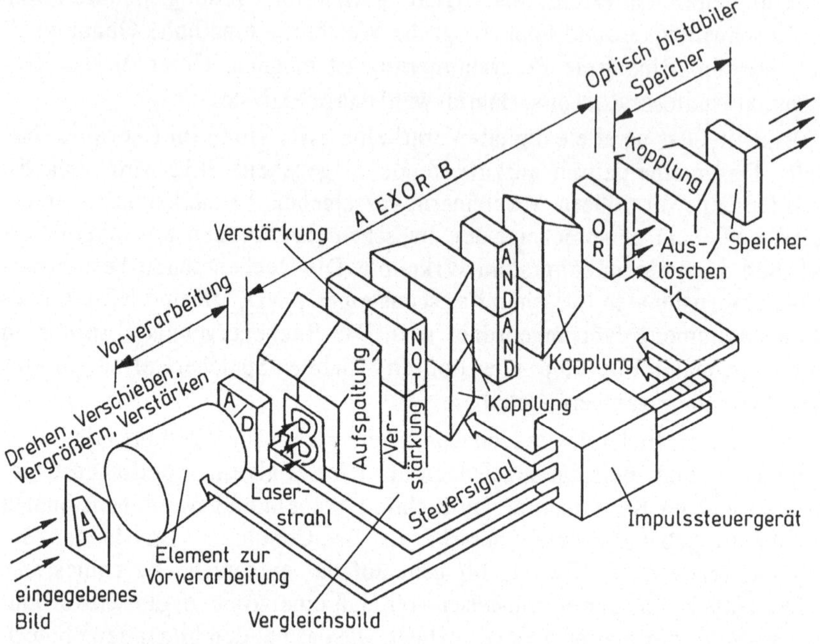

Bild 1:   Konzept für einen optischen Computer (digitales Parallelverarbeitungsverfahren)
          und parallele optische Logikelemente

Bei der von den Autoren entwickelten Faserlaserplatte (FLP) sind etwa
1000 Nd-Glasfaserlaser mit einem Durchmesser von 40 μm zusammengefaßt
(Bild 2) /21/. Auf der einen Seite wird das Bild bestrahlt und damit optisch
angeregt. Liegt die Anregung über einem Grenzwert, so erzeugt die Faser ein
Lasersignal, und die stark ausgerichteten Laserstrahlen werden als Bild ausgesendet. Diese Elemente entsprechen 10 000 parallel angeordneten optischen
Logikgattern (optische Schalter). Hier werden unter Ausnutzung der scharfen
Schwellwertfunktion das Bild A/D-umgesetzt sowie AND- und OR-Berech-
nungen durchgeführt. Wird ein auf mittlere Werte abgeglichenes Bild über die
FLP bestrahlt, so erfolgt nur in einem Bereich, der über einem Grenzwert
liegt, die Anregung und Umsetzung in ein binäres Bild mit den Werten 1 und 0,
d.h. eine A/D-Umsetzung. Weiterhin läßt sich eine AND-Berechnung durchführen, wenn man 2 binäre Bilder eingibt, die jeweils unterhalb des Grenzwertes liegen, und die Anregung nur für den Fall erfolgt, bei dem auf beiden
Bildern der Zustand 1 vorliegt und damit der Grenzwert überschritten wird.
Werden zwei Bilder eingegeben, deren Pegel größer als der Schwellwert ist, so
öffnen beide das optische Gatter, und man führt eine OR-Berechnung durch
/22/.

Weiterhin kommt es bei der FLP-Anregung mit Impulsen zu einer zeitlichen
Verzögerung, die umso größer ist, je niedriger der Anregungspegel liegt. Nutzt
man diese Verzögerung der Anregung, so läßt sich die EXOR-Berechnung
durchführen, die Pegelspaltung, NOT-Berechnung und Halbadder erfordert

/23/. Wird ein auf mittlere Werte abgeglichenes Bild am FLP-Eingang eingegeben, so erfolgt die parallele Umwandlung in ein Bild mit Bildelementen, die entsprechend dem Helligkeitsgrad verzögert sind. Wird jetzt ein am Ausgang angebrachter Verschluß mit geeigneter Verzögerungszeit geöffnet, so wird nur das angeregte Licht, das die entsprechende Verzögerungszeit aufweist, durch das Gatter durchgelassen. Der Pegel wird in der Form aufgespalten, daß nur Bereiche mit einer bestimmten Helligkeit abgetastet werden. Wird weiterhin das eingegebene Bild gleichzeitig mit einer bestimmten Leuchtstärke bestrahlt und die Gesamtfläche angeregt, so erhält man unmittelbar die Bereiche mit dem Zustand 1. Da die Bereiche mit dem Zustand 0 verzögert angeregt werden, läßt sich durch Ausblenden die NOT-Operation durchführen. Werden schließlich zwei Bilder mit einem Pegel eingegeben, der über dem Schwellwert liegt, so läßt sich die EXOR-Operation realisieren. Hierbei werden die Bereiche ermittelt, in denen nur ein Bild den Wert 1 aufweist.

Anhand des Beispiels der FLP soll jetzt die mit einem parallelen digitalen optischen Computer erzielbare Geschwindigkeitserhöhung abgeschätzt werden. Als Muster wurde ein Kabel aus ca. 10 000 Fasern (logischen Gattern) hergestellt, was einer gleichzeitigen Durchführung von 10 000 Rechenoperationen entspricht. Nimmt man an, daß die Schaltzeiten der Gatter die gleichen sind wie die der bisher in Elektronenrechnern verwendeten Logikschaltungen, so liegt die Rechengeschwindigkeit um den Faktor 10 000 höher. Ordnet man jetzt 1024x1024 Logikelemente parallel an und geht man davon aus, daß sich mit den optischen Schaltern eine um den Faktor 100 höhere Schaltgeschwindigkeit erzielen läßt, so ist der optische Computer um den Faktor 10^8 schneller als ein herkömmlicher.

2.4.4 Räumlicher Lichtmodulator

Wird ein räumlicher Lichtmodulator mit z.B. zweidimensionalen optischen Informationen bestrahlt, ändern sich seine optischen Eigenschaften wie die komplexe Lichtdurchlässigkeit und der Reflexionsgrad. Wird dann eine Bestrahlung mit homogenem Licht vorgenommen, kommt es zu einer räumlichen Modulation /25/. Das entsprechende Bauelement wird auch als "Lichtmodulator" ("light valve") bezeichnet. Ein paralleles digitales optisches Logikbauelement muß eine nichtlineare optische Ein- Ausgangskennlinie haben. Als Elemente hierfür wurden Schichten aus Flüssigkristallen und Ferroelektrika sowie foto-leitende Elemente, die den Pockels-Effekt ausnutzen /25/, entwickelt. Sie werden bereits als Lichtmodulatoren eingesetzt. Auch Elemente, die Kanalplatten und elektrooptische Kristalle kombinieren, befinden sich im Entwicklungsstadium.

Die aus Flüssigkristallen und einem fotoleitenden Material bestehenden Elemente werden zwischen Polarisator und Fotosensor gebracht. Projiziert man das Bild auf die Elementeseite, auf der sich die fotoleitende Schicht befindet, sinkt in dessen Bereich der Widerstand des fotoleitenden Materials. Die Spannungsstrukturen werden entsprechend dem Bild in den Flüssigkristallen abgebildet. Wird in diesem Zustand die Flüssigkristallschicht mit polarisiertem

Licht bestrahlt, so wird entsprechend der Spannungsstruktur die Polarisationsebene gedreht, und das den Fotosensor passierende Licht kann ausgelesen
werden. Bestrahlt man mit dem zum Auslesen verwendeten Licht ein zweites
Bild, lassen sich diese beiden Bilder logisch verknüpfen. Fratehi et al. haben
auf die linke und rechte Seite eines Elementes aus Flüssigkristallen und fotoleitendem Material ein 1. und 2. Bild eingelesen, dann mit dem von der linken
Seite ausgelesenem Licht die rechte Seite ausgelesen und so die verschiedenen
logischen Operationen der Booleschen Algebra realisiert /26/.

Lee et al. haben über ein optisches logisches Bauelement (Bild 3) berichtet,
bei dem die Flüssigkristalle und fotoleitendes Material als zweidimensionales
Array zusammengefaßt ausgeführt sind. Mit zwei dieser Elemente ist der Par-

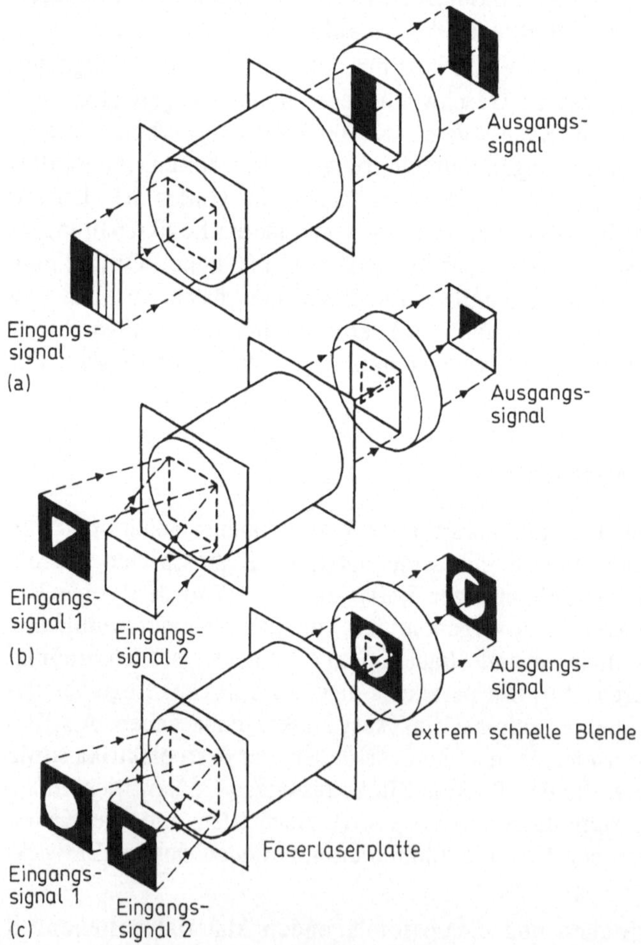

Bild 2: Prinzip der logischen Operationen unter Verwendung einer Faserlaserplatte
         sowie Ausnutzung von deren Schwingungs- und Verzögerungseigenschaften
         a) Pegelaufspaltung
         b) NOT
         c) EXOR (Exklusiv-ODER)

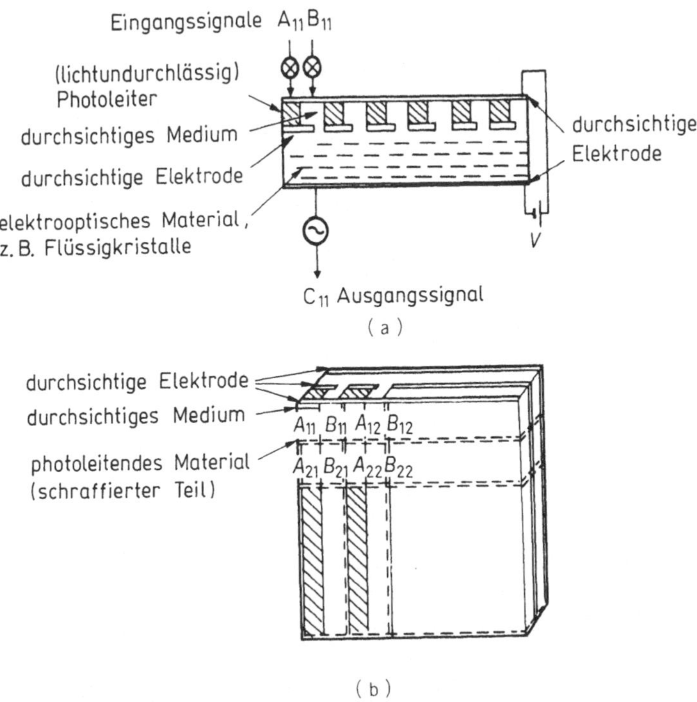

Bild 3:   Logikelement aus Flüssigkristallen und fotoleitendem Material
           a) Querschnitt
           b) Vorderansicht

allelbetrieb eines Halbadders möglich /27/. Das untersuchte Element besteht
aus 8x8 logischen Elementearrays; diese Zahl läßt sich auch weiter erhöhen.
Mit den gegenwärtigen Herstellungstechnologien wurde eine Rechengeschwindigkeit von 20 000 000 bit/s erzielt.

Bestimmte Flüssigkristalle erzeugen beim Anlegen einer Spannung streifenförmige Bereiche. Diese Gebiete kann man als Phasengitter interpretieren, bei
denen sich durch eine Spannung die Gitterkonstante ändert. Strand et al. haben auf Flüssigkristalle mit derartigen Eigenschaften eine fotoleitende Schicht
aufgebracht und parallele Logikelemente entwickelt /28,29/. Hier werden die
Helligkeitsunterschiede in einem eingegebenen Bild in Änderungen der
Raumfrequenz transformiert. Bringt man jetzt dahinter ein optisches Filtersy-
stem für die Raumfrequenz, so lassen sich Operationen wie Pegelaufspaltung,
AND, OR und EXOR realisieren.

Weiterhin haben Warde et al. einen Digitalrechner beschrieben (Bild 4) /30/,
der einen speziellen Kanalplatten-Bildverstärker nutzt. Eine Kanalplatte besteht aus mehreren 1 000 000 Miniatur-Sekundärelektronenvervielfachern, die
in Form eines zweidimensionalen Arrays angeordnet sind /31/. Es wurde auch
über deren Einsatz für die Parallelverarbeitung berichtet /32/.

Das mit der Kanalplatte verstärkte Elektronenbild wird als elektrisches Ladungsbild auf die elektrooptischen Kristalle geschrieben. Die durch diese La-
dungsbilder erzeugte Änderung des Brechungsindex der Kristalle wird über die

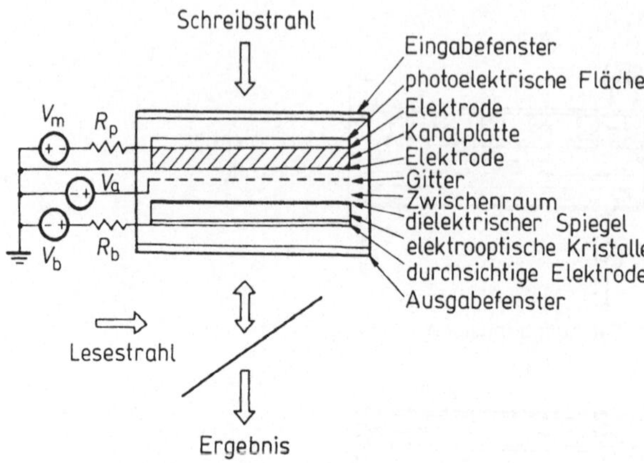

Bild 4:   Räumlicher Kanalplatten-Lichtmodulator

Interferenz ausgelesen. Wird beim Einlesen die Spannung zur Beschleunigung
der Elektronen in Kristallrichtung (Gitterspannung) geändert, so läßt sich das
Emissionsverhältnis der Sekundärelektronen der Kristalle steuern. Sowohl das
positive als auch das negative Ladungsbild können gespeichert werden, was
sich für die Parallelverarbeitung ausnutzen läßt. Bei der digitalen Berechnung
wird auf beiden Seiten des Kristalls ein dielektrischer Spiegel angebracht und
so ein Fabry-Perot-Interferometer erzeugt, dessen Empfindlichkeit genutzt
werden kann.

Logikbauelemente, die räumliche Lichtmodulatoren verwenden, haben heute noch die Nachteile, daß die Einschaltzeit einige µs bis einige s lang ist und
die Elemente groß sind. Hier sind weitere Verbesserungen erforderlich.

2.4.5 Optisch bistabile Elemente

Optisch bistabile Elemente sind im allgemeinen so aufgebaut, daß in einen
Fabry-Perot-Resonator ein Material mit nichtlinearer Dispersion gebracht
wird. Zwischen ein- und ausgegebenem Lichtsignal läßt sich eine Hysteresis
nachweisen /33-37/. Die Hysteresis wird als 2-Wert-Speicher genutzt. Ändert
man weiterhin den Resonatorzustand, so erhält man eine einwertige Funktion,
die einen Betrieb als Schalter und damit logische Operationen ermöglicht.
Die Untersuchungen an optisch bistabilen Elementen erfuhren in den letzten
Jahren einen erheblichen Auftrieb. Es wurden bereits Elemente aus den ver-
schiedenartigsten Materialien mit nichtlinearer Dispersion untersucht, wie z.B.
Rubin, InSb und GaAs. Die Elemente verarbeiten in den meisten Fällen Impulsfolgen, und es ist noch nicht geklärt, inwieweit bezüglich Schaltzeit, Schal-
tenergie und Integrationsgrad diese Bauelemente ihre Vorteile gegenüber
elektronischen zur Geltung bringen können. Jedoch besitzen solche Bauelemente eine große Bedeutung, mit denen sich zweidimensionale Komponenten
entwickeln lassen, die den dem Licht innewohnenden Vorteil der Parallelverarbeitung nutzen.

Optisch bistabile Elemente auf der Grundlage von GaAs-Dünnschichten /33,38/ haben eine Struktur, die die Entwicklung von zweidimensionalen Speichern für parallele digitale optische Computer ermöglicht. Die Schaltzeiten dieser Elemente liegen bei 200 ps. Es wird erwartet, daß sie sich auf ps verringern läßt. Die Schaltleistung ist mit 0,1 pJ/μm^2 gering. Vor kurzem wurde ein optisch bistabiles GaAs-Bauelement mit mehrfachen Quantenmulden entwickelt, das bei Raumtemperatur betrieben werden kann /39/.

Werden dagegen zwei der oben angeführten Elemente aus Flüssigkristallen und fotoleitende Materialien verwendet, so erhält man, wie in /40/ berichtet wurde, durch Rückkopplung der jeweiligen Ausgangssignale auf den Eingang ein zweidimensionales optisch bistabiles Bauelement.

Abraham et al. haben einen optischen Computer vorgeschlagen, der aus Speichern für zwei Werte auf der Grundlage der optisch bistabilen Bauelemente und einem optischen Transistor aufgebaut ist /41/. Als Besonderheit ist hierbei anzuführen, daß mit einem Bauelement eine große Anzahl von Ein- und Ausgaben durchgeführt wird und durch die Ausnutzung einer mehrstufigen Bistabilität eine mehrwertige Logik vorliegt.

2.4.6 Halbleiterlaser zur Bildanregung

Da die oben beschriebene Faserlaserplatte ein Glaslaser ist, ist der Wirkungsgrad gering. Will man bei Verwendung des gleichen Prinzips den Wirkungsgrad verbessern, muß man einen Halbleiterlaser zur Bildanregung (Bild 5) verwenden /42/. Die GaAs-Halbleiterschicht hat eine Größe von 5 × 5 mm^2 und ist mit 5 μm außerordentlich dünn. Bei dieser Dicke werden die von den Photonen angeregten Träger vollständig diffus verteilt. Wird die GaAs-Schicht durch das eingegebene Bild mit einer dem Absorptionsband entsprechenden Lichtwellenlänge angeregt, so schwingt das Licht, das durch die Trägerrekombination entsteht, zwischen den Schichtflächen und es entsteht eine Laserschwingung. Senkrecht zur Schichtfläche wird dann ein Laserbild ausgesendet. Bei den normalen Halbleiterlasern wird im allgemeinen das Seitenpumpen zur Anregung unter Ausnutzung der Reflexionen an der Spaltebene verwendet. Hier wird dagegen die Reflexion an der Schichtfläche genutzt. Eine Besonderheit besteht darin, daß das Endpumpen für parallele optische Logikbaugruppen verwendet wird. Unter Ausnutzung der Schwellwerteigenschaft der Laser-

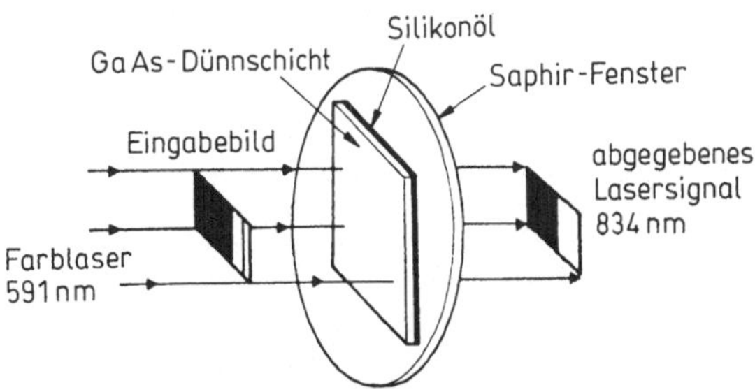

Bild 5:   Halbleiter-Dünnschichtlaser mit Bildanregung

schwingung kann wie bei der Faserlaserplatte eine parallele digitale Verarbeitung vorgenommen werden, wobei der Wirkungsgrad günstiger ist.

Um bei diesen Elementen einen noch höheren Wirkungsgrad zu erzielen, ist es möglich, unmittelbar vor dem Schwellwert durch Strominjektion eine Anregung vorzunehmen. Dadurch werden lichtschwache Bilder getriggert und zum Schwingen angeregt. Es läßt sich auch eine Verstärkung erwarten. Für diese Zwecke haben Iga et al. flächenemittierende Halbleiterlaser entwickelt /43-46/. Bei diesen Elementen erfolgt durch Strominjektion die Anregung zwischen den Schichtflächen des Substrats. Senkrecht zum Substrat wird das Laserlicht abgestrahlt.

2.4.7 Zusammenfassung

Um mit zukünftigen optischen Computern schnelle Verarbeitungen durchführen zu können, müssen eine große Anzahl paralleler optischer Logikelemente in Kaskade geschaltet werden. Hierfür sind ein optischer Verstärker und eine Wellenlängen- Transformation erforderlich. Zur Lösung dieser Probleme wurde von Beneking et al. ein Bauelement zur Umwandlung von Infrarot- in sichtbares Licht entwickelt /47/. Sasaki et al. wiesen darauf hin, daß dieses Element die Struktur eines Thyristors haben sollte. Sie entwickelten ein Bauelement, das zwischen dem optischen Ein- und Ausgangssignal eine negative Widerstandskennlinie hat /48, 49/. Dieses Element weist eine Struktur auf, die den Aufbau zweidimensionaler Arrays zuläßt. Da es sich um einen optischen Schalter handelt, der die oben beschriebenen Bedingungen für die Kaskadenschaltung erfüllt, ist er von Interesse. Diese Elemente sind Halbleiter auf der Grundlage chemischer Verbindungen. Für derartige Elemente sind die Untersuchungen an bistabilen Halbleiterlasern von Ito et al. /50-53/ von großer Bedeutung. Für die Zukunft steht die Entwicklung von optischen Logikbauelementen für den praktischen Einsatz im Vordergrund. Es wird davon ausgegangen, daß Bauelemente mit ultradünnen Schichten auf der Grundlage von Halbleitern aus chemischen Verbindungen einer praktischen Anwendung am nächsten stehen.

Damit die optischen Bauelemente im Konkurrenzkampf mit den elektronischen Bauelementen bestehen, müssen sie wahrscheinlich eine solche Leistung aufweisen, daß z.B. 1000 × 1000 zweidimensionale Informationen parallel verarbeitet werden können. Weiterhin ist für praktisch eingesetzte Bauelemente ein äußerst geringer Energieverbrauch erforderlich. Die Schaltzeiten müssen wie bei elektronischen Bauelementen den ps-Bereich erreichen. Den spezifischen Vorteil der Parallelverarbeitung, die hohe Verarbeitungsgeschwindigkeit, müssen sie zur Geltung bringen. Es ist wichtig, daß die Phänomene und Effekte bei der Berechnung benachbarter Bildelemente genutzt werden.

Die weiteren Untersuchungen an optischen Logikbauelementen müssen auf die Entwicklung praktisch einsetzbarer Bauelemente gerichtet sein, wozu breite Grundlagenuntersuchungen erforderlich sind. Hierdurch erweitern sich die technischen Möglichkeiten von der ein- zur zweidimensionalen Verarbeitung, was Schwierigkeiten bereitet, aber wohl auch eine lohnende Herausforderung ist.

Literatur

1 Seko, A.: Joho shori 22 (1981), S. 1037 (in Japanisch)
2 Seko, A.: Optische Computer. Materialien des 19. Sommer- Seminars der Oyo Butsuri Gakkai Kogaku Konwakai (1981), S. 1 (in Japanisch)
3 Shimada, J.; Ishihara, S.: Kogaku 10 (1981), S. 237 (in Japanisch)
4 Ishihara, S.; Shimada, S.; Sakurai, K.: Denshi Tsushin Gakkaishi 64 (1981), S. 89 (in Japanisch)
5 Materialien des 19. Symposiums der Tohoku Daigaku Denki Tsushin Kenkyusho Shusai (1983)
6 Goldberg, L.; Lee, S.H.: Appl. Opt. 18 (1979), p. 2045
7 Special Issue on optical computing. Proc. IEEE 65 (1980), p. 1
8 Special issue on optical & digital processing. Opt. Eng. 19 (1980), p. 3
9 Stroke, G.W.: IEEE Spectrum. 9 (1972) 12, p. 24
10 Sakurai, K.: Keisoku to Seigyo 13 (1974) 13, p. 2 (in Japanisch)
11 Ishihara, S.: Terebishon Gakkaishi, 31 (1977), p. 219
12 Casasent, D.: Proc. IEEE, 67 (1979), p. 813
13 Schaefer, D.H.; Strong, J.P.: Proc. IEEE, 65 (1977), p. 129
14 Schaefer, D.H.; Fischer, J.R.: IEEE Spectrum, (1982) 3, p. 32
15 Basov, N.G. et al.: Sov. J. Quantum Electron., 8 (1978), p. 303
16 Basov, N.G. et al.: Sov. J. Quantum Electron., 8 (1978), p. 307
17 Jahns, J.: Optik, 57 (1980), p. 429
18 Huang, A.; Tsunoda, Y.; Goodman, J.W.; Ishihara, S.: Appl. Opt., 18 (1979), p. 149
19 Ishihara, S.: Kogaku, 9 (1980), p. 305
20 Riken Shimpozhium "Neuste Tendenzen der optischen Informationsverarbeitung", Sammelband, (1982), S. 19 (in Japanisch)
21 Seko, A.; Sasamori, A.: Appl. Opt., 18 (1979), p. 2052
22 Seko, A.: Appl. Phys. Lett., 37 (1980), p. 260
23 Seko, A., Murakami, K.: Appl. Phys. Lett., 38 (1981), p. 494
24 Nishihara, H.: Oyo Butsuri, 49 (1980), S. 479 (in Japanisch)
25 Watrasiewicz, B.M.: Opt. & Laser Technol., 7 (1975) 5, p. 213
26 Fatehi, M.T.; Wasmundt, K.C.; Collins, S.A.Jr.: Appl. Opt. 20 (1981), p. 2250
27 Athale, R.A.; Lee, S.H.: Opt. Eng., 18 (1979), p. 513
28 Chavel, P.; Sawchuk, A.A.; Strand, T.C.; Tanguay, A.R.J.; Soffer, B.H.: Opt. Lett., 5 (1980) 5, p. 398
29 Soffer, B.H.; Boswell, D.; Lackner, A.M.; Tanguay, A.R.Jr.; Strand, T.C.; Sawchuk, A.A.: SPIE, 218 (1980), p. 81
30 Warde, C.; Weiss, A.M.; Fisher, A.D.; Thackara, J.I.: Appl. Opt., 20 (1981), p. 2066
31 Seko, A.: Oyo Butsuri, 43 (1974), p. 171
32 Seko, A.; Kobayashi, H.: Rev. Sci. Instrum. 44 (1973), p. 400
33 Gibbs, H.M.; McCall, S.L.; Venkatesan, T.N.C.: Opt. News/Summer, (1979), p. 6
34 Hanamura, S.: Oyo Butsuri, 49 (1980), p. 387
35 Ito, H.; Inaba, H.: Denshi Tsushin Gakkaishi, 63 (1980), S. 1025 (in Japanisch)
36 Okada, M.: Oyo Butsuri, 49 (1980), S. 825 (in Japanisch)
37 Smith, P.W.; Tomlinson, W.J.: IEEE Spectrum, 18 (1981) 6, p. 26
38 Gibbs, H.M.; Venkatesan, T.N.C.; McCall, S.L.; Passner, A.; Gossard, A.C.; Wiegmann, W.: Appl. Phys. Lett., 34 (1979), p. 221
39 Gibbs, H.M. et al.: Appl. Phys. Lett., 41 (1982), p. 221

40 Senguputa, U.K.; Gerlach, U.H.; Collins, S.A.: Opt. Lett., 3 (1978), p. 199
41 Abraham, E.; Seaton, C.T.; Smith, S.D.: Sci. Am., 248 (1983) 2, p. 63
42 Seko, A.; Nishikata, M.: Appl. Opt., 16 (1977), p. 1272
43 Melngailis, I.: Appl. Phys. Lett., 6 (1965), p. 59
44 Kitahara, C.; Suematsu, Y.; Wakao, K.; Morimoto, I.; Iga, K.:Denshi Tsushin Gakkai Gijutsu
   Kenkyu Hokoku, OQE 78-175 (1978)
45 Soda, H.; Iga, K.; Kitahara, C.; Suematsu, Y.: Jpn. J. Appl. Phys., 18 (1979), p. 2329
46 Motegi, Y.; Soda, H.; Iga, K.: Electron. Lett., 18 (1982), p. 461
47 Beneking, H.; Grote, N.; Svilans, M.N.: IEEE Trans. Electron. Devices, ED-28 (1981), p. 404
48 Sasaki, A.; Matsuda, K.; Kimura, Y.; Fujita, S.: IEEE trans. Electron. Devices, ED-29 (1982),
   p. 1382
49 Sasaki, A.; Matsuda, K.; Kimura, Y.; Fujita, S.: Proc. 14th Conf. (1982 Int.) Solid State
   Devices, Tokyo, 1982, Jpn.
50 Ito, H.; Ogawa, Y.; Inaba, H.: IEEE J. Quantum Electron., QE- 17 (1981), p. 325
51 Ogawa, Y.; Ito, H.; Inaba, H.: Jpn. J. Appl. Phys. 20 (1981) L 646
52 Itoh, H.; Okumura, K.; Inaba, H.: Optische Logikbauelemente, Kapitel 2
53 Harder, C.; Lau, K.Y.; Yariv, A.: IEEE J. Quantum Electron., QE-18 (1982), p. 1351

2.5 Optische Logik-Bauelemente

Ito, H. (Tohoku-Universität); Okumura, K. (Keiryo Kenkyusho); Inaba, F. (Tohoku-Universität)

2.5.1 Einleitung

Der große Einfluß der Entwicklung von Computern auf die menschliche Gesellschaft schlug sich auch in neuen Begriffen nieder, wie "die Revolution der Informationstechnik" oder "die 3. Welle". Der Beitrag der Halbleiterbauelementetechnologie, die ihren Anfang mit der Entwicklung des Transistors durch Bardeen, Brattain und Shockley nahm und erstaunliche Fortschritte aufweist, ist groß. Besonders die stürmische Entwicklung der integrierten Schaltkreise führte zu einer schnellen Erhöhung von Kapazität und Geschwindigkeit der Informationsübertragung und - verarbeitung. Jedoch steigen die gesellschaftlichen Anforderungen hinsichtlich der Menge an Informationen. Die Konstruktion neuer Rechnersysteme auf der Grundlage neuer Konzepte wird im starken Maße sowohl seitens der Hard- als auch der Software gefordert.

Besonders mit dem "optischen Computer" verknüpft man viele hochgestellte Erwartungen. Das Konzept, unter Verwendung von Licht eine schnelle Verarbeitung und Übertragung großer Informationsmengen zu erreichen, wurde einige Jahre nach der Entwicklung der Laser vorgeschlagen. Bereits in den 6O-er Jahren begann die erste Entwicklungsphase. Hier erfolgte unter Ausnutzung der Nichtlinearität des Lasermediums die Ein-Aus- Steuerung des Schwingungszustandes, die man als Grundelement für logische Rechenoperationen nutzen wollte /1-3/. Die Machbarkeit wurde hauptsächlich auf der Grundlage von Experimenten, bei denen Halbleiterlaser mit homogenen Übergängen verwendet wurden, nachgewiesen. Mit der praktischen Realisierung von stetig strahlenden Halbleiterlasern, die bei Zimmertemperatur arbeiten, und von Glasfaserkabeln mit geringen Verlusten, die 1970 gelang, nahm, wie allgemein bekannt ist, die optische Nachrichtentechnik eine stürmische Entwicklung. Die dazugehörige periphere Technik wies ebenfalls große Fortschritte auf. Auch die Untersuchungen an optischen Computern brachten auf physikalischem und technischem Gebiet erhebliche Fortschritte, so daß in den nächsten Jahren mit der 2. Generation zu rechnen ist /4-8/.

Erhebliche Fortschritte waren in den letzten Jahren in Forschung und Entwicklung von optischen Bauelementen zu verzeichnen, die die Grundelemente für die optische logische Verarbeitung sind. Im Vergleich zu den hochentwickelten Computern und sehr leistungsfähigen elektronischen Bauelementen befinden sie sich noch in einem sehr frühen Entwicklungsstadium. Weiterhin werden auch für optische Computer die entsprechenden Hardware- Bauelemente untersucht und entwickelt. Softwareseitig sind dagegen die Fortschritte gegenüber denen elektronischer Rechner noch unzureichend. Bei der digitalen optischen Verarbeitung /9/ sind im Vergleich zur analogen optischen Verarbeitung, die bisher im Mittelpunkt der optischen Informationsverarbeitung stand, die Genauigkeit (Rauschstabilität) und Universalität besser. Daher werden hier umfangreiche Untersuchungen durchgeführt. Durch die Verwendung von optischen Computern, die z.B. nach der keine Erhöhung der Stellenzahl erfordernden Restklassen-Arithmetik arbeiten /10,11/, werden optische digitale Verarbeitungsverfahren, die die parallele Verarbeitbarkeit des Lichtes ausnutzen, zu einer möglichen Entwicklung, an die vielfältige Erwartungen geknüpft werden.

Im vorliegenden Artikel werden hauptsächlich optisch bistabile Elemente, die die logischen Grundbauelemente derartiger digitaler optischer Computer sind, erläutert sowie die neuesten Tendenzen in der Forschung und Entwicklung optischer Logikbauelemente beschrieben.

2.5.2 Optisch bistabile digitale Bauelemente

Ein Element zur logischen Verarbeitung, das die Grundlage für die digitale optische Verarbeitung bildet, ist das bistabile optische Bauelement (Bistable Optical Device: BOD) /12-20/. Es ist ein Bauelement, das in einem allgemeinen optischen System mit Lichtein- und ausgabe für eine bestimmte Stärke des eingegebenen Lichtes zwei verschiedene stabile Zustände für das optische Ausgangssignal einnimmt. Können diese beiden stabilen Zustände beliebig lange gespeichert werden, so lassen sich angefangen von den Speichern eine Vielzahl logischer Bauelemente herstellen. Dies ist aufgrund der Analogie zu elektronischen Schaltungen auch offensichtlich. Zu diesem Zweck wurden BOD untersucht und entwickelt, die nach den verschiedensten Verfahren arbeiten.

Für die Realisierung optisch bistabiler Zustände ist ein System erforderlich, das eine nichtlineare Reaktion (Lichtdurchlässigkeit) hat, die von der Stärke des durchgelassenen Lichtes abhängt. Daher ist eine prinzipielle Forderung, daß das System, wie in Bild 1 gezeigt, durch eine Rückkopplung erweitert wird. Diese Rückkopplung kann optisch oder elektrisch mit einem entsprechenden optoelektrischen Wandler erfolgen. Das erste Verfahren wird als rein optisches "intrinsic" oder "all optical" bezeichnet, letzteres als hybrides BOD /12-20/. In allen Fällen können durch die Realisierung des optisch bistabilen Zustandes unmittelbar die Grundfunktionen wie optisches AND und optisches OR sowie die Signalgenerierung bereitgestellt werden. Auch der Betrieb als optische Triode oder optischer Transistor ist möglich.

Die Grundstruktur von optisch bistabiler Bauelementen mit Halbleiterlasern und deren monolithische Integration

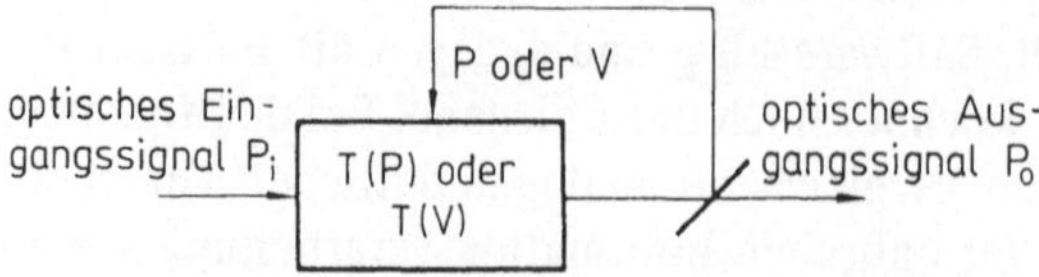

Bild 1:   Prinzipieller Aufbau eines optisch bistabilen Elementes

P_i ist das optische Eingangssignal, P_o das Ausgangssignal, $T(P)$ ist die Übertragungsfunktion in Abhängigkeit von dem Teil des abgegebenen optischen Signals (P), das den Rückkopplungszweig des optischen Systems bildet; $T(V)$ die Übertragungsfunktion in Abhängigkeit von der Spannung V, die ebenfalls ein Rückkopplungsparameter ist.

Bei den herkömmlichen opto-elektronischen hybriden BOD wird hauptsächlich eine Spannung rückgekoppelt, die der Stärke des durchgelassenen Lichtes proportional ist und die mit dem elektrooptischen Effekt bereitgestellt wird. Das Schalten erfolgt optisch. Dies ist selbst prinzipiell eine logische Operation /12-21/. Durch die Kombination mehrerer derartiger BOD wurden zunächst verschiedene optische Multivibratoren als optische Logikbaugruppen entwickelt /19, 20, 22/. Jedoch treten bei diesen BOD-Bauelementen mit optischen Schaltern als Lichtleiter offensichtlich folgende Probleme auf:

1. Obwohl sie klein sind, ist aufgrund der Nutzung der Lichtübertragung eine Länge für die gegenseitige Wechselwirkung erforderlich, die oberhalb von mm liegt.
2. Da das angelegte Lichtsignal nicht verstärkt wird, ist beim mehrstufigen Betrieb eine Lichtverstärkung erforderlich.
3. Es ist schwierig, die Lichtquelle in integrierter Form auszuführen.

Um diese Nachteile zu vermeiden, haben die Autoren einen bistabilen Halbleiterlaser (BIstable Laser Diode: BILD) vorgeschlagen /23, 24/, bei dem, wie Bild 2 zeigt, der Halbleiterlaser (LD) selbst proportional zu seiner Ausgangsspannung positiv rückgekoppelt wird und der damit zwei stabile Anregungszustände hat.

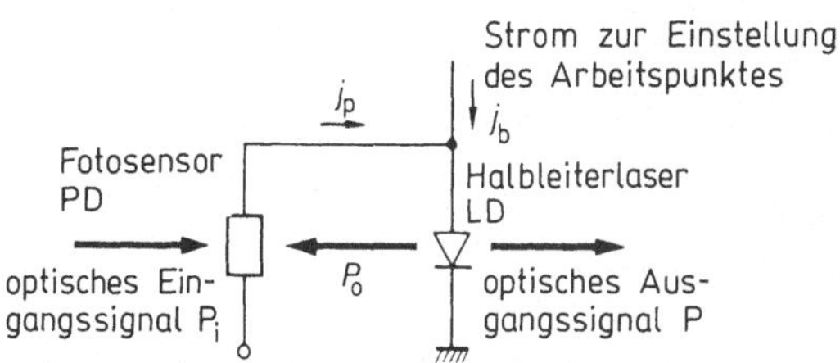

Bild 2:   Grundprinzip des bistabilen Halbleiterlasers (BILD)

Dieses BILD-Bauelement hat prinzipiell eine äußerst einfache Struktur, bei der LD und Fotosensor (PD) in Reihe geschaltet sind. Sie läßt sich leicht monolithisch integrieren und ermöglicht einen sehr schnellen Betrieb bei hohem Wirkungsgrad. Daher wird erwartet, daß das Bauelement einen hohen Wert für den praktischen Einsatz hat.

In Bild 3 ist die optische Übertragungskennlinie eines BILD-Bauelementes dargestellt, bei dem LD und PD miteinander verbunden sind. Die Hysteresis (a) und die differentielle Verstärkung (b) wurden durch Abgleich des Arbeitspunktes erhalten.

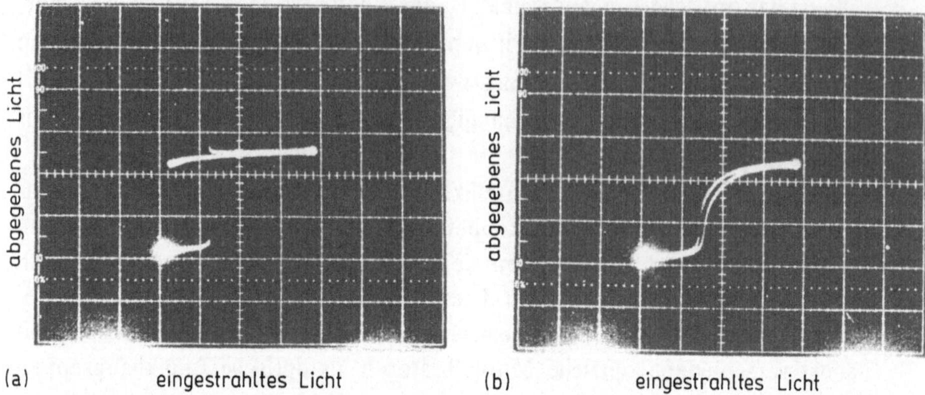

Bild 3:   Optische Ein-Ausgangskennlinie des bistabilen Halbleiterlasers (BILD) (Abszisse: Stärke des eingestrahlten Lichtes 40 μW/Teilstrich, Ordinate: Stärke des abgestrahlten Lichtes 1 mW/Teilstrich)
(a) Hysteresiskennlinie
(b) differentielle Verstärkung

Weiterhin sind in Bild 4 die optische Speicherung bzw. der optische Schalterbetrieb dargestellt, die die Hysteresiseigenschaften von Bild 3(a) nutzen.

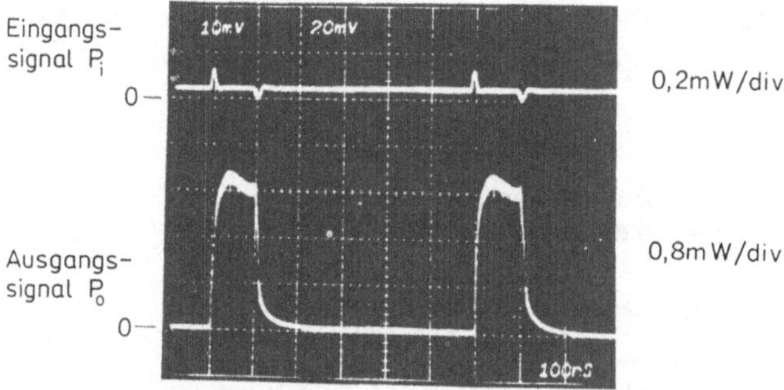

Bild 4:   Beispiel für den Betrieb des optisch bistabilen Halbleiterlasers (BILD) als optischer Schalter/optischer Speicher

Durch On/off-Lichtimpulse, denen zur Einstellung des Arbeitspunktes Licht mit einer Leistung von 40 μW überlagert wird, wird das optische BILD-Ausgangssignal zwischen 2 Zuständen abwechselnd umgeschaltet (die Schaltzeit beträgt ca. 10 μs). Zusätzlich wird ein hoher Verstärkungsgrad erzielt.

Eine wichtige Besonderheit eines derartigen hybriden optoelektronischen BOD-Elementes besteht darin, daß sich durch Abgleich des zur Einstellung des Arbeitspunktes erforderlichen Stromes und der Rückkopplungsleistung die ausgeführte Rechenfunktion steuern läßt. Das heißt, da der Zustand des optischen Ausgangssignals durch das optische Eingangssignal gesteuert wird, kann durch die Integration der erforderlichen Bauelemente eine hohe Betriebsgeschwindigkeit erreicht werden. Man kann neue optische Bauelemente entwerfen, die die Möglichkeiten der optischen Verarbeitung wie die zweidimensionale Parallelverarbeitung nutzen.

Bild 5 zeigt ein Beispiel für ein monolithisch integriertes BILD- Bauelement. Bild 5(a) zeigt die einfachste Ausführungsform. Hier sind LD und PD gemeinsam aus einem normalem Wafer mit Doppel-Heterostruktur erzeugt /24/. Der optische Resonator wird dadurch gebildet, daß parallel zur Reflexionsfläche ein Graben geätzt wurde /24/. Bei der Ausführung nach Bild (b) wird ein Teil des Lichtes vom LD, der sich an der Unterseite befindet, durch eine dünne Clad-Schicht auf der PD-Seite in den oberen schnellen PD (Fototransistor) eingekoppelt.

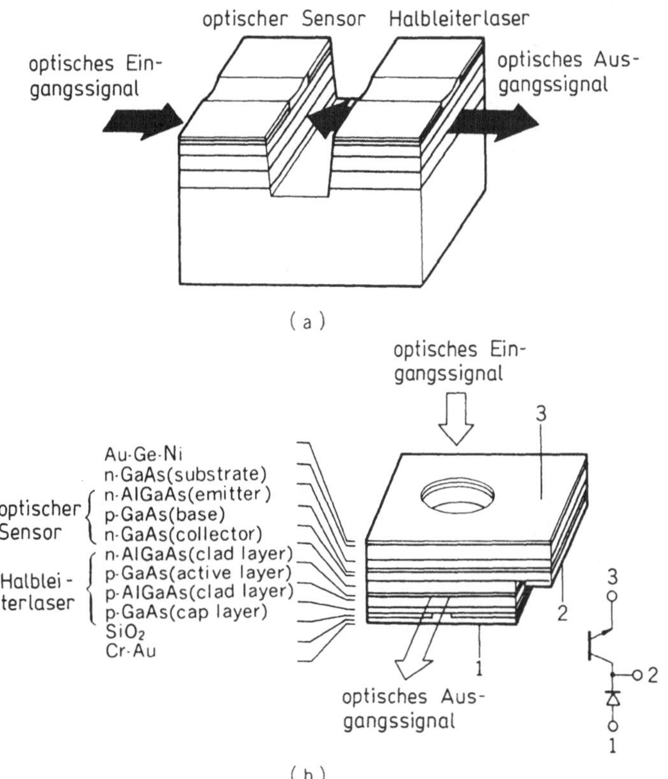

Bild 5: Ausführungsbeispiel für einen monolithisch integrierten bistabilen Halbleiterlaser (BILD)

Bei diesem Beispiel ist der Einfachheit halber die elektonische Schaltung, die auf dem gleichen Substrat integriert wurde, weggelassen. Da jedoch bei dieser Struktur das ausgesendete Licht parallel zum Substrat erzeugt wird, könnte in Querrichtung eine eindimensionale Integration erfolgen. Eine zweidimensionale Struktur ist aber äußerst schwierig herstellbar.

Gegenüber dieser normalen LD-Struktur haben die sogenannten Bauelemente mit Flächenemission, bei denen das Licht senkrecht zum Substrat angeregt wird, den besonderen Vorteil, daß eine einfache Integration in Form eines zweidimensionalen Arrays möglich ist. Jedoch ist bei den bisher als Versuchsmuster entwickelten einfachen Lasern mit Oberflächenemission festzustellen /25-27/, daß sich keine ausreichende Verstärkung erzielen läßt, da die Abmessungen des aktiven Bereiches senkrecht zur Lichtemissionsrichtung nicht groß sein dürfen. Ein Dauerbetrieb bei Raumtemperatur und eine hohe Ausgangsleistung lassen sich prinzipiell schwer erreichen. Um diese Nachteile zu beseitigen, haben die Autoren einen neuen Halbleiterlaser mit einem koaxialen transversalen Übergang (Coaxial Transverse Junction: CTJ) vorgeschlagen, dessen Versuchmuster untersucht und die Eigenschaften analysiert /28,29/.

Dieser CTJ-Halbleiter-Laser hat prinzipiell eine Form, die eine Realisierung von zweidimensionalen integrierten BILD-Bauelementen zuläßt. Seine Grundstruktur ist in Bild 6(a) gezeigt. Um hier einen Resonator für den CTJ-Halbleiterlaser zu bilden, ist in der Mitte ein Bragg-Reflektor und an der Oberseite ein mehrschichtiger Spiegel aus einem Dielektrikum angebracht. Weiterhin ist an dessen Unterseite eine hochempfindliche PD /30/ integriert. Durch die in Bild 2 gezeigte Rückkopplung des optoelektronischen Systems erhält man ein monolithisch integriertes BILD-Bauelement, das im Bild 6(b) im Querschnitt gezeigt ist.

Für die Herstellung des CTJ-Lichtemitters, der im oberen Teil von Bild 6(a) dargestellt ist, wurde im konkreten Ausführungsbeispiel ein Material des GaAs-Systems verwendet. Zunächst wurde die obere n-GaAs-Schicht des GaAs-AlGaAs-Doppelheterowafers durch reaktives Ionenätzen (RIE), das nicht von der Kristallrichtung abhängt, zylindrisch geformt. Dann wurde in zwei Stufen Zn diffundiert, wodurch die p^+ - und p^--Zonen hergestellt wurden. Durch diese Diffusion wurde der p-n-Übergang im n-GaAs-Bereich senkrecht zum Substrat zylinderförmig ausgebildet, im $n-Al_xGa_{1-x}As$ etwa parallel zum Substrat. Wird der Al-Anteil ausreichend hoch gewählt, so fließt der durch die Energiedifferenz beider Übergänge hervorgerufene Injektionsstrom fast nur im koaxialen Übergang des n-GaAs. Da bei dieser Struktur die Länge des aktiven Bereiches der Höhe des Zylinders entspricht, ist es möglich, in Emissionsrichtung senkrecht zum Substrat einen ausreichend großen Verstärkungseffekt zu erzielen. Werden daher am oberen und unteren Teil des Zylinders optische Resonatoren angebracht, so erhält man einen Lasergenerator. Auch wenn kein Resonator vorhanden ist, läßt sich auf einfache Weise eine Super-Lumineszenzdiode hoher Ausgangsleistung herstellen. Da sich weiterhin bei dieser BILD-Struktur eingegebenes und ausgesendetes Licht in der gleichen Richtung ausbreiten, ist ein Vierpolbetrieb möglich. Auf der Grundlage der leistungsfähigen Mikro-Bauelemente lassen sich schnelle zweidimensionale Arrays entwickeln.

Anstelle der LD-Bauelemente haben die Autoren weiterhin LED- Bauelemente verwendet, wodurch sich die Reaktionsgeschwindigkeit verschlechterte. Es konnte aber festgestellt werden, daß mit dem gleichen Funktionsprinzip ein optisch bistabiler Betrieb möglich ist. Das Bauelement wird als bistabile

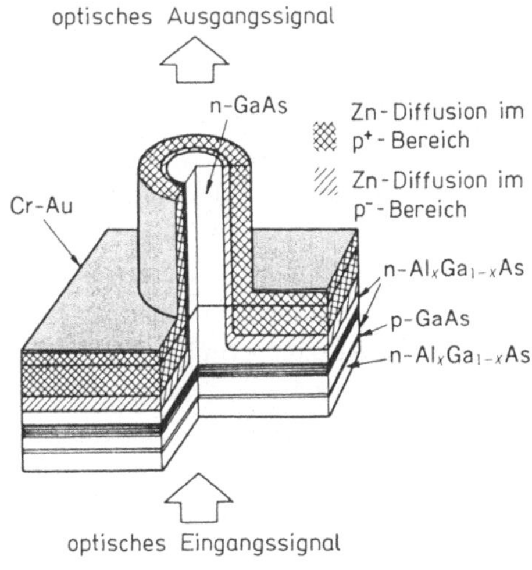

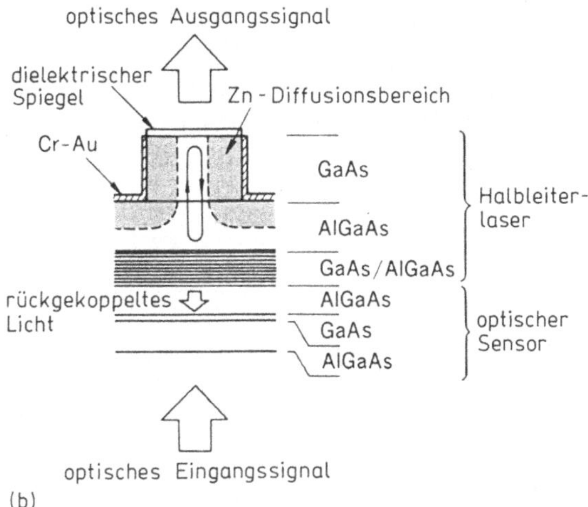

Bild 6: Ausführungsbeispiel für einen monolithisch integrierten bistabilen Halbleiterlaser (BILD) mit einem CTJ (Coaxial Transverse Junction)-Halbleiter
a) Ausführungsbeispiel
b) Querschnitt

Leuchtdiode (Bistable Light Emitting Diode, BILED) bezeichnet /31/. Es wurden verschiedene Muster optischer Bauelemente gefertigt, auf denen derartige LED und PD monolithisch integriert wurden. Für deren optisches Übertragungsverhalten konnte ebenfalls eine Bistabilität nachgewiesen werden /32,33/. Im wesentlichen kommt hier das gleiche Funktionsprinzip wie bei BILED-Bauelementen zur Anwendung.

Optische digitale Bauelemente für logische Operationen, die auf der Grundlage optisch bistabiler lichtemittierender Halbleiterbauelemente aufgebaut sind

Bei BILD/BILED-Bauelementen, die durch die Kombination von LD oder LED mit PD-Bauelementen hergestellt werden, können, wie oben erläutert, beide Komponenten einschließlich der Lichtquelle auf dem gleichen Substrat monolithisch integriert werden. Sie weisen hervorragende Eigenschaften auf, wie sie mit den herkömmlichen BOD-Bauelementen nicht erreichbar sind. Werden viele BILD/BILED-Bauelementen mit derartigen Vorteilen integriert hergestellt und damit eine Vielzahl von Funktionen ermöglicht, so läßt sich erwarten, daß sie als zukünftige Bauelemente für die praktische optische digitale Signalverarbeitung von großem Wert sind /24,34-36/. Jedoch gibt es bisher nur wenige praktische Beispiele, wo mehrere BOD-Bauelemente zusammengefaßt als optische Bauelemente für optische logische Operationen hergestellt wurden /19,20,22/. Die Ursache ist darin zu suchen, daß sich mit den vorgeschlagenen BOD-Bauelementen nicht eine Vielzahl von Funktionen realisieren läßt. Ebenso ist die Miniaturisierung für praktische Anwendungen noch unzureichend und die Herstellungstechnologie auch noch nicht genügend ausgereift. Dies dürfte darauf zurückzuführen sein, daß zunächst die Zielstellung bestand, die Elemente einzeln herzustellen und deren Funktion zu untersuchen. In dieser Hinsicht haben die BILD- und BILED-Bauelemente die Schwierigkeiten überwunden. Im nächsten Schritt werden optische Logikbauelemente wie Inverter, optische AND und optische JK-Flip-Flop (FF) praktisch entwickelt, und deren Funktionen durch BILED-Elemente als Einzelbauelement realisiert. Es werden auch monolithisch integrierte Lösungen untersucht /34-36/.

Im Bild 7a ist das Blockschaltbild eines Inverters mit optischer Ein- und Ausgabe und im Bild 7b ein Beispiel für dessen Funktionskennlinie dargestellt. Mit dem im linken Teil befindlichen LD1 und PD für die optische Rückkopp-

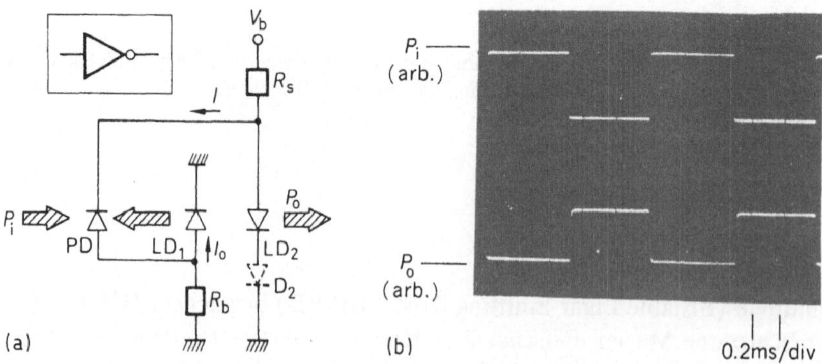

Bild 7:   (a) Aufbau eines optischen Inverters

       (b) Beispiel für den Betrieb bei Einspeisen einer Rechteckwelle

       ($R_s = 200\,\Omega, R_b = 200\,\Omega, V_b = 5$ V)

lung entsteht durch den BILD-Betrieb der bistabile Zustand. Weiterhin sind LD1 und das für die Lichtemission verwendete Bauelement LD2 parallel verbunden, so daß die Ausgangskennlinie invertiert wird. Die obere Grenze der emittierten Lichtstärke wird mit R_s, der Schwellwert für das Kippen mit R_b eingestellt. Die gestrichelt gezeichnete Diode D2 dient dazu, bei schwacher Emission die geringe Amplitude zu liefern. In Bild 7(b) ist ein Beispiel für ein Experiment mit einem Einzelbauelement gezeigt, bei dem unter Verwendung eines Optokopplers eine Rechteckwelle eingespeist wurde. Wird jetzt das LD-Bauelement für die optische Rückkopplung gleichzeitig zur Lichtemission verwendet, so erhält man ein optisches AND-Element. Dessen Aufbau ist in Bild 8 dargestellt.

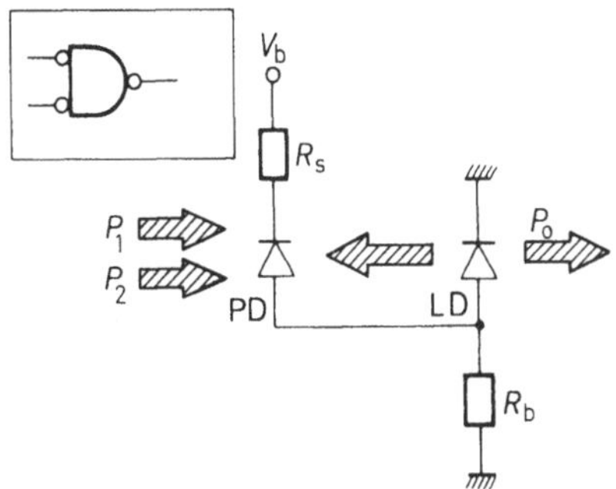

Bild 8:   Aufbau eines optischen AND-Elementes

Werden der optische Ein-Ausgangsinverter und ein AND-Bauelement zusammengefaßt, so ist es prinzipiell möglich, alle optischen Logikelemente aufzubauen. Das JKFF als ein Flip-Flop-Bauelement ist für den Aufbau großer Logikeinheiten unerläßlich, um einen durch Verzögerungen der Bauelemente entstehenden Fehlbetrieb zu vermeiden. In diesem Sinne ist es für den praktischen Einsatz das kleinste FF. Außerdem ist es für den Aufbau von Registern und Zählern wichtig. In Bild 9 (a) ist die Logikschaltung eines aus 3 optischen Invertern und 8 optischen AND-Bauelementen aufgebauten JKFF mit optischer Ein- und Ausgabe dargestellt. Ein Beispiel für das Betriebsverhalten als Einzelbauelement ist in Bild 9(b) gezeigt. Werden durch das Zusammenschalten einer Vielzahl von BOD-Elementen Geräte entwickelt, so besteht das Problem, daß durch die Parameterstreuung der Einzelelemente die Signalpegel zwischen den Bauelementen nicht mehr angepaßt sind und es zu Fehlfunktionen kommt. Um dieses Problem zu lösen, müssen die Schwellwerte zwischen diesen beiden stabilen Zuständen festgelegt werden. Es ist erforderlich, daß sie von jedem Bauelement mit einer gewissen Toleranz eingehalten werden. Für die Homogenisierung der Bauelemente ist eine integrierte Ausführung unerläßlich.

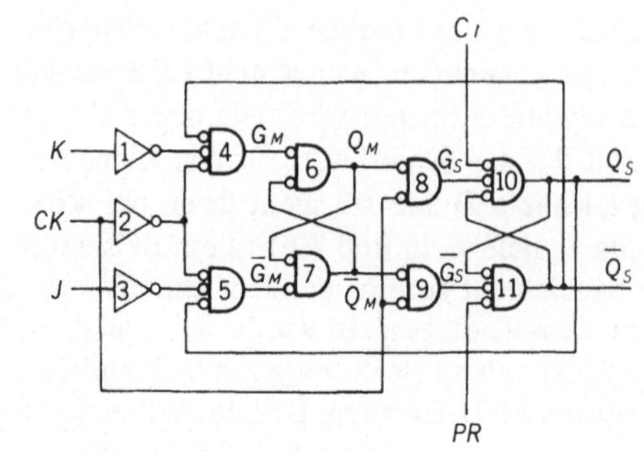

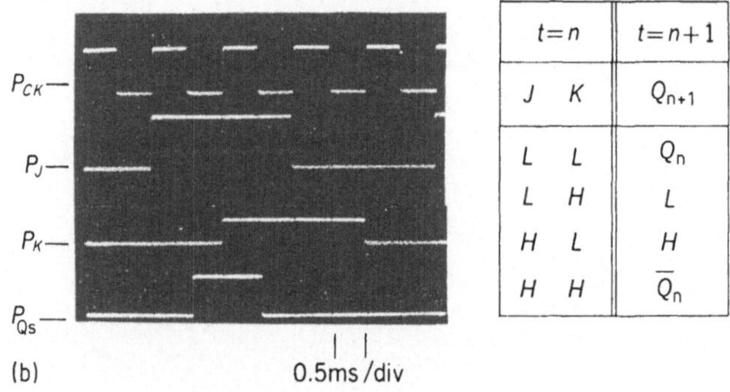

Bild 9: (a) Logikschaltplan eines optischen JKFF
(b) Beispiel für die Funktion bei Eingabe eines optischen Rechteckimpulses und
Wahrheitstafel

Bild 10 zeigt ein Beispiel für die konstruktive Ausführung der optischen Einheit, bei dem die JKFF von Bild 9 monolithisch integriert wurden. Die Baugruppe besteht aus BILD-Elementen, bei denen die nach Bild 5(a) gezeigten, durch Ätzen hergestellten LD- und PD-Bausteine kombiniert wurden /34,36/. 8 Schlitze bilden die Laserresonanzflächen. Die Symbole und Zahlen entsprechen jeweils den in Bild 9(a) für die logische Schaltung verwendeten. Dieses integrierte Bauelement verwendet 33 LD- und 29 PD-Elemente, deren Abmessungen im Bereich von 0,5 mm x (0,15...0,5 mm) liegen.

Das BILD-Element, das ein LD-Element mit der in Bild 6 gezeigten CTJ-Struktur nutzt, ist am besten geeignet, die oben erläuterte Integration einer Vielzahl von Elementen in einer zweidimensionalen Ebene vorzunehmen. Es dürfte als digitales Bauelement für die zweidimensionale optische Verarbeitung sehr gut geeignet sein. In einem derartigen zweidimensionalen BILD-Array können auf einer Fläche von 100 x 100 μm^2 mehr als 100 Grundelemente monolithisch integriert werden. Da in diesem Fall bei einseitiger Bestrahlung zweidimensionale optische Informationen von allen Elementen gleichzeitig parallel verarbeitet werden, brauchen infolge der Homogenität der Kennwerte der einzelnen BILD-Elemente keine elektrischen Verbindungen zwischen den einzelnen Bauelementen vorhanden zu sein. Die Stromversorgung ist ebenfalls einfach.

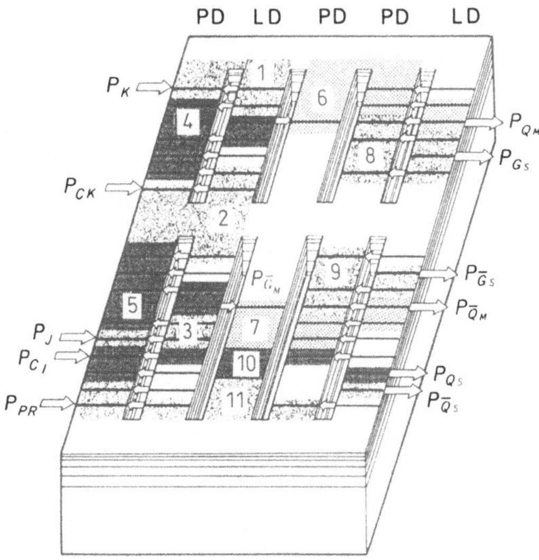

Bild 10: Ausführungsbeispiel für ein monolithisch integriertes JKFF mit optischer Ein- und Ausgabe (die Symbole und Zahlen entsprechen jeweils den in Bild 9(a) für die logische Schaltung verwendeten)

Da ein derartiges zweidimensionales BILD-Array das einfallende Licht ausreichend verstärkt, ist es besonders gut für die Parallelverarbeitung wie den Kaskadenbetrieb, die Korrelation zweidimensionaler Bildinformationen und logische Verknüpfungen geeignet. In Bild 11 ist ein prinzipielles Ausführungsbeispiel eines als Array ausgeführten BILD-Elementes dargestellt, das die zweidimensionalen Informationen zweier Eingangssignale A und B digital verarbeitet. In Bild 11(a) ist das logische optische Grundrechenelement für 2 zweidimensionale Eingangssignale dargestellt. Die Kantenlänge liegt im Bereich von einigen 100 µm. Bild 11(b) zeigt ein Beispiel für ein optisches digitales Verarbeitungssystem, das aus vier derartigen Elementen besteht. Durch die Kombination von AND, OR und NOT können für die beiden eingegebenen zweidimensionalen optischen Signale die logischen Operation Exklusivoder A $\oplus$ B und logische Äquivalenz A $\leftrightarrow$ B durchgeführt werden; weiterhin erhält man durch die Kombination der Ausgangssignale von A.B und A $\oplus$ B die Funktion eines Halbadders. Kombiniert man daher auf geeignete Weise mehrere zweidimensionale BILD-Arrays, so gelingt es, verschiedene Bauelemente, die für die optische digitale Parallelverarbeitung unbedingt erforderlich sind /37/, miniaturisiert, mit hoher Packungsdichte und stabil aufzubauen.

Mit den in den letzten Jahren zu verzeichnenden schnellen Fortschritten der Halbleiterlaser und der optoelektronischen integrierten Schaltkreise (Opto-Electronic Integrated Circuits: OEIC) wurde, wie oben dargelegt, der Weg frei für die Integration neuer optischer Logikbausteine. Weiterhin kommt es wohl zur beschleunigten Erschließung hochleistungsfähiger optischer logischer Bauelemente. Es gibt bereits detaillierte Vorschläge für konkrete Strukturen und Architekturen optischer Computer. Die zukünftigen Systemstrukturen opti-

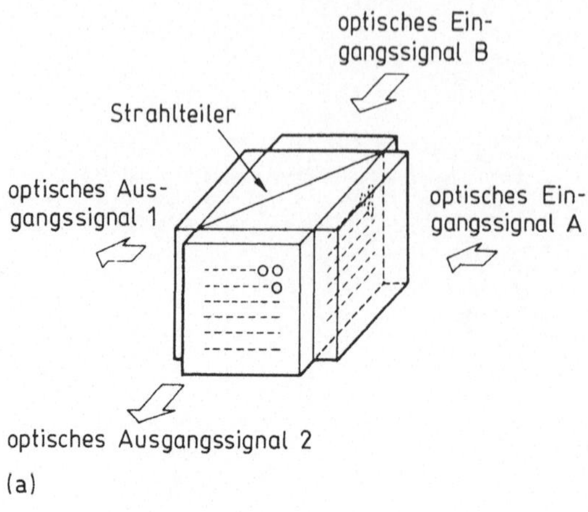

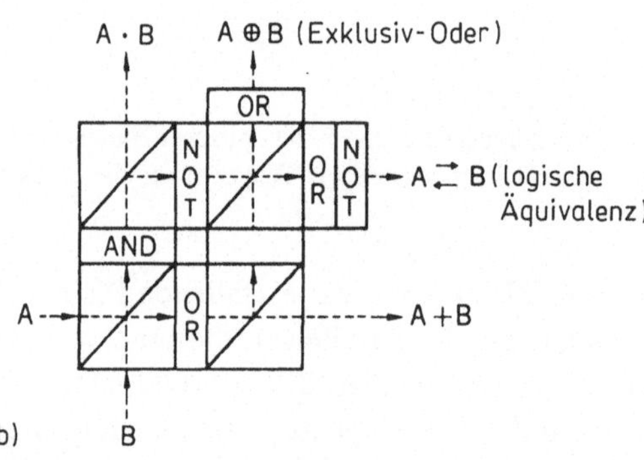

Bild 11: Ausführungsbeispiel für ein optisches digitales Parallelverarbeitungssystem mit zweidimensionalen bistabilen Halbleiterlasern in Arrayform (BILD) für zwei Eingangssignale A,B
a) Grundeinheit
b) Verarbeitungssystem für A.B, A ⊕ B, A ↔B mit 4 Einheiten

scher Computer und die dafür erforderlichen logischen Bauelemente bedingen sich gegenseitig und werden auch unter diesem Gesichtspunkt entwickelt.

2.5.3 Zukünftige Entwicklungstrends optischer digitaler Logikelemente

Es wird davon ausgegangen, daß sich die in optischen Computern verwendeten optischen digitalen Bauelemente zu sehr schnellen logischen Bauelementen hoher Dichte entwickeln. Das werden hauptsächlich rein optische BOD-Bauelemente sein. Mit großer Wahrscheinlichkeit werden hinsichtlich Operationsgeschwindigkeit und Kapazität sowie Verlustleistung hervorragende Eigenschaften von diesen Bauelementen erwartet. Jedoch ist bei den rein optischen BOD-Bauelementen, die die nichtlineare Absorption und Streuung der Materialien nutzen, für die Operation eine große Lichtstärke erforderlich. Weiterhin werden eine Eigenabsorption des einfallenden Lichtes und eine Synchronisation mit dem optischen Resonator gefordert. Daher werden gegenwärtig viele Bedingungen an die Wellenlänge und die Stärke des einfallenden Lichtes, die Stabilität usw. gestellt. Man muß daher anstreben, Technologien zu entwikkeln, die für Materialien und Verfahren bei optisch nichtlinearen Bauelementen eine Bauelementeintegration zulassen.

Ein Beispiel für ein rein optisches BOD-Element, das gegenwärtig eingesetzt wird, sehr klein ist und als integriertes Bauelement gefertigt werden kann und die nichtlineare Diffusion der freien Exzitonen im Halbleiter nutzt /38/, ist in Bild 12 gezeigt. Bei ihm wird unter Verwendung eines Wafers mit Multiquanten- Muldenstruktur (Multi Quantum Well: MQW; 61 Gruppen von 33,6 nm starken GaAs-Schichten und 40,1 nm starken $Al_{0,73}Ga_{0,27}As$-Schichten sind zu einer Stärke von 4,5 µm abgeschieden), die mit Molekularstrahlepitaxie hergestellt wird, die in den letzten Jahren große Fortschritte machte, ein optischer Resonator gebildet, bei dem auf die Ober- und Unterseite dielektrische mehrschichtige Reflexionsschichten aufgetragen sind. Durch die Verwendung der MQW-Struktur wird die Bindungsenergie der freien Exzitonen erhöht (von 4,2 meV auf 6 meV), und man erreicht bei Raumtemperatur eine ausreichend große Absorption der Exzitonen. Bei einer Bestrahlungsstärke von 1 mW/µm² wurde bei Raumtemperatur die Funktion des BOD-Elementes mit einer Schaltgeschwindigkeit von 20-40 ns nachgewiesen /38/. Weiterhin wurden experimentelle Untersuchungen der optischen Bistabilität durchgeführt, bei denen das von einem Einmoden-GaAs- Halbleiterlaser ausgesendete Licht mit einer Wellenlänge von 0,83 µm und einer Leistung von ca. 6 mW verwendet wurde /39/.

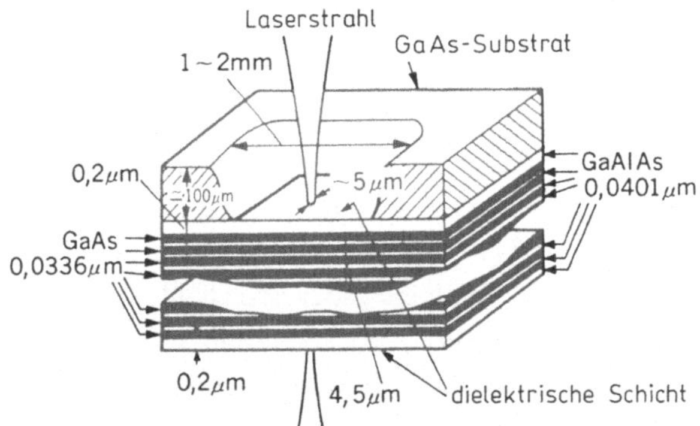

Bild 12: Aufbau eines rein optischen bistabilen Elementes mit GaAs-Multiquanten-Mehrfachmuldenstruktur (MQW) /38/

Vor kurzem wurde ein neues als SEED (Self-Electro-optic Effect Device) bezeichnetes BOD-Element entwickelt, das eine spezielle Anwendung der MQW-Struktur ist /40/. Dieses Element hat, wie Bild 13 zeigt, einen einfachen Aufbau, bei dem eine Gleichspannung V_0 über einen Reihenwiderstand R an eine pin-Diode, die ein MQW- Element enthält, angelegt wird. Für dessen Funktion wird die Tatsache ausgenutzt, daß die Bandabsorption, die die Spitzen der Exzitonenresonanz enthält, zu niedrigen Energiewerten verschoben wird, wenn senkrecht zur MQW-Schicht ein entgegengesetztes elektrisches

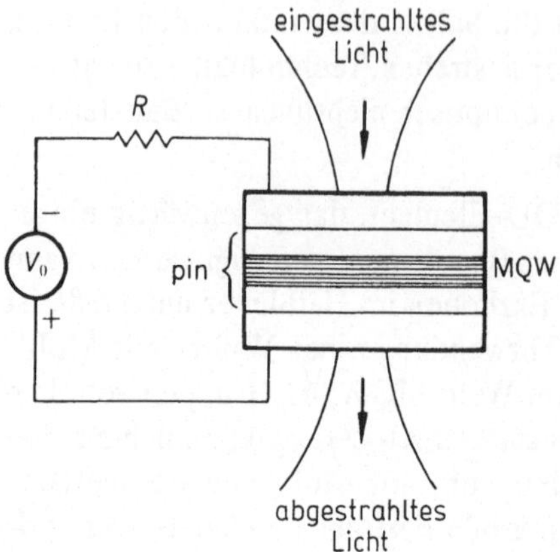

Bild 13: Aufbau eines optisch bistabilen SEED (Self-Electro-optic Effect Device) mit Mehr-
fachquantenmulden (MQW)

Feld angelegt wird. Wird die Wellenlänge des Lichtes, mit dem bestrahlt wird,
so gewählt, daß sie bei einer Vorspannung 0 in der Nähe der Exzitonenresonanz liegt, und erfolgt bei inverser Vorspannung die Bestrahlung dieses Elementes, so fließt ein Fotostrom, und die Spannung, die über der Last abfällt,
nimmt zu. Daher verringert sich die über dem Übergang abfallende Spannung.
Entsprechend dieser Spannungsverringerung nimmt die Lichtabsorption in der
MQW- Schicht zu, und es entsteht eine größere Spannungsänderung. Als Folge
dieser Prozesse kommt es zu einem Beitrag zur Rückkopplung, und zwischen
optischem Ein- und Ausgangssignal entsteht, wie Bild 14 zeigt, eine Bistabilität.
Bei Experimenten, bei denen eine pin-Diode mit einer MQW aus 50 GaAs/Al-
GaAs-Schichten verwendet wurde, wurde die Wellenlänge zu 850-860 nm und
R zu 22 kΩ gewählt. Die Schaltzeit betrug 400 ns; als Schaltleistung wurde ein
Lichtstrahl von 4 fJ/μm² angelegt; bei Normaltemperatur erhielt man ein elek-
trisches Eingangssignal von ca. 14 fJ/μm².

Wie bei dem oben beschriebenen CTJ-Halbleiterlaser ist es bei lichtemittie-
renden Elementen, die senkrecht zum Substrat verstärken und angeregt werden, einfach, in den optischen Weg Medien und Strukturen einzubringen, die
verschiedene Funktionen haben. Speziell bei dem in letzter Zeit sich schnell
entwickelnden MBE- und MOCV.D-Verfahren (organometallische Abscheide-
verfahren aus der Gasphase) ist es nicht mehr unmöglich, die Schichtdicke in
der Größenordnung von Atomlagen zu steuern. Daher besteht Anlaß zu der
Hoffnung, daß zukünftig auf der Grundlage der MQW-Struktur monolithisch
integrierte optische Bauelemente entwickelt werden, bei denen verschiedene
Effekte und Wirkungen in Lichtquellen und optischen Sensoren integriert sind.

Es ist bekannt, daß dann, wenn im Resonator von Halbleiterlasern Absorber
mit Sättigungseigenschaften vorhanden sind, ein bistabiler Betrieb /41-44/ und
die Erzeugung ultrakurzer Lichtimpulse /45,46/ möglich sind. Der Aufbau derartiger bistabiler Elemente ist relativ einfach, Es ist erforderlich, die Hysteresis

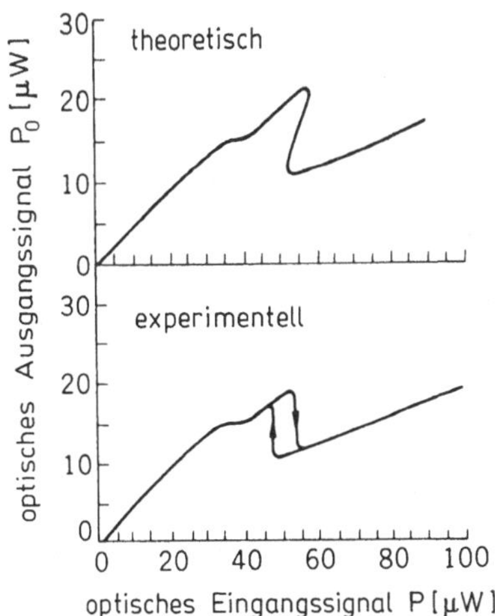

Bild 14: Abhängigkeit zwischen optischem Ein- und Ausgangssignal eines SEED-Bauelementes, das GaAs-Mehrfachquantenmulden verwendet (Die theoretische Kurve wurde ausgehend von der meßtechnisch bestimmten optischen Durchlässigkeit und der Reaktionskennlinie berechnet.)

und differentielle Verstärkung bei Betriebstemperatur abzugleichen. Da die Temperaturabhängigkeit groß ist, verschlechtern sich für verschiedene Funktionen Universalität und Flexibilität sowie Stabilität. Bei sehr kurzen Lichtimpulsen lassen sich durch Modensynchronisation ca. 0,5 ps breite Impulse erzeugen /45,46/, gleichzeitig wird eine Erhöhung der Spitzenlast erreicht. Ein Vorteil der optischen Logikbauelemente besteht auch darin, daß Lichtquellen, die Halbleiterlaser mit derartig kurzen Lichtimpulsen sind, eine sehr schnelle Reaktion in der Größenordnung von Picosekunden haben. Daher werden sie wirkungsvoll neue Materialien und Strukturen sowie Funktionen erschließen und zur Entwicklung der Technologie für optische integrierte Bauelemente beitragen.

Schließlich bilden die oben beschriebenen passiven, rein optischen BOD-Bauelemente, die keine Verstärkung haben, und die aktiven BOD-Bauelemente, deren erstes das BILD-Element ist, die die Lichtquelle selbst nutzen und einen hohen Verstärkungsgrad aufweisen, die Grundlage für optische logische Bauelemente, die wiederum die Grundelemente optischer Computer sind. Systemstrukturen und Architekturen, die deren Vorteile nutzen, sowie der Funktionsnachweis von zukünftigen optischen digitalen Parallelrechenverfahren werden hierauf aufbauend untersucht und entwickelt.

2.5.4 Zusammenfassung

Es wurden aktive, optisch bistabile Bauelemente, die als zukünftige optische Logikelemente von Bedeutung sein dürften und Halbleiterlaser aus Verbindungen der Gruppen III-IV des Periodensystems, speziell AlGaAs-GaAs-Materialien verwenden, sowie die Funktionsprinzipien der für die verschiedenen

Funktionen erforderlichen logischen Bauelemente beschrieben, weiterhin Strukturen und experimentelle Ergebnisse. Ebenso wurde die Grundstruktur eines neuen optisch bistabilen Halbleiterlasers, der eine zweidimensionale integrierte Struktur aufweist und für die zweidimensionale optische Parallelverarbeitung geeignet ist, erläutert. Konstruktive Beispiele für praktische Rechensysteme auf der Grundlage dieser zweidimensionalen Array-Bauelemente wurden vorgestellt.

Die Gebiete, die am dringendsten der Entwicklung optischer Logikelemente bedürfen, sind die optische digitale Parallelverarbeitung, die Entwicklung neuer leistungsfähiger Bauelemente sowie eigenständiger Rechenverfahren. In Zukunft sind beide Seiten im engsten Kontakt miteinander zu entwickeln.

Zum Abschluß des Artikels möchte ich meinem Fachkollegen Kawanami Hiroto (Labor für elektrotechnische Grundlagenuntersuchungen, Mioki, Japan) herzlich für seine Unterstützung danken.

Literatur

1 Basov, N. G.; Culver, W.H.; Shar, B.: "Application of lasers to computers" in LASER HANDBOOK (F.T. Arecchi and E.O. Schults- Dubois.; eds.) F5 (1972) Amsterdam: North-Holland Pub. Corp.

2 Reiman, O.A.; Kosonocky, W.F.: Progress in optical computer research. IEEE Spectrum (1965) p. 181

3 Nishizawa: Halbleiterlaser und Optoelektronik. Handotai Kenkyusho Hokoku 3 (1965), S. 10 (in Japanisch)

4 Jahns, J.: Concepts of optical digital computing - a survey. Optik 57 (1980), p. 429

5 Sammelband des 19. Symposiums der Tohoku Daigaku Denki Tsushin Kenkyusho: Konzepte für optische Computer (in Japanisch)

6 Ichioka: Möglichkeiten optischer Computer, Keisoku to seigyo, 22 (1983) 1O, S. 27 (in Japanisch)

7 Special issue on optical computing, Proc. IEEE, 72 (1984) 7, p. 755

8 Yoden: Optische Computer, Kogaku, 14 (1985) 1, S. 2 (in Japanisch)

9 Mnatsakanyan, E.A.; Norozov, V.N.; Popov, Y.M.: Digital data processing in opto electronic devices (review), Sov. J. Quantum Electron., 9 (1979) p. 665

10 Huang, A.; Tsunoda, Y.; Goodman, J.W.; Ishihara, S.: Optical residue arithmetic, Appl. Opt., 18 (1979) 2, p. 149

11 Psaltis, D.; Casasent, D.: Optical residue arithmetic, a correlation approach, ibid., 18 (1979) 2, p. 163

12 Gibbs, H.M.; McCall, S.L.; Venkatesan, T.N.C.: Optical bistability, Optics News 5 (1979) 6

13 Garmire, E.; Allen, S.D.; Marburger, J.: Bistable optical devices for integrated optics and fiber optics applications, Opt. Eng. 18 (1979) p. 194

14 Hanamura: Physikalische Eigenschaften von Körpern und Informationen, Oyo butsuri, 49 (1980) 4 S. 387 (in Japanisch)

15 Okada: Optisch bistabile Bauelemente, Oyo butsuri, 49 (1980) 8, S. 825 (in Japanisch)

16 Ito; Inaba: Bistabile optische Bauelemente, Denshi Tsushin Gakkaishi, 63 (1980) 10, S. 1025 (in Japanisch)

17 Smith, P.W.; Tomlinson, W.J.: Bistable optical devices promise subpico-second switching, IEEE Spectrum, 18 (1981) p. 26

18 Reza Gakkaihen: Laserhandbuch, Ohmsha (1982) S. 169 (in Japanisch)

19 Okada: Optisch bistabile Bauelemente, Kogaku, 14 (1982) 2, S. 163 (in Japanisch)

20 Umekaki: Optisch bistabile Bauelemente, Kogaku, 14 (1985) 1, S. 11 (in Japanisch)

21 Smith, P.W.; Turner, E.H.; Maloney,P.J.: Electrooptic nonlinear Fabry-Perot devices, IEEE J. Quantum Electron., QE-14 (1978) 3, p. 207

22 Ito, H.; Ogawa, Y.; Inaba, H.: Analysis and experiments on integrated optical multivibrators

using electrooptically controlled bistable optical devices, IEEE J. Quantum Electron., QE-17 (1981) 3, p. 325

23 Ogawa, Y.; Ito, H.; Inaba, H.: New bistable optical device using semiconductor laser diode, Jpn. J. Appl. Phys., 20 (1981) 9, L.646

24 Ogawa; Ito; Inaba: Optisch bistabile Halbleiterlaser, Oyo butsuri 52 (1983) 10, S. 877 (in Japanisch)

25 Melngailis, I.: Longitudinal injection-plasma laser of In-Sb. Appl. Phys. Lett. 6 (1965) 3, p. 59

26 Soda, H.; Iga, K.; Kitahara, C.; Suematsu, Y.: GaInAsP/InP surface emitting injection lasers. Jpn. J. Appl. Phys. 18 (1979) p. 59

27 Iga, K.; Ishikawa, S.; Ohkouchi, S.; Nishimura, T.: Room- temperature pulsed oscillation of GaAlAs/GaAs surface emitting injection laser. Appl. Phys. Lett. 45 (1984) 4, p. 384

28 Ito, H.; Komagata, N.; Yamada, H.; Inaba, H.: Novel structure of laser diode and light-emitting diode realized by coaxial transverse junction (CTJ). Electron. Lett. 20 (1984) 4, p. 577

29 Inaba; Ito: Untersuchung an Coaxial Transverse Junction- Halbleiterlasern und zweidimensionalen optischen integrierten Bauelementen. Tohoku Daigaku Tsushin Denwa Kiroku. 53 (1985) 3-4, S. 118 (in Japanisch)

30 Barnard, J.A.; Najjar, F.E.; Eastman, L.F.: The steady-state optical response of the homojunction triangular barrier diode. IEEE Trans. Electron. Devices, ED-29 (1982) 9, p. 1396

31 Ogawa. Y.; Ito, H.; Inaba, H.: Bistable optical device using a light emitting diode. Appl. Opt. 21 (1982) 11, p. 1878

32 Grothe, H.; Proebster, W.: Monolithic integration of InGaAsP/InP LED and transistor - a light-coupled bistable electro-optical device. Electron. Lett. 19 (1983) 6, p. 194

33 Sasaki, A.; Taneya, M.; Yana, H.; Fujita, S.: Optoelectronic integrated device with light amplification and optical bistability. IEEE Trans. Electron. Devices ED-31 (1984) 6, p.805

34 Okumura; Ogawa; Ito; Inaba: Funktionsmöglichkeiten optisch bistabiler Halbleiter und lichtemittierender Dioden. Denshi Tsushin Gakkai Rombunshi J66-C (1983) 5, S. 393 (in Japanisch)

35 Okumura, K.; Ogawa, Y.; Ito, H.; Inaba, H.: Optical logic inverter and AND elements using laser or light emitting diodes and photodetectors in a bistable system. Opt. Lett. 9 (1984) 11, p. 519

36 Okumura, K.; Ogawa, Y.; Ito, H.; Inaba, H.: Optical bistability and monolithic logic functions based on bistable- laser/light emitting diodes. IEEE J. Quantum Electron. QE-21 (1984), p. 4

37 Schaefer, D.H.; J.P. Strong: Tse Computer. Proc. IEEE 65 (1977), p. 129

38 Gibbs, H.M.; Tarng, S.S.; Jewell, J.L.; Weinberger, D.A.; Tai, K.; Gossard, A.C.; McCall, S.L.; Passner, A.; Wiegmann, W.: Room- temperature excitonic optical bistability in a GaAs-GaAlAs superlattice etalon. Appl. Phys. Lett., 41 (1982) 1, p. 221

39 Tarng, S.S.; Gibbs, H.M.; Jewell, J.L.; Peyghambarian, N.; Gossard, A.C.; Venkatesan, T.; Wiegmann, W.: Use of a diode laser to observe room-temperature, low-power optical bistability in a GaAs-AlGaAs etalon. Ibid. 44 (1984) 4, p. 360

40 Miller, D.A.B.; Chemla, D.S.; Damen, T.C.; Gossard, A.C.; Wiegmann, W.; Wood, T.H.; Burrus, C.A.: Novel hybrid optically bistable switch. The quantum well self-electro-optic effect device. Ibid. 45 (1984) 1, p. 13

41 Lasher, G.J.: Analysis of a proposed bistable injection laser. Solid-state Electron. 7 (1964), p. 707

42 Carney, J.K.; Fonstad, C.G.: Double-heterojunction laser diodes with multiply segmented contacts. Appl. Phys. Lett. 38 (1981) 5, p. 303

43 Harder, C.; Lau, K.Y.; Yariv, A.: Bistability and pulsations in semiconductor lasers with inhomogeneous current injection. IEEE J. Quantum Electron., QE-18 (1982), p. 1351

44 Kawaguchi, H.: Optical input and output characteristics for bistable semiconductor lasers. Appl. Phys. Lett. 41 (1982), p. 702

45 Yokoyama, H.; Ito, H.: Inaba, H.: Generation of subpicosecond coherent optical pulses by passive mode locking of an AlGaAs diode laser. Ibid. 40 (1982) 2, p. 105

46 Yokoyama; Ito; Inaba: Anregung von kohärenten Lichtimpulsen im Subpicobereich mit modensynchronisiertem AlGaAs-Halbleiterlaser. Denshi Tsushin Gakkai Rombunshi 67-C (1984) 1, S. 142 (in Japanisch)

2.6 Integrierte optische Bauelemente

Matsueda, H. (Hitachi Seisakusha)

2.6.1 Einleitung

Voraussetzungen für einen zukünftig zu entwickelnden optischen Computer, ob er eine sequentielle Verarbeitung nach dem Von- Neumann-Prinzip oder eine Parallelverarbeitung vornimmt, sind optische integrierte Bauelemente /1/. Die heutigen Rechner haben erstaunliche Ergebnisse bezüglich der Speicher- und Rechengeschwindigkeit, niedriger Verlustleistung, Miniaturisierung und Packungsdichte sowie hoher Zuverlässigkeit erreicht. Dabei wurde - beginnend mit der Röhre - der Integrationsgrad über die Stufen Transistor, IC, LSI und VLSI erhöht. Auch für die Entwicklung optischer Computer wird es offensichtlich durch die Integration zu derartigen Erfolgen kommen. Werden optische Bauelemente integriert, so sind wie beim herkömmlichen elektronischen Schaltkreis hybride IC, bei denen einzelne Elemente zusammengefaßt werden, und monolithische Schaltkreise, bei denen alle Elemente auf einem Substrat im atomaren Bereich erzeugt werden, mögliche Varianten. Für beide Typen werden sich wohl geeignete Anwendungsgebiete nachweisen lassen .

Die optimale Form der Integration ist der monolithisch integrierte Schaltkreis. Im vorliegenden Artikel wird auf ihn das Hauptaugenmerk gerichtet. Die gegenwärtige Technologie und zukünftige Trends werden erläutert.

Zum gegenwärtigen Zeitpunkt sind die in Tabelle 1 angeführten Wirkprinzipien, mit denen sich monolithisch integrierte optische Bauelemente herstellen lassen, am wichtigsten /2,3/. Es gibt rein optische Verfahren für logische Verknüpfungen oder das Speichern. Es wird erwartet, daß sich hier solche Vorteile der Anwendung des Lichtes wie die hohe Geschwindigkeit, die gute Bündelung und Vergrößerung direkt ausnutzen lassen. Natürlich wird als Lichtquelle nicht das Sonnenlicht verwendet, sondern spezielle Lichtquellen wie Laser. Läßt man normale Lichtstrahlen im Vakuum in Wechselwirkung treten, so lassen sich bisher außer den Beugungserscheinungen von kohärentem Licht keine bedeutenden Effekte nachweisen. Ausgenutzt wurden bisher lediglich die Wechselwirkungen zwischen Lichtstrahlen, die über ein Medium ablaufen.

Stoffe enthalten eine große Anzahl von Elektronen, deren gegenseitige Wechselwirkung entsprechend der Theorie der Elementarteilchen über die Photonen erfolgt /4/. Die Lichtmenge und der Zustand in Körpern wird im starken Maße von der Anzahl und dem Zustand der Elektronen beeinflußt. Das heißt, alle in Tabelle 1 angeführten Wirkprinzipien beruhen auf der Lichteingabe, einem Medium und der Lichtemission. Weiterhin werden zur Steuerung des Zustandes dieser Stoffe Licht, Strom, Spannung, Magnetfelder, akustische Wellen und Wärme verwendet. Natürlich kann man die Beugung von kohärentem Licht auch für die Speicherung von Daten nutzen. Für normale logische Berechnungen und die interne Speicherung lassen sich aber kaum andere Verfahren vorstellen als solche, die prinzipiell ein Medium verwenden. Bei der Erläuterung gegenwärtiger praktischer Beispiele für integrierte Bauelemente werden im vorliegenden Artikel daher auch nur diese betrachtet.

Nachfolgend sollen die in Tabelle 1 angeführten einzelnen Wirkprinzipien hinsichtlich ihrer Möglichkeiten anhand praktischer Beispiele erläutert werden.

Tabelle 1: Arten integrierter optischer Bauelemente

Wirkprinzip	Material /1/	Anwendungsbereich für optische Computer
Rein optisches Prinzip /2/		
Modenschalten (quenching)	GaAs, InP	Logik, Speicher
Verstärken (amplification)	GaAs, InP	Verstärkung
Optische Bistabilität (optical bistability)	GaAs, InSb	Logik, Speicher
Optisches Chaos (optical chaos)	-	Speicher
Elektrooptisches Wirkprinzip		
Spontane Emission (spontaneous emission)	GaAs, InP	Lichtquelle
Angeregte Emission (stimulated emission)	GaAs, InP	Lichtquelle, Logik
Foto-Volta-Effekt (photo-voltaic eff.) /4/	GaAs, InP, Si	optischer Sensor (pin, APD)
Innerer fotoelektrischer Effekt	GaAs	optischer Sensor
(photo-conductive eff.) /3,4/		
Elektrooptischer Effekt	$GaAs, LiNbO_3$	Logik
(Electro-optic eff.)/5/		
Pockels-Effekt		
Kerr-Effekt	GaAs	
Frantz-Kerdish-Effekt	GaAs	Logik
Strominjektion		Logik
Magnetooptisches Wirkprinzip		
Magnetooptischer Effekt	YIG	Logik
Faraday-Effekt		
Voigt-Effekt		
Cotton-Mouton-Effekt		
Akusto-optisches Wirkprinzip		
Akusto-optischer Effekt	$GaAs, LiNbO_3$	Logik

/1/ Eine Vielzahl praktischer Beispiele, da sich Bauelement speziell für die Integration eignet
/2/ Einschließlich Verfahren, bei denen durch Gleichstrom eine Vorspannung erzeugt wird
/3/ fotoelektrischer Effekt
/4/ beide kombinierender fotoelektrischer Effekt
/5/ Es sind auch andere optische Farbeigenschaften denkbar

2.6.2 Rein optisch arbeitende Bauelemente

Als rein optisch arbeitende Bauelemente bezeichnet man solche, bei denen von der Signalein- bis zur Signalausgabe alle Operationen mit Licht erfolgen. Es sind weder Gleichstrom zur Arbeitspunkteinstellung noch eine Temperaturstabilisierung erforderlich, da keine elektrischen Signale verarbeitet werden. Auf derartige Bauelemente richtet sich das Augenmerk, wenn man eine herkömmlicherweise als optischen Computer bezeichnete Anlage betrachtet. Jedoch ist seine praktische Realisierung schwierig, er befindet sich in einem wenig entwickelten Stadium. Als einfache Beispiele gehören Lichtwellenleiter oder als Lichtleiter bezeichnete Baugruppen zu dieser Kategorie, die von außen eingestrahltes Licht nur passiv weiterleiten.

Zunächst sollen Lichtwellenleiter als Beispiel betrachtet werden. Am weitesten verbreitet sind Lichtleiter. Seit 1960 enthalten diese teilweise lichtemittierende oder lichtabsorbierende Ionen. Sie besitzen auch aktive Funktionen und sind als Schleife oder Verzweigung ausgeführt. Es wurde auch ein integriertes Bauelement vorgeschlagen /5/, das als Neuristor bezeichnet wird und sein Vorbild im Nervensystem hat. In der zweiten Hälfte des Jahres 1970 wurde eine Vielzahl von Lichtleitern als Kabel zusammengefaßt gebündelt, wobei jede Einzelfaser die Rolle eines Bildelementes übernahm. Insgesamt werden zweidimensionale Bildinformationen übertragen. Es gibt auch Beispiele, wo durch Überlagerungen, durch Verzweigungen und Zusammenführen eine logische Verarbeitung durchgeführt wird /6/. Diese Funktionen lassen sich durch zukünftige integrierte Bauelemente ausführen. 1980 wurden mit $LiNbO_3$ als Material asymmetrische X-förmige Verzweigungen entwickelt, wie sie in Bild 1 dargestellt sind. Die sich ausbreitende Wellenmode kann gewählt werden. Weiterhin wurde ein Bauelement entwickelt /7/, das wie ein halbdurchlässiger Spiegel einen Strahl aufspaltet. Die symmetrische Verzweigung auf der linken Seite ist ein Lichtwellenleiter, in dem Ti diffus verteilt vorliegt und der eine Breite von 3 µm und einen Winkel von 1/50 rad hat. Die asymmetrische Verzweigung auf der rechten Seite weist einen Winkel von 1/200 rad und Breiten von 3 bzw. 2,5 µm auf. Weiterhin wurden, wie Bild 2 zeigt, zwei gerade Wellenleiter an einem ringförmigen so vorbeigeführt, daß sie diesen berühren. Es wurde nachgewiesen, daß die Ausbreitungsrichtung des Lichtes gedreht wird /8/. Es kann zu einer optischen Bistabilität kommen /9/.

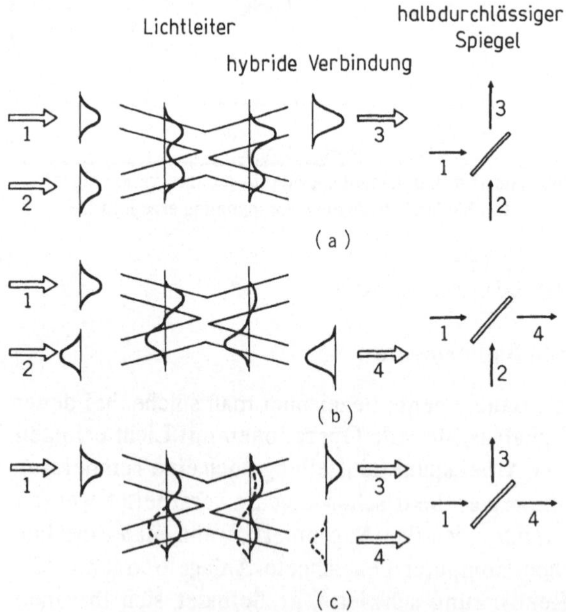

Bild 1:   Funktion einer asymmetrischen Lichtleiterverzweigung /7/

Es wurden weiterhin Bauelemente entwickelt, bei denen auf den Lichtleiter elektrische, magnetische oder akustische Signale einwirken, was in einem speziellen Kapitel behandelt wird. Das erste echte optische Bauelement, der

Halbleiterlaser, enthält in irgendeiner Form einen Lichtleiter. Der Einfachheit halber wird er einer besonderen Gruppe zugeordnet. Nach 1960 wurden als spezielle Bauelemente, die Dünnschichten einsetzen, Linsen, Prismen, Beugungsgitter usw. entwickelt. In Zukunft werden diese häufig mit anderen Elementen integriert werden /10/.

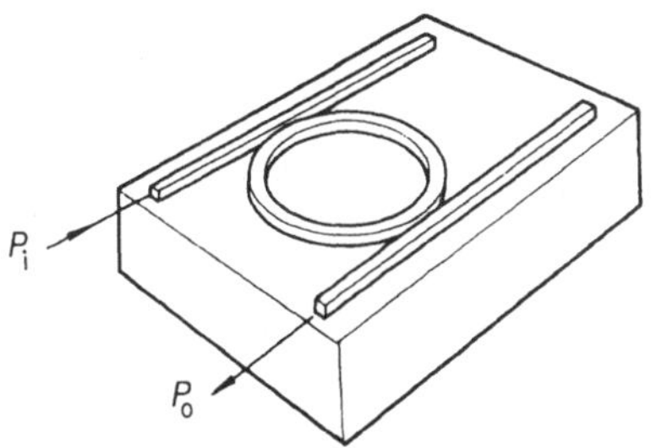

Bild 2: Ringförmiger Wellenleiter /9/

In Bild 3 ist als Beispiel eine geodätische Linse /11/ dargestellt, die auf dem konkaven Teil der $LiNbO_3$-Oberfläche erzeugt wurde, sowie eine Luneburg-Linse /11/, bei der auf der Glasoberfläche ein konvexes Ta_2O_3-Element abgeschieden wurde, und eine Fresnel-Linse, die sich als konvexes SiO_2-Element auf dem Si_3N_4-Material befindet /12/.

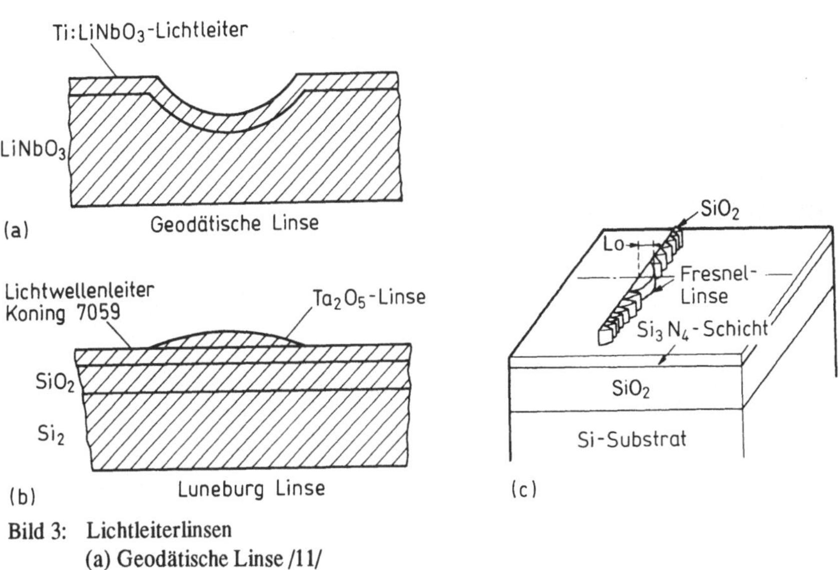

Bild 3:   Lichtleiterlinsen
          (a) Geodätische Linse /11/
          (b) Luneburg-Linse /11/
          (c) Fresnel-Linse

Über die optische Bistabilität wurde 1979 als Erscheinung in Halbleitern wie GaAs, InSb berichtet /13,14/; das Interesse konzentrierte sich danach auf diese vielversprechenden Bauelemente. Speziell bei Schichtstrukturen wie

Multiquantenmulden (Multi Quantum Well: MQW), die GaAs und GaAlAs verwenden, oder Supergittern (super lattice) konnte mit Halbleiterlasern als Lichtquelle bei Raumtemperatur eine optische Bistabilität nachgewiesen werden /15,16/. Man erwartet hier neue Entwicklungen von optischen Logik- oder Speicherbauelementen. In Bild 4 ist im Überblick ein Beispiel für ein optisch bistabiles Element unter Verwendung einer MQW dargestellt.

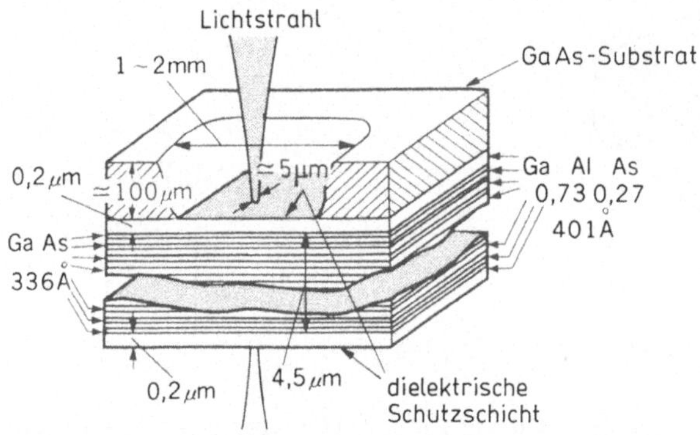

(a)

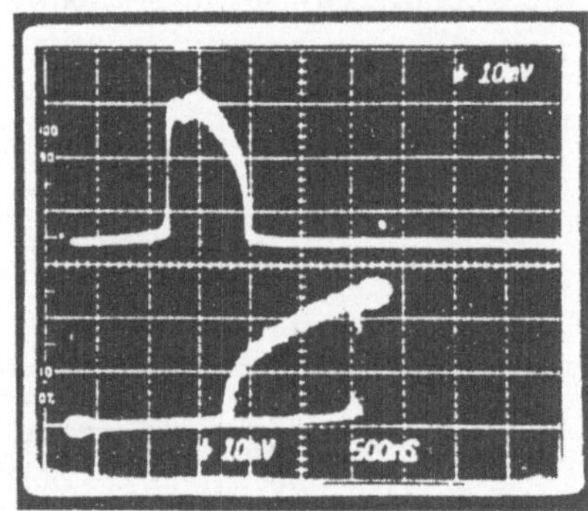

(b)

Bild 4:   Optisch bistabiles Bauelement

    (a) Ansicht eines GaAs/GaAlAs-MQW-Bauelementes mit optischer Bistabilität

    (b) Die obere Darstellung zeigt den Schaltprozeß mit großer Flankensteilheit, die untere die Hysteresis zwischen Eingangssignal (Abszisse) und Ausgangssignal (Ordinate)

Das Element besteht aus 61 sich wiederholenden Strukturen aus einer 33,6 nm starken GaAs-Schicht und einer 40,1 nm starken $Ga_{0,73}Al_{0,27}As$-Schicht; die Gesamtstärke beträgt 4,5 µm. An Ober- und Unterseite wurde zusätzlich eine 0,2 µm starke Antireflexionsschicht aus GaAs aufgetragen. Nachdem auf dem GaAs- Substrat durch Molekularstrahlepitaxie (Molecular Beam Epitaxy: MBE) die MQW-Schicht aufgebracht wurde, wird durch Ätzen in der Mitte des Substrates eine kreisförmige Vertiefung mit einem Durchmesser von ca.

1-2 mm angebracht. Wird diese MQW-Schicht z.B. mit Laserlicht mit einer Wellenlänge von 0,881 µm bestrahlt, so zeigt die Stärke des durchgelassenen Lichtes bezogen auf die Bestrahlungsstärke eine Hysteresis nach Bild 4(b). Schließlich kommt es dadurch, daß durch die Bestrahlung mit Licht im GaAs Exzitonen entstehen, zur Lichtabsorption. Dem steht der Normalzustand gegenüber, in dem ein Brechungsindex vorliegt und nur wenig Licht hindurchgelassen wird. Übrigens wird mit zunehmender Stärke des einfallenden Lichtes die elektrostatische Abschirmung der Ladungsträger (z.B. freie Elektronen, die durch die thermische Zerlegung der entstandenen Exzitonen gebildet werden), zu einem Hauptfaktor. Die Lichtabsorption durch die Exzitonen geht in den Sättigungsbereich. Weiterhin wird angenommen, daß sich hierbei die Dispersionsfunktion in der Nähe der Wellenlänge, die der Exziton-Resonanzabsorption entspricht, ändert. Dies bedeutet, daß sich der Brechungsindex in Abhängigkeit von der Bestrahlungsstärke ändert, GaAs also nichtlineare Eigenschaften hat. Wird weiterhin das Bauelement an einer bestimmten Stelle als Fabry-Perot-Resonator, der an beiden Grenzflächen Spiegel hat, abgestimmt, so entsteht im Inneren eine stehende Welle, durch die sich die Lichtdurchlässigkeit sprunghaft erhöht. Wird danach die eingestrahlte Lichtstärke verringert, so läßt das gesamte Element viel Licht hindurch. Dadurch wird der Sättigungszustand der Lichtabsorption durch die Exzitonen aufrechterhalten. Auch bis zu einer Stärke der Lichtbestrahlung, die etwas geringer ist als die für den Anstieg erforderliche, stellt sich nicht der ursprüngliche Brechungsindex ein, weil das Element in den Zustand eines abgeglichenen Resonators gebracht wurde, d.h., es entsteht eine Hysteresis.

Da in diesem Teil der Hysteresisschleife einem Wert der Eingangssignals zwei verschiedenen Werte des Ausgangssignals entsprechen, spricht man von optischer Bistabilität. Die Form der Schleife und die Lichtstärke, bei der es zum Schalten kommt, werden von der Zusammensetzung und dem Aufbau des Elementes, der Wellenlänge des eingestrahlten Lichtes und der Temperatur bestimmt. Es wurde auch über Experimente berichtet, bei denen zwei einfallende Lichtstrahlen verwendet wurden; einer sorgt für die Einstellung des Arbeitspunktes, und der andere löst das Schalten aus. Beim vorliegenden Bauelement betrug die Operationsgeschwindigkeit bei Raumtemperatur für den Anstieg 200 ps und für den Abfall 20-40 ns. Für zukünftige Bauelemente wird eine weitere Erhöhung der Geschwindigkeit erwartet. Weiterhin wurde auch bei InSb für Licht mit einer Wellenlänge von 9,6 µm und 10,6 µm bei Normaltemperatur eine optische Bistabilität nachgewiesen /17/. InSb hat im Vergleich zum GaAs einen um eine Größenordnung geringeren Bandabstand, es liegen keine Exzitonen vor, und da eine Änderung des Brechungsindex durch die Nichtlinearität erfolgt, die von direkten Übergängen zwischen Leit- und Valenzelektronenband begleitet wird, kann ein Abgleich als Fabry-Perot-Resonator vorgenommen und eine optische Bistabilität erzeugt werden.

Halbleiter mit Quantenmuldenstruktur wie MQW-Elemente haben andere Eigenschaften als normale Kristalle, da die Träger der elektrischen Ladungen in der Schichtstruktur eingeschlossen sind. Zum Beispiel ist die Bindungsenergie der oben angeführten Exzitonen größer, und sie können auch bei Raumtemperatur in großer Zahl stabil bestehen, was das Auftreten der optischen Bistabilität erklärt. Weiterhin wird angenommen, daß man im allgemeinen den Brechungsindex und den Lichtabsorptionskoeffizienten willkürlich beeinflussen kann. Daher kann man für zukünftige Anwendungen davor ausgehen, daß sich integrierte Bauelemente mit niedrigen Verlusten wie optisch bistabile Bauelemente auf der Grundlage von Quantenmulden, Laser mit niedrigen Schwellwerten und optische Schalter herstellen lassen, die über Quantenmulden-Lichtleiter miteinander verbunden sind.

Nicht alle Probleme optisch bistabiler Bauelemente sind gelöst. Ein besonders bedeutungsvolles Phänomen ist das optische Chaos /18-20/, das sich in folgendem äußert. Erhöht man die Stärke des eingestrahlten Lichtes, so gibt es, wie Bild 5 (a) zeigt, nicht nur einen bistabilen Zustand, sondern es wird eine Impulsfolge ausgegeben, die eine bestimmte Periodizität hat. Erhöht man das Eingangssignal weiter, so kommt es zu einem vollständig chaotischen Zustand

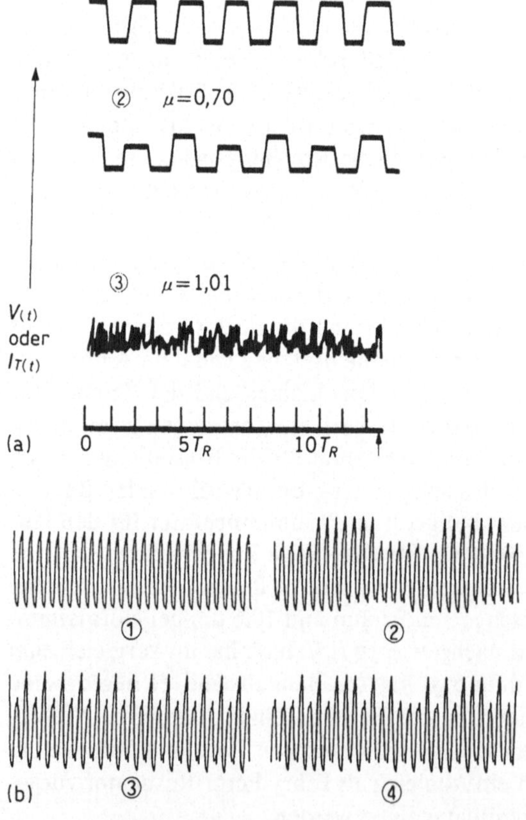

Bild 5:   Optisches Chaos
(a) Mit zunehmender Stärke des Eingangssignals wird die Impulsperiode des Ausgangssignals (V(t), I_T(t)) vervielfacht (1→2), bis schließlich das Chaos entsteht (3); (die Abszisse ist die Zeit /22/)
(b) Erzeugung periodischer Wellenformen bei unterschiedlichen Bedingungen /23/

(die Periodendauer ist unendlich groß), bei dem Impulse abgegeben werden, die keine bestimmte Periode haben sowie unterschiedlich stark und breit sind /21,22/. Es wurde daran gedacht, die periodischen Impulse zu nutzen. Dabei braucht die Verwendung als Hochfrequenz-Impulsquelle nicht erörtert zu werden /22/. Es besteht aber auch die Möglichkeit, durch Steuerung z.B. der Stärke des Eingangssignals, dessen Wellenlänge und der Temperatur einen Zustand einzustellen, der, wie Bild 5 (b) zeigt, eine komplizierte Wellenform mit einer bestimmten Periode hat, und dies als Signalkodierung zu verwenden /23/. D.h. es besteht das Konzept, hiermit einen äußerst komplizierten Signalkode oder einen Speicher herzustellen.

Es besteht die Möglichkeit, als Informationsmenge eine fast unendlich große Bitzahl in einem optisch bistabilen Bauelement zu speichern. Um eine schnelle Impulsfolge zu erhalten, die einen großen Wert für praktische Anwendungen hat, muß man sich auf das optische Chaos oder einen diesen nahekommenden Zustand beschränken. Zusätzliche Einschränkungen ergeben sich aus der Anregung des für das Bauelement verwendeten Materials, der Relaxationszeit (Antwortzeit) und den Abmessungen. Führt man als einfachstes Beispiel einen Vergleich mit der Zeit durch, mit der das Licht im Fabry-Perot-Resonator eines optisch bistabilen Elementes hin- und herläuft (τ_R, round trip time), so ist die Relaxationszeit (τ, relaxation time) des Bauelementematerials (nichtlineares Medium) hinreichend kurz.

Dies bedeutet, daß erneut eine Überlagerung mit eingestrahltem Licht vorgenommen werden kann, wenn dieses im Resonator hin- und herläuft und wenn die ursprüngliche Fläche, in die es eingestrahlt wurde, wieder erreicht wird. Zu dem Zeitpunkt, in dem die nächste Periode des Hin- und Rücklaufs erfolgt, kehrt das nichtlineare Material im Resonator zum ursprünglichen Zustand zurück, und der gleiche nichtlineare optische Effekt setzt sich wie vorher ununterbrochen fort. In diesem Fall beträgt die Periode einer möglichen Impulsemission $2\tau_R$, $4\tau_R$, $8\tau_R$ usw. Um zum Beispiel eine 100-GHz-Impulsfolge zu generieren, muß τ_R unter 5 ps liegen; τ des Mediums muß noch kleiner sein. Die Hin- und Rücklaufzeit ist umso kleiner, je kürzer die Resonatorlänge ist. Wird z. B. für GaAs eine Resonatorlänge von ca. 200 µm gewählt, so beträgt τ_R 5 ps. Übrigens ist es nicht einfach, τ eines Mediums in die Größenordnung von ps zu bringen. Es wurden hierzu Verfahren untersucht, bei denen Verunreinigungen injiziert, optische Heizimpulse verwendet oder zusätzliche Energieniveaus eingeführt wurden /22/. Ein zukünftiges Problem ist die Erhöhung der Schaltgeschwindigkeit bei der optischen Bistabilität selbst.

Halbleiterlaser arbeiten beim Einspeisen eines bestimmten Stromes zur Erzeugung der Vorspannung als Verstärker für das von außen einfallende Licht oder als Schalter. Bei diesen Funktionen ist das äußere Licht das Signal. Da der Strom für die Arbeitspunkteinstellung kein Signal ist, kann man sie als rein optisch arbeitende Bauelemente bezeichnen. Das Element in Bild 6 besteht z.B. aus den Spaltflächen 1,2,3,4 und den rauhen Flächen 5 und 6. Die gesamte Ober- und Unterseite sind Elektroden, über die der Bias-Strom eingespeist wird /24/. Fällt kein äußeres Licht ein, so sendet der kurze Resonator, der aus den Spaltflächen 3 und 4 besteht, einen Laserstrahl in Richtung ϕ_{OUT} entsprechend Bild 6 aus.

Fällt ein äußerer Lichtstrahl wie im Bild 6 als ϕ_{IN} dargestellt ein, so wird durch den langen Laser aus den Spaltflächen 1,2 ein Laserstrahl angeregt, das einfallende Licht verstärkt und als ϕ_A von der Fläche 2 abgestrahlt. Gleichzeitig verschwindet der Laserstrahl ϕ_{OUT} in dazu senkrechter Richtung. Dies ist darauf zurückzuführen, daß bei einem bestimmten eingespeisten Strom die Ausgangsmode ϕ_A gespeist wird, wodurch die ϕ_{OUT}-Mode nicht aufrechterhalten werden kann /3/. Es sind hiermit die Verstärkung und das Schalten von Licht möglich. Dieses Prinzip wird als räumliches Wellenschalten oder Auslöschen der Verstärkung bezeichnet. Da hier keine Abhängigkeit von der Relaxationszeit der Träger besteht, ist die Reaktionszeit kurz, und es werden Werte im ps-Bereich erwartet. Man nennt das beim Halbleiterlaser das Wellenspringen. Angeregt durch Temperaturänderungen und äußeres Störlicht kommt es zu plötzlichen Veränderungen der erzeugten Wellenlänge, was für den praktischen Einsatz bei Bildspeicherplatten technische Probleme verursacht. Kann dieser Effekt aber andererseits genutzt werden, so läßt sich ein schnelles Schalten durchführen. Dies ist ein Prinzip, das man als Frequenzmoden-(Längs-) Schalten bezeichnen muß. Bei bereits schwingenden Halbleiterlasern ändert sich plötzlich die Wellenlänge des abgestrahlten Lichtes, wenn ein äußerer Lichtstrahl als Signal mit einer etwas unterschiedlichen Frequenz in die gleiche Richtung eingestrahlt wird /3,25/. Als Ergebnis ist auch ein Übergang zum

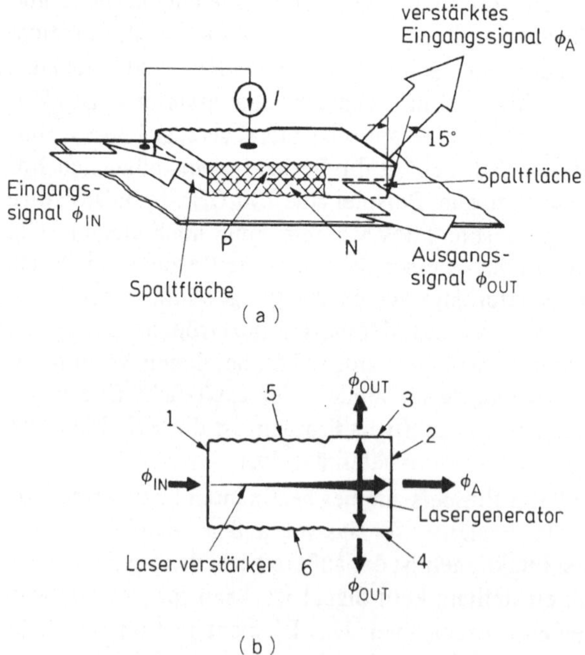

Bild 6:   Schalten mit Halbleiterlaser /24/
          (a) Bauelement
          (b) Funktionsprinzip

Schalten der räumlichen Abstrahlrichtung durch Beugungsgitter oder zum intermittierenden Schalten möglich. Hierbei kann die Reaktionszeit aus den gleichen Gründen wie im vorherigen Beispiel auf einige ps, das heißt auf eine Zeit verringert werden, die zum Füllen des Resonators mit Licht erforderlich ist.

Weiterhin wurde nachgewiesen /3/, daß die Polarisationsrichtung des von einem Halbleiterlaser ausgesandten Lichtes durch äußeres Licht verändert werden kann. Faßt man dies mit den obigen beiden Beispielen zusammen, so können schnelle integrierte Bauelemente die Konstanz der Ausbreitungsrichtung, der Wellenlänge und der Polarisationsebene eines Halbleiterlasers nutzen.

2.6.3 Elektrooptische Bauelemente

Elektrooptische Bauelemente können Licht und elektrische Größen parallel als Signal verarbeiten. Modulations- und Schaltelemente sind Beispiele für Bauelemente, die den elektrooptischen Effekt (Electric Optic effect: EO) nutzen und die seit langem untersucht werden. Bei diesem Effekt wird der Brechungsindex durch ein elektrisches Feld verändert. Er hängt von der Kristallsymmetrie ab. Es sind der eindimensionale Pockels-Effekt und der zweidimensionale Kerr-Effekt bekannt. Der eindimensionale elektrooptische Effekt wurde häufig an $LiNbO_3$ untersucht. Werden mehrere Bauelemente, bei denen der Wellenleiter eine Elektrode bildet und wie in Bild 1 des vorigen Abschnittes ausgeführt ist, zusammengefaßt, so erhält man den in /11,26/ beschriebenen Schaltkreis. In letzter Zeit wurde bei GaAs und InP der eindimensionale elektrooptische Effekt genutzt und dadurch die monolithische Integration von Lasern ermöglicht. Bild 7 zeigt ein Koppelgerät mit Richtwirkung /27/. Die Absorptionsverluste dieses Bauelementes liegen unterhalb von 1 cm^{-1}. Weiterhin wurde auch ein optischer Schalter mit lokaler Totalreflexion, der die injektionsstrombedingten Änderungen des Brechungsindex ausnutzt, untersucht, speziell die praktische Anwendung von MQW-Materialien, die im vorherigen Abschnitt beschrieben wurden. Bei den ersten in Tabelle 1 angeführten EO-Effekten sind Geschwindigkeit, gewünschte Leistung und verwendete Materialien zu berücksichtigen und entsprechend dem Anwendungsfall einzusetzen. Da sich elektrische Signale leicht verarbeiten lassen, weisen sie den Vorteil einer relativ leichten Anwendbarkeit auf.

Ein großer Bereich der in diesem Abschnitt behandelten Bauelemente sind die optoelektronischen integrierten Schaltkreise (Opto-Electronic Integrated Circuit: OEIC). Es sind dies Bauelemente, bei denen optische Bauelemente wie Laser und Fotoaufnehmer mit elektronischen Schaltkreisen monolithisch integriert sind. Als Materialien werden hauptsächlich Halbleiter aus chemischen Verbindungen wie GaAs und InP verwendet, die einen hohen Wirkungsgrad für die Lichtemission und Lichtempfindlichkeit sowie gute Leitfähigkeit vereinen. Sie werden mit Herstellungstechnologien für Halbleiter gefertigt. Auch auf den Gebieten der optischen Signalübertragung knüpft man aufgrund ihrer Festigkeit gegenüber elektromagnetischen Störungen, hohen Geschwindigkeit und leichten Miniaturisierung an sie große Erwartungen. Für die Entwicklung eines optischen Computers werden sie wohl auch eine entsprechende Rolle spielen. Natürlich werden sie als Lichtquellen, die für den Rechenablauf benötigt werden, verwendet, sowie zur Umwandlung der Rechenergebnisse in elektrische Signale. Wo keine hohe Geschwindigkeit oder eine optische Parallelverarbeitung erforderlich sind, werden sie für die Berechnung und Speicherung sowie als Interface-Bauelemente für die rein optischen Teile eingesetzt.

Speziell für Laser sind zur Verringerung des Energieverbrauchs und zur Vermeidung einer zu starken Erwärmung ein geringer Schwellwert, hoher Wirkungsgrad und hohe Funktionsgeschwindigkeit oder die Entwicklung von Elementestrukturen mit interner Reflexion erforderlich. Bei den im vorigen Kapitel erwähnten MQW-Bauelementen wurden zum ersten Mal für eine aktive Schicht Multiquantenmulden verwendet. Sie verbinden niedrigen Schwellwert mit hohem Wirkungsgrad. Laser mit kurzer Resonatorlänge kombinieren einen niedrigen Schwellwert mit hoher Geschwindigkeit.

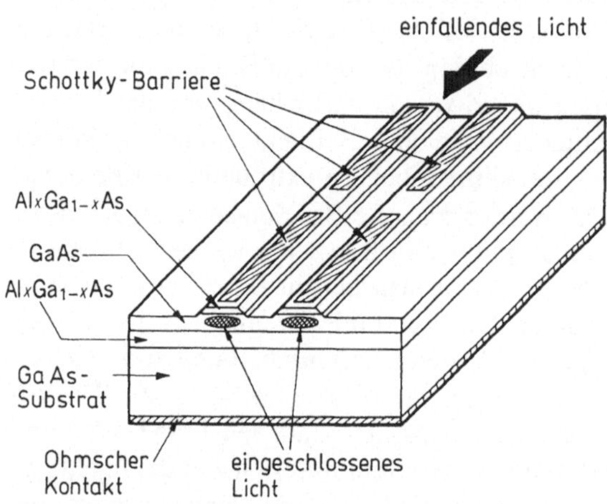

Bild 7:   GaAs-Richtkoppler /27/

Mit Verfahren wie Naß- und Trockenätzen, Mikrospalten und der Herstellung von Diffraktionsgittern (Distributed Feed Back: DFB; Distributed Bragg Reflector: DBR) können im Bauelement Resonatoren hergestellt werden; weiterhin lassen sich diese Verfahren auch zur Verkürzung der Resonatorlängen einsetzen. Ein Beispiel für die ersten beiden Verfahren zeigt Bild 8. Bild (a) zeigt einen durch chemisches Naßätzen hergestellten 23 µm langen Resonator. Bei einem Schwellwert von 30 mA treten Laserschwingungen auf /28/. Weiterhin zeigt b einen 38 µm breiten Laser, durch Mikrospalten hergestellt.

Er hat einen Schwellwert von 2,9 mA, wobei beide Flächen mit einer Reflexionsschicht versehen sind /29/. Ein Beispiel für ein Beugungsgitter zeigt Bild 9. Hier sind 6 DFB-Laser mit unterschiedlicher Wellenlänge und ein gekrümmter Wellenleiter integriert /30/. Bei einer Wellenlänge von ca. 86 µm wurden 6 in einem Wellenabstand von 2 nm (0,002 µm) generierte Lichtwellen nachgewiesen. Die obigen drei Technologien sind alle für die zukünftige Inte-

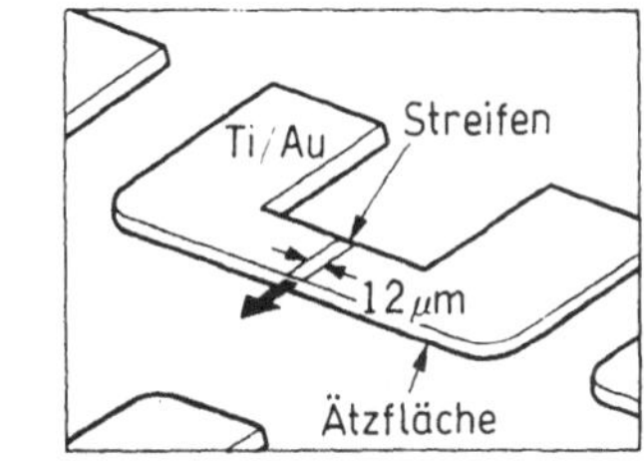

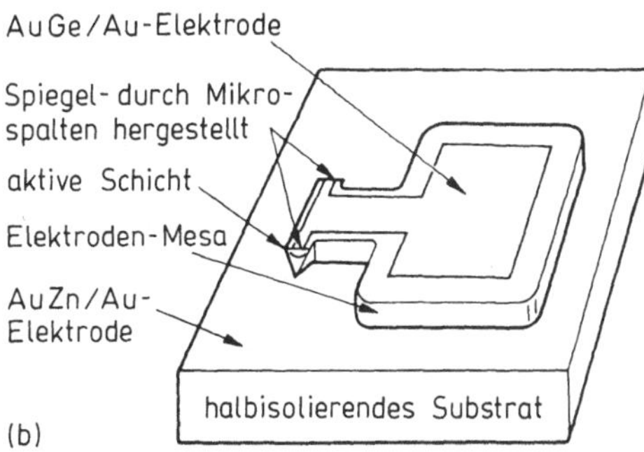

Bild 8:   Reflexionsflächen im Bauelement
          (a) Durch chemisches Naßätzen hergestellter, kurzer Laserresonator
          (b) Mit Mikrospaltung hergestellter, kurzer Laserresonator

gration wichtig. Darüber hinaus wird es zu technischen Weiterentwicklungen
kommen.

Nachfolgend wird das Ausführungsbeispiel für ein OEIC-Bauelement beschrieben. Es ist ein in sog. Längsstruktur ausgeführtes Bauelement, bei dem,
wie Bild 10 zeigt, auf ein n-GaAs-Substrat ein Laser mit Doppelheterostruktur
(Double Heterostructure: DH) und ein MESFET (Metal Semiconductor Field
Effect Transistor: FET), der eine Epitaxie-Schicht nutzt, aufgetragen sind. Eine
dazwischenliegende GaAlAs-Schicht weist einen relativ großen Widerstand
auf, wobei an den erforderlichen Stellen durch Zn-Diffusion die gewünschte
Leitfähigkeit erreicht wird /31,32/. Die Festlegung des Bias-Stromes für die
Laseranregung und der direkte Abgleich erfolgen mit dem FET-Bauelement.
Das Gesamtbauelement ist kompakt. Es arbeitet, wie Bild 11 zeigt, mit einer
Modulationsfrequenz oberhalb 2 GHz.

Weiterhin wurde, wie Bild 12 zeigt, eine logische Operation demonstriert.
Auf dem halbisolierenden GaAs-Substrat (Semi Insulating: SI) wurden ebenfalls eine Schaltung aus einem DH-Laser, einem optischen DH- Monitor und 6
MESFET sowie 2 Widerstände aufgebracht. Das in sog. Querstruktur ausgeführte Bauelement ist in Bild 13 dargestellt /32 - 35/. Die elektronische Schaltung wurde in einer üblichen Herstellungstechnologie für integrierte Schaltkreise wie Ionenimplantation direkt auf einem Si-Substrat gefertigt; daher läßt
sich eine große Schaltung relativ einfach realisieren.

Auf der linken Seite des Fotos von Bild 13(b) befinden sich der Laser und
die Schaltung für dessen differentielle Modulation, auf der rechten Seite der
optische Monitor und die Schaltung, die den aufgenommenen Fotostrom in

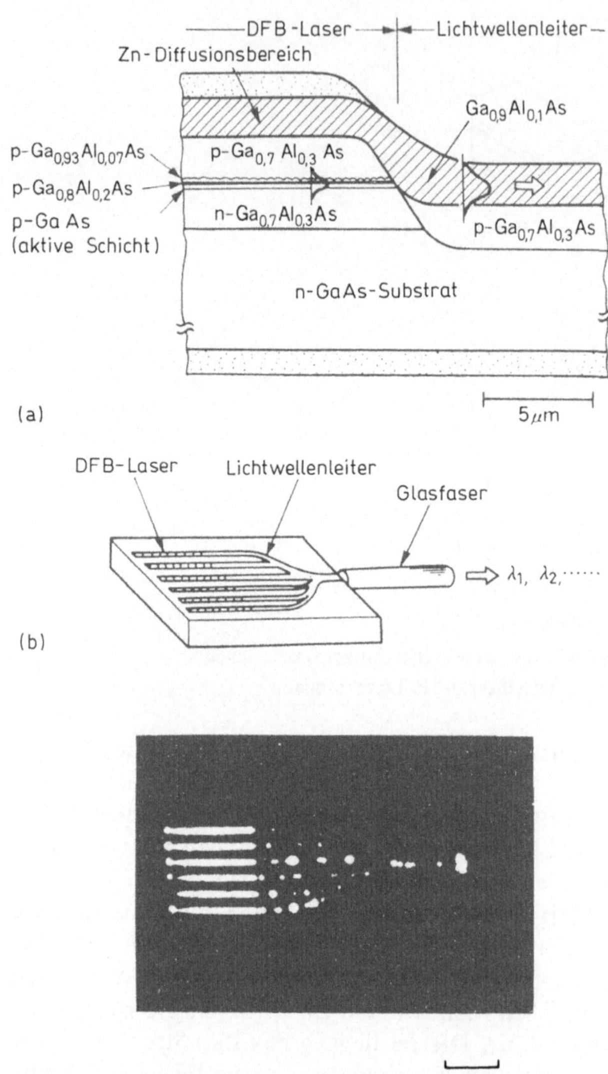

Bild 9:   Bauelemente mit innerer Reflexion über Beugungsgitter
(a) Querschnitt eines DFB-Lasers
(b) Prinzip einer Lichtquelle mit mehreren Wellenlängen unter Verwendung von
6 DFB-Lasern
(c) Angeregter Zustand

eine Spannung umwandelt. Der Laser und der Monitor sind durch einen mit
Naßätzen hergestellten Graben getrennt. Das heißt, daß eine Kontaktfläche
des Lasers im Element liegt, was für das Gesamt-Layout einen Freiheitsgrad
bietet und eine Erweiterung zuläßt. Wird das elektrische Signal an den entsprechenden Differential-Modulator angelegt, so läßt sich der Schaltbetrieb
des Lasers, wie im Bild 14 gezeigt, nachweisen (Ein- Ausschalten). Ein Beispiel

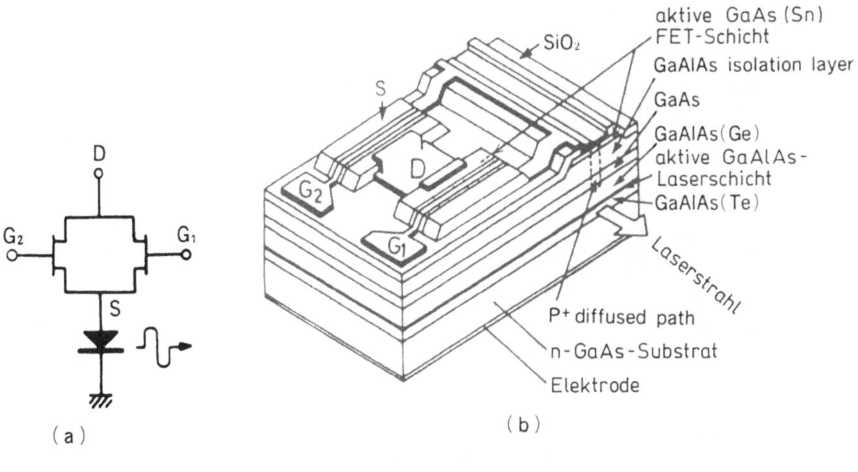

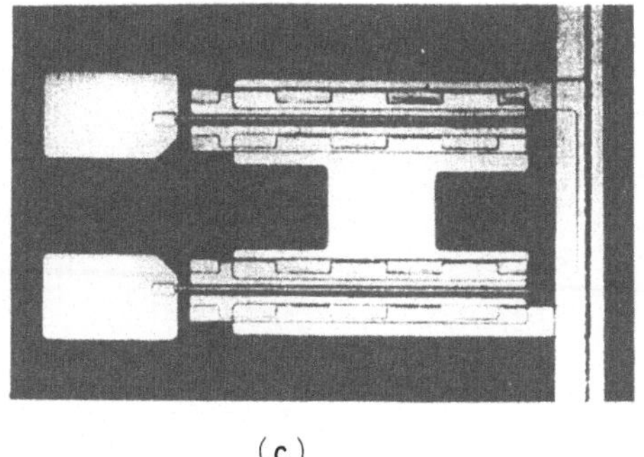

Bild 10: Längs-OEIC-Lichtquelle

    (a) Schaltung

    (b) Bauelement

    (c) Foto

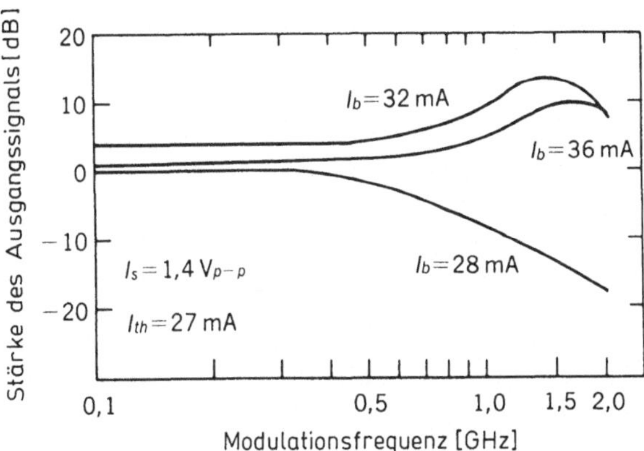

Bild 11: Schnelle Funktion des Längs- OEIC-Elementes, I_b ist der Bias-Strom

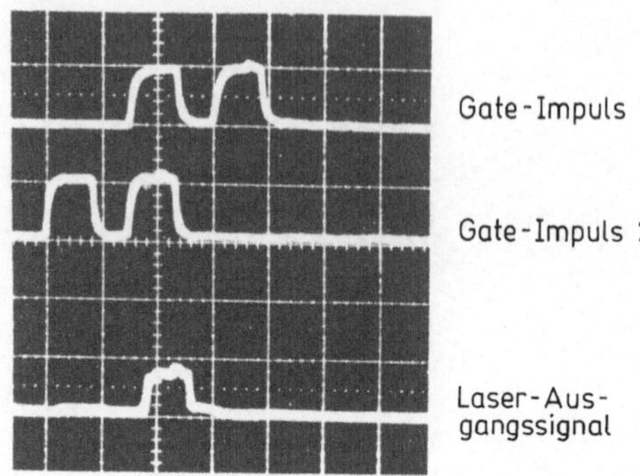

Bild 12: Logikfunktion des Längs-OEIC-Bauelementes

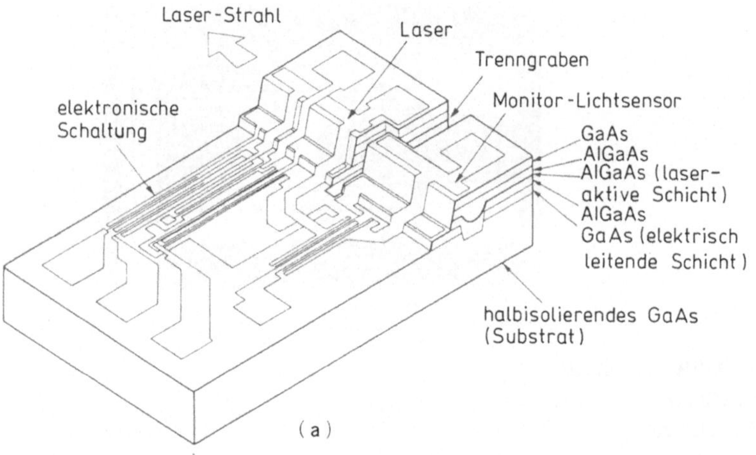

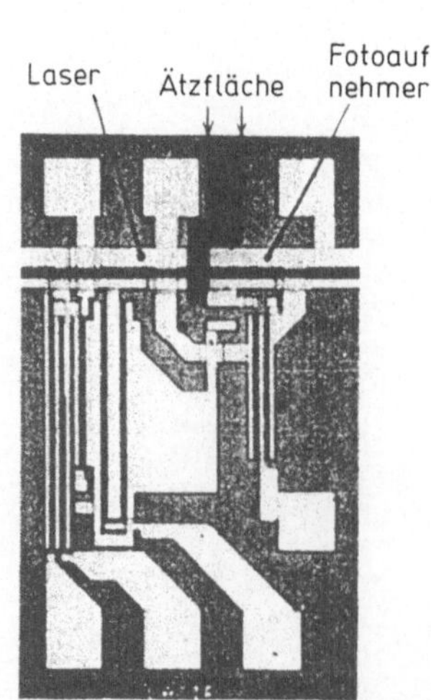

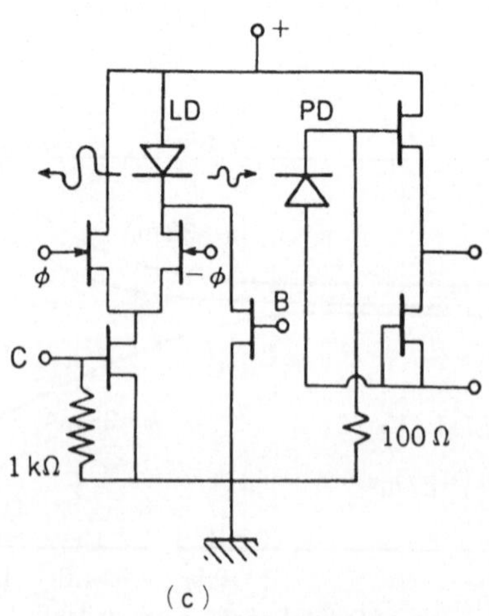

Bild 13: Querformatige OEIC-Lichtquelle

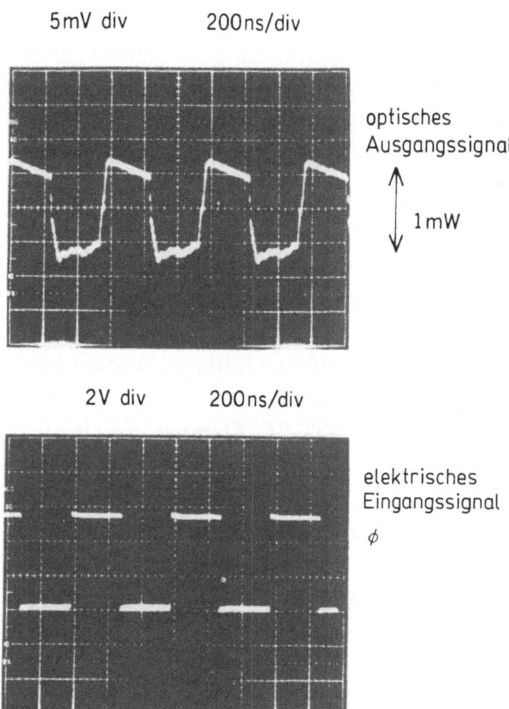

Bild 14: Schaltbetrieb des querformatigen OIEC-Elementes

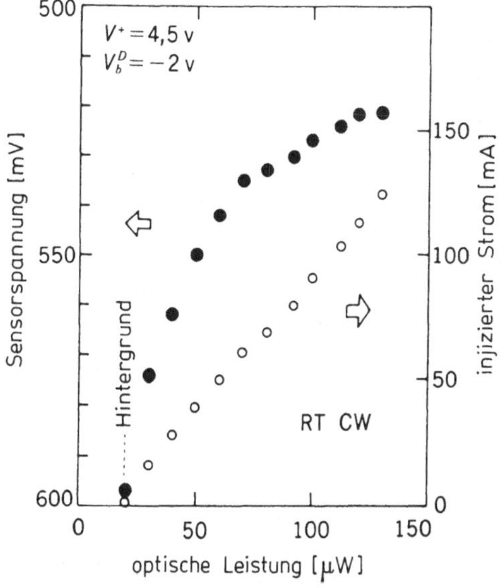

Bild 15: Monitorfunktion des querformatigen OIEC-Elementes

für die Monitorfunktion ist in Bild 15 dargestellt. Für diese Struktur wurde nachgewiesen, daß durch Rückkopplung des Monitor-Ausgangssignals zur Anregungsschaltung des Lasers auch eine optische Bistabilität erreicht werden kann. Läßt man sowohl durch den Laser als auch den Monitor einen Gleichstrom fließen, so kann die Frequenz oder die Stärke des Lichtes digital geändert werden. Die logischen Funktionen, wie sie bei einem hybriden Bauelement auftreten, das einen C^3 (Cleaved Coupled Cavity) Laser verwendet (2 Laser gespalten und getrennt sowie dann die sich berührenden Flächen in Reihe geschaltet /36,37/), lassen sich monolithisch integriert mit den dazugehörigen Zusatzschaltkreisen herstellen. Für die beiden obigen Ausführungsbeispiele von OEIC-Bauelementen wurde Flüssigphasen-Epitaxie (Liquid Phase Epitaxie: LPE) zum kristallinen Auftragen verwendet.

Auch auf der Lichtaufnehmerseite wurde das OIEC-Element weiterentwikkelt. Bild 16 zeigt ein Beispiel, bei dem auf ein SiGaAs-Substrat ein pin-Fotoaufnehmer und eine Verstärkerschaltung aus 6 MESFET monolithisch integriert wurden /38,39/. Für die Herstellung der Kristalle wurde die metallorganische chemische Abscheidung aus der Gasphase (Metal- Organic Chemical Vapor Deposition: MOCVD) verwendet. Es wurden auch Beispiele veröffentlicht /40-42/, bei denen nicht nur MESFET, sondern auch MISFET (Metal Insulator FET), JFET (Junction FET) und pin-Fotoaufnehmer oder solche mit Fotoleitung monolithisch integriert wurden. Die OEIC-Elemente werden sowohl auf der Lichtquellen- als auch -aufnehmerseite weiterentwickelt. Es wird davon ausgegangen, daß sie für zukünftige optische Computer unentbehrliche Elemente speziell als Interface zwischen Licht und Elektrizität sowie für die Ein- und Ausgabe sind /41,42/.

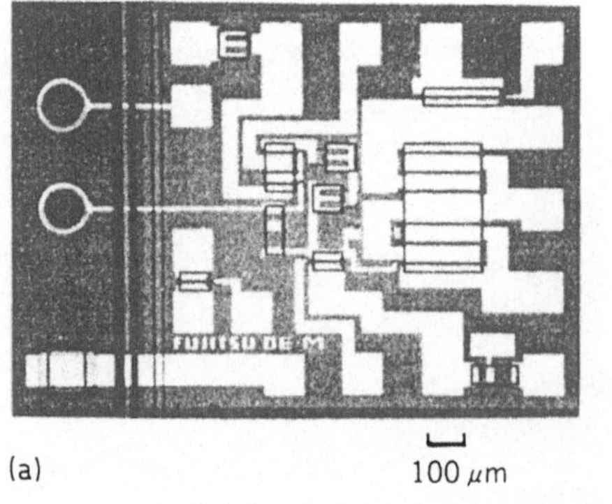

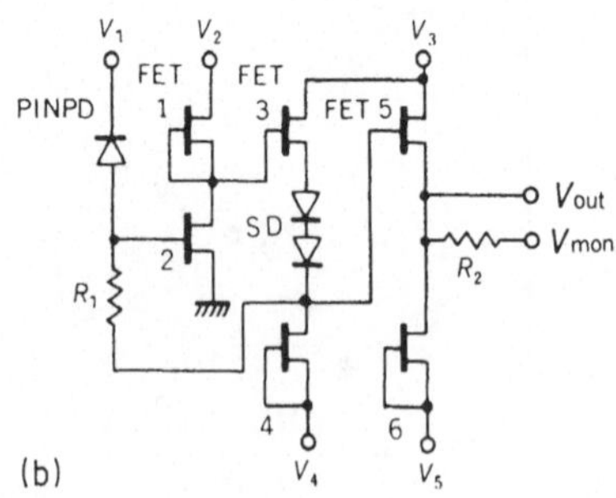

Bild 16: OEIC-Fotoaufnehmer /38, 39/ vom Quertyp
   a) Foto der Gesellschaft Fuji
   b) Schaltung

2.6.4 Magnetooptische und akustooptische Bauelemente

Als Verfahren, mit denen der Zustand des über Wellenleiter übertragenen Lichtes verändert werden kann, gibt es neben den im vorigen Abschnitt dargestellten elektrischen Verfahren magnetische und akustische. In jedem Fall werden die in Tabelle 1 angeführten physikalischen Effekte genutzt. Man kann Bauelemente für relativ einfache Funktionen konzipieren, wie Modulation, Schalten oder optische Isolation, sowie solche, die eine komplizierte Datenverarbeitung wie die Fourieranalyse durch Ausnutzung der Lichtbeugung über die Dichte der Ultraschallwellen in einem Medium oder eine Korrelationsanalyse vornehmen. Als Materialien sind solche zu wählen, bei denen die genutzten Effekte stark ausgeprägt sind. Als magnetische Materialien werden häufig YIG (Yttrium-Eisen-Granat, $Y_3Fe_5O_{12}$), als Material für den akustooptischen Effekt häufig $LiNbO_3$ verwendet. Kann man jedoch durch eine Erweiterung mit einer MQW-Struktur auf GaAs-Basis den magnetischen oder akustischen Effekt verstärken, so wird in jeder Stufe die monolithische Integration von Lasern genutzt. Leider sind YIG und $LiNbO_3$ bezüglich chemischer Halbleiterverbindungen wie GaAs heterogene Stoffe, die gegenwärtig noch nicht gemeinsam mit Epitaxieverfahren verbunden werden können.

Nähere Einzelheiten über Bauelemente, die YIG und $LiNbO_3$ verwenden, sind einem gesonderten Artikel vorbehalten. In Bild 17 ist ein Beispiel für einen Isolator dargestellt, bei dem in hybrider Form ein Magnet, in dessen Mittelpunkt eine YIG-Kugel liegt, und eine Polarisatorplatte aus Kalzit ($CaCO_3$) mit einer Gesamtgröße unter 1 cm kompakt kombiniert wurden /43/. Durch den Faraday-Effekt erfährt das Licht, das den YIG mit angelegtem Magnetfeld passiert, eine Drehung der Polarisationsebene. Das vom Laser ausgesendete Licht kehrt durch Reflexion von der Lichtleiter-Kopplungseinheit zurück. Das Laser-Licht wird ohne Störung in der Polarisationsrichtung geändert, und es entstehen keine Rauschprobleme. Ein derartiger Isolator ist ein äußerst wichtiges Bauelement, das den Halbleiterlaser stabilisiert und Störungen un-

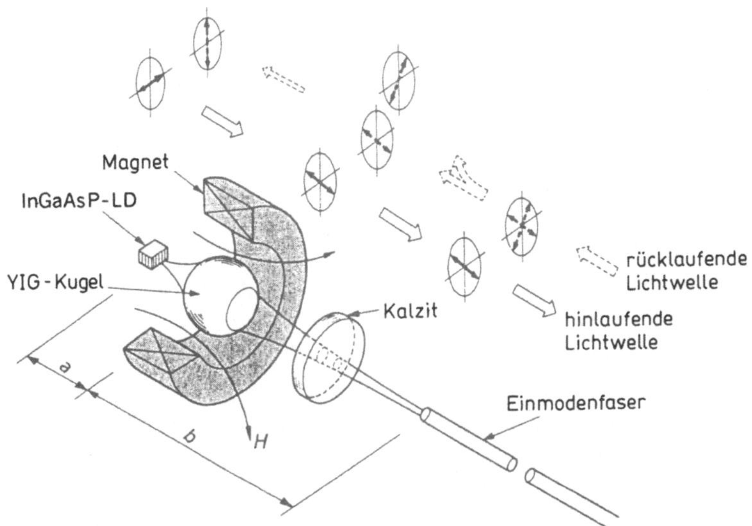

Bild 17: Hybrider optischer Isolator mit kugelförmigem YIG /43/

terdrückt. Es wird erwartet, daß sich bei einer integrierten Realisierung eine Miniaturisierung, eine Verbindung optischer Achsen, eine Vereinfachung von Herstellung und Einsatz sowie niedrige Kosten erzielen lassen. Hierzu sind aber weitere Fortschritte hauptsächlich auf dem Gebiet der Materialtechnologie erforderlich.

Als Material für Bauelemente, die den akustooptischen Effekt ausnutzen, wurden bereits GaAs und InP untersucht /44,45/. Bild 18 zeigt ein Beispiel, bei dem auf einem mit dem LPE-Verfahren aufgetragenen GaAs/GaAlAs-Lichtwellenleiter ein akustischer Oberflächenwellengenerator hergestellt wurde. Weiterhin wurde hierauf mit dem Hochfrequenz-Magnetron-Sputter-Verfahren eine 2,2 μm starke ZnO-Schicht aufgebracht /44/. Wird an eine an der ZnO-Schicht befestigte kammförmige Elektrode 1 eine Signalspannung angelegt, so wird im Lichtwellenleiter eine Ultraschallwelle großer Dichte angeregt. Durch deren Brechungseffekt läßt sich eine Lichtmodulation oder Polarisation durchführen. Derartige Elemente besitzen die Fähigkeit, komplizierte mathematische Verknüpfungen wie die Fourier- oder Korrelationsanalyse relativ einfach durchführen zu können, wodurch eine effektive Informationsverarbeitung möglich wird.

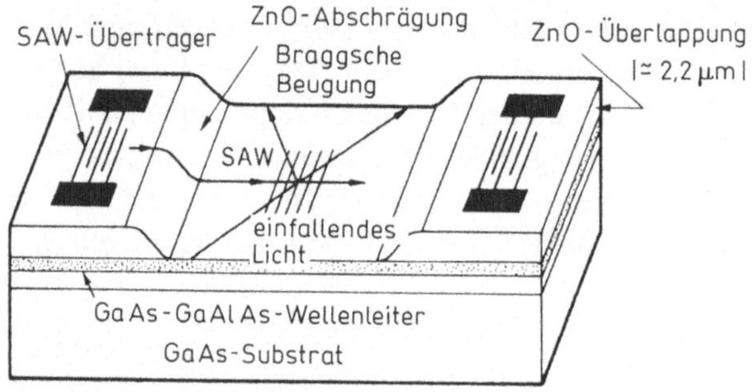

Bild 18: GaAs AO-Effekt-Bauelement /44/

2.6.5 Bauelemente für die Parallelverarbeitung

Ein großer Vorteil von Licht besteht darin, daß in Luft oder einem anderen Medium eine Konzentration, Streuung oder Richtungsänderung mit Linsen leicht durchgeführt werden kann. Werden diese Funktionen in optischen Computern genutzt, so ist es möglich, die Informationen parallel, d. h. gleichzeitig in einem bestimmten räumlichen Bereich zu verarbeiten. Vergleicht man die Gesamtverarbeitungszeit mit der der herkömmlichen seriellen Verarbeitung, so läßt sich eine um Größenordnungen höhere Geschwindigkeit erwarten. Bild 19 zeigt das Konzept für die Parallelverarbeitung.

Im Bild 19(a) sind eine große Anzahl eigenständiger Rechenelemente parallel angeordnet, die von unabhängigen Lichtquellen mit Lichtsignalen versorgt

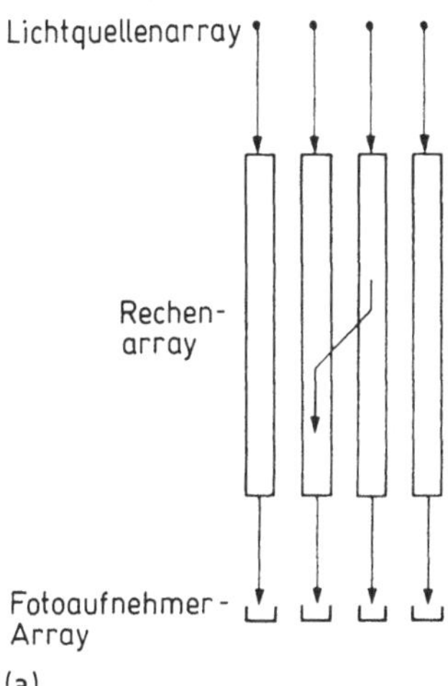

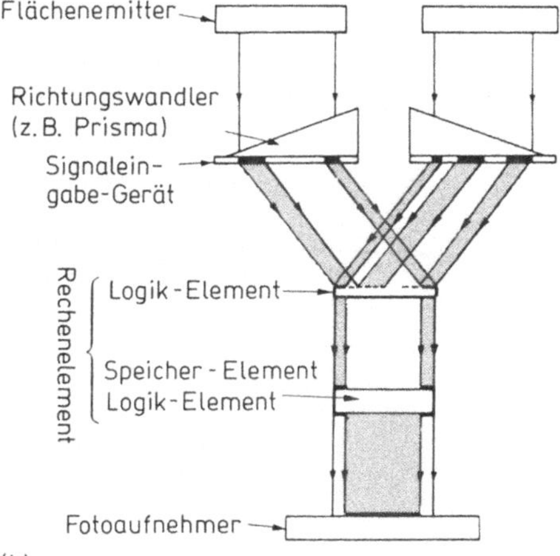

Bild: 19 Prinzip der optischen Parallelverarbeitung
      (a) Räumliche digitale Verarbeitung
      (b) Räumliche Analogverarbeitung

werden. Natürlich ist es möglich, daß den Erfordernissen entsprechend mehrere Elemente zusammenarbeiten. Bei diesem Verfahren werden die Lichtstrahlen stark gebündelt, so daß es zu keiner Interferenz kommt, d.h., es besteht die
Besonderheit, daß die Berechnungen über eine große Anzahl selbständiger
Kanäle insgesamt mit einem kleinen Bauelement erfolgen. Als Lichtquelle
kann z.B. das in Bild 20 gezeigte Laserarray verwendet werden. Bei diesem
Array sind 40 MQW-Laser im Abstand von 10 µm angeordnet, pro Laser wird
ein Ausgangssignal mit einer Leistung über 37 mW abgegeben /46/.

Die jeweiligen Laser haben einen geringen Abstand voneinander und werden gemeinsam betrieben. Da weiterhin die erzeugten Wellenlängen und Phasen gleich sind, kann auch die Wechselwirkung zwischen den Kanälen genutzt
werden. Arbeiten dagegen die Lichtquellen völlig unabhängig voneinander und

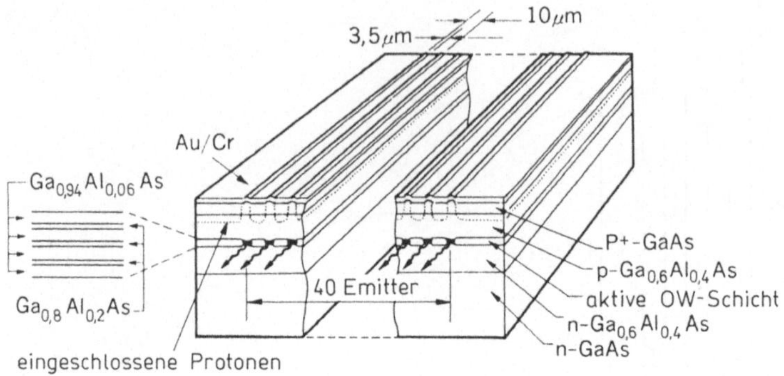

Bild 20: Laserarray /46/

sind die Phasen nicht gleich, so kommt es kaum zu gegenseitigen unerwünschten Interferenzen. Für praktische Anwendungen ist daher ein Laserarray geeignet, das Abstände in der Größenordnung von 100 µm aufweist. Das Verarbeitungsarray läßt sich mit den in Bild 4 von Abschnitt 2 gezeigten optischen bistabilen Elementen als ein- oder zweidimensionales Array realisieren bzw. als Linsenarray nach Bild 21 /47/ in Form von Schichten integrieren. Wird dagegen ein integriertes Bauelement hergestellt, bei dem die Operationen beim Passieren des Lichtes durch ein integriertes Chip vorgenommen werden, so sind mehrere dieser Chips zusammenzufassen. Weiterhin sind auch zukünftige Konzepte denkbar, bei denen in einem Chip dreidimensionale monolithische Bauelemente zusammengefaßt sind. Als Fotoaufnehmer wurden bereits unter Verwendung von Si Arrays mit mehreren hundert Elementen entwickelt /48/.

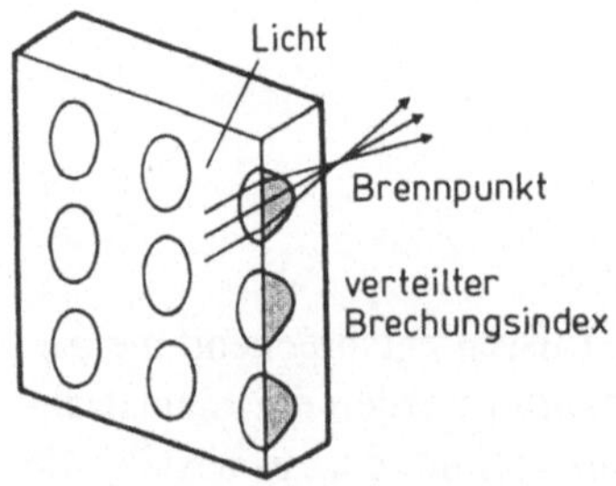

Bild 21: Flächenhaftes Linsenarray /47/

Verfahren zur Bildverarbeitung bzw. zur räumlichen analogen Verarbeitung zeigt Bild 19 (b). In diesem Fall wird als Lichtquelle der in Bild 22 gezeigte flächenemittierende GaAs- bzw. InP- Laser oder ein paralleler Lichtstrahl, der mit Linsen erzeugt wird, verwendet /49/. Die Eingangssignale können mit Verteilungen des Brechungsindex bewertet werden, die in einem nichtlinearem Medium durch optische Interferenz entstehen, oder über Blenden, die den

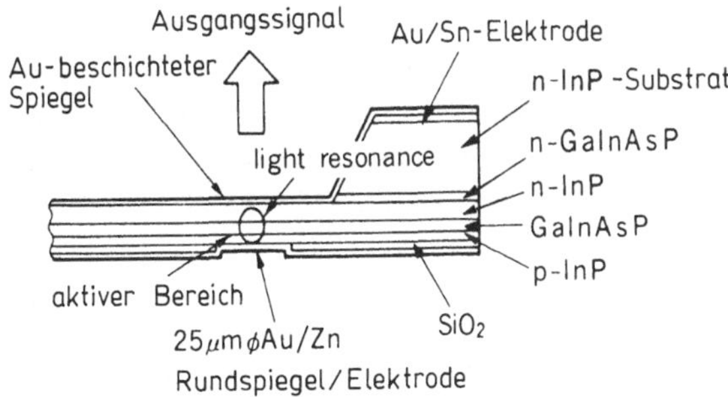

Bild 22: Flächenemittierender Laser /49/

optoelektrischen Effekt nutzen, sowie über Flüssigkristalle bzw. halbstarre Strukturen. Als Verarbeitungselemente lassen sich optisch bistabile Elemente einsetzen. Es wird erwartet, daß deren flächenbezogene Verarbeitungsgenauigkeit ausreichend groß ist. Berühren sich jedoch die voneinander unabhängigen Lichtstrahlen bei der Eingabe, so kommt es selbst dann, wenn die Annäherung auf einige Vielfache der Strahlenhalbwertbreite erfolgt, zu keiner Beeinflussung durch die optische Beugung. Es wurde abgeschätzt, daß jede Verarbeitung unabhängig voneinander durchgeführt werden kann /30/. Natürlich lassen sich auch Bauelemente entwickeln, die dieses Verfahren dreidimensional nutzen.

Betreibt man weiterhin eine ebene GaAs-Platte mit der im Bild 23 gezeigten Struktur als Laser zur Bilderzeugung durch optisches Pumpen, so erfolgt unter Nutzung der Bildhelligkeit als Schwellwert eine Modulation, die für die Verarbeitungen ausgenutzt werden kann /51/. Für den Fotoempfänger können nicht nur einfach Arrays sondern Festkörper-Projektionselemente genutzt werden.

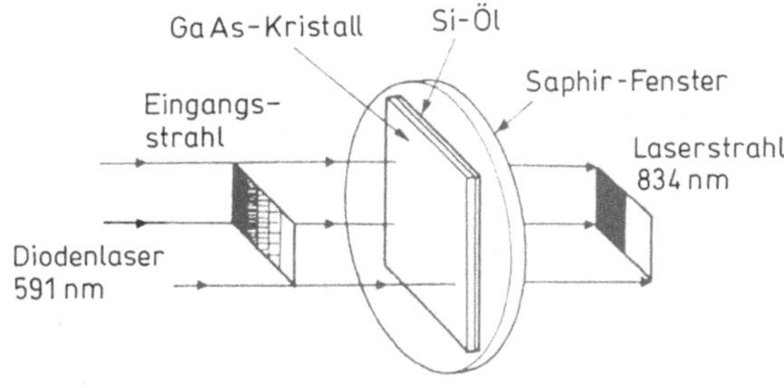

Bild 23: Bildemissionslaser /51/

Soll die Parallelverarbeitung insgesamt mit monolithisch integrierten Bauelementen durchgeführt werden, so sind sehr große Elemente erforderlich. Eine Realisierung ist wohl bis zum Ende dieses Jahrhunderts kaum möglich . Daher müssen partiell integrierte Elemente zu Hybridlösungen zusammengefaßt und so die Vorteile der Parallelverarbeitung genutzt werden. Werden z.B. mit einem Parallelrechner mit 100 Zeilen und Spalten durch ein geeignetes Verfahren gleichzeitig an jeden Kanal Daten angelegt, so können während der

Verarbeitungszeit eines Kanals insgesamt 10000 Daten verarbeitet werden. Das heißt, auch wenn die einzelnen Rechenzeiten um eine Größenordnung geringer sind als die eines herkömmlichen Computers mit serieller Verarbeitung, kann doch insgesamt eine Geschwindigkeitserhöhung um den Faktor 1000 erzielt werden. Insgesamt sind die Möglichkeiten der Parallelverarbeitung durch Licht beeindruckend.

2.6.6 Zusammenfassung

Ein wichtiger Faktor für die technische Verwirklichung von optischen Computern ist die Integration der optischen Bauelemente. Es ist aber nicht leicht, hierfür von der Bauelementetechnologie her die Voraussetzungen zu schaffen. Probleme der Anpassung verschiedener Materialien, die Untersuchung und der Nachweis von Verfahren zur Steuerung der Wechselwirkung zwischen Licht und einem Medium, weiterhin die Untersuchung und das grundlegende Verständnis der Wechselwirkung von Licht und Medium sowie deren Weiterentwicklung sind dabei ein umfangreiches Gebiet. Beachtet man jedoch den gegenwärtigen technischen Stand nicht, so kann der optische Computer als auswegloses Konzept enden. Hier kann auf der Grundlage der heute bereits experimentell nachgewiesenen Ergebnisse die Tendenz abgeschätzt werden, daß eine hoher Integrationsgrad praktisch möglich ist. Als Ausgangsmaterial wurden dabei Halbleiter aus chemischen Verbindungen weiterentwickelt. Das Ziel eines ersten Entwicklungsschrittes werden keine rein optischen Bauelemente sein. Offensichtlich wird gegenwärtig von Bauelementen ausgegangen, bei denen wie bei OEIC (optoelektronische integrierte Schaltkreise) optische Funktionen in die heutigen elektronischen Bauelemente integriert werden. In Bild 24 ist eine OEIC-Lichtquelle mit einer Querstruktur gezeigt, die aus 2 DH- Lasern mit MQW, 2 optischen DH-Monitoren, 12 MESFET und 4 Widerständen besteht. Die Grundstruktur ist die gleiche wie die des in Bild 13 gezeigten OEIC-Bauelementes. Durch technologische Verbesserungen des Epitaxie-Verfahrens, des lateralen Trockenätzens und der Lithografie wird sich ein höherer Integrationsgrad erreichen lassen /52,53/.

Bis zum endgültigen, praktisch einsetzbaren optischen Computer ist wohl noch ein langer Weg zurückzulegen. Werden jedoch die Anstrengungen bei der Untersuchung der grundlegenden physikalischen Eigenschaften zum Durchbrechen der technologischen Grenzen zusammengefaßt, so werden wohl neue Entwicklungen ausgelöst, die das gegenwärtige Konzept noch nicht vorsieht, wie aus den obigen Ausführungen hervorgeht.

Die im vorliegenden Artikel vorgestellten Untersuchungen an OEIC- Bauelementen wurden im Rahmen des Großprojektes "Untersuchung und Entwicklung eines optischen Rechen- und Steuersystems" des Amtes für Handel, Industrie und Technik (Japan) durchgeführt.

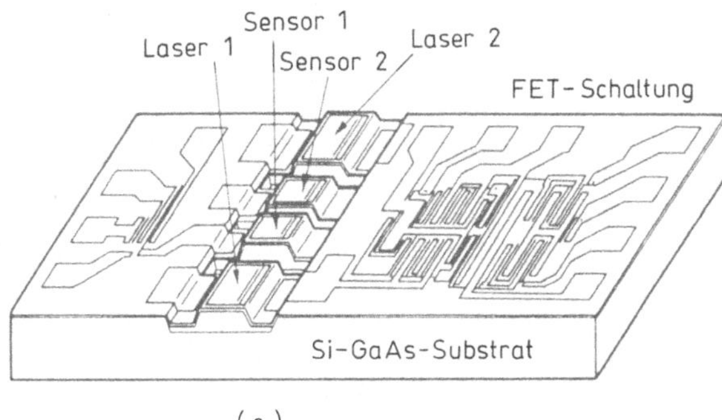

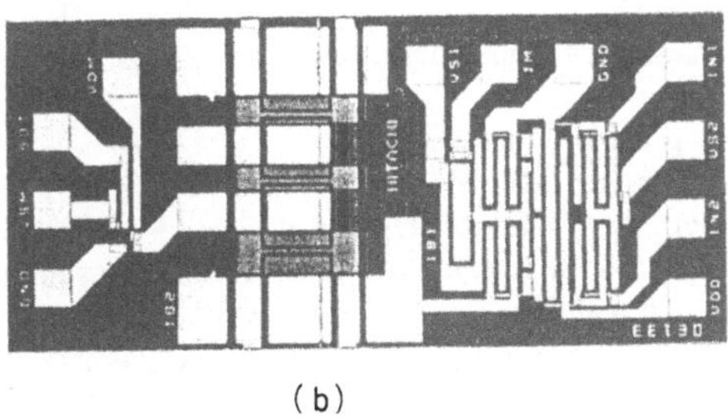

(b)

Bild 24: Als integriertes Bauelement ausgeführte OEIC-Lichtquelle /52,53/
(a) Gesamtansicht
(b) Foto

Literatur

1 J. von Neumann: John von Neumann collected works, (A.H. Taub, General Editor. Pergamon Press, New York (1963) V, p.65

2 Pankove, J.I.: Optical processes in semiconductors. Prentice-Hall, In., Englewood Cliffs, New Jersey (1971)

3 Nishizawa, J.: Optoelektronics. Verlag Tomodate (1977), S. 68- 235 (in Japanisch)

4 Kobayashi, M.: Ergebnisse der schwachen elektromagnetischen Wechselwirkung und der Farbenlehre, Nihon Butsuri Gakkai kokusai, Busshitsu no Kyukyoku-o saguru, Tekisuto (1981), S. 24-32 (in Japanisch)

5 Kosonocky, W.F.: Feasibility of neuristor laser computers, optical processing of information, Edited by D.K. Pollock, C.J. Koester, J.T. Tippett. Spartan Books, Inc., Baltimore (1963, p. 255-280

6 Schaefer, D.H.; Strong, J.P.: Tse Computers. Proc. IEEE 65 (1977) 1, p. 129-138

7 Izutsu, M.; Enokihara, A.; Sueta, T.: Optical-waveguide hybrid coupler. Optics Lett. 7 (1982) 11, p. 549-551

8 Haavisto, J.; Pajer, G.A.: Rsonance effects in low-loss ring waveguides. Optics Lett. 5 (1980) 12, p. 510-512

9 Sarid, D.: Analysis of bistability in a ring-channel waveguide. Optics Lett. 6 (1981) 11, p. 552-553

10 Integrated Optics, (Topics in Applied Physics Vol. 7), T. Tamir editor. Springer-Verlag, New York, 2nd ed. (1982)

11 Anderson, D.B.: Integrated optical spectrum analyzer: an imminent "chip". IEEE Spectrum 15 (1978) 12, p. 22-29

12 Valette, S.; Morque, A.; Mottier, P.: High-performance integrated fresnel lenses on oxidised silicon substrate. Electron. Lett. 18 (1982) 1, p. 13-15

13 Gibbs, H.M.; McCall, S.L.; Venkatesan, T.N.C.: Optical bistability, optics news, Summer (1979), p. 6-12

14 Miller, D.A.B.; Smith, S.D.; Seaton, C.T.: Optical istability in semiconductors. IEEE J. Quantum Electron. QE-17 (1981) 3, p. 312-317

15 Gibbs, H.M.; Tarng, S.S.; Jewell, J.L.; Weinberger, D.A.; Tai, K.; Gossard, A.C.; McCall, S.L.; Passner, A.; Wiegmann, W.: Room- temperature excitonic optical bistability in a GaAs-GaAlAs superlattice etalon. Appl. Phys. Lett. 41 (1982) 3, p. 221-222

16 News in Electro-Optical Systems Design (1982), p. 12

17 Kar, A.K.; Mathew, G.H.; Smith, S.D.: Optical bistability in InSb at room temperature with two-photon excitation. Conf. Laser & Electro-Optics (CLEO), Tech. Digest, WC1 (1983), p. 90-91

18 Ikeda, K.: Multiple-valued stationary state and its instability of the transmitted ligt by a ring cavity system. Optics Commun., 30 (1979) 2, pp. 257-261; Ikeda, K.; Daido, H.: Optical Turbulence: Chaotic Behavior of Transmitted Light from a Ring Cavity. Phys. rev. Lett. 45 (1980) 9, p. 709-712

19 Takeda, K.: Oyo busturi 52 (1983) 10, p. 866-871 (in Japanisch)

20 Ikeda, K.; Akimoto, O.: Instability Leading to Periodic and Chaotic Self-Pulsations in a Bistable Optical Cavity. Phys. Rev. Lett., 48 (1982) 9, p. 617-620

21 Gibbs, H.M.; Hopf, F.A.; Kaplan, D.L.; Shoemaker, R.L.: Observation of Chaos in Optical Bistability. Phys. Rev. Lett. 46 (1981) 7, p. 474-477

22 Kaplan, D.L.; Hopf, F.A.; Derstine, M.W.; Gibbs, H.M.; Shoemaker: Periodic oscillations and chaos in optical bistability - possible guided-wave all-optical square-wave oscillators. Optical Engineering 22 (1983) 1, p. 161-165

23 Ikeda, K.: Chaos and Optical Bistability. 5th Rochester Conf. on Coherence & Quantum Optics, Rochester (1983)

24 Kosonocky, W.F.; Cornely, R.H.; Marlowe, J.: GaAs laser inverter. Intern. Solid-State Circuits Conf. (ISSCC), THAM 5.3 Philadelphia Pa., Digest (1985), p.48-49

25 Nishizawa, J.; Ishida, K.: Injection induced modulation of laser Light by the interaction of laser diodes. IEEE J. Quantum Electron. QE-11 (1975) 7, p. 515-519

26 Suhara, T.; Nishihara, H.; Koyama, J.: Folded-type integrated-optic spectrum analyzer. Conf. Lasers & Electro-Optics (CLEO), Techn. Digest, WL1, Baltimore (1983), p. 118-119

27 Brandon, J.; Carenco, A.; Menigaux, L.; Rondot, M.: Double-heterostructure GaAs-Al$_x$Ga$_{1-x}$As Rib waveguide directional coupler switch. 2nd European Conf. Integrated Optics, Firenze, Italy (1983), p. 69-71

28 Bouadma, N.; Riou, J.; Bouley, J.C.: Short-Cavity GaAlAs Laser by wet chemical etching. Electron. Lett. 18 (1982) 20, p. 879- 880

29 Koren, U.; Rav-Noy, Z.; Hasson, A.; Chen, T.R.; Yu, K.L.; Chiu, L.C.; Margalit, S.; Yariv, A.: Short cavity InGaAsP/InP lasers with dielectric mirrors. Appl. Phys. Lett. 42 (1983) 10, p. 848-850

30 Aiki, K.; Nakamura, M.; Umeda, J.: Frequency multplexing light source with monolithically integrated distributed-feedback diode lasers. Appl. Phys. Lett. 29 (1976) 8, p. 506-508

31 Matsueda, H.; Fukuzawa, T.; Kuroda, T.; Nakamura, M.: Integration of a laser diode and a twin FET. Japan J. Appl. Phys. 20 (1980) Suppl-20-1, p. 193-197

32 Matsueda, H.; Sasaki, S.; Nakamura, M.: GaAs optoelectronic integrated light sources. IEEE J. Lightwave Tech. LT-1 (1983) 1, p. 261-269

33 Matsueda, H.; Sasaki, S.; Kohashi, T.; Tanaka, T.P.; Maeda, M.; Nakamura, M.: Monolithic integration of a terraced laser diode, photomonitor, and electric circuits on semi-insulation GaAs, Conf. Lasers & Electro-Optics (CLEO). Tech. Digest, WL 2, Baltimore (1983), p. 120-121

34 Matsueda, H.; Nakamura, M.: Monolithic integration of a laser diode, photo monitor, and electric circuits on a semi-insulation GaAs substrate. Appl. Optics 23 (1984) 6, p. 779-781

35 Matsueda, H.; Tanaka, T.P.; Nakano, H.: An optoelectronic integrated device including a laser and its driving circuit. IEEE Proc. 131 (1984) 5, p. 299-303

36 Tsang, W.T.; Olsson, N.A.; Logan, R.A.: High-speed direct single-frequency modulation with large tuning rate and frequency excursion in cleaved-coupled-cavity semiconductor lasers. Appl. Phys. Lett. 42 (1983) 8, p. 650-652

37 Olsson, N.A.; Tsang, W.T.: Wideband frequency-shift keying with a spectrally bistable cleaved-coupled-cavity semiconductor laser. Electron. Lett. 19 (1983) 20, p. 808-809

38 Hamaguchi, K.; Miura, H.; Makiuchi, M.; Yamakoshi, W.; Wada, O.; Sakurai, T.; Nakai, K.: Monolithische Integration von AlGaAs/GaAs PIN-Fotodioden/Verstärker. Dai 44 kai Oyo Butsuri Gakkai Gakujutsu Koenkai, Yokoshu, 26p-R-5, (1983), S. 155 (in Japanisch)

39 Wada, O.; Makiuchi, M.; Horimatsu, T.; Wada, O.: Optische Emitter mit GaAs-Systemen, OEIC als optischer Sensor. Oyo Butsuri Gakkai, Oyo Denshi Bussei Bunryokai Kenkyu Reikai Shiryo Nr. 407 (1985), S. 16-21 (in Japanisch)

40 4th Internat. Conf. Integrated Optics & Optical Fiber Communication (IOOC). Digest (1983), p. 184-189

41 Matsueda, H.: Integration optischer Bauelemente. Zaikin Gijutsu Shinryoshu "Halbleiterlaser", Kapitel 6, Verlag Mimatsu Deta Shizutemu (1983), S. 293-332 (in Japanisch)

42 Optik: Herstellungstechnologien für elektronische integrierte Schaltkreise. Sogo Gijutsu Shiryoku: "Neueste Erfolge der Halbleiterbauelemente" Kạp. 3, Abschnitt 8, Keiei Shisutemu Kenkyu Shoka (1984) S. 293-314 (in Japanisch)

43 Saruwatari, M.; Sugie, T.: Integrated laser diode coupler with optical isolator for single-mode fiber transmission. Conf. Laser & Electro-Optics (CLEO9, Tech. Digest, THO 1, Baltimore (1983), p. 196-197

44 Lii, C.J.; Lee, C.C.; Yamazaki, O.; Yap, L.S.; Wasa, K.; Merz, J.; Tsai, C.S.: Efficient wideband acoustooptic bragg diffraction in GaAs-GaAlAs waveguide structure. Conf. Integrated Optics & Optical Fiber Communication (IOOC), Digest, Tokyo (1983), p. 252- 253

45 Suzuki, N.; Tada, K.: Electrooptic and acoustooptic properties of InP. Conf. Integrated Optics & Optical Fiber Communication (IOOC), Digest, Tokyo (1983), p. 250-251

46 Scifres, D.R.; Burnham, R.D.; Lindstrom, C.; Streifer, W.; Paoli, T.L.: High power diode lasers. Conf. Lasers & Electro- Optics (CLEO), Tech. Digest TUC 5(1983), p. 32-33

47 Iga, K.: Zweidimensionale optische Array-Elemente. Nikkei Sangyo Shinbun, 9.-12.8. 1983, 4th Topical Meeting on Guided Index Optical Imaging System (GIOS), Kobe (1983) (in Japanisch)

48 Mergerian, D.; Malarkey, E.C.; Pautienus, R.P.: High dynamic range integrated optical RF spectrum analyzer. 4th Internat. Conf. Integrated Optics & Optical Figer Communication (IOOC) Digest, Tokyo (1983), p. 260-161

49 Motegi, Y.; Soda, H.; Iga, K.: Surface-emitting GaInAsP/InP injection laser with short cavity length. Electron. Lett. 18 (1982) 11, p. 451-463

50 Tai, K.; Moloney, J.V.; Gibbs, H.M.: Optical cross talk between nearby optical bistable devices on the same etalon. Optics Lett. 7 (1982) 9, p. 429-431

51 Seko, A.; Nishikata, M.: Image emission platelet laser for optical information processing. Appl. Optics 16 (1977), 5 p. 1271-1274

52 Matsueda, H.; Yamashita, Sh.; Irugawa, M.; Hiarao, M.; Nakano, H.; Tanaka, T.; Maeda, M.: GaAs-OEIC-Lichtquellen. Oyo Butsuri Gakkai, Oyo Denshi Bussei Bunkakai Kenkyu Reikai Shiryo (1985) 407, S. 10-15 (in Japanisch)

53 Matsueda, H.; Hirao, M.; Tanaka, T.P.; Kodera, H.; Nakamura, M.: Integration of optical devices with electronic circuits for high speed communications. 12 th Intern. Symp. GaAs and Related Compounds. Karuizawa (1985)

2.7 Optische Speicherelemente

Nishihara, H. (Universität Osaka)

2.7.1 Einleitung

Bei der gegenwärtig hauptsächlich verwendeten Architektur elektronischer Rechenanlagen besteht die Speichereinheit aus dem Hauptspeicher (RAM) und mehreren Datenspeichern, die unterschiedliche Zugriffszeiten haben. Beide lassen sich aber etwa in Echtzeit beschreiben, überschreiben und löschen. Die konstruktive Ausführung einer Speichereinheit steht im engen Zusammenhang mit der Gesamtarchitektur eines Computers. Da gegenwärtig die Architektur eines optischen Computers noch nicht feststeht, ist es äußerst schwierig, endgültige Aussagen über die Speicherelemente optischer Computer zu treffen /1/.

Jedoch ist es wohl sinnvoll, die vorhandenen optischen Speicher zu erfassen sowie deren Perspektiven abzuschätzen, das heißt, Aussagen über die durch sie bedingten Tendenzen bei den Architekturen zukünftiger optischer Computer zu treffen.

Die gegenwärtig untersuchten und auf dem Markt zur Verfügung stehenden optischen Speicher lassen sich grob in Festspeicher, die ein Entwickeln und Fixieren erfordern, und Speicher für die Echtzeitverarbeitung, die überschrieben werden können, unterteilen. Für den Aufbau optischer Computer ist davon auszugehen, daß nur die letzteren, in Echtzeit arbeitenden optischen Speicher geeignet sind. Daher liegen die optischen Speicher wie die Silberhalogenidfilme, die für die normale Bildaufzeichnung verwendet werden und eine große Menge optischer Informationen speichern, hier außerhalb des Interesses.

2.7.2 Arten von optischen Speicherverfahren

Optische Computersysteme lassen sich entsprechend der zu verarbeitenden Eingangsinformationen, die "zweidimensionale optische Informationen" und "elektrische Impulsfolgeninformationen" sein können, unterteilen. Dementsprechend kann auch eine Unterteilung der optischen Speicherverfahren und optischen Speicherbauelemente vorgenommen werden. In Bild 1 sind diese Zusammenhänge dargestellt.

Bei den Verfahren der ersten Kategorie liegt das Eingangssignal mit den optischen Informationen häufig als zweidimensionales inkohärentes Licht vor, zum Beispiel in Form eines Bildes einer mit weißem Licht bestrahlten Buchseite oder als Bild auf einem Bildschirm oder einer Flüssigkristallanzeige. Diese Informationen werden unverändert mit einem optischen System projiziert und gespeichert. Das Auslesen erfolgt mit normalem kohärenten Licht. Betrachtet man diese Ausführungsform eines optischen Speichers unter einem anderen Gesichtspunkt, so ist dies ein Incoherent-to-Coherent-Bildwandlerbauelement, das auch als ITC-Element /2/ bezeichnet wird. Es soll hier als optisches Speicherelement mit optischer Eingabe bezeichnet werden. Eine weitere Form ist der optische holografische Speicher, bei dem auf einer Schicht eine Speiche-

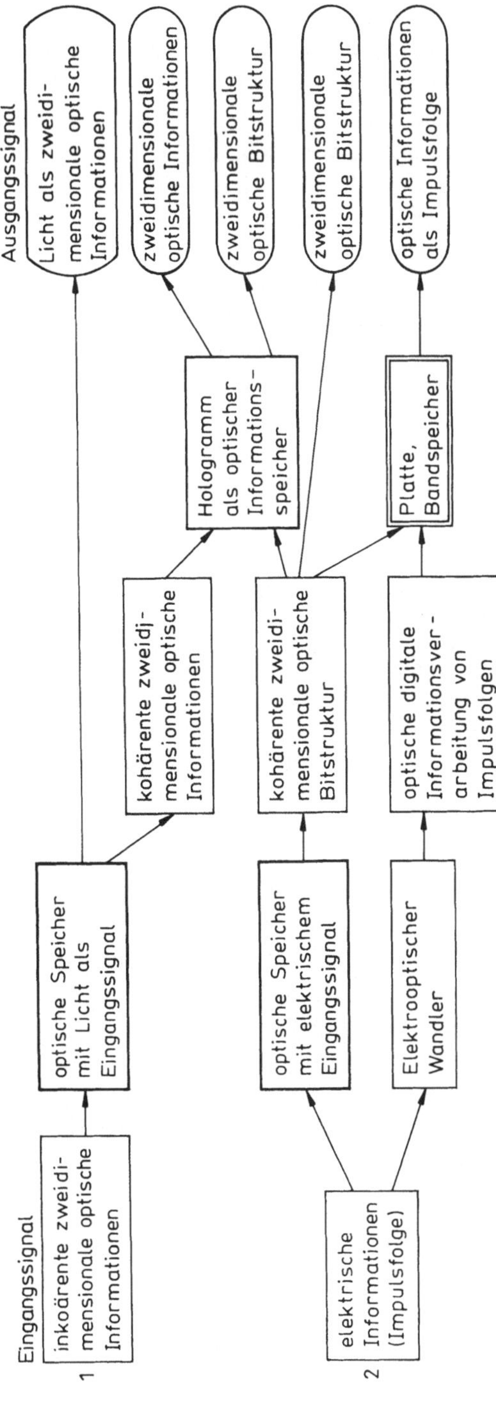

Bild 1:   Ein- und Ausgangsinformationen optischer Computersysteme und optische Speicherbauelemente

rung mit hoher Dichte erfolgt, wobei in einem Speicher mit optischer Eingabe die auszulesenden zweidimensionalen kohärenten Informationen mit holografischen Methoden in Echtzeit gespeichert werden.

Bei einem nach Bild 1 zu einer anderen Kategorie gehörenden optischen Speicherverfahren werden unter Verwendung von Licht die Informationen als elektrische Impulsfolgen gespeichert. Diese Verfahren lassen sich weiter unterteilen. Bei dem einen werden die elektrischen Signale in ein mit zweidimensionalen Matrixelektroden ausgestattetes optisches Speicherelement eingegeben, die sich dann unter Verwendung von kohärentem Licht als zweidimensionale Bitstrukturen auslesen lassen. Dieses Speicherelement wird als optisches Speicherelement mit elektrischer Eingabe bezeichnet. Beim zweiten Verfahren wird das elektrische Signal in geeigneter Form abgetastet, dann in eine digitale optische Impulsfolgeninformation umgesetzt und bitweise auf einer Platte oder einem Band gespeichert. Für das letztere Verfahren wurden bereits Systeme entwickelt wie Video-, Audio- und Datenplatten sowie solche, die die umfangreichen Daten von Satelliten auf Band speichern. In Abschnitt 3 werden derartige Bildaufzeichnungsgeräte beschrieben.

Unter den obigen Gesichtspunkten soll der gegenwärtige Stand optischer Speicherelemente mit optischer Informationseingabe, bei denen in Echtzeit ein Überschreiben möglich ist, und optischer Bauelemente mit elektrischer Informationseingabe erörtert werden.

2.7.3 Optische Speicher mit zweidimensionaler optischer Eingabe

Auch heute werden umfangreiche Untersuchungen an Materialien durchgeführt, die eine Echtzeitspeicherung ermöglichen. Für die Speicherung werden verschiedene optische Änderungseffekte der Materialien genutzt. Nur relativ wenige Elemente wurden als Muster für die zweidimensionale optische Speicherung gefertigt oder praktisch eingesetzt. Tabelle 1 zeigt hierfür Beispiele.

Außerdem wurden auch verschiedene andere Speichereffekte untersucht, z.B. die Verwendung des fotochromatischen Effektes /9/ und das fotochemische Brennen von Löchern /10/. Von den in Tabelle 1 angeführten Elementen werden BSO-Kristalle, Flüssigkristalle und Thermoplast kommerziell hergestellt und eingesetzt. Hier sollen diese drei Elemente erläutert werden. Die übrigen Elemente werden in einer Analyse der Autoren /2/ oder der jeweiligen Literatur näher beschrieben.

Die Wirkprinzipien sind in Abhängigkeit vom verwendeten Material und dem Speichereffekt unterschiedlich. Ihnen ist gemeinsam:

1. Die zweidimensionalen Eingangsstrukturen werden bestrahlt, und entsprechend den Strukturen wird auf den Elementen eine Spannungsverteilung erzeugt.
2. Entsprechend den erzeugten Spannungsstrukturen werden durch die unterschiedlichen Feldstärken auf den Elementen in irgendeiner Form "optische Veränderungen" erzeugt.

Tabelle 1: Eigenschaften wichtiger Speicherlemente mit optischer Eingabe

Material	Speicher-effekt	Emp-find-lichkeit [$\mu s/cm^2$]	Kontrast-verhältnis	Löschzeit	Speicher-zeit	Zyklus-dauer	erfor-derli-che Span-nung/V/	Bemer-kungen
$Bi_{12}SiO_{20}$-Kristalle /3,4/	Pockels	0,5-600	5000:1	< 6 μs	einige Stunden	unendlich	2000	Die Aus-leselicht-stärke muß niedrig sein
PLZT-Kristalle /5/	Schalten von Ele-mentar-bezirken	10^4	10:1-100:1	< 1 s	unendlich	Material-ermüdung	250-450	Material-homo-genität
Flüssig-kristalle (nema-tisch)/6/	hybrides elektri-sches Feld	5	100:1	20-500 ms	einige Monate	unklar	6	lange Zykluszeit
Thermo-plast /7/	Oberflä-chenver-änderung	5-100	100:1	< 1 s	> 20 Monate	> 3x10^4	300	lange Zykluszeit kurze Lebens-dauer
Mikroka-nalplatte + $LiNbO_3$	Phasen-pockels-effekt	0,002	-	25 ms	> 2 Monate	unendlich	1000	Hohe Empfind-lichkeit, Rechen-opera-tionen

/1/: bei 50 % MFT jedes Modulators beträgt die Billdauflösung ca. 15 lp/mm
/2/: Die effektive Bildfläche jedes Modulators beträgt 2,5 x 2,5 cm^2 oder liegt darüber

Beim 1. Prozeß wird entweder die fotoelektrische Eigenschaft, die das Material selbst hat, genutzt (im Fall der BSO-Kristalle), oder, wenn sie nicht vorhanden ist, so wird eine fotoelektrische Schicht aufgetragen (bei Flüssigkristallen oder Thermoplast). Weiterhin wird bei 2. für die optische Änderung bei BSO- und Flüssigkristallen die Änderung des komplexen Brechungsindex (Pockels-Effekt), bei Thermoplast die konvexen und konkaven Oberflächenveränderungen genutzt. Unter Verwendung dieser optischen Änderungen wird die Speicherung der Strukturen vorgenommen. Nachfolgend werden die Wirkprinzipien und der konstruktive Aufbau dieser drei Elemente erläutert.

Optische BSO-Pockels-Speicherelemente

Die Grundstruktur optischer Speicherelemente mit $Bi_{12}SiO_{20}$-Kristallen ist in Bild 2 gezeigt. Auf einem BSO-Kristallwafer mit einer Stärke von einigen 100 μm, dessen Oberfläche optisch poliert wurde, wurde eine ca. 5 μm starke Isolationsschicht (Porylen) aufgebracht und darauf eine durchsichtige Elektrode (In_2O_3) aufgedampft.

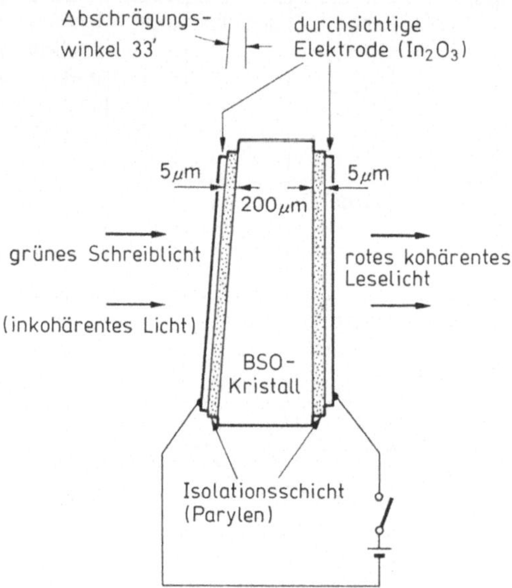

Bild 2:   Aufbau eines optischen Pockels-Speicherelementes aus BSO- Kristallen

Um Mehrfachreflexionen an beiden Flächen auszuschließen, wurde ein kleiner Abschrägwinkel angebracht. Bei Betrieb wird an beide Flächen des Elementes eine Spannung angelegt und auf die Oberfläche des Elementes ein zweidimensionales optisches Bild projiziert. Aufgrund der Fotoleitfähigkeit werden entsprechend der einfallenden Lichtstärke im Kristall Träger erzeugt, durch die sich die an beiden Kristallflächen angelegte Spannung verringert. Die eingestrahlten optischen Strukturen werden im Kristall als Spannungsverteilung gespeichert.

Beim Auslesen wird die komplexe Brechungsfunktion genutzt, die durch das Anlegen einer Spannung an das Kristall entsteht. In den beiden zueinander senkrechten Richtungen parallel zur Waferoberfläche (S- und F-Richtung) ist der Brechungsindex unterschiedlich. Daher entsteht, wie Bild 3 zeigt, bei der Bestahlung mit kohärentem Licht der Stärke I_i, das in den Teilrichtungen S und F linear polarisiert ist, aufgrund dieses komplexen Brechungsindex entsprechend der lokalen Spannung V zwischen beiden Kristallflächen ein lokal elliptisch polarisiertes Licht (Pockels-Effekt). Wird auf der Ausgabeseite senkrecht zur Bestrahlungsrichtung des polarisierten Lichtes ein Fotodetektor ange-

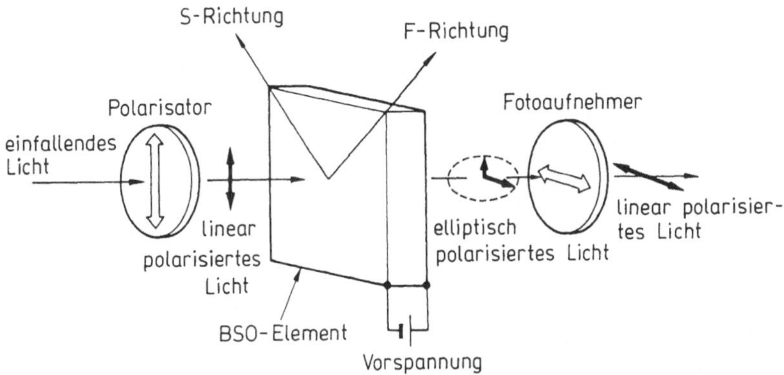

Bild 3: Prinzip für das Auslesen von Informationen aus optischen Speicherelementen mit BSO-Kristallen

bracht, so kann deshalb die Spannungsverteilung über die Lichtstärkeverteilung des kohärenten Lichtes erfaßt werden. Hierbei ist die Stärke I des emittierten Lichtes durch die folgende Gleichung gegeben:

$$I = I_i \sin^2\left(\frac{\pi}{2} \cdot \frac{V}{V_{\lambda/2}}\right) \tag{1}$$

$V_{\lambda/2}$ ist die Spannung der halben Wellenlänge (im Fall des BSO- Kristalls 3,9 kV). Bild 4 zeigt ein typisches optisches System, das derartige optische Speicherelemente nutzt.

Als Lichtsignal für die Bestrahlung wird grünes Licht mit einer Wellenlänge in der Nähe von 400 nm verwendet, wo die Empfindlichkeit am größten ist. Für das Auslesen wird rotes Licht, bei dem die Empfindlichkeit gering ist, verwendet. Beim Löschen wird die Gesamtfläche mit grünem Licht bestrahlt. Das Auflösungsvermögen bei 50-prozentigem MTF beträgt heute ca. 15 lp/mm, was noch unzureichend ist. Verbesserungen werden daher bezüglich einer höheren Empfindlichkeit und leichteren Fertigung angestrebt.

Derartige optische BSO-Speicherelemente werden von der amerikanischen Gesellschaft Itek seit mehreren Jahren untersucht /3/; es sind im Angebotskatalog enthaltene Bauelemente. In Japan hat die Gesellschaft Sumimoto quali-

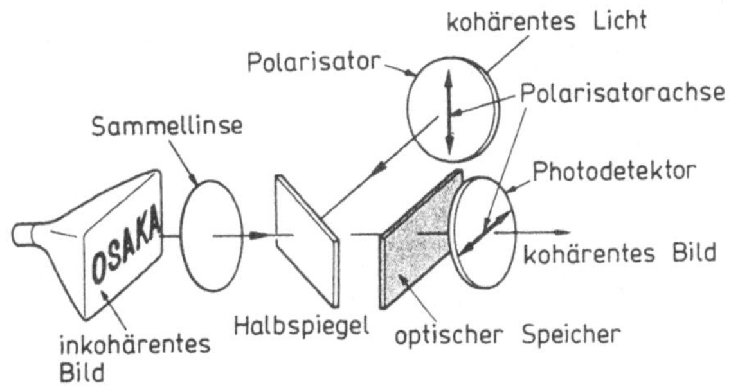

Bild 4: Typische Struktur eines optischen Bauelementes, das optische Speicherelemente verwendet

tativ gute großflächige Kristalle mit einem Durchmesser von 50 mm hergestellt und Elemente entwickelt, die eine effektive Fläche von 35 mm × 35 mm und eine Bildspeicherkapazität von 525 lp × 525 lp aufweisen /4/.

Optische Speicherelemente mit Flüssigkristallen und Feldstärkesteuerung

Bild 5 zeigt den Grundaufbau eines optischen Speicherelementes mit Flüssigkristallen. Bei diesen Elementen treten der Effekt der komplexen Beugung und der torsionsnematische Effekt gemischt auf. Es wird der sogenannte hybride Feldstärkeeffekt genutzt. Im (dunklen) Off-Zustand (es liegt kein elektrisches Feld an) wird der torsionsnematische Effekt genutzt, im On-Zustand (bei vorhandenem elektrischen Feld) der Effekt der komplexen Beugung. Um in diesem Zustand die Funktion zu ermöglichen, muß die Flüssigkristallschicht zur Torsionsausrichtung mit einer Schicht zur Ausrichtung versehen werden. (Die optische Achse der Moleküle muß parallel zur Elektrodenoberfläche und weiterhin zwischen den Elektrodenflächen um einen Winkel von 45 gedreht werden.) Mit der Ausbreitung des kohärenten Leselichtes, das linear polarisiert ist, wird dessen Polarisationsrichtung entsprechend der Torsionsrichtung gedreht. Da jedoch bei einer Reflexion am Spiegel beim Hin- und Rücklauf die Drehung auf 0° zurückkehrt, liegt kein reflektiertes Licht vor, wenn Polarisator und Fotodetektor senkrecht zueinander angeordnet werden. Dies entspricht dem "Off"-Zustand. Wird übrigens durch das zum Einlesen verwendete Licht der Widerstand der fotoleitenden Schicht gering, so ist in dem Teil, wo das elektrische Feld auftritt, die optische Achse der Moleküle nicht mehr parallel zur Elektrodenfläche, die Drehung der Polarisationsrichtung ist von Null verschieden, und durch die Brechung tritt reflektiertes Licht auf. Ein Löschen kann durch das Anlegen eines Wechselfeldes erreicht werden.

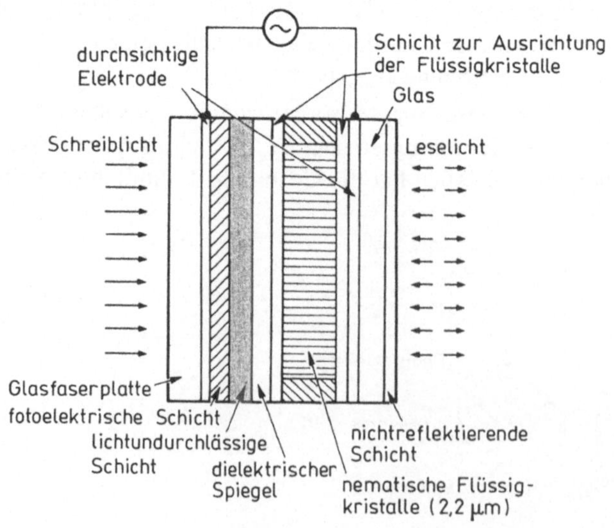

Bild 5: Aufbau eines optischen Speicherelementes mit Flüssigkristallen

Elemente mit Flüssigkristallen haben den Vorteil, daß große Flächen leicht hergestellt werden können. Nachteilig ist die langsame Reaktionszeit. Vor kurzem wurde von der Gesellschaft Hewth ein Produkt angeboten, das als fotoleitende Schicht CdS verwendet und einen effektiven Durchmesser von 46 mm, ein Auflösungsvermögen von 70 lp/mm und eine Reaktionszeit von 100 ms hat /6/. Weiterhin wurde vom Hewth-Forschungslabor ein Silizium- Einkristallwafer (Dicke 130 m) als fotoelektrisches Material verwendet, das einen hohen Widerstand und eine MOS-Struktur hat. Dieser weist gegenüber der CdS-Struktur eine um den Faktor 10 höhere Empfindlichkeit bei 1/10 der Reaktionszeit auf /11/.

Optisches Speicherelement, das die Deformation eines Thermoplasts nutzt

Bei der Grundstruktur sind, wie Bild 6 zeigt, auf einem Substrat durchsichtige Elektroden, darüber eine fotoleitende Schicht und eine Thermoplast-Schicht (Stärke 0,4 - 1,5 µm) aufgebracht. Als Thermoplaste (TP) werden Plaste mit niedrigem Schmelzpunkt wie Polystyren oder Polyphenylchlorid verwendet. Während des Betriebes wird zunächst durch eine Koronaentladung die Oberfläche der TP-Schicht gleichförmig elektrisch aufgeladen. Dann erfolgt das Belichten mit zweidimensionalen optischen Strukturen. Es entsteht eine Verteilung des Leitwertes der fotoelektrischen Schicht und dann eine Spannungsverteilung durch die elektrischen Ladungen. Wird hierbei die TP-Schicht kurzzeitig erwärmt, so kommt es sofort zu Deformationen, und entsprechend der Spannungsverteilung entstehen auf der TP-Schicht Reliefstrukturen. Diese Reliefstrukturen können mit einem optischen Schlierensystem in Lichtstärkestrukturen umgewandelt und ausgelesen werden. Das Löschen wird durch erneutes Erwärmen vorgenommen.

Nachteile dieser Elemente bestehen in der kurzen Lebensdauer, der langen Zykluszeit und der Qualitätsverringerung nach mehrfacher Nutzung. Es ist

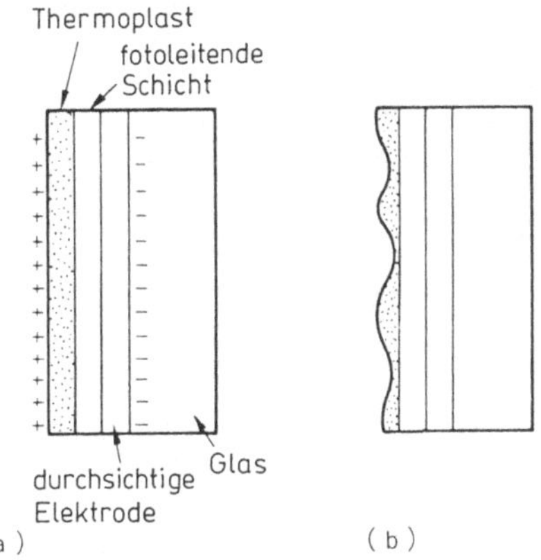

Bild 6: Prinzip optischer Speicherelemente mit Thermoplast
(a) Vor dem Beschreiben (geladener Zustand)
(b) Nach dem Beschreiben

eine komplizierte Stützstruktur erforderlich, und das Löschen läßt sich nicht vollständig durchführen. Sie besitzen aber auch viele Vorteile wie hohe Empfindlichkeit, hohes Auflösungsvermögen und ein zerstörungsfreies Lesen. Als handelsübliche Produkte besitzen sie die längste Tradition.

2.7.4 Optische holografische Speicherelemente

Im Vergleich zu den oben beschriebenen Speicherelementen mit Licht als Eingangssignal besteht der große Vorteil von holografischen optischen Speicherelementen im hohen Auflösungsvermögen. Da die Speicherung in Form von holografischen Interferenzstreifen erfolgt, sind 1000 mm^{-1} bis 2000 mm^{-1} erforderlich. Es wurden mehrere Materialien untersucht, mit denen ein Echtzeitlesen und -beschreiben möglich sind und die ein hohes Auflösungsvermögen besitzen. Verkaufsfähige Produkte ließen sich aber bisher noch nicht produzieren. In Tabelle 2 sind die wichtigsten Materialien und deren Kennwerte angeführt /12,13/.

Tabelle 2: Wichtige Eigenschaften optischer holografischer Speicherelemente

Material	Empfind-lichkeit $[J/cm^2]$	Brechungs-index [%]	Auflösung [1/mm]	Bemerkungen
Thermoplast	0,0001	20	ca. 700	hohe Empfindlichkeit bis zu einigen Hundert Schreib-Lösch-Zyklen
nicht dotiertes $LiNbO_3$	240	2	> 1000	thermisches Fixieren, thermisches/optisches Löschen, Speicherung einige Dutzend Tage
$LiNbO_3$: 0,005 % Fe	0,2	1	> 1000	Feldstärkesteuerung
$LiNbO_3$: U	1	40	> 1000	Speicher (mehr als 10 Jahre)
SBN	1,2	40	> 1000	Feldstärke-Fixieren, -Löschen
PLZT	0,1	1	1000	Speicherung mit Feldstärkesteuerung
Al-Se-S-Ge	10	10	> 3000	thermisches/optisches Löschen
$Bi_{12}SiO_{20}$	0,002	2	> 2000	Speicherung über Feldstärkensteuerung/optisches Löschen

Beim $LiNbO_3$-Kristall ist die Auflösung verglichen mit der von Thermoplast noch nicht ausreichend. Demgegenüber haben die BSO-Kristalle eine relativ große Empfindlichkeit, ein hohes Auflösungsvermögen und einen geringen Leistungsverbrauch. Ein wiederholter Einsatz ist möglich, wodurch es als Material in Betracht kommt. Nachfolgend werden die von den Autoren im Labor erhaltenen experimentellen Ergebnisse beschrieben /14/.

In Bild 7 ist das Prinzip der holografischen Aufzeichnung in BSO- Kristallen dargestellt /15/. Das BSO-Kristall ist, wie das Bild zeigt, in Richtung der opti-

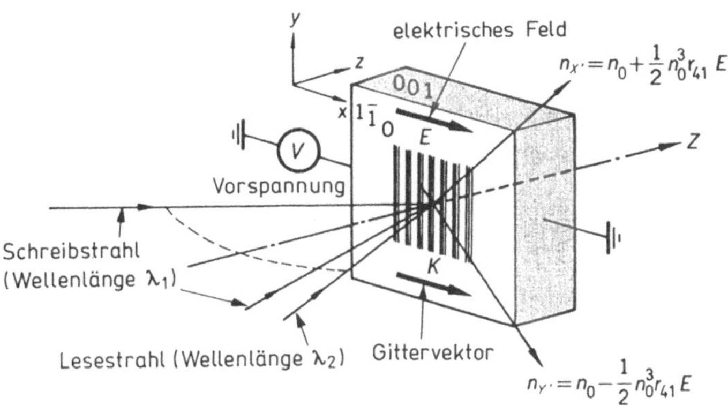

Bild 7: Holografische Aufzeichung auf BSO-Kristalle

schen Achse geschnitten. Um entlang der $(1\bar{1}0)$-Fläche ein elektrisches Feld
anzulegen, werden beidseitig Elektroden (z.B. Al) aufgedampft und eine
Gleichspannung angelegt. Das Hologramm wird so aufgezeichnet, daß die
Richtung des elektrischen Feldes und die Richtung des Gittervektors der Interferenzstreifen etwa übereinstimmen. Hierbei driften die im Kristall entsprechend der Lichtstärkeverteilung der Interferenzstreifen entstandenen Träger
durch das angelegte elektrische Feld. Wird dieser Zustand gespeichert, so entsteht eine elektrische Ladungsverteilung. Entsprechend dieser Feldstärkever-
teilung wird der Brechungsindex für den elektrooptischen Effekt von BSO
streifenförmig moduliert und eine Aufzeichnung der Interferenzstreifen des
Hologramms durchgeführt.

Die bei den Experimenten der Autoren verwendeten BSO-Kristalle hatten
eine Größe von $10 \times 10 \times 2{,}7$ mm³. Für die Aufzeichnung wurde ein Argon-Laser (Wellenlänge 514,5 nm) verwendet, für das Lesen ein He-Ne-Laser (Wellenlänge 632,8 nm). Als angelegte Feldstärke wurden ca. 5 kV/cm gewählt. Die
Meßergebnisse für die erhaltene Raumfrequenz und den optisch ausgelesenen
Brechungsindex sind im Bild 8 gezeigt. Es wird deutlich, daß für das Auflösungsvermögen mehr als 2000 lp/mm erwartet werden können. Bei Interferenzstreifen von 1000 lp/mm ist zum Erzielen eines Brechungsindex von 1 % eine
Aufzeichnungsenergie von ca. 1,2 mJ/cm² erforderlich. Diese Empfindlichkeit
entspricht ca. 1/100 der Empfindlichkeit des Trockenplatten-Kodak-Filmes 649
F für ein Hologramm, wobei normales Silberhalogenid als Material verwendet
wird. Das ist ein relativ guter Wert.

Eine Besonderheit dieser Speicherelemente besteht darin, daß mit einer
Stärke von 2,7 mm im Volumen die Interferenzstreifen eingeschrieben werden.
Man erhält daher ein räumliches Hologramm, das eine hohe Winkelempfind-
lichkeit besitzt, die ca. 0,05° beträgt. Dies bedeutet beim Lesen, daß die Ausrichtung des Laserstrahls sehr genau sein muß und die Bandbreite der Raumfrequenz, mit der Eingabeinformationen gespeichert werden können, gering

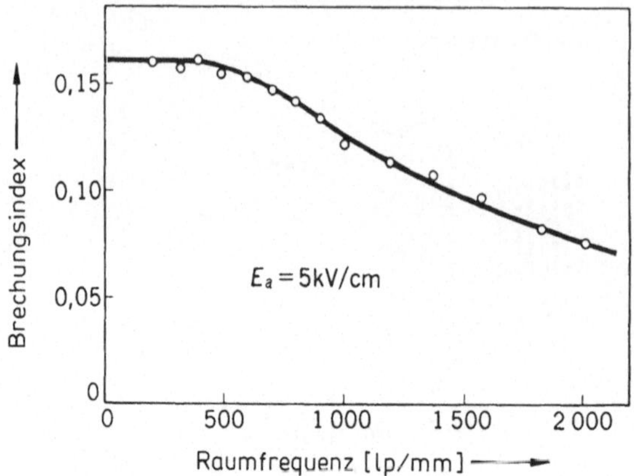

Bild 8:   Auflösungsvermögen eines holografischen Elementes mit einem BSO-Kristall

ist. Wird dies andererseits genutzt, so ist eine multiplexe Speicherung mit hoher Speicherdichte möglich. Zum Beispiel kann mit einem mehrere mm dicken LiNbO$_3$-Kristall eine hundertfache multiplexe Aufzeichnung vorgenommen werden. Zieht man dies in Betracht, so kann man damit rechnen, daß die Speicherkapazität in der Größenordnung von 10^{11} bit/mm^3 liegt /16,17/.

Für die Leistung eines optischen Speicherelementes ist es wichtig, neben der Speicherdichte auch die Zugriffszeit abzuschätzen. Als Verfahren für einen schnellen Zugriff wurden Hologramm-Speicher mit dem Flying-Spot-Ablenkverfahren untersucht /18/. Unter Verwendung dieses Ablenkverfahrens wurde ein optisches Speicherverfahren untersucht, dessen Kennwerte sich in der Nähe von Magnetspeichern heutiger Computer befinden /19/. Als optische Speicher werden Bänder aus überschreibbarem Thermoplast verwendet, die wie Magnetbänder mit großer Geschwindigkeit transportiert werden. Hierauf werden eindimensionale Hologramme aufgezeichnet. Die Zugriffszeit liegt in der Größenordnung von der von Magnetbändern, die Speicherdichte ist aber weitaus größer. Weiterhin besteht ein Vorteil der holografischen Speicherung darin, daß der Spielraum für die mechanische Positionierung groß ist. Diese Untersuchungen zeigen die Relevanz dieser Materialien für die Architektur optischer Computer.

2.7.5 Optische Speicher mit elektrischer Informationseingabe

Bei den neuesten Bildverarbeitungsverfahren wird das Bildsignal häufig als elektrisches Signal geliefert. Entwickelt man ein Konzept, bei dem optische Computer mit den heutigen Computern kombiniert werden, so können die elektrischen Signale direkt eingegeben werden, und es sind optische Speicher erforderlich, die ein optisches Lesen gestatten. Derartige Bauelemente haben die gleiche Funktion wie die als räumliche Lichtmodulatoren bezeichneten Bauelemente /20/. Jedoch sind leider derartige optische Speicherelemente noch keine handelsüblichen Produkte.

Für die Realisierung zweidimensionaler optischer Speicher mit elektrischen Eingangssignalen müssen matrixförmige Elektroden hergestellt werden. Zur Erhöhung der Speicherkapazität ist eine Erhöhung der Anzahl der Elektroden erforderlich, deren Fertigung aber nicht trivial ist. Jedoch werden durch die erstaunlichen Fortschritte der Mikrobeabeitungstechnologie auf dem Gebiet der Halbleitertechnik diese Fertigungsschwierigkeiten bald überwunden sein, und man kann davon ausgehen, daß bald derartige Bauelemente mit großer Speicherkapazität zur Verfügung stehen. Bisher wurden verschiedene optische Speicherelemente mit elektrischen Eingangssignalen vorgeschlagen, einige Beispiele zeigt Tabelle 3.

Tabelle 3: Wichtigste Kennwerte optischer Speicherelemente mit elektrischer Eingabe

Material	Schreib-modus	Bild-struktur	Speicher-effekt	Anzahl der gefertigten-Zellen	Effektive Fläche $[mm^2]$	Lesezeit für ein Zeitfenster [ms]	Kontrast-verhältnis [V]	Betriebs-spannung
$Gd_2(MoO_4)_3$ Kristall /2/			Pockels	8×8 32×32	8×8 32×32	4	100:1 - 10^4:1	300 500
PLZT-Kristall /22/	Matrix-elektrode		Schalten von Elementar bezirken	32×32 128×128	32×32	-	50:1	50-200
Flüssig-keits-kristalle		digital	Hybrides elektrisches Feld	32×32	16×16	0,6 (Zyklus 10)	100:1	15
CCD-Flüs-sigkristalle /24/	CCD		Hybrides elektrisches Feld	64×64 $10^3 \times 10^3$	3×3	(Zyklus 10)	50:1	15
DKDP Titus /25/	Elektro-nenstrahl	analog	Pockels	$10^3 \times 10^3$ Punkte	5×5	3	100:1 - 10^4:1	100

Die einen haben prinzipiell eine Matrix-Anregung. Auf der Rückseite der Kristalle sind matrixförmig die Elektroden angeordnet. Die Signalspannung wird an eine Zeile und Spalte angelegt, und im Kreuzungspunkt wird die Information eingeschrieben. Derartige Elemente wurden ursprünglich für die Anregung zweidimensionaler Bitstrukturen für die Aufzeichnung von Hologrammen entwickelt und als "page composer" bezeichnet.

Aus der Literatur geht hervor, daß als Kristallmaterialien PLZT, $Bi_4Ti_3O_{12}$ und $Gd_2(MoO_4)_3$ verwendet wurden. Hier wurde anstelle der obigen Matrix-Elektrodenanregung von der Gesellschaft Hewth ein optisches Speicherelement eines neuen Typs entwickelt, bei dem eine Matrix-CCD-Anregung vorgenommen wird, die nachfolgend vorgestellt werden soll. Bild 9 zeigt die Struktur des Bauelementes im Überblick.

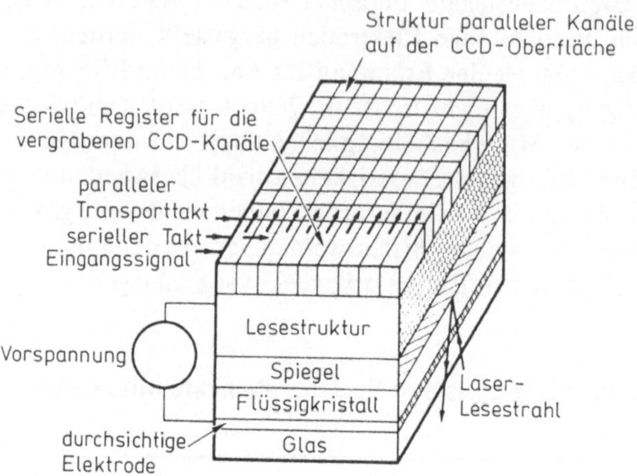

Bild 9:   Optisches Speicherelement mit CCD-Adressierung

Mit einer CCD-Schaltung (ladungsgekoppeltes Bauelement) werden die elektrischen Signale einer Impulsfolge in zweidimensionale Informationseinheiten umgewandelt und in einem CCD-Array als Ladungspakete gespeichert. Zu Beginn werden die Informationen einer Zeile in das direkte Eingaberegister des CCD geladen. Ist dieses Register gefüllt, so werden diese Zeileninformationen insgesamt in das CCD-Parallelarray parallel transportiert. Dies wird wiederholt, bis alle Informationseinheiten eingespeichert sind. Zum Schluß werden alle Einheiten gleichzeitig zur Flüssigkristallschicht transportiert, und es entstehen spannungsmodulierte Strukturen, die räumlich verteilt sind, wodurch in der Flüssigkristallschicht eine komplexe Verteilung des Brechungsindex vorliegt. Das optische Lesen dieses Elementes erfolgt auf die gleiche Weise wie beim optischen Speicherelement mit optischer Eingabe, das die oben beschriebenen Flüssigkristalle verwendet.

Es wurde ein CCD-Element mit 64×64 Elementen auf einer effektiven Fläche von $3\,\text{mm} \times 3\,\text{mm}$ gefertigt und ein Betrieb bei 20 MHz nachgewiesen /11/. Durch Erweiterung wurde eine Auflösung von 256×256 Elementen (Quadrat mit 5 mm Seitenlänge) pro Bauelement vorbereitet. Es läßt sich abschätzen, daß sich 1000×1000-Arrays (10 mm Viereck) realisieren lassen, die 100 MHz als Eingangssignal verarbeiten können /24/.

2.7.6 Zusammenfassung

Es wurde ein Überblick über den gegenwärtig veröffentlichten Stand von optischen Speicherelementen, die in Echtzeit arbeiten, gegeben. Es wurden auch verschiedene Beispiele für die optische Verarbeitung unter Einsatz dieser Bauelemente veröffentlicht /11,26/. Da diese den Rahmen des vorliegenden Artikels überschreiten, wurde auf eine Erörterung verzichtet. Hier ist auf die Literatur Bezug zu nehmen.

Allgemein stehen Computerarchitektur und Speicher in einem engen Zusammenhang. Der Typ der heute oder in Zukunft zur Verfügung stehenden optischen Speicher ist aber noch nicht bekannt. Daher läßt sich die Architektur optischer Computer noch nicht endgültig festlegen. Es ist deshalb auch noch nicht möglich, die Entwicklungsrichtung der optischen Speicher vorauszusagen. Beim gegenwärtigen Stand kann aber davon ausgegangen werden, daß die Untersuchungen und Entwicklungen auf eine Erhöhung der Kapazität und Verkürzung der Zugriffszeit der Bauelemente abzielen.

Literatur

1 Kock, W.E.: Optical Computing. An example of change. Proc. IEEE 65 (1977) 1, p. 6

2 Nishihara, H.: Optische Bildwandlerelemente für inkohärentes in kohärentes Licht und deren Einsatz (Erläuterungen). Oyo Butsuri 49 (1980) 5, S. 479 (in Japanisch)

3 Horowitz, B.A.; Corbett, F.J.: The PROM-theory and applications for the pockels readout Optical modulator. Opt. Eng. 17 (1978) 4, p. 353

4 Tada, H.; Kuhara, U.; Ryugen, M.; Naniwa, H.; Yamaguchi, T.; Nishihara, H.: Optische Bildwandlerelemente auf der Grundlage von $Bi_{12}SiO_{20}$. Resa Kenkyu 8 (1980) 5, S. 777 (in Japanisch)

5 Land, C.E.: Optical information storage and spatial light modulation in PLZT ceramics. Opt. Eng. 17 (1978) 4, p. 317

6 Bleha, W.P.; Lipton, L.T.; Wiener-Avnear, E.; Grinberg, J.; Reif, P.G.; Casasent, D.; Brown, H.B.; Markevitch, B.V.: Application of the liquid crystal light valve to real-time optical data processing. Opt. Eng. 17 (1978) 4, p. 371

7 Colburn, W.S.; Chang, B.J.: Photoconductor-thermoplastic image transducer. Opt. Eng. 17 (1978) 4, p. 334

8 Warde, C.; Weiss, A.M.; Fisher, A.D.; Thackara, J.I.: Optical nformation process characteristics of the microchannel spatial Light modulator. Appl. Opt. 20 (1981) 12, p. 2066
Kottas, J.; Warde, C.: Versatile optical circuits. ICO-13, Sapporo (1984) A2-5

9 Caimi, F.: The photodichroic alkali-Halides as optical processing elements. Opt. Eng. 17 (1978) 4, p. 327

10 Gutierrez, A.R.; Friedrich, J.; Haarer, D.; Wolfrum, H.: Multiple photochemical hole burning in organic glasses and polymers: Spectroscopy and Storage Aspects. IBM J. Res. Develop. 26 (1982) 2, p. 198

11 Grinberg, J.; Bleha, W.P.; Braatz, P.O.; Efron, U.; Goodwind, N.W., Little, M.J.: Liquid crystal light valves. Reza-Kenkyu 10 (1982) 2, p. 230

12 Smith, H.M.: Holographic recording materials. Springer-Verlag (1977)

13 Muto; Okamoto: Holografischer Speicher mit $LiNbO_3$-Kristallen. Oyo Butsuri 44 (1955) 1, S. 87 (in Japanisch)

14 Onakashi; Nishihara; Koyama: Holografische Speichereigenschaften von BSO-Kristallen. Denshi Tsushin Gakkai, Kodenshi Erekutoronikusu Gikenshi OQE 81-125 (1982) (in Japanisch)

15 Peltier, M.; Mcheron, F.: Volume hologram recording and charge transfer process in $Bi_{12}SiO_{20}$ and $Bi_{12}GeO_{20}$. J. Appl. Phys. 48 (1977) 9

16 D'Auria, L.; Huignard, J.P.; Slezak, C.; Spitz, E.: Experimental holographic read-Write memory using 3-D storage. Appl. Opt. 13 (1974) 4, p. 808

17 Ogoe, T.: Holografie. Denshi Tsushin Gakkai. 8. Kap. (1976) (in Japanisch)

18 Anderson, L.K.: Holographic optical memory for bulk data storage. Bell Lab. Rec. 46 (1968), p. 318

19 Kiemle, H.: Considerations of holographic memories in the giga-byte region. Appl. Opt. 13 (1974), p. 803

20 Nishihara, H.: Räumliche Lichtmodulatoren (Erläuterungen). Terebishon Gakkaishi 36 (1982) 12, S. 1068 (in Japanisch)

21 Takeda, Y.: Digital spatial modulators. Appl. Opt. 13 (1974) 4, p. 825
22 Drake, M.D.: PLZT Matrix-type block data composers. Appl. Opt. 13 (1974) 2, p. 347
23 Labrunie, G.; Robert, J.; Borel, J.: Nematic liquid crystal 1024 bits page composer. Appl. Opt. 13 (1974) 6, p. 1355
24 Grinberg, J.; Braatz, P.O.; Efron, U.; Goodwin, N.W.; Little, M.J.; Nash, G.G.; Flannery, D.L.: CCD-driven liquid-crystal spatial light modulators. CLEO Techn. Digest. ThR2, Washington D.C. (1981)
25 Marie, G.: Light valve using DKDP operated near its Curie points. Titus and Photo titus. Ferroelectrics 10 (1976) 5, p. 9
26 Fatehi, M.T.; Wasmundt, K.C.; Collins, S.A.: Optical logic gates using liquid crystal light valves; implementation and application example. Appl. Opt. 20 (1981) 13, p. 2250

3. Optische Verarbeitung und optische Speicherung

3.1 Optischer Prozessor für die eindimensionale Fouriertransformation

Okoshi, T. (Universität Tokyo); Tomono, M. (Nihon Denshi)

1978 wurde in den Vereinigten Staaten der ozeanische Beobachtungssatellit SEASAT gestartet, der über ein Radar mit synthetischer Apertur (synthetic aperture radar: SAR) mit äußerst großem Auflösungsvermögen die Erdoberfläche erfassen konnte. Jedoch stellte es sich heraus, daß die sehr große Anzahl von SAR-Daten, die in Form von Hologrammen vorlagen /1/ und die unter Verwendung eines Computers elektronisch in reale Bilddaten umgesetzt werden mußten, Rechenzeiten erforderte, die in der Größenordnung von Stunden oder Dutzenden von Stunden lagen.

In Tabelle 1 sind die verschiedenen Berechnungszeiten einzelner Verarbeitungssysteme für verschiedene SAR-Daten angeführt, die bisher veröffentlicht wurden /2/.

Tabelle 1: Verschiedene Verarbeitungssysteme für SAR-Daten /2/

	Host computer processor	Memory Mass storage (Disc)	Peripherals	Throughput
MDA	Interdata 8/32 AP-120 B	512 KBytes 80 MBytes × 2	CRT/Key Board Film Recorder COMTAL Image Analysis	36×48 km^2 25×25 m^2 4 looks 7 hours
CRC	Interdata 8/32 AP-120 B	768 KBytes 80 MBytes × 2	CRT Console Norpak Imaging System	21×47 km^2 25×25 m^2 4 looks 8.5 Hours
JPL	SEL 32/55 AP-120 B	80 MBytes 300 MBytes	Dicomed Image Recorder	100×100 km^2 20×20 m^2 4 looks 9.5 hours

Wie aus dieser Tabelle ersichtlich ist, liegt die Verarbeitungszeit für die Bilddaten einer Fläche von mehreren Dutzend Quadratkilometern bei über einer Stunde pro Bildfläche. Dies ist der Hauptgrund dafür, daß der Anwendungsbereich derartiger SAR-Daten eingeschränkt ist.

Weiterhin wurden in den Vereinigten Staaten rein optische Verarbeitungsverfahren für SAR-Daten entwickelt und teilweise praktisch umgesetzt. Mit
diesen Anlagen lassen sich in äußerst kurzer Zeit die Daten verarbeiten. Sie
besitzen aber den Nachteil, daß sie eine Vorverarbeitung der Bilder erfordern,
die ein chemisches Entwickeln einschließt. Daher läßt sich nicht erwarten, daß
sie ebenso flexibel sein werden wie eine elektronische Datenverarbeitung.

Die Autoren sind von dem Konzept ausgegangen, ein aus elektronischen
und optischen Verfahren kombiniertes hybrides Verfahren zu untersuchen. Im
vorliegenden Artikel werden die Ergebnisse der Grundlagenexperimente mit
einem Prozessor für die optische eindimensionale Fouriertransformationen
dargelegt. Natürlich ist es wahrscheinlich, daß der Prozessor dann, wenn er mit
guter Qualität hergestellt werden kann, in einem zukünftigen optischen Computer als Teilsystem Anwendung findet.

Es gibt bereits eine Vielzahl von Veröffentlichungen über Prozessoren, die
eine zweidimensionale Fouriertransformation durchführen. Der Grund dafür,
daß hier der Prozessor für die eindimensionale Fouriertransformation erläutert
wird, der auf jeden Fall eine geringere Leistung für die Informationsverarbeitung hat, ist darin zu suchen, daß hier das gegenwärtige Leistungsvermögen der
Eingabegeräte (räumliche Lichtmodulatoren) und Ausgabegeräte (Fotodio-
den-Array) untersucht werden soll.

Im Abschnitt 3.1.2 wird das Prinzip des experimentellen Systems erläutert,
im Abschnitt 3.1.3 die Experimente, und im Abschnitt 3.1.4 sind Überlegungen
zur Rechenzeit angeführt.

3.1.2. Optisches Verfahren zur Realisierung der eindimensionalen Fouriertransformation

Optisches Basissystem

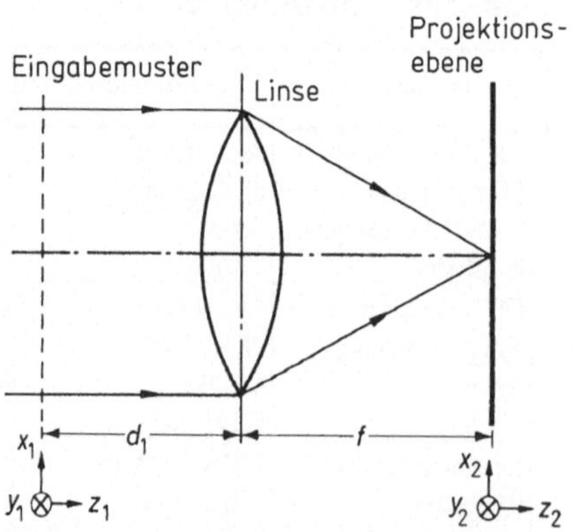

Bild 1:   Optisches System für die Fouriertransformation

Im Bild 1 ist die Grundstruktur des optischen Systems zur Fouriertransformation gezeigt, das Linsen verwendet. Wird in ein derartiges optisches System
ein paralleler Lichtstrahl eingestrahlt, so ist die komplexe Amplituden-Vertei-

lung in der Brennebene die Fouriertransformierte der Eingangsmuster. Hierbei kann die Fouriertransformation über die Linse durch die folgenden Gleichungen beschrieben werden /3/.

$$U(x_2,y_2) = (j/\lambda f)\, \exp\{(-j\pi/\lambda)\,(x_2{}^2+y_2{}^2)\,(1-d_1/f)\} \iint g(x_1,y_1)$$
$$\cdot \exp\{(j2\pi/\lambda f)\,(x_1 x_2 + y_1 y_2\} \cdot dx_1\, dy_1 \tag{1}$$

(x_1,y_2) - Koordinaten der Fläche, in der das Eingabemuster liegt
(x_2,y_2) - Koordinaten der Projektionsebene
$U(x_2 y_2)$ - komplexe Amplitudenverteilung der emittierten optischen Muster
$g(x_1 y_1)$ - optische Durchlässigkeit der eingegebenen Strukturen
λ - Wellenlänge desLaserstrahls

Ist d_1 gleich f, so ergibt sich für die vollständige Fouriertransformation in Gleichung (1) die folgende Gleichung /3/:

$$U(x_2, y_2) = (j/\lambda)f\iint g(x_1, y_1) \cdot \exp\{(j2\pi/\lambda f)\,(x_1 x_2 + y_1 y_2)\} \cdot dx_1\, dy_1 \tag{2}$$

Digitale Verarbeitung der Eingabedaten

Die Eingabedaten liegen normalerweise als zeitliche Informationen vor. Mit einem räumlichen Lichtmodulator werden sie in räumliche Informationen umgewandelt und bilden so die Eingabemuster.

Die eingegebenen Daten sind analoge Signale. Die heute eingesetzten Lichtmodulatoren verarbeiten dagegen häufig die digitalen Signale 1 und 0 am Eingang. Die vorliegenden Untersuchungen beziehen sich auf ein Verfahren, bei dem ein analoges Eingangssignal digital verarbeitet wird.

Zunächst werden die Eingangsdaten, die bereits räumliche Informationen sind, A/D-umgesetzt, und man erhält g(x). g(x) ist eine Digitalzahl, die mit m Stellen ausgedrückt wird. Negative Werte werden durch das Hinzufügen des Vorzeichens beschrieben. Dieses g(x) wird wie folgt in die einzelnen Stellen zerlegt:

$$g(x) = 2^k\{2^{m-1}g_1(x) + 2^{m-2}g_2(x) + \ldots + g_m(x)\} \tag{3}$$

$g(x)$ - der Wert der i-ten Stelle von g(x) ist einer der Werte 1, 0, -1
2^k - Normierungskoeffizient

Wird diese Gleichung fouriertransformiert, erhält man aufgrund der Linearität der Fouriertransformation:

$$F\{g(x)\} = 2^k\,[2^{m-1}F\{g_1(x)\} + 2^{m-2}F\{g_2(x)\} + \ldots + F\{g_m(x)\}] \tag{4}$$

Dies bedeutet, daß man die Fouriertransformierte von g(x) erhält, indem man für jede Stelle die Fouriertransformation ermittelt und nach deren Wichtung die Summe bildet.

Verarbeitung negativer Eingabewerte

Für die Eingabe von negativen Werten in einen digitalen räumlichen Lichtmodulator sind einige Erweiterungen erforderlich. Nachfolgend soll dieses Verfahren erläutert werden. In Gleichung (3) wird $g_i(x)$ durch h(x) ersetzt und in den positiven Teil $h_p(x)$ und den negativen Teil $h_m(x)$ zerlegt, daß heißt, man erhält:

$$h(x) = h_p(x) - h_m(x) \tag{5}$$

$$h_p(x) = \begin{cases} h(x) & \{x \mid h(x) > 0\} \\ 0 & \{x \mid h(x) \le 0\} \end{cases}$$

$$h_m(x) = \begin{cases} 0 & \{x \mid h(x) \ge 0\} \\ -h(x) & \{x \mid h(x) > 0\} \end{cases} \tag{6}$$

$h(x)$ kann die drei Werte 1, 0, -1 annehmen, $h_p(x)$, $h_m(x)$ nur die beiden Werte 1, 0.

Die beiden Muster von $h_p(x)$ und $h_m(x)$ werden wie in Bild 2 gezeigt angeordnet. Der Wert der Fouriertransformierten in der Projektionsebene kann, wenn man Bild 3 berücksichtigt, wie folgt ausgedrückt werden:

$$U(x_2, y_2) = a\,sinc(af_y)\!\int \{\exp(j2\pi f_y b) \cdot h_p(x_1) + \exp(-j2\pi f_y b)\, h_m(x)\}$$
$$\cdot \exp(j2\pi f_x x_1)dx_1 \tag{7}$$

$$f_x = x_2/\lambda f \quad f_y = y_2/\lambda f \tag{8}$$

$$sinc(af_y) = \sin(\pi af_y)/(\pi af_y) \tag{9}$$

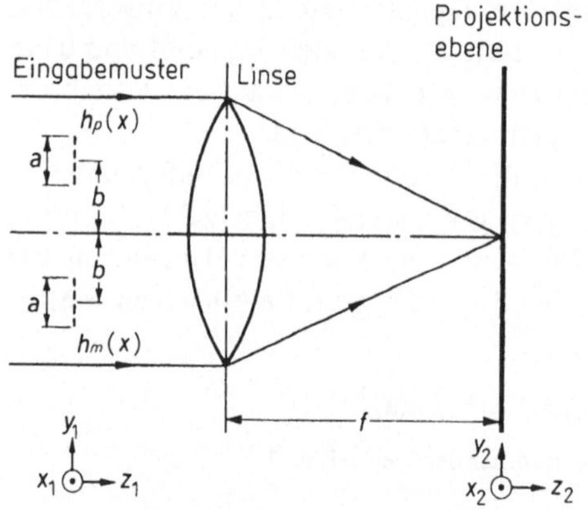

Bild 2:   Optisches System für die Eingabe negativer Werte

Wird hier der Beobachtungspunkt der ausgegebenen optischen Muster um einen geringen Wert in Richtung y_2 verschoben und gilt: $f(y) = -(3/4b)$, erhält man:

$$U(x_2 y_2) = ja\,sinc(-3/4b)\!\int \{h_p(x) - h_m(x)\}\exp(j2\pi f_x x_1)dx_1$$

$$= ja\,sinc(-3/4b)\!\int h(x_1) \cdot \exp(j2\pi f_x x_1)dx_1 \tag{10}$$

Bezüglich $h_m(x)$ wird hier äquivalent der negative Wert erhalten.

Außer dem oben beschriebenen Verfahren gibt es ein weiteres, bei dem den Eingabedaten $g(x)$ eine Vorspannung aufgeprägt wird, so daß insgesamt positive Werte entstehen, die dann digital verarbeitet werden. Jedoch entstehen in

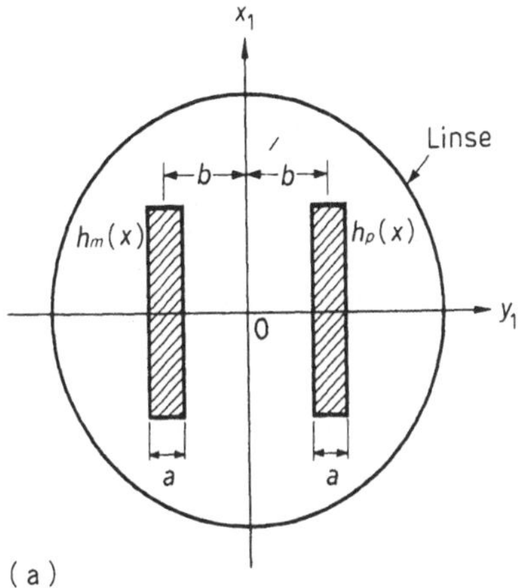

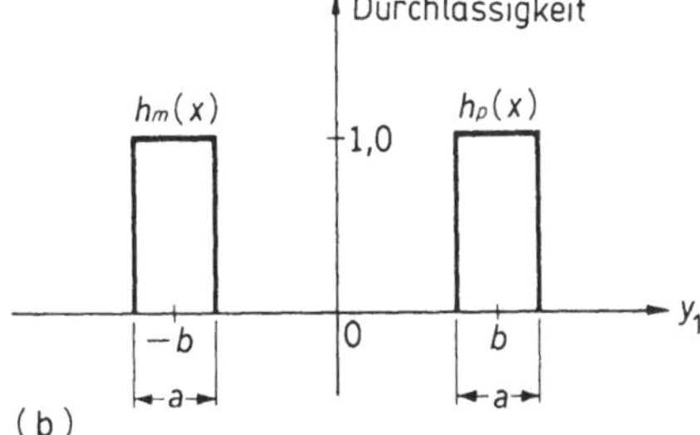

Bild 3: Lage von $h_p(x)$, $h_m(x)$
(a) Vorderansicht
(b) Verteilung der optischen Durchlässigkeit

diesem Fall im Gleichstromanteil der ausgegebenen Lichtstrukturen Spitzen, die eine geeignete Korrektur erfordern.

Ermittlung der Phaseninformationen

Im allgemeinen ist die Fouriertransformierte eine komplexe Zahl. Ein optischer Aufnehmer kann aber nur die Lichtstärke, das Quadrat des Absolutwertes der Fouriertransformierten, ermitteln. Daher ist ein Verfahren zur Bestimmung der Phase der Fouriertransformierten erforderlich. Eine hierfür entwickelte Methode soll nachfolgend beschrieben werden.

Zunächst werden die Eingangsdaten $g(x)$ in die gerade Funktion $g_e(x)$ und die ungerade Funktion $g_o(x)$ zerlegt.

$$g(x) = g_e(x) + g_o(x) \tag{11}$$

$$g_e(x) = \{g(x) + g(-x)\}/2$$
$$g_o(x) = \{g(x) - g(-x)\}/2 \tag{12}$$

Allgemein ist die Fouriertransformierte einer geraden Funktion reell, die Fouriertransformierte einer ungeraden Funktion imaginär. Daher kann man, wenn man $g_e(x)$ und $g_o(x)$ getrennt fouriertransformiert, den Realteil und den Imaginärteil der Fouriertransformierten von $g(x)$ erhalten. Jedoch muß auch in diesem Fall ermittelt werden, ob die Fouriertransformierte von $g_e(x)$ bzw. $g_o(x)$ positiv oder negativ ist.

Für die Vorzeichenentscheidung läßt sich ein Verfahren verwenden, bei dem durch Addition von Vergleichslicht eine Interferenz mit dem Licht der emittierten Muster erfolgt. Muß jedoch von außen Vergleichslicht überlagert werden, lassen sich die Schwierigkeiten erwarten, daß die Konstruktion des optischen Systems kompliziert wird und es leicht zu Fehlern durch äußere Störungen kommt. Hier soll ein Verfahren vorgeschlagen und erläutert werden, das einen Schlitz für das Vergleichslicht verwendet.

Es wurden, wie Bild 4 zeigt, senkrecht zu den Eingabemustern $h_p(x)$, $h_m(x)$ periodisch angeordnete Schlitze für das Vergleichslicht angebracht.

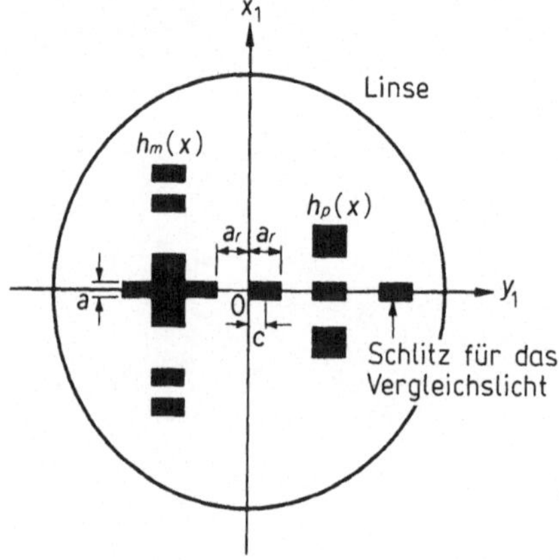

Bild 4: Eingabemuster mit Schlitzen für das Vergleichslicht

Die Schlitze für das Vergleichslicht sind Rechtecke mit der Länge a in X-Richtung und a_r in Y-Richtung. In Y-Richtung sind im Abstand a_r N Schlitze angeordnet. Weiterhin ist der Mittelpunkt der Schlitzfolge vom Ursprung in der XY-Ebene um den Wert c verschoben. Die Transformierte dieser Schlitzfolge ergibt sich zu:

$$U_r(f_x, f_y) \cong k\,sinc(af_x)\,sinc(a_r f_y)[III(2a_r f_y)$$
$$* sinc\{(2N-1) \cdot a_r f_y\}) \exp(j2\pi c f_y) \tag{13}$$

$$III(2a_r f_y) = \sum_{n=-\infty}^{\infty} \delta(n - 2a_r f_y) \tag{14}$$

Hierbei ist k ein Proportionalitätsfaktor, * bezeichnet das Faltungsintegral, $\delta(x)$ ist die Deltafunktion. In Bild 5 ist der Verlauf der Transformation dargestellt.

Als Vergleichslicht wird der erste Seitenzipfel von Bild 5(a) verwendet. Um ein negatives Eingabesignal wie oben dargelegt zu erhalten, ist der Beobachtungspunkt um einen geringen Wert von der Mittelachse ($f_y = 0$) verschoben. Daher wird a_r abgeglichen, und der erste Seitenzipfel liegt in der Beobachtungsebene. Wird umgekehrt a_r so gewählt, wird dieser Seitenzipfel zur Marke, die den Beobachtungspunkt angibt. Wird weiterhin mit dem Wert von c die

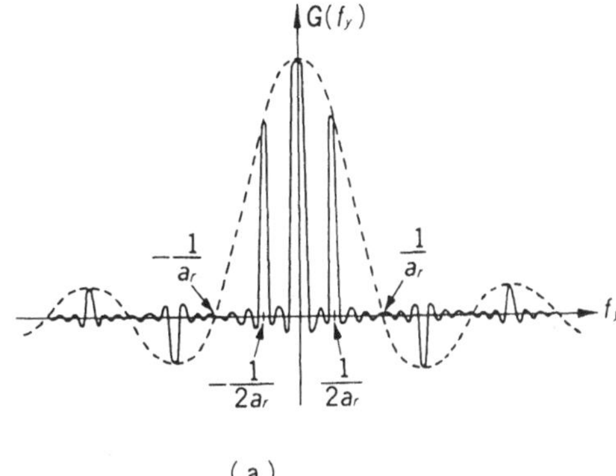

(a)

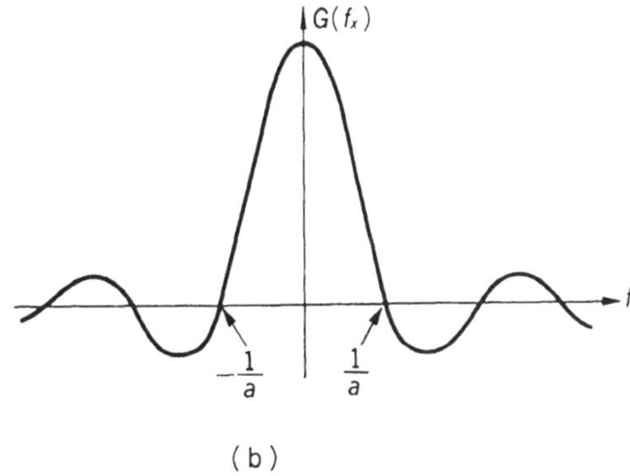

(b)

Bild 5:   Verteilung der Lichtstärke des Vergleichslichtes in der Projektionsebene
          (a) f_y-Richtung
          (b) f_x-Richtung

Phase des Vergleichslichtes insgesamt in Richtung f_y abgeglichen, so können im Beobachtungspunkt die ausgegebenen Lichtmuster in Phasenübereinstimmung gebracht werden. Die Lichtstärke läßt sich mit dem Wert für N abgleichen.

Die Lichtverteilung des Vergleichslichtes in f_x-Richtung beim ersten Seitenmaximum ist in Bild 5(b) dargestellt. Werden die Schlitze für das Vergleichslicht auf geeignete Weise geöffnet und geschlossen, so lassen sich die drei Werte für das Licht des ausgegebenen Musters, das Vergleichslicht sowie das Licht des ausgegebenen Musters plus Vergleichslicht messen. Untersucht man deren Amplitudenfunktion, so kann entschieden werden, ob das Licht des ausgegebenen Musters positives oder negatives Vorzeichen hat.

Gleichungen, die die Fouriertransformation nach dem vorliegenden Verfahren theoretisch beschreiben

Bei dem vorliegenden Verfahren wird die Eingangsfunktion zunächst abgetastet. Das heißt, nach Bild 6 wird das Eingangssignal g(x) durch eine Stufenfunktion mit der Breite a genähert und mit N Komponenten g_{-v} ,...,g_v ($v = $ (N-1)/2) beschrieben. Hierbei ist N ungeradzahlig.

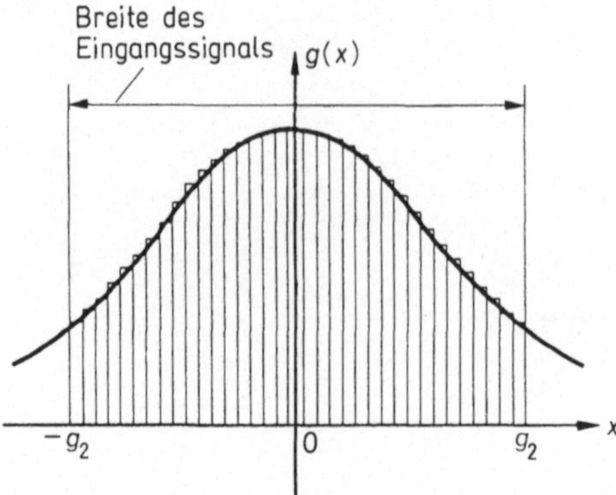

Bild 6:   Näherung der Eingangsfunktion

Wird diese Näherungsfunktion fouriertransformiert, so erhält man:

$$G(f) = a\sum_{n=-\infty}^{\infty} \sum_{l=-\nu}^{\nu} g_l \exp\left(-j2\pi nl/N\right) \cdot sinc(n/N)sinc(Naf-n)$$

$$= a\sum_{n=-\nu}^{\nu} g_l \exp\left(-j2\pi alf\right) sinc(af) \tag{15}$$

In dieser Form wird die diskrete Fouriertransformierte durch das Abtastheorem in der ursprünglichen Form reproduziert. Jedoch ist hier die Modulation mit sinc(af) aufgeprägt. Um den durch diese Modulation hervorgerufenen Fehler gering zu halten, ist anzustreben, daß die Abtastfrequenz oberhalb der fünffachen Nyquist-Frequenz liegt. Der Maximalfehler beträgt dann ca. 2 %.

3.1.3 Experimente

Experimentelles System

Bild 7 zeigt den Aufbau des experimentellen Systems. Das optische System zur Erzeugung des parallelen Lichtstrahls ist nicht dargestellt. Es wurden normale achsensymmetrische Linsen verwendet. Ihr Durchmesser betrug 10 cm, ihre Brennweite 20 cm. Die Wellenlänge des Laserstrahls lag bei 632,8 nm.

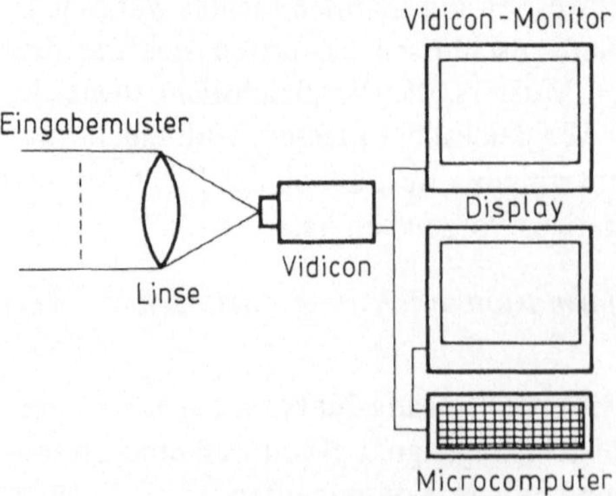

Bild 7:   Aufbau des experimentellen Systems

Die Eingabemuster müssen bisher über einen räumlichen Lichtmodulator geschickt werden. Bei den vorliegenden Experimenten wurde ein Spezialfilm (Ris-Film) für das Erreichen eines starken Kontrastes für die beiden Werte der optischen Durchlässigkeit (0 oder 1) verwendet. Es gab keine mittleren Werte. Die Eingabemuster wurden als Originalbild mit einer handelsüblichen Feder (Firma Rotring) auf quadratischem Papier von 1 mm Stärke gezeichnet, auf 1/5 verkleinert und auf den Ris-Film kopiert.

Als optischer Aufnehmer wurde ein Vidikon verwendet. Es läßt sich auch ein herkömmliches eindimensionales Fotodiodenarray verwenden. Da mit dem Vidikon ein zweidimensionales Betrachten des reproduzierten Bildes möglich ist, wurde es für die Grundlagenexperimente verwendet. Jedoch besitzt das Vidikon den Nachteil, daß keine gute Linearität zwischen der Stärke des eingestrahlten Lichtes und der Ausgangsspannung besteht.

Als Mikrocomputer wurde der FM-8 von Fuji verwendet. Er ermittelte das Vorzeichen der ausgegebenen optischen Muster und bewertete (wie später beschrieben) bitweise das Ausgangssignal.

Experimentelle Ergebnisse

Als erstes Experiment wurde die sinc-Funktion als Eingangsfunktion gewählt, deren Ausgangssignal eine einfache Form hat. D.h., es gilt:

$$g(x) = sinc(x) = sin(\pi x)/(\pi x) \tag{16}$$

Die Fouriertransformierte dieser Funktion ist eine Welle der folgenden Form:

$$G(f) = \Pi(f) = \begin{cases} 1(|f| < 1/2) \\ \tfrac{1}{2}(|f| = 1/2) \\ 0(|f| > 1/2) \end{cases} \tag{17}$$

Für das mit Gl. (16) gegebene analoge Eingangssignal wird unter Verwendung des im Abschnitt 3.1.2 dargelegten Verfahrens die optische Fouriertransformation durchgeführt. Die Anzahl der Abtastwerte betrug 101, die der Quantisierungsbit 8, für die Bandbreite des Eingangssignals gilt: $|x| \le 15$.

In Bild 8 sind für jedes Bit die Eingabemuster $g_i(x)$ (i = 1,2,...,8) dargestellt. Bild 9 zeigt die Wellenform $G_i(f_x)$ (i = 1,2,3,4) des entsprechenden Ausgangssignals nach der Positiv-Negativ-Entscheidung.

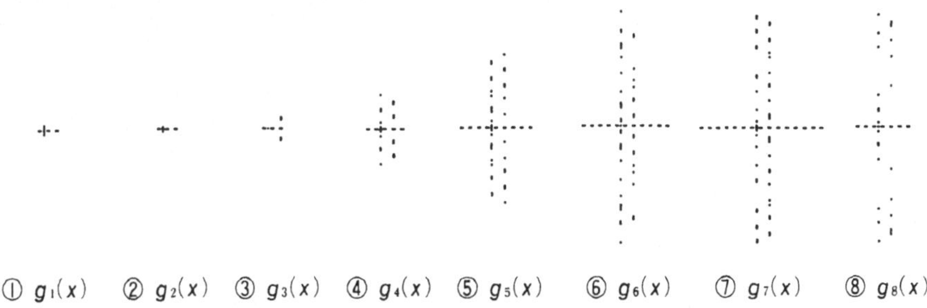

① $g_1(x)$ ② $g_2(x)$ ③ $g_3(x)$ ④ $g_4(x)$ ⑤ $g_5(x)$ ⑥ $g_6(x)$ ⑦ $g_7(x)$ ⑧ $g_8(x)$

Bild 8:   Bitweise Eingabemuster und deren Abmessungen
(a) Bitweise Eingabemuster (Beim realen Körper sind schwarz und weiß vertauscht)
$g_i(x)$ ist das Muster des i-ten Bits
($g_1(x)$ ist das höchstwertige Bit)

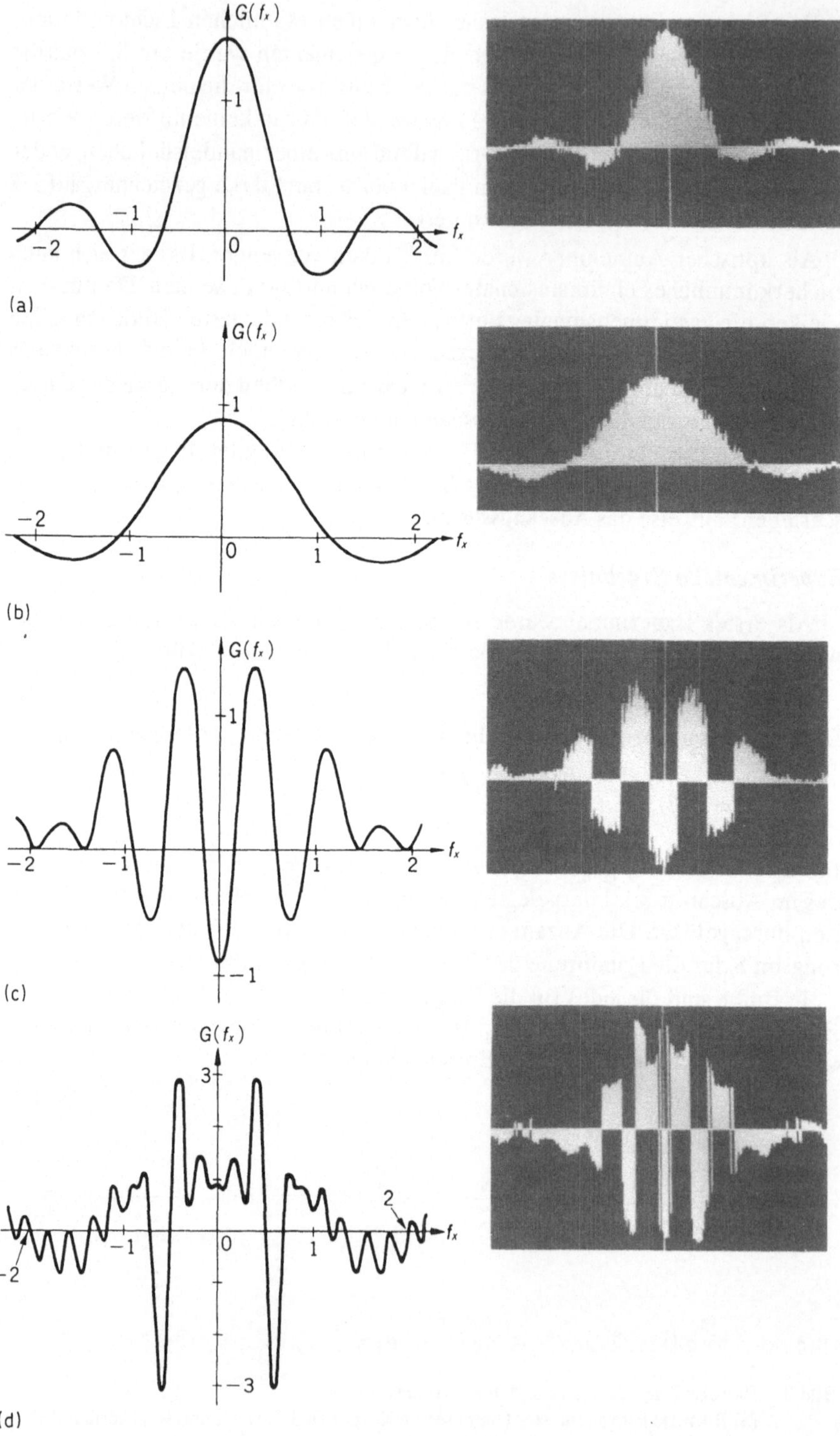
G(f_x)
1
-1
1
0
-2
2
f_x
(a)
G(f_x)
1
-2
-1
0
1
2
f_x
(b)
G(f_x)
1
-2
-1
1
2
f_x
-1
(c)
G(f_x)
3
-1
0
1
2
f_x
-2
-3
(d)

Da bei der Fouriertransformierten oberhalb des 5. Bits keine Positiv-Negativ-Entscheidung getroffen werden kann, ist das Ergebnis für das Ausgangssignal nicht angeführt. Weiterhin ist im Bild 10 das gewichtete und zusammengefaßte Ergebnis dargestellt, bei dem die Fouriertransformierten der Einzelbits bewertet und addiert wurden. $G(f_x)$ ist die gewichtete Summe bis zum 4. Bit. Zum Vergleich sind im Bild 8 die theoretischen Werte für die Fouriertransformierte des 6. Bits und das Ergebnis dargestellt, wenn eine Zusammenfassung bis zum 8. Bit vorgenommen wird.

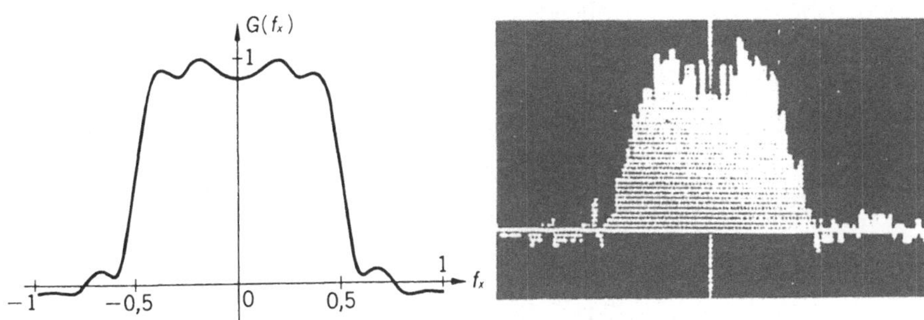

Bild 10: Endergebnis für die Zusammenfassung von $G_1(f_x)$ bis $G_4(f_x)$
(links: theoretische Werte, rechts: praktisch gemessene Werte)

3.1.4. Schlußfolgerungen

Rechengenauigkeit

Wie aus Bild 9 und 10 ersichtlich ist, enthalten die Meßwerte viele Verzerrungen und sind verrauscht. Die Ursachen hierfür sollen nachfolgend erläutert werden.

(a) Fehler der Muster

Das Originalbild der Muster wurde mit einem "Rotring"-Gerät gezeichnet, auf 1/5 verkleinert und auf den Ris-Film kopiert. Es wird angenommen, daß Fehler, die bei der Herstellung dieser Muster entstehen, eine Ursache für die Verzerrungen des ausgegebenen optischen Musters sind. Würde hier ein räumlicher optischer Modulator mit hervorragenden Eigenschaften verwendet, so ließen sich wohl wesentliche Verbesserungen erzielen.

(b) Kennwerte des Vidikons

Ein Vidikon hat eine schlechte Linearität zwischen eingestrahlter Lichtstärke und abgegebener Spannung. Weiterhin ist der Rauschanteil bei der gegenwärtig zur Eingabe verwendeten Lichtstärke groß. Um eine Wellenform mit sprunghaften Änderungen, wie im Bild 11(a) dargestellt, zu erfassen, ist das Auflösungsvermögen unzureichend.

Bild 9: Fouriertransformierte der Eingangsmuster für die einzelnen Bits
(links theoretische Werte, rechts gemessene Werte)
(a) Fouriertransformierte $G_1(f_x)$ für das 1. Bit
(b) Fouriertransformierte $G_2(f_x)$ für das 2. Bit
(c) Fouriertransformierte $G_3(f_x)$ für das 3. Bit
(d) Fouriertransformierte $G_4(f_x)$ für das 4. Bit

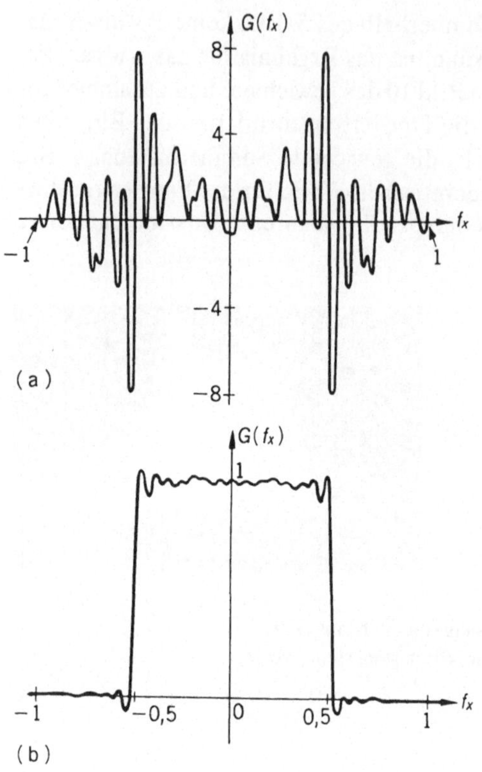

Bild 11: Theoretische Werte für die Fouriertransformierte $G_6(f_x)$ für das 6. Bit und die Zusammenfassung von $G_1(f_x)$ bis $G_8(f_x)$

(c) Fehler beim Abgleich des optischen Systems

Bei optischen Systemen läßt sich speziell die Einheit zur Erzeugung der parallelen Lichtstrahlen schwer abgleichen. Da Ungleichmäßigkeiten in der Lichtverteilung entstehen, beeinflussen diese die optischen Ausgabestrukturen.

(d) Einfluß der Linsenaberration

Bei den vorliegenden Experimenten wurde die Positiv-Negativ-Entscheidung der Fouriertransformierten oberhalb des 5. Bits nicht exakt durchgeführt. Dies ist darauf zurückzuführen, daß oberhalb des 5. Bit die Musterlänge groß wird (vergleiche Bild 8). Die Aberration der Linsen darf dann nicht mehr vernachlässigt werden, die Phase des optischen Ausgangssignals wird verzerrt, und es kommt nicht zur Interferenz mit dem Vergleichslicht.

Faßt man das Obige zusammen, so ist es zur Erhöhung der Rechengenauigkeit erforderlich, als Eingabemuster einen räumlichen optischen Modulator, der eine gute Genauigkeit aufweist, weiterhin optische Sensoren mit guter Linearität und einem breiten Dynamikbereich bei geringem Rauschen zu verwenden. Auch muß die Länge der Eingabemuster auf einen Bereich beschränkt werden, bei dem die Aberration der Linsen vernachlässigt werden kann. Auf jeden Fall müssen die Leistungskennwerte alle Elemente wesentlich verbessert werden.

Rechenzeit

Zum gegenwärtigen Zeitpunkt ist es schwierig, exakte Schlußfolgerungen über die Rechenzeit zu ziehen. Hier soll ein grober Vergleich mit der elektronischen FFT-Berechnung gezogen werden. Da die Verarbeitungszeit, die für die A/D-Umsetzung der Eingabedaten erforderlich ist, die gleiche wie beim FFT-Verfahren ist, wird sie hier nicht betrachtet.

Es müssen drei optische Muster gemessen werden, die des Vergleichslichtes, des Lichtes des Datensignals und des Lichtes des Datensignals und des Vergleichslichtes. Wird das Vergleichslicht jedoch vorher gemessen und das Ergebnis gespeichert, so sind nur 2 Messungen erforderlich.

Ist die Lesezeit pro Bildelement des räumlichen Lichtmodulators t_1 und die Zeit für die A/D-Umsetzung der Daten eines Punktes t_2 und nimmt man weiterhin an, daß die Zeit für die Fouriertransformation mit Linsen Null ist, so ergibt sich die Gesamtrechenzeit T wie folgt. Es wird dabei angenommen, daß die Eingabe in den räumlichen optischen Modulator und die Ausgabe des A/D-Umsetzers nacheinander erfolgen.

$$T = 2mN(t_1 + t_2)\cdot 2 \tag{18}$$

Hierbei ist m die Anzahl der Quantisierungsbit, N die Anzahl der Eingabedaten. (Der Einfachheit halber sei die Anzahl der eingegebenen Daten gleich der Anzahl der ausgegebenen.) Die letzte 2 in Gl. (18) weist darauf hin, daß Berechnungen für die geradzahligen und ungeradzahligen Komponenten erforderlich sind. In der Praxis ist weiterhin die Positiv-Negativ-Entscheidung durch den Computer sowie die Zusammenfassung der Werte für die Einzelbits erforderlich. Werden diese Berechnungen nach dem Pipeline-Verfahren parallel zu den anderen Verarbeitungsschritten durchgeführt, so läßt sich in der Praxis ein Wert erreichen, der in der Nähe von Null liegt.

Andererseits läßt sich die Rechenzeit für den FFT-Algorithmus mit Computern in einfachster Näherung wie folgt angeben, wenn die Zeit für die komplexe Multiplikation t ist:

$$T_{FFT} = (N \log_2 N)\, t/2 \tag{19}$$

Nimmt man an, daß $t_1 = 0{,}6\ \mu s\ /4/$, $t_2 = 1\ \mu s$ und $t = 2{,}3\ \mu s\ /5/$ betragen, so lassen sich mit den Gleichungen (18,19) die Rechenzeiten nach Tabelle 2 vergleichen.

Tabelle 2: Vergleich der Rechenzeiten

time N	128	1024	2084	4096
T [ms]	6.55	52.4	105	210
T_{FFT} [ms]	1.04	11.8	25.9	56.5

T: vorliegendes Verfahren T_{FFT}: Elektronischer Computer

Als Ergebnis ist ersichtlich, daß die FFT-Berechnung mit elektronischem Computer günstiger ist. Damit mit dem vorliegenden Verfahren die Rechenzeit unter der eines Computers liegt, müssen t_1, t_2 in der Größenordnung von ns liegen. Es ist jedoch die Tendenz festzustellen, daß mit Zunahme der Anzahl der Daten das optische Verfahren günstiger wird. Werden weiterhin räumliche optische Modulatoren für die parallele Eingabe und optische Sensoren und A/D-Umsetzer mit paralleler Ausgabe entwickelt, so wird das vorliegende Verfahren um Größenordnungen schneller. Die Geschwindigkeit hängt dabei nicht von der Anzahl N der Daten ab. Jedoch läßt sich dann die Zeit für die Positiv-Negativ- Entscheidung und für die Überlagerung der einzelnen Bits nicht vernachlässigen.

Zukünftige Aufgaben

Um einen praktisch einsetzbaren Prozessor für die optische Fouriertransformation zu entwickeln, sind unter dem Gesichtspunkt von Rechengenauigkeit und Rechenzeit die folgenden Punkte zu erfüllen:
1. Entwicklung von räumlichen Lichtmodulatoren hoher Genauigkeit und Geschwindigkeit
2. Entwicklung von optischen Sensorelementen mit hohem Auflösungsvermögen, geringem Rauschen und breitem Dynamikbereich
3. Entwicklung von schnellen A/D-Umsetzern.

Werden diese Bedingungen erfüllt, so wird die Rechengenauigkeit nicht beeinflußt. Bezüglich der Rechenzeit ist es aber möglich, daß die FFT-Berechnung mit elektronischen Computern übertroffen wird.

3.1.5 Zusammenfassung

Es wurden Verfahren entwickelt, mit denen das Eingangssignal eines Prozessors zur optischen eindimensionalen Fouriertransformation digital verarbeitet und die Phaseninformationen extrahiert werden. Durch Grundlagenexperimente wurde die Effektivität dieser Verfahren nachgewiesen. Da diese Untersuchungen sich im Anfangsstadium befinden, liegt die gegenwärtige Leistung noch nicht in dem Bereich der FFT, die von den heutigen Computern erreicht wird. Entwickelt man bessere räumliche Lichtmodulatoren und optische Sensoren, so können sie zur Basistechnologie zukünftiger Hochleistungssysteme werden.

Literatur

1 Ogoe, T.: Holografie. Denshi Tsushin Gakkai (1977) (in Japanisch)
2 Zentrum für Remote Sensing, Stiftung e.V.: Untersuchung und Bewertung der Entwicklung und des Einsatzes von Radargeräten mit synthetischem Öffnungswinkel. (1981) (in Japanisch)
3 Koyama, J.; Nishihara, H.: Wellenleiter-Elektrooptik. Koronasha (1979) (in Japanisch)
4 Nishihara, N.: Räumlicher optischer Modulator. Terebishon Gakkaishi 36 (1982) 12, S. 1068-1075 (in Japanisch)
5 Makamura, H.; Karaki, K.: IAP- Beschleunigung der FFT- Routinen. Tado Keisaki Senta-News 14 (1982) 6 (in Japanisch)

3.2 Verarbeitung dreidimensionaler Bilder

Tsujiuchi, J. (Tokyo Kogyo Universität)

3.2.1 Einleitung

Häufig ist die Verarbeitung dreidimensionaler Bilder erforderlich. Beispiele hierfür sind die Speicherung und Darstellung dreidimensionaler Bilder unter Verwendung von Hologrammen, die meßtechnische Erfassung dreidimensionaler Körper und die Erstellung von Querschnitten dreidimensionaler Körper. Hier sollen zwei Beispiele, bei denen das Licht eine relativ große Rolle spielt, ausgewählt werden, und zwar ein optisches Verfahren zur Ermittlung von Höhenlinien aus räumlichen Luftbildern und die Darstellung dreidimensionaler Bilder über die Synthese multiplexer Hologramme. Über diese Verfahren und deren technische Probleme wird ein Überblick gegeben sowie Lösungsmethoden vorgestellt.

3.2.2 Ermittlung von Höhenlinien aus Luftbildaufnahmen

Betrachtet man ein Paar räumlicher Luftbilder mit beiden Augen stereoskopisch, so kann man Punkte gleicher Höhe bestimmen, indem man ein dreidimensionales Bild, das räumlich erzeugt wurde, mit dem dreidimensionalen Bild einer Marke, die eine bestimmte Höhe festlegt, kombiniert. Die Punkte gleicher Höhe liefern dann die Linien gleicher Höhe, die Höhenlinie einer Landkarte. Soll diese Operation mit einem Computer durchgeführt werden, so sind die Bilder d_1, c_1 und d_2, c_2 der beiden Höhenpunkte D,C, die mit den beiden Fotos F_1, F_2 in der Höhe O_1 und O_2 nach Bild 1 aufgenommen wurden, zu bestimmen und die Parallaxen $P_D = \overline{d_1 d_2}$, $P_C = \overline{c_1 c_2}$ zu messen. Die Höhendifferenz $\Delta H = H_C\text{-}H_D$ läßt sich dann mit

$$\Delta H = f \cdot B \left(\frac{1}{P_D} - \frac{1}{P_C} \right) \equiv \frac{H^2}{fB} \Delta P \tag{1}$$

berechnen. f ist die Brennweite der Kamera, B die Basislänge $\overline{O_1 O_2}$, H die Flughöhe und $\Delta P = P_C\text{-}P_D$. Sind daher auf 2 Fotos die Bilder F_1 und F_2 des gleichen Körpers sichtbar, so müssen deren Parallaxen gemessen werden. Sind bestimmte Orientierungspunkte auf der Erdoberfläche wie isolierte Gebäude vorhanden, so ist dies leicht möglich. Jedoch ist es im allgemeinen schwierig, alle Körper, die sich auf einem Luftbild befinden, auf 2 Fotos zu ermitteln und daraus deren Parallaxe bzw. Ortsdifferenz zu bestimmen. Hier wird ein Verfahren angewendet, bei dem auf F_1 ein Körper ausgewählt und dann mit F_2 eine Korrelationsberechnung durchgeführt wird. Der Ort wird dann durch das Maximum der Autokorrelationsfunktion ermittelt. Da auf einem Computer die Rechenzeit aber zu lang wird, wird das Verfahren in der Praxis wenig angewendet.

Um diesen Nachteil des Computers zu vermeiden, wurde ein holografisches Verfahren vorgeschlagen /1,2/, das ein optisches angepaßtes Filter verwendet. Bild 2 zeigt das Prinzip dieses Verfahrens. Von einem Paar Luftaufnahmen wird das Bild F_1 in die Ebene P_1 gebracht und mit dem Laserstrahl C_1 die Gesamtfläche F_1 bestrahlt. In die Brennebene P_2 der Linse L_1 wird das fouriertransformierte Hologramm von F_1 projiziert. C_2 ist das hierbei verwendete Vergleichslicht. Dann wird das jetzt projizierte Hologramm in die Ebene P_2 gebracht und das andere Luftbild F_2 in der Ebene P_1 über einen kleinen Spalt an einem Punkt A in F_2 bestrahlt. Das durch A gebeugte Licht erreicht das Hologramm, wodurch das reproduzierte Licht in der Brennebene P_3 der Linse L_2 ein reproduziertes punktförmiges Bild R erzeugt. Dies entspricht dem Korrelationsbild A, das F_1 und F_2 enthält. Der Abstand $\overline{OR} = \Delta x$ vom Mittelpunkt der Fläche F_3 entspricht der Parallaxe P_A des Körpers A, der sich auf beiden Fotos befindet.

Ist die x-Achse gleich der Flugrichtung eines Flugzeugs, so entsteht die Parallaxe in der Richtung x'. Wird daher in Richtung der x'-Achse ein Bildarraysensor angebracht, so kann Δx bezogen auf den Ort A bestimmt werden. Wird jeder Punkt auf dem Foto F_2 mit kleinem Öffnungswinkel abgetastet, so erhält man Δx für jeden Punkt von F_2. Diese Werte werden mit den Koordinaten für A im Speicher des Computers aufgezeichnet. Nach Abschluß des Abtastens der Gesamtfläche werden die A-Koordinaten ausgelesen, die das gleiche Δx aufweisen, und mit einer durchgehenden Linie verbunden, so daß man die Höhenlinien erhält. Die Δx entsprechende Höhe kann unter Verwendung eines Bezugspunktes D und bei Kenntnis der erforderlichen Parameterwerte mit Gl. (1) berechnet werden.

Mit diesem Verfahren kann die Korrelation zwischen F_1 und F_2 im Vergleich zum Computer in äußerst kurzer Zeit bestimmt werden, jedoch ist es schwierig, nur auf diese Weise die Höhenlinien vollständig zu bestimmen. Daher wurde ein Verfahren entwickelt, mit dem für die Ermittlung der Korrelation ein optisches Verfahren und für die nachfolgende Datenverarbeitung ein Computer verwendet werden. Es wird angenommen, daß dies ein typisches Beispiel für ein hybrides Verfahren ist, bei dem ein optisches Verfahren mit einem Computer gekoppelt wurde; seine Realisierung weist aber mehrere Probleme auf.

Größe der Luftbilder

Die Standardgröße einer Luftbildaufnahme beträgt 230×230 mm². Soll eine derartig große Bildfläche verarbeitet werden, so sind zu ihrer Überdeckung Linsen mit großem Durchmesser erforderlich, die sich praktisch aber nicht fertigen lassen. Daher werden F_1 und F_2 in jeweils 4 Teilfächen unterteilt und für die entsprechenden Teilflächen die Korrelation berechnet. Ist die Berechnung der Korrelation zwischen einem Teilflächenpaar abgeschlossen, so werden für die nächste Teilfläche das Hologramm projiziert und die gleichen Berechnungen wiederholt. Hierbei wird Material aus Thermoplast verwendet, der sich mehrfach verwenden und auch leicht entwickeln läßt. Dieses Hologramm läßt sich einfach verarbeiten und hat einen großen Dynamikbereich, es läßt sich für das optisch abgestimmte Filtern verwenden /3/.

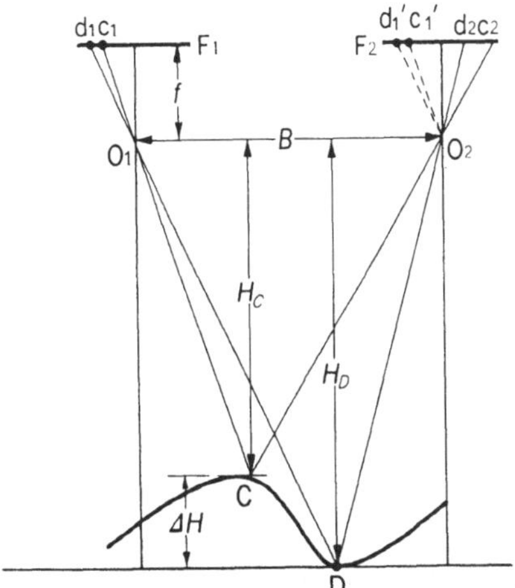

Bild 1:   Ermittlung von Luftbildern aus Höhenlinien

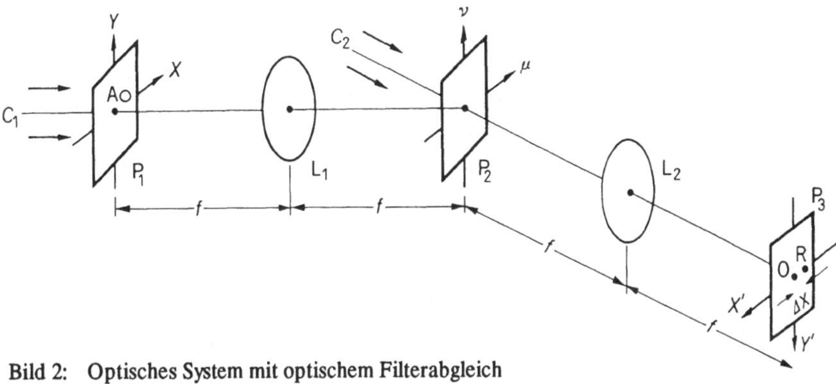

Bild 2:   Optisches System mit optischem Filterabgleich

Verzerrung von Bildern mit geneigten Flächen

Wird eine geneigte Fläche auf der Erdoberfläche auf zwei Luftfotos projiziert, so wird das Bild des gleichen Körpers verzerrt, und es wird schwierig, die Korrelation zu ermitteln. Bild 3 zeigt hierfür ein Beispiel, bei dem in der Richtung, die mit der Achse x der Flugrichtung den Winkel ϕ hat, eine Fläche mit der Neigung Θ auftritt. Die Bilder eines auf diese geneigte Fläche gezeichneten Quadrates, das in O_1 und O_2 auf F_1 bzw. F_2 projiziert wird, sind dann unterschiedliche Parallelogramme, und in diesem Fall ist die Korrelation schwierig zu ermitteln. Beim stereoskopischen Betrachten werden diese Verzerrungen durch die Leistung des Auges kompensiert. Beim räumlichen Sehen entstehen fast keine Probleme, bei optischen und digitalen Verfahren müssen aber Korrekturen vorgenommen werden.

Bei genauer Betrachtung erkennt mant, daß sich bei $\phi = 0°$ die Vergrößerung in x-Richtung des Bildes ändert und daß sich das Bild im Fall $\phi = 90°$ durch die Höhe h in x-Richtung verschiebt. Zur Untersuchung dieses Einflus-

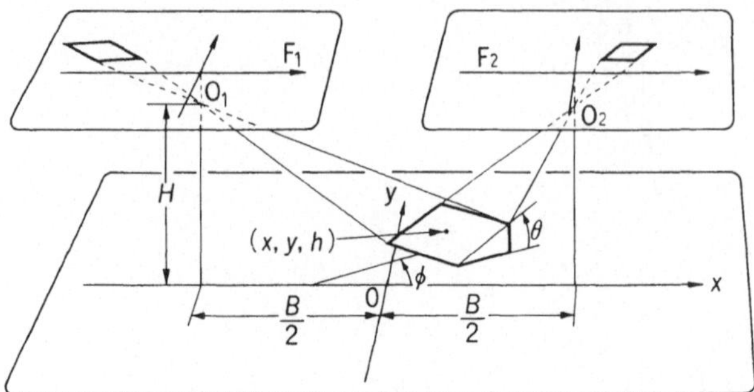

Bild 3:   Verzerrung eines von einer geneigten Fläche aufgenommenen Luftbildes

ses wurden für ein Foto mit dem Maßstab 1: 20 000, der Höhe 3 000 m und einer Basislänge von 2 000 m Experimente mit einem Öffnungsdurchmesser in A von 2 mm durchgeführt, die ergaben, daß ohne Kompensation der Verzerrungen die optische Grenze für die Ermittlung der optischen Korrelation bei ϕ = 15° liegt.

Es sind verschiedene Verfahren zur Durchführung einer solchen Korrektur möglich. Untersucht wurden Verfahren, bei denen die Abtastöffnungen zur x-Achse parallele Schlitze waren, sowie solche, bei denen die y-Achse von F_2 eine geringe Neigung aufwies. Als Ergebnis stellte sich das letztere Verfahren als sinnvoll heraus /4/. Da es jedoch erforderlich ist, die Parallaxe Δx, die durch Entfernung zwischen A und der Rotationsachse y entsteht, zu korrigieren, wird durch Abtasten unter Bewegung der Öffnung eine Verbesserung erzielt. Es wurde auch ein Verfahren vorgeschlagen, bei dem relativ zu einem feinen Laserstrahl, der in Richtung der y-Achse eingestrahlt wird, F_2 parallel bewegt und abgetastet wird. Bei ϕ = 90° ist das erste Verfahren wenig effektiv, und es ist besser, ein Verfahren zu verwenden, bei dem die Form der Öffnung einem Schlitz angenähert wird.

Hiernach gibt es auch bei optischen Verfahren eine Vielzahl von Problemen. Wird nur die Berechnung der Korrelation mit einem optisch abgestimmten Filter durchgeführt und dies zur Realisierung der übrigen Berechnungen und Datenaufbereitung mit einem Kleinrechner kombiniert, so läßt sich eine effektive hybride Verarbeitung erwarten.

3.2.3 Speicherung und Darstellung dreidimensionaler Bilder

Ein weiteres Problem bei der Verarbeitung dreidimensionaler Bilder ist deren Speicherung und Darstellung. Dieses Problem ist eines der Hauptziele der Bildverarbeitung, für das viele Verfahren vorgeschlagen, aber nur wenige praktisch umgesetzt wurden.

Die Holografie ist eine ideale Technik zur Speicherung und Darstellung dreidimensionaler Bilder, aber aufgrund der eingeschränkten Aufzeichnungsmedien und der Schwierigkeit, für die Reproduktion einen Laser verwenden zu müssen, wird sie für die Wiedergabe dreidimensionaler Bilder nur wenig verwendet. In den letzten Jahren wurden aus normalen Fotos synthetisierte Hologramme, sogenannte holografische Stereogramme, entwickelt. Weiterhin wurde auch die Reproduktion mit weißem Licht möglich, was neue Möglichkeiten für die dreidimensionale Bildaufzeichnung und -darstellung eröffnete. Hier sollen zylinderförmige holografische Stereogramme betrachtet werden, die eine Reproduktion mit weißem Licht gestatten (Multiplexe Hologramme) /5/ sowie deren Herstellung und die damit verknüpfte Bildverarbeitung.

Bei der Herstellung multiplexer Hologramme wird zunächst das Aufzeichnungsmaterial auf einen sich drehenden Mechanismus gebracht. Während dieser sich langsam dreht (40-60 s/Umdrehung), erfolgt mit einer feststehenden Bildkamera die Projektion, und es wird das Ausgangsbild für die Hologrammsynthese erstellt. Dieses Ausgangsbild besteht aus Fotos, die in waagerechter Ebene in Richtung der Sehlinie etwas unterschiedlich sind. Es ist auch möglich, daß die Bildkamera um das feststehende Aufzeichnungsmaterial gedreht und dieses so projiziert wird; weiterhin ist auch ein Fotografieren im geeigneten Winkelabstand möglich.

In Bild 4 ist ein optisches System dargestellt, mit dem aus dem Ausgangsbild ein Hologramm synthetisiert wird. Es besteht aus dem optischen System, das das Ausgangsbild OF projiziert, und einem optischen System, das das Bild in ein Hologramm transformiert. Beim optischen Projektionssystem wird eine Szene von OF, die mit einem Laser bestrahlt wird, mit der Projektionslinse L auf das Okular der Linse des optischen Transformationssystems mit großer Öffnung projiziert. Das optische Transformationssystem ist ein stark astigmatisches optisches System, das aus der Linse FL mit großer Öffnung und der Zylinderlinse CL besteht und das das Bild einer Szene von OF, das in die Okularebene projiziert wurde, in ein schmales längliches Beugungsbild senkrecht zur senkrechten Brennebene transformiert sowie als kleines Hologramm auf einen Film hinter dem Schlitz S aufzeichnet, wobei die Punktlichtquelle R als optische Vergleichsquelle verwendet wird. Nachdem Szene für Szene von OF nacheinander als kleines Hologramm auf F aufgezeichnet wurde, wird der Film, wie Bild 5 zeigt, auf einen Zylinder aufgebracht und von oben mit einer Quelle S weißen Lichts bestrahlt. Da an der Außenwand des Zylinders an der Stelle, die dem Brennpunkt Q in waagerechter Richtung des optischen Wandlersystems von Bild 4 entspricht, das Spektrum der Bestrahlungsquelle entsteht, kann man, wenn man die Augen an die Stelle einer beliebigen Farbe bringt, ein räumliches Bild sehen, das mit der jeweiligen Farbe im Inneren des Zylinders reproduziert wird. Dies wird als multiplexes Hologramm bezeichnet.

Da bei diesen Hologrammen die Synthese aus dem ursprünglichen Bild erfolgt, das mit normalen Fotos auf das Aufzeichnungsmaterial projiziert wird, gibt es praktisch keine Einschränkung für das Aufzeichnungsmaterial. Für die Anwendung ergeben sich verschiedene Möglichkeiten, aber auch Probleme.

Verzerrungen des reproduzierten Bildes

Wie anhand des Prinzips der Hologrammerzeugung ersichtlich ist, werden die senkrechte und waagerechte Richtung des reproduzierten Bildes mit ge-

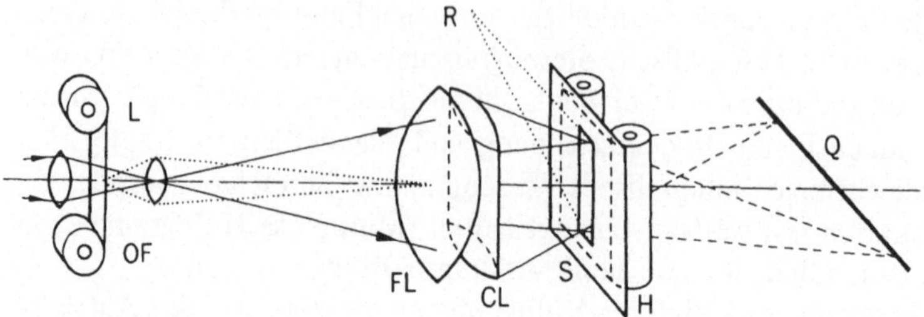

Bild 4:   Synthese eines multiplexen Hologrammes

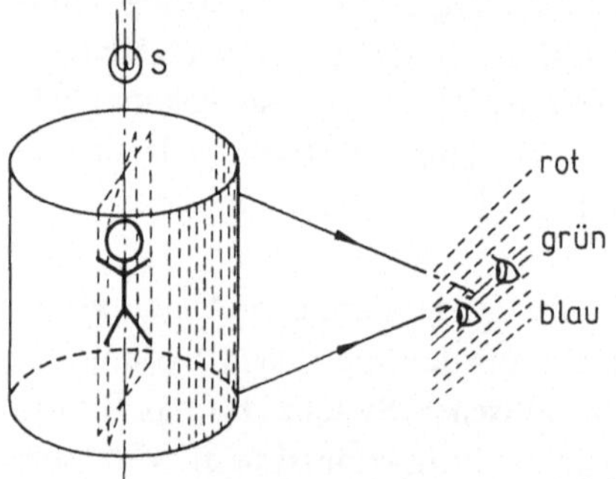

Bild 5:   Reproduktion eines multiplexen Hologrammes

trennten Verfahren synthetisiert. Es ist sehr schwierig, ein Bild ohne Verzerrungen zu erzeugen. Es treten immer geringe Verzerrungen auf, die sich in
Abhängigkeit vom Betrachterort ändern /6/. Daher wurden sie quantitativ untersucht und Verfahren zur Herstellung der Hologramme ermittelt, die die
Verzerrungen soweit wie möglich verringern /7/. Weiterhin wurden Verfahren
vorgeschlagen, mit denen sie durch Verarbeitung des Ausgangsbildes korrigiert
werden.

In Bild 6 (a) ist die Richtung des waagerechten Lichtstrahls beim Betrachten
des Aufzeichnungsmaterials gezeigt.

Sieht das Auge E auf einen Punkt A des Aufzeichnungsmaterials, so ist die
Richtung des Lichtstrahls $\overrightarrow{AE}$. Die auf diesem Lichtstrahl befindlichen Punkte
A_1, A_2,..., werden an der gleichen Stelle übereinander gesehen. Um hieraus ein
Hologramm zu synthetisieren, wird an die Stelle E eine Kamera gebracht und
das Bild unter Drehung des Körpers um die Achse O projiziert. Es soll der Fall
betrachtet werden, daß dem das so erstellte Hologramm reproduziert und mit
dem Auge E_r betrachtet wird. Ist hierbei der Abstand vom Rotationsmittel-
punkt O des Aufzeichnungsmaterials zu E gleich a, der Abstand von der Mittelachse des Hologramms O bis E_r gleich b, so entspricht b dem Abstand
zwischen der Fläche, die senkrecht zur optischen Achse die Vergleichslicht-
quelle R von Bild 4 verläuft, und dem waagerechten Brennpunkt Q. Ist der
Verstärkungsgrad des reproduzierten Bildes m und gilt folgende Beziehung

$$ma = b, \tag{2}$$

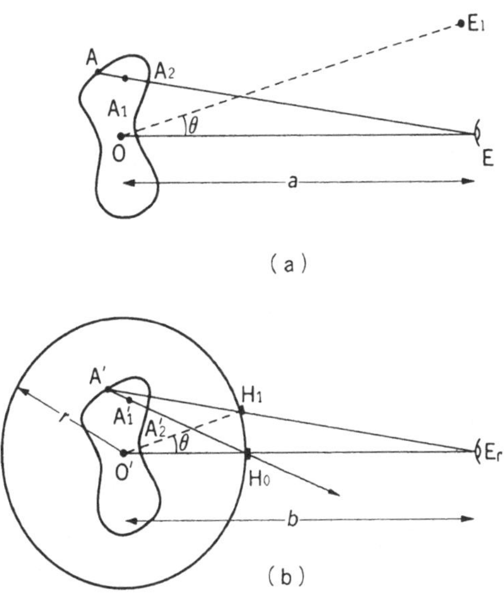

(a)

(b)

Bild 6:   Waagerechte Verzerrungen des Hologrammbildes

so erhält man ein Bild ohne Verzerrungen in senkrechter Richtung. Übrigens wird der Radius des Hologramms häufig in der Nähe von b/2 gewählt. Der Lichtstrahl $\overrightarrow{A'H_o}$, der A mit dem kleinen Hologramm H_o reproduziert, das aus dem ursprünglichen Bild durch Projektion an der Stelle E erstellt wurde, ist von dem Lichtstrahl $\overrightarrow{AE}$ während der Projektion verschieden, und er gelangt nicht zum Auge E_r. Dagegen wird in E_r der Lichtstrahl $\overrightarrow{A'H_1}$ eingestrahlt, der mit einem Hologramm H_1 reproduziert wird, das aus einem Ausgangsbild erstellt wurde, bei dem die Projektion mit einer Kamera E_1 erfolgt, die einen anderen Winkel Θ hat. So sieht man von E die übereinanderliegenden Punkte A, A_1, A_2,... getrennt, d.h., in der waagerechten Ebene entstehen Verzerrungen. Diese Verzerrungen sind gering, wenn das Hologramm in der Nähe des Radius b erstellt wird. Beim multiplexen Hologramm tritt die gleiche Erscheinung wie beim Regenbogen-Hologramm auf. Nähert sich E dem Hologramm, so wird das Bild unsichtbar. Das Verfahren kann daher nicht verwendet werden.

Um die Verzerrungen in senkrechter Richtung zu kompensieren, wird erstens ein Verfahren verwendet, bei dem ein zylinderförmiges Hologramm für die Laserreproduktion mit dem Radius b erzeugt wird, und zweitens ein solches, bei dem bei der Reproduktion ein Vergleichslicht und hierzu entgegengesetzt gerichtetes Licht verwendet sowie ein Hologramm mit kleinem Radius erzeugt wird /8/. Hier soll das Verfahren der Aufbereitung des Ausgangsbildes erläutert werden /9/. Bei diesem kann im oben beschriebenen Zustand das zur Reproduktion verwendete Licht, das $\overrightarrow{A'H_o}$ entspricht, aus H_1 erhalten werden. Wie Bild 7 zeigt, wird jede Szene des Ausgangsfilmes senkrecht in kurze streifenförmige Bildelemente zerlegt.

Z.B. wird aus dem Ausgangsbild, das im Hologramm H_o gespeichert ist, ein neues Ausgangsbild hergestellt, wobei das senkrechte Bildelement der Mitte

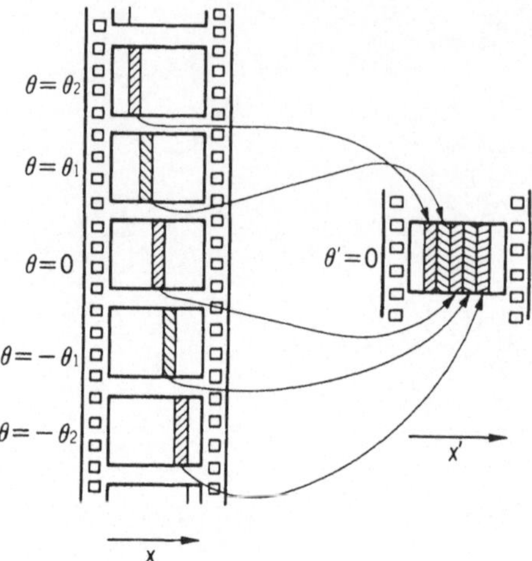

Bild 7:   Verarbeitung des Originalbildes zur Korrektur von Verzerrungen

des Ausgangsbildes , das bei $\Theta = 0$ erhalten wurde, als Mitte genommen und die Bildelemente $\Theta = \pm \Theta_1, \pm \Theta_2, ...$ beidseitig angeordnet werden. Auf die gleiche Weise werden die anderen Ausgangsbilder als senkrechte Bildelemente umgeordnet und erneut zusammengestellt. Wenn von E_r das gesamte reproduzierte Bild gesehen wird, sind in allen kleinen Hologrammen die senkrechten Bildelemente des Originalbildes einer Szene von $\Theta =$ 0, die mit E projiziert wurde, fein zerlegt aufgezeichnet. Werden diese reproduziert, kann durch Aufeinanderreihen auf der Sehachse, die sich über das gesamte reproduzierte Bild erstreckt, durch Zusammenfassen von E das gleiche richtige Bild wie von E_r gesehen werden.

Verzerrungen bei sich bewegenden Körpern

Bei der Projektion des Originalbildes kann sich das Aufzeichnungsmaterial langsam bewegen. Betrachtet man ein sich drehendes, synthetisiertes Hologramm, das auf diese Weise projiziert und aus dem Originalbild gewonnen wurde, so kann man ein sich bewegendes dreidimensionales Bild sehen. Ist hierbei die Bewegungsgeschwindigkeit des Aufzeichnungsmaterials zu schnell, so werden die aufeinanderfolgenden Szenen in veränderter Form als Bild auf das Material kopiert. Dadurch wird das synthetisierte reproduzierte Bild unstetig, und es entstehen unnatürliche Verzerrungen.

Die Ursachen für diese Verzerrungen sind nicht nur die Parallaxe, die auf der Tasache beruht, daß jede Szene dreidimensional ist, sondern auch die durch die Bewegung entstehenden Formänderungen. Wird ebenso wie oben dargelegt eine Szene in senkrechte Bildelemente zerlegt und reproduziert, so kann erreicht werden, daß von E_r nur das Momentanbild zu sehen ist, das in E projiziert wurde. Diese Bildverarbeitung kann mit den gleichen Verfahren wie oben dargelegt erfolgen. Hierbei kann, wenn die Bedingungen für die Lage von E_r beachtet werden (Gleichung 2), ein völlig verzerrungsfreies Hologramm erhalten werden /9/.

Synthese eines Hologramms aus wenigen Bildflächen

Ist bei der Projektion des Originalbildes der Winkelabstand benachbarter Bildflächen ausreichend klein, so ist das aus dem Hologramm reproduzierte Bild natürlich. Das reproduzierte Bild eines Hologramms, das bei großem Winkelabstand mit wenigen Bildflächen synthetisiert wurde, ist unstetig. Wird das Hologramm gedreht, so ist in Zwischenräumen das reproduzierte Bild zu sehen. Dies ist ein Problem, auf das man speziell bei der Synthese von medizinischen Hologrammen auf der Grundlage von Röntgenstrahlen bei Patienten stößt, wo die Belastung durch die Röntgenstrahlen möglichst klein sein soll.

In derartigen Fällen wird ein Verfahren verwendet, bei dem aus zwei benachbarten Bildern ein Zwischenbild synthetisiert wird. Hier werden optische und computergestützte Verfahren vorgeschlagen. Bild 8 zeigt ein System /10/, das optische Methoden verwendet.

Auf die Diffusionsplatte D wird das schlitzförmige Bild S einer Lichtquelle projiziert. Diese wird in den physikalischen Brennpunkt der Kollimatorlinse gebracht. In senkrechter Richtung (Richtung in Blattebene) wird paralleles, in waagerechter Richtung (senkrecht zur Blattebene) wird ein diffuses Licht erzeugt und hiermit die rechte und linke Abbildung des Originals, P_L und P_R, bestrahlt. P_L und P_R sind in einem geeigneten Abstand l angeordnet. Dazwischen wird die Eingabefläche P_1 der optischen Systeme L_2, L_3 für das kohärente Filtern gebracht, und man erhält unmittelbar vor der Ausgabefläche P_3 die Bildflächen P_L' und P_R' von P_L bzw. P_R. Wird hier zwischen die Flächen P_L', P_R' die Fläche P_1 gestellt, so erhält man in der Fläche P_1' ein Zwischenbild. Wird jetzt in die Ebene P_2 der Fourierspektren eine Blende gebracht, so wird das waagerechte, nicht benötigte diffuse Licht ausgeblendet und die Erzeugung von Geisterbildern unterdrückt.

Mit einem Computerverfahren /11/ kann man über ein inverses Projektionsverfahren aus dem linken und rechten Bild P_L, P_R das dreidimensionale Bild des ursprünglichen Körpers reproduzieren und dann durch Projektion in eine Zwischenrichtung das mittlere Bild bestimmen. Werden Bilder mindestens über einen sichtbaren Bereich von 180° in großer Anzahl erhalten, so kann wie beim Copmputerverfahren zur Ermittlung von Schnittbildern (CT) ein dreidimensionales Bild von Körpern reproduziert werden. Ist der Sehbereich schmaler oder die Anzahl der Bilder des Originals geringer, so sind gesonderte Überlegungen erforderlich.

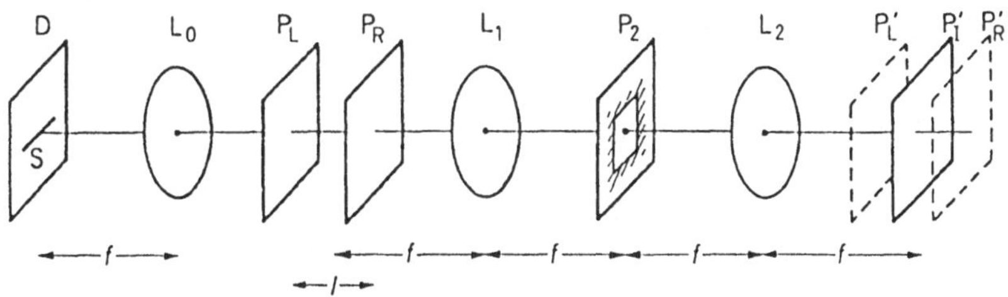

Bild 8:   Optische Synthese eines Zwischenbildes

Qualität der reproduzierten Bilder

Die Qualität eines reproduzierten Bildes wird durch den Kontrast und die Auflösung bestimmt. Der Kontrast hängt im starken Maße vom Kontrast des Ausgangsbildes ab. Wenn das Originalbild einen ausreichenden Kontrast hat, erhält man ein gutes Ergebnis.

Bei medizinischen Röntgenaufnahmen ist der Kontrast häufig gering und damit auch der des reproduzierten Bildes, was den Raumeindruck häufig verschlechtert. Wird während des Projizierens ein Kontrastverstärkungsmittel oder ein Material mit hoher Gammastrahlenempfindlichkeit verwendet, so kann auch in diesen Fällen das kohärente Filtern für das optische System zur Synthese von Hologrammen verwendet werden (Bild 4). Werden Verfahren wie die rechnergestützte Verarbeitung der Abbildung des Originals verwendet, muß eine Kontrastverstärkung angestrebt werden.

Die Auflösung des reproduzierten Bildes hängt auch von der des Originalbildes ab, und die Verringerung der Auflösung durch die Hologrammsynthese kann vernachlässigt werden. Jedoch beeinflussen Form und Größe der für die Reproduktion verwendeten Lichtquellen stark die Auflösung des reproduzierten Bildes. Normalerweise wird ein senkrechter Faden mit einem Durchmesser von 1 mm und einer Länge von 3 mm oder darunterliegenden Werten verwendet /12/.

Beim multiplexen Hologramm gibt es nur wenige Einschränkungen für das zum Aufzeichnen verwendete Material. Da ein helles reproduziertes Licht erhalten wird, lassen sich vielfältige Anwendungsmöglichkeiten erwarten, die von Wissenschaft, Technik und Medizin bis hin zu Kunst und Reklame reichen. Die hierfür erforderliche Bildverarbeitung erfolgt häufig mit Computern. Gegenwärtig liegt die Rechenzeit noch zu hoch, so daß es zu keiner praktischen Anwendung kommt, und die Herstellung von Hologrammen und deren Anwendung erfolgen nur in geringem Umfang. Berücksichtigt man jedoch, daß es zur Einführung von Spezialrechnern kommen wird, so kann wohl in naher Zukunft mit der praktischen Anwendung gerechnet werden.

Literatur

1 Krulikowski, S.J.Jr.; Kowalski, D.C.; Whitehead, F.R.: J. SPIE 9 (1971), p. 105

2 Rotz, F.B.: Opt. Engineering 14 (1975), p. 226

3 Ohnuma, K.; Honda, T.; Tsujiuchi, J.: Opt. Commun. 36 (1981), p. 1

4 Ohnuma, K.; Honda, T.; Tsujiuchi, J.: Opt. Commun. 37 (1981), p. 339

5 Honda, T.: Kogaku 8 (1979), S. 196 (in Japanisch)

6 Okada, K.; Honda, T.; Tsujiuchi, J.: Opt. Commun. 36 (1981), p. 17

7 Tsujiuchi, J.; Honda, T.; Okada, K.; Suzuki, M.; Saito, T.; Iwata, F.: Optics in Four Dimensions (Edited by M. Machado nad L.M. Narducci). AIP Conference Proceedings. 65 (1981), p. 594

8 Huff, L.; Fusek, R.L.: Three-Dimensional Imaging. SPIE Proceedings. 402 (1983), p. 38

9 Okada, K.; Honda, T.; Tsujiuchi, J.: Opt. Commun. 48 (1983), p. 167

10 Oshima, K.; Okoshi, T.: Appl. Opt. 18 (1979), p. 469

11 Okada, K.; Honda, T.; Tsujiuchi, J.: Three-Dimensional Imaging. SPIE Proceedings 402 (1983), p. 33

12 Okada, K.; Honda, T.; Tsujiuchi, J.: Opt. Commun. 41 (1982), p. 397

3.3 Analoge optische Parallelverarbeitung

Yatagai, T. (Tsukuba-Universität)

3.3.1 Einleitung

Bei der analogen optischen Parallelverarbeitung wird keine Digitalisierung oder Abtastung von 2- oder 3-dimensionalen Bildern vorgenommen, sondern die unmittelbare Parallelverarbeitung des Ausgangsbildes. Wird ein lichtdurchlässiger Körper, z.B. ein Dia, mit dem kohärentem Licht z.B. eines Lasers bestrahlt und dies durch eine Linse geschickt, erhält man in der Brennebene der Linse die Fouriertransformierte des lichtdurchlässigen Körpers. Demnach besitzt die analoge optische Parallelverarbeitung den Vorteil, daß sie mit einer solchen Geschwindigkeit erfolgen kann, wie sie mit einem Digitalrechner nicht erreichbar ist, nämlich mit der Lichtgeschwindigkeit.

Im Vergleich zu anderen optischen Verarbeitungsverfahren besitzt die analoge optische Parallelverarbeitung eine lange Tradition. Sie geht auf Anfang 1960 zurück /1/, als durch die Kombination der Theorie der Informationsübertragung und der Theorie der optischen Bildsynthese das Raumfrequenzfilter entwickelt wurde. Die Grundlage der analogen optischen Parallelverarbeitung ist die Berechnung der räumlichen Fouriertransformierten und Korrelation unter Verwendung von Linsen. Es lassen sich auch die Grundrechenarten wie Additition, Subtraktion, Multiplikation, Division, Differentiation, Integration und logische Operationen realisieren. Unter deren Verwendung wurden verschiedene Verfahren für die optische Informationsverarbeitung untersucht und teilweise optische Systeme entwickelt, die für spezielle Aufgaben eingesetzt werden, beispielsweise in Geräten für die Ermittlung von Defekten, in Zeichenlesegeräten und Geräten zum Auffinden von Informationen.

Hier sollen unter Berücksichtigung zukünftiger Entwicklungen mehrere Verfahren vorgestellt werden, von denen angenommen wird, daß sie für den Aufbau von Systemen zur universellen analogen optischen Parallelverarbeitung von Bedeutung sind. Zunächst soll über die Technik des Raumfrequenzfilters und dessen praktische Anwendung berichtet werden, das auch bisher am besten untersucht wurde. Es nutzt die kohärente Optik und ist ein typischer Vertreter der optischen Analogverarbeitung. Dann erfolgt die Beschreibung des Rechnens mit optischer Rückkopplung, die den Freiheitsgrad der optischen Berechnungen erhöht und deren Möglichkeiten erweitert. Abschließend wird ein hybrides Verarbeitungsverfahren vorgestellt. Die hybride Verarbeitung läßt eine einfache Kopplung mit anderen elektronischen Verarbeitungssystemen zu; der Freiheitsgrad der Berechnungen ist auch groß.

3.3.2 Raumfrequenzfilter /2/

Optische Systeme mit Doppelbeugung

Bei der optischen Filterung werden am häufigsten optische Systeme mit Doppelbeugung verwendet. Wie Bild 1 zeigt, werden die Bildeingabeebene, die Filterebene und die Ebene, auf die das Bild ausgegeben wird, durch Linsen getrennt und jeweils in der Brennweite f der Linsen angeordnet. Wird das eingegebene Bild i(x,y) in die Ebene zur Bildeingabe gebracht und mit parallelem kohärenten Licht bestrahlt, erhält man in der Filterebene dessen Fouriertransformierte I(u,v). Ist $H^{*}(u,v)$ die Amplitudenverteilung der Lichtdurchlässigkeit des Filters, so erhält man in der Bildausgabeebene:

$$o(x,y) = F[I(u,v) \cdot H*(u,v)]$$

$$= \iint i(x', y') \cdot h(x' - x, y' - y)\, dx'dy' \tag{1}$$

Hierbei ist H(x,y) die Fouriertransformierte von h(u,v).

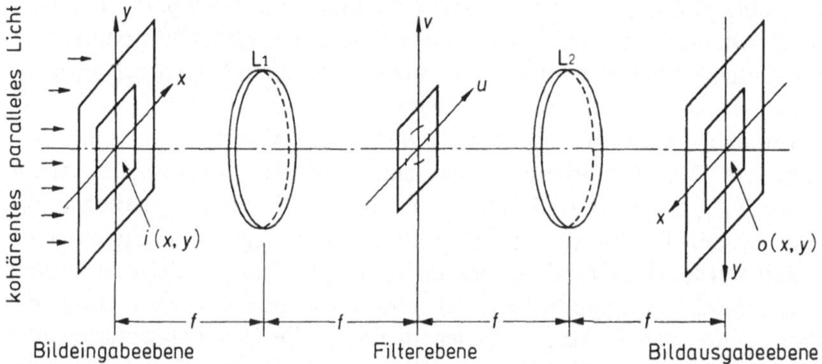

Bild 1:   Optisches System mit Doppelbeugung

Daher kann durch die Verwendung eines optischen Systems mit Doppelbeugung die Korrelation zwischen dem eingegebenen Bild eines Körpers i(x,y) und der Filterantwort h(x,y) berechnet werden. Entsprechend den Filterfunktionen können verschiedene Verarbeitungen wie Korrekturen des eingegebenen Bildes i(x,y), die Ermittlung von Konturen und der Mustervergleich vorgenommen werden.

Praktische Anwendungen

(a) Defektermittlung mit einem Richtungsfilter /3/
Wird ein Filter verwendet, das nur in einer bestimmten Richtung durchlässig ist, so ist es möglich, Strukturen mit einer bestimmten Richtung aus einem eingegebenen Bild zu extrahieren. Dies beruht auf der räumlichen Invarianz der Fouriertransformation. Wenn weiterhin in der Bildeingabeebene Parallelverschiebungen der Muster vorliegen, ist die Amplitudenverteilung in der Filterebene unverändert. Für das mit einem Richtungsfilter eingegebene Gesamtbild können Strukturen, die eine bestimmte Richtung haben, verarbeitet werden.
Es gibt Geräte zur Defektermittlung in IC-Masken, die Richtungsfilter verwenden. Die Strukturen einer IC-Maske haben eine bestimmte waagerechte oder senkrechte Richtung. Ein Defekt wird dadurch erkannt, daß er ungerichtet ist. Wird im optischen System von Bild 1 in die Bildebene die IC-Maske gebracht und eine Maske in die Filterebene, die die senkrechten

und waagerechten Komponenten nicht hindurchläßt, so werden in der Ausgabeebene nur die ungerichteten Strukturen, d.h. die Defektbereiche, ermittelt und angezeigt. In der praktisch eingesetzten Anlage werden neben dem kohärenten optischen System dichromatische Spiegel und inkohärentes Licht verwendet, und es wird dafür gesorgt, daß nur die Bereiche mit Defekten farbig angezeigt werden.

(b) Tragbarer optischer Korrelator /4/

Mit einem zweidimensionalen Korrelator, der ein optisches System mit Doppelbeugung verwendet, kann festgestellt werden, ob in eingegebenen Bildern bestimmte Strukturen vorhanden sind und in welchem Bereich eines eingegebenen Bildes sie auftreten. Ein typisches Anwendungsbeispiel hierfür ist die Unterscheidung von Buchstaben unter Verwendung eines abgestimmten Filters.

Da jedoch bei jedem Gerät die Montage häufig auf einer großen festen Platte erfolgt, ist die praktische Anwendbarkeit schwierig. Upatnieks hat einen äußerst kleinen transportablen zweidimensionalen optischen Korrelator entwickelt. In Bild 2 ist dessen Aufbau dargestellt. Um eine Miniaturisierung des Gerätes zu erreichen, wird als Lichtquelle eine Halbleiterdiode verwendet. Für die Eingabe von Bildern allgemeiner Form wird ein Wandler für inkohärentes in kohärentes Licht aus Flüssigkristallen eingesetzt. Zur Änderung der Größe des eingegebenen Bildes wird ein Zoom-Objektiv eingesetzt. Weiterhin besitzt das Gerät als Besonderheit 4 Halbleiterlaser, durch die eine multiplexe Verarbeitung erreicht wird. Für die Bildeingabe kommen zweidimensionale Bildsensoren zum Einsatz. Die Größe des Gerätes beträgt 32x23x15 cm^3. Praktisch werden in Bildern bestimmte Gebäude ermittelt.

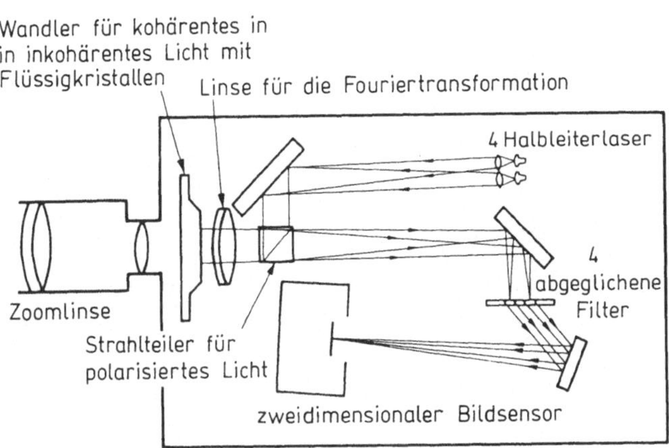

Bild 2:   Tragbarer optischer Korrelator /4/

3.3.3 Verarbeitung mit optischer Rückkopplung /5/

Wird ein optisches System mit einer Rückkopplung versehen, so lassen sich die Funktionen des optischen Verarbeitungssystems erweitert. Wie bei der

Rückkopplung elektrischer Systeme wird nicht nur der Filterentwurf einfacher und der Freiheitsgad nimmt zu, sondern es eröffnen sich auch einzigartige Verarbeitungs- und Anwendungsmöglichkeiten wie Berechnungen unter Berücksichtigung von Nichtlinearitäten und das Lösen von Integralgleichungen.
In Bild 3 ist ein optisches Verarbeitungssystem mit Rückkopplung in allgemeiner Form dargestellt.

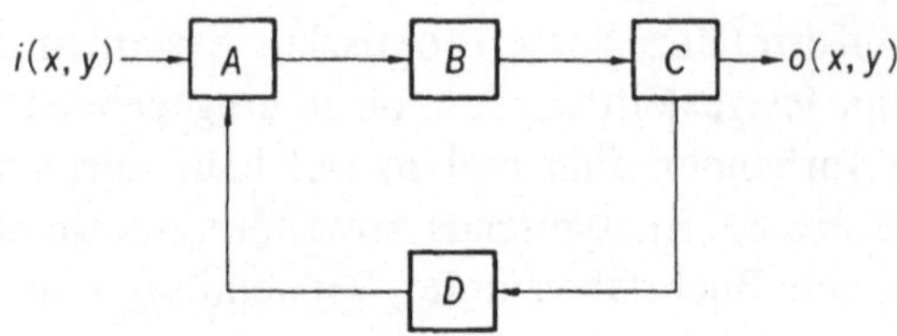

Bild 3:   Optische Rückkopplung /3/

Das Eingabemuster sei i(x,y) und das Ausgabemuster o(x,y). Mit den optischen oder elektrischen Verarbeitungssystemen A, B, C und D wird dann das Gesamtsystem aufgebaut. Allgemein wird B als Systemoperator und D als Rückkopplungsoperator bezeichnet. Hat das System B die Verstärkung β, so bezeichnet βB den Operator dieses Systems. Bei negativer Rückkopplung führt A die Subtraktion aus, und das Ausgabemuster läßt sich durch

$$o(x, y) = \beta B[i(x, y) - D\{o(x, y)\}] \tag{2}$$

angeben. Sind die Übertragungsfunktionen jedes Operators B, D, so ergibt sich die Gesamtübertragungsfunktion dieses rückgekoppelten Systems zu:

$$\tilde{F}(v_x, v_y) = \frac{\beta\tilde{B}}{1 + \beta B \cdot \tilde{D}} \tag{3}$$

Ist hier $/\beta BD/ >> 1$, so ergibt sich:

$$\tilde{F} = \frac{1}{D} \tag{4}$$

Es kann das mit normalen Mitteln schwierig herstellbare optische Umkehrfilter realisiert werden.

Verarbeitung mit kohärenter Rückkopplung

Ein kohärentes Verarbeitungssystem verwendet als Lichtquelle das Laserlicht und als Rückkopplungselement einen halbdurchlässigen Spiegel mit hohem Reflexionsgrad.

Bild 4 zeigt ein Beispiel, bei dem anstelle des normalerweise verwendeten halbdurchlässigen ebenen Spiegels ein konkaves Spiegelsystem zum Einsatz kommt.

Wird die Fläche A mit dem Eingabemuster i(x,y) bestrahlt, entsteht nach Durchlaufen des als durchgezogene Linie dargestellten optischen Weges das Muster o(x,y) auf der Ausgabefläche C. Wählt man hierbei den Punkt B als Brennpunkt des konkaven Spiegels, so kann man, wenn man dort ein Filter f(u,v) für die Raumfrequenz anbringt, ein optisches Filtern durchführen. Hierbei wird ein Teil des Lichtstrahls von der Fläche C reflektiert. Wählt man den

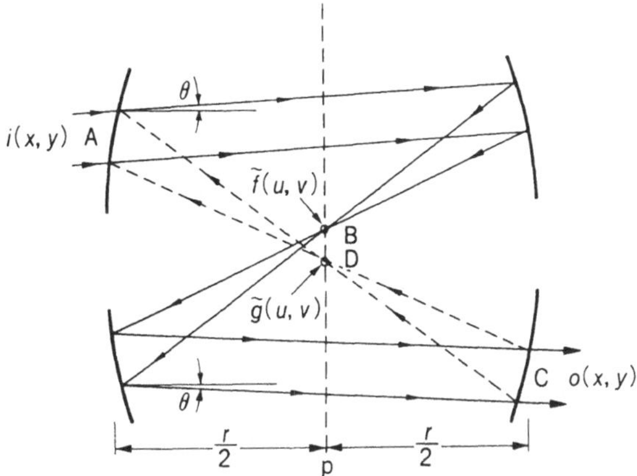

Bild 4

Punkt D als Brennpunkt, so kommt es in der Eingabeebene A zur erneuten
Bilddarstellung. Dieser Lichtstrahl ist der rückgekoppelte Strahl. Wird in die
Brennebene des rückgekoppelten Strahles ein gesondertes räumliches Filter
g(u,v) gelegt, erzielt man eine Filterung der Raumfrequenz. Die Differenz der
optischen Weglänge von eingestrahltem und rückgekoppeltem Licht ist β. Diese läßt sich durch Änderung des Abstandes der sich gegenüberstehenden konkaven Spiegel ändern. In Abhängigkeit vom Wert dieses Phasengliedes $e^{i\beta}$ lassen sich Systeme mit positiver und negativer Rückkopplung realisieren. Die
Übertragungsfunktion dieses Systems ist:

$$\tilde{h}(u,v) = \frac{\tilde{f}(,v)}{1 - R^2 e^{i\beta}\tilde{f}(u,v) \cdot \tilde{g}(u,v)} \tag{5}$$

Hierbei ist R der Reflexionsfaktor des konkaven Spiegels. Liegt die optische
Weglänge in der Größenorndung von Metern, so lassen sich zweidimensionale
optische Berechnungen in einigen ns durchführen.

Als Anwendungsbeispiele für die Verarbeitung mit kohärenter Rückkopplung wurden verschiedene Bildkorrekturen, wie die Korrektur verwaschener
Bilder und die Bildtönung, veröffentlicht. Eine besonders herausragende Anwendung ist die Lösung partieller Differentialgleichungen mit analogen Lösungsverfahren. Es soll zum Beispiel die Lösung der folgenden Poissonschen
Gleichung betrachtet werden:

$$\frac{\partial^2 \varphi}{\partial x^2} + \frac{\partial^2 \varphi}{\partial y^2} = - q(x,y) \tag{6}$$

Wird diese Gleichung fouriertransformiert und umgestellt, so erhält man:

$$\tilde{\varphi}(u,v) = \frac{\tilde{q}(u,v)}{u^2 + v^2} \tag{7}$$

Kann man i(x,y) = q(x,y), $\tilde{h}(u,v)$ = $1/(u^2 + v^2)$ setzen, so läßt sich die oben
beschrieben Poisson-Gleichung lösen. Wählt man

$$\tilde{f}(u,v) = \frac{1}{1 + u^2 + v^2}$$

$$\tilde{g}(u, v) = 1$$

$$\beta = 2m\pi \quad \text{(m ganzzahlig)},$$

$$R^2 \approx 1$$

so ist eine Realisierung möglich.

Auf die gleiche Weise wurden Wellengleichung und Diffusionsgleichung gelöst.

Verarbeitung über inkohärente Rückkopplung /6/

Bei der Rückkopplung über inkohärentes Licht benutzt das wichtigste der heute eingesetzten Verfahren ein Fernsehsystem. Dessen Aufbau ist in Bild 5 gezeigt. Das eingegebene Muster sei i(x,y,t), das ausgegebene o(x,y,t). F ist die Übertragungsfunktion des optischen Verarbeitungssystems, das normalerweise ein inkohärentes Bilderzeugungssystem mit Linsen ist. Ein Teil des Ausgabemusters wird von einem halbdurchlässigen Spiegel reflektiert und mit einer Fernsehkamera in ein elektrisches Signal umgewandelt. Dies wird mit einem elektronischem Verarbeitungssystem bezüglich Kontrast und Verstärkung abgeglichen und über einen Fernsehmonitor ausgegeben. Das dargestellte und das eingegebene Bild werden auf dem halbdurchlässigen Spiegel BS_1 zur Überlagerung gebracht und über das optische System F übertragen, wodurch man das Ausgabemuster erhält. Beim inkohärenten Rückkopplungssystem können wie beim kohärenten System durch Abgleich der Eigenschaften von F und der Verarbeitungskennwerte βG des elektronischen Systems Verarbeitungsschritte wie eine Korrektur von Schlieren oder eine Bildtönung vorgenommen werden.

Wird weiterhin die zeitliche Verzögerung des elektronischen Verarbeitungssystems genutzt, können zeitlich veränderliche Bilder verarbeitet und eine nichtlineare Bewertung durchgeführt werden. Zum Beispiel kann eine zweidimensionale Diffusionsgleichung, bei der die Zeit als Variable auftritt, mit einem über Fernsehen rückgekoppelten System gelöst werden. Weiterhin wurde auch veröffentlicht, daß dann, wenn man die Verstärkung der Rückkopplung erhöht und das eingegebene Bild mit einer zeitlichen Schwingung wiederholt, eine Schwingungserscheinung auf der Bildfläche auftritt. Dies weist darauf hin, daß ein dreidimensionaler Speicher vorliegt, der die zeitlichen Änderungen der zweidimensionalen Bilddaten enthält.

3.3.4 Hybrides Verarbeitungsverfahren

Die optische Verarbeitung ist eine Parallelverarbeitung und dadurch äußerst schnell. Andererseits weisen Elektronenrechner als elektronische Verarbeitungssysteme eine hohe Flexibilität auf und lassen sich leicht mit anderen Verarbeitungssystemen koppeln. Weiterhin lassen sich bei einem optischen System

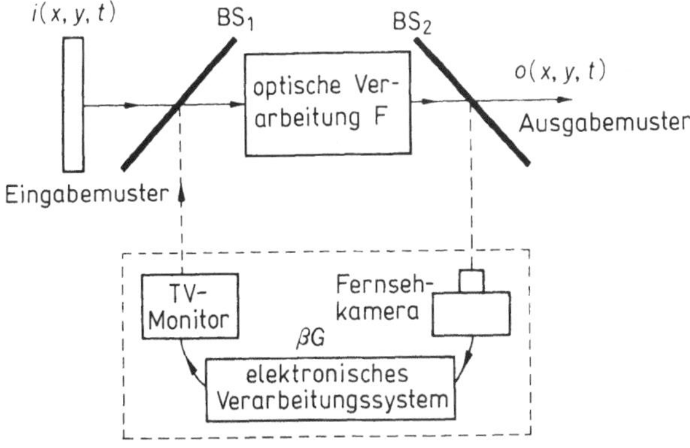

Bild 5: Verarbeitungssystem mit inkohärenter Rückkopplung

mit kohärenter Verarbeitung die Fouriertransformation und die Berechnung der Korrelation relativ leicht durchführen; als Eingabemedium sind lichtdurchlässige Stoffe wie Filme erforderlich. Lichtundurchlässige Materialien wie Papier, auf das Zeichen geschrieben wurden, lassen sich nicht direkt verarbeiten. Werden optische und elektronische Verarbeitungssysteme bzw. kohärente und inkohärente Verarbeitungssysteme, d.h. zwei Verarbeitungssysteme mit unterschiedlichen Eigenschaften, kombiniert, so kann ein Verarbeitungssystem entwickelt werden, das die Vorteile beider vereinigt. Dies ist das Grundkonzept der hybriden Verarbeitungssysteme.

Optoelektronische hybride Verarbeitung /7/

In Bild 6 ist das vereinfachte Blockschaltbild eines hybriden optoelektronischen Verarbeitungssystems dargestellt. Der obere Teil des Blockschaltbildes zeigt im optischen Verarbeitungsteil als Beispiel ein optisches Verarbeitungssystem für die Korrelationsberechnungen. In die Bildeingabeebene P_1 wird das zu verarbeitende Eingabemuster gebracht. Mit der Linse L_2 erhält man das Fourierspektrum des Eingabemusters in der Ebene P_2. Bringt man in die Ebene P_3 ein Raumfrequenzfilter, z.B. ein abgestimmtes Filter, so erhält man in der Ausgabeebene P_3 das Ergebnis der Filterung. Im unteren Teil des Blockschaltbildes ist dargestellt, wie die Muster der einzelnen Flächen über fotoelektrische Wandler eingelesen und das Ergebnis der elektronischen Verarbeitung zur Eingabeebene P_1 und Filterebene P_2 rückgekoppelt werden. Durch Vertauschen von Eingabemustern und Raumfrequenzfilter wird dessen Lage abgeglichen.

Das einfachste Beispiel für ein hybrides Verarbeitungssystem ist ein Analysator für Beugungsstrukturen. In die Ebene P_1 von Bild 6 werden die zu unterscheidenden Eingabemuster gebracht, und in der Ebene P_2 erhält man das Muster ihrer zweidimensionalen Fouriertransformierten. Das Muster der Fouriertransformierten ist dann, wenn der Körper eine Phasenverteilung aufweist, achsensymmetrisch. Mit einem Detektor, bei dem ein rundes und ein radiales

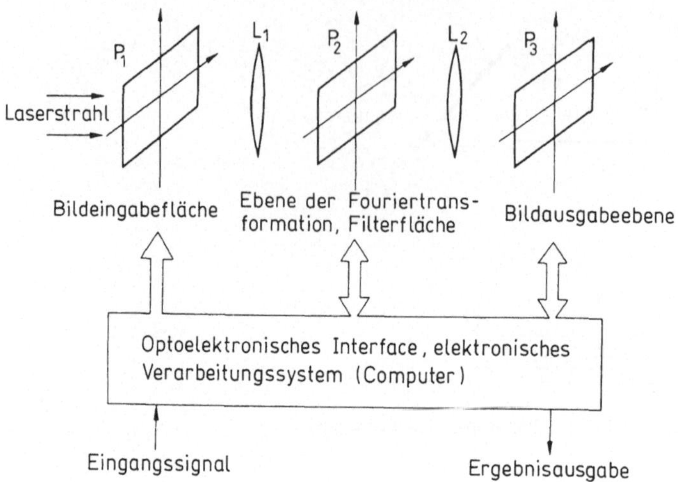

Bild 6:   Optoelektronisches hybrides Verarbeitungssystem /7/

Fotodetektorarray zu einem optischen Sensor kombiniert wurden, lassen sich die Informationen mit äußerst gutem Wirkungsgrad extrahieren. Das Sensorsignal wird mit einem elektronischen System (z.B. Mikrocomputer) verarbeitet. Das System wird zur Auswertung von Luftbildern, zur Verarbeitung von Röntgenbildern und mikroskopischen Aufnahmen sowie zur Kontrolle von Werkstücken eingesetzt.

Weiterhin wurde ein transportables Erkundungssystem für Wolken entwikkelt, das das Musterunterscheidungsvermögen von abgestimmten Filtern nutzt. Die zu verschiedenen Zeitpunkten von Satelliten aufgenommenen Wolkenbilder werden nacheinander über die Bildeingabefläche P1 eingegeben. Das vorgefertigte, auf eine Wolke abgestimmte Filter wird in die Filterebene P2 gebracht, der Ort der Wolke bestimmt, und durch Messung der Größe der Wolkenbewegung und deren Richtung werden mit dem System Windgeschwindigkeit und -richtung bestimmt.

Hybride kohärente-inkohärente Bildverarbeitung /8/

Die kohärente Verarbeitung wird allgemein für die Verarbeitung von Grauwertmustern verwendet, die eine verteilte Lichtdurchlässigkeit aufweisen. Spezielle Überlegungen sind erforderlich für auf Papier geschriebene Buchstabenmuster, abgestimmte Filter für Muster, die mit inkohärentem Licht bestrahlt wurden, sowie die Analyse von Beugungsstrukturen. Ein Beispiel hierfür ist ein kohärentes/inkohärentes hybrides Verarbeitungssystem. Die Eingabeeinheit für die Berechnungen verwendet ein inkohärentes System. Es wird dies in ein kohärentes System transformiert, das die Verarbeitung vornimmt. Für die Umwandlung des kohärenten in ein inkohärentes System wird ein räumlicher Modulator verwendet.

Bild 7 zeigt ein Beispiel für ein hybrides Verarbeitungssystem, das ein BSO-Kristallelement für die Inkohärenz-Kohärenz-Umwandlung verwendet. In die

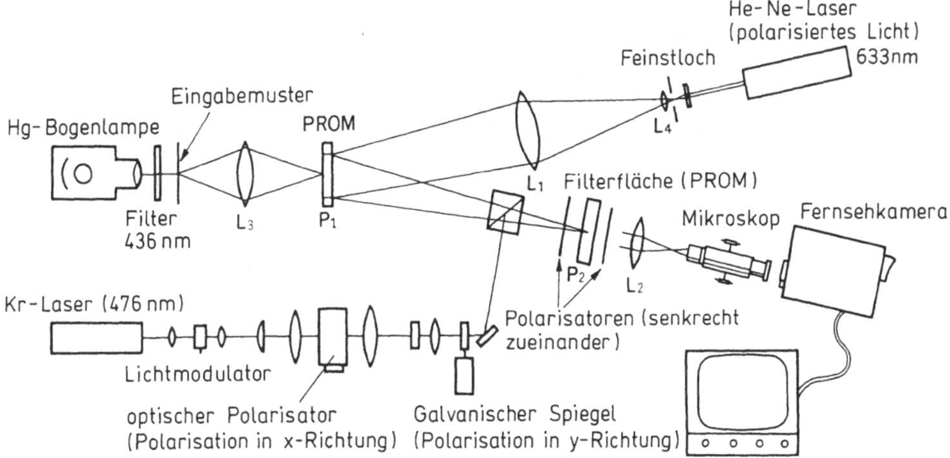

Bild 7: Hybrides kohärentes/inkohärentes Verarbeitungssystem /8/

Ebene P_1 wird ein räumliches BSO-Wandlerelement gebracht, das als PROM bezeichnet wird. Das Eingabemuster wird mit einer inkohärenten Quecksilberlampe bestrahlt und auf die Fläche P_1 des PROM projiziert. Diese Projektion wird mit dem kohärenten Licht eines He-Ne-Lasers ausgelesen, fouriertransformiert und auf die Fläche P_2 des 2. PROM ausgegeben. Beim 2. PROM wird durch zweidimensionale Ablenkung des Laserstrahls eines getrennten optischen Systems das Raumfrequenzfilter beschrieben und dadurch eine räumliche Frequenzfilterung durchgeführt.

Bei diesem System erfolgt mit dem 1. PROM die Inkohärenz/Kohärenz-Transformation. Weiterhin ist die Möglichkeit vorhanden, das PROM zu überschreiben und durch Änderung des Frequenzganges des 2. PROM ein flexibles optisches Verarbeitungssystem aufzubauen. Das beim Filtern ausgegebene Muster wird über ein Fernsehsystem in den Rechner eingegeben. Entsprechend dem Ergebnis kann die PROM-Filterkennlinie variert werden.

3.3.5 Zusamenfassung

Es wurden die neuesten Trends von Systemen zur analogen Parallelverarbeitung vorgestellt. Geht man davon aus, daß der optische Computer große Informationsmengen, wie sie bei zweidimensionalen Bildern auftreten, parallel gleichzeitig verarbeiten kann, so ist das hier vorgestellte parallele analoge System eine aussichtsreiche Lösung.

Da jedoch die Rechengenauigkeit und die Flexibiltät des Systems gering sind und verschiedene periphere Geräte fehlen, ist bisher noch nicht der Stand erreicht, daß man von einem Computer sprechen kann. Um diese Schwierigkeiten zu überwinden, sind Lösungen von großer Bedeutung, die die Software sowohl hinsichtlich der Algorithmen als auch der Architektur berücksichtigen. Es ist hier wohl auch die Rolle erneut zu überlegen, die parallele analoge Verarbeitungssysteme innerhalb der optischen Verarbeitungssysteme insgesamt übernehmen können.

Literatur

1 Cutrona, L.J.: Leith, E.N.; Palermo, C.J.; Porcello, L.J.: Optical data processing and filtering systems. IRE Trans. Inform. Theory IT-6 (1960), p. 386
2 Lugt, V.A.: Coherent optical processing. Proc. IEEE 62 (1974), p. 1300
3 Minami, T.; Sekizawa, H.; Watabe, Ch.; Matsuda, H.: Gerät zur Defektermittlung in IC-Masken. Yotsugakkai Rengo Taikai Yokoshu 7 (1977), S. 147 (in Japanisch)
4 Upatnieks, J.: Portable real-time coherent optical correlator. Appl. Opt. 22 (1983), p. 2798
5 Cederquist, J.; Lee, S.H.: The use of feedback in optical information processing. Appl. Phys. 18 (1979), p. 311
6 Ferrano, G.; Häusler, G.: TV optical feedback systems. Opt. Eng. 19 (1980), p. 442
7 Casasent, D.P.: Hybrid Processing. Optical Information Processing. (S.H. Lee ed.), Springer-Verlag (1981), p. 181 Pringer-Verlag
8 Sprague, R.A.; Nisenson, P.: The ITE KPROM-A status report. Proc. SPIE 83 (1976), p. 51

3.4 Digitale optische Verarbeitungsverfahren

Verfahren zur optischen Parallelverarbeitung

Ichioka, Y.; Tanida, J. (Universität Osaka)

3.4.1 Einleitung

Mit der verstärkten gesellschaftlichen Nutzung der Informationstechnik entstehen auf verschiedenen Gebieten Forderungen nach einer schnellen Verarbeitung umfangreicher zwei- oder dreidimensionaler Daten. Um diese Forderungen zu erfüllen, werden im Weltmaßstab immer größere Supercomputersysteme entwickelt. Jedoch läßt die prinzipielle Architektur der heutigen Elektronenrechner keine schnelle Verarbeitung von 2- und 3- dimensionalen Informationen zu. Supercomputer bilden hier keine Ausnahme. Um diesen Nachteil zu beseitigen, werden gegenwärtig neue Verarbeitungsprinzipien und Computer mit neuen Architekturen untersucht. Um andererseits auf dem Gebiet der digitalen Bildverarbeitung große Geschwindigkeiten zu erreichen, werden Rechnersysteme verwendet, die anders als die herkömmlichen eine Struktur haben, die sich für die zweidimensionale Verarbeitung eignet, wie lokal parallele Rechnersysteme und Pipeline-Rechner sowie vollständig parallele Systeme /1-3/. Aber auch dann, wenn aus mehreren komplexen Schaltkreisen eine VLSI-Schaltung gebildet wird, entstehen beim Aufbau eines vollständig parallelen Systems andere Probleme als bei herkömmlichen Elektronenrechnen, z.B. bezüglich des Datenflusses, der inneren Verbindungen, der praktischen Anlage sowie der Aufstellung von effektiv arbeitenden parallelen Algorithmen. Die Entwicklung eines Parallelrechners ist demnach keine triviale Aufgabe. Hier wird der optische Computer als Rechnersystem, das große Informationsmengen schnell parallel verarbeitet, einen großen Aufschwung erleben, da er die hohe Geschwindigkeit und das Parallelverarbeitungsvermögen von Licht nutzt.

Bisher wurden die folgenden drei Typen von optischen Rechnersystemen vorgeschlagen:

1. Ein optisches System, das optoelektronische Bauelemente, integrierte optische Schaltkreise und Lichtleiter verwendet
2. Optische Verarbeitungssysteme, die kohärentes und inkohärentes Licht verwenden
3. Parallele digitale optische Computer

Beim 1. Typ wurden die Elektronen, die der Träger für die Impulsfolgen elektronischer Rechner sind, durch Licht ersetzt. Prinzipiell wurde der Aufbau der herkömmlichen Elektronenrechner fast nicht verändert. Der 2. Typ ist ein analoges, paralleles Verarbeitungssystem für große Informationsmengen, das die hohe Geschwindigkeit und hohe Parallelität des Lichtes ausnutzt. Es entstehen große Probleme wie mangelnde Flexibilität und Funktionalität sowie Genauigkeit. Sie sind Nachteile der optischen Analogverarbeitung, so daß sie sich nicht stark weiterentwickeln wird. Der 3. Typ ist ein universelles paralleles digitales Rechensystem, das die Vorteile des Lichtes wie hohe Geschwindigkeit und hohe Parallelität nutzt, die Nachteile des 2. Typs aber beseitigt. Bisher gibt es nur wenige Untersuchungen, die der parallelen digitalen optischen Verarbeitung gewidmet sind. Eine optische Technik, die diese nutzt, ist noch gering entwickelt. Sind jedoch einmal die Bauelemente für die optische digitale Parallelverarbeitung (parallele optische Logikbauelemente und parallele optische Flip-Flops) sowie die Technik für ihren Einsatz entwickelt, so ist anzunehmen, daß in Analogie zur Geschichte der Elektronenrechner die Realisierung der optischen digitalen parallelen Rechnersysteme äußerst vielversprechend verlaufen wird. Ein hybrider paralleler digitaler optischer Computer, der auf einer neuen Grundlagentechnologie beruht und die Vorteile der Architekturen der drei Typen vereinigt, wird ein neues schnelles Rechnersystem einer neuen Generation für die Verarbeitung großer Informationsmengen sein und wird sich mit den herkömmlichen Begriffen nicht beschreiben lassen.

Der Grund des Einsatzes der Optik in Computersystemen einer neuen Generation ist darin zu suchen, daß sie bedeutende Vorteile gegenüber der bisherigen Technologie hat /4/. Diese sind:

1. Das Vermögen des Lichtes zur Parallelverarbeitung großer Informationsmengen läßt sich in verschiedenen Ebenen wie Datenein- und -ausgabe, logische Verarbeitung, arithmetische Verarbeitung, Speicher, A/D-, D/A-Umsetzung nutzen.

2. Da eine Musterlogik (Parallelverarbeitung zweier Binärbilder) aufgebaut werden kann sowie eine parallele Signalverarbeitung möglich ist, die herkömmliche Computer nicht durchführen können, lassen sich Computersysteme mit neuen Verarbeitungsprinzipien entwickeln.

3. Im Vergleich zu den Elektronenrechnern ist die Kopplung zwischen Ein- und Ausgängen der Übertragungskanäle einfach.

4. Ein als Binärzahl dargestelltes Signal, eine redundante Binärzahl und Analogsignale können als Hologramm oder Bild gespeichert werden.

5. Mit dem gleichen System ist die Verarbeitung analoger und digitaler Signale möglich.

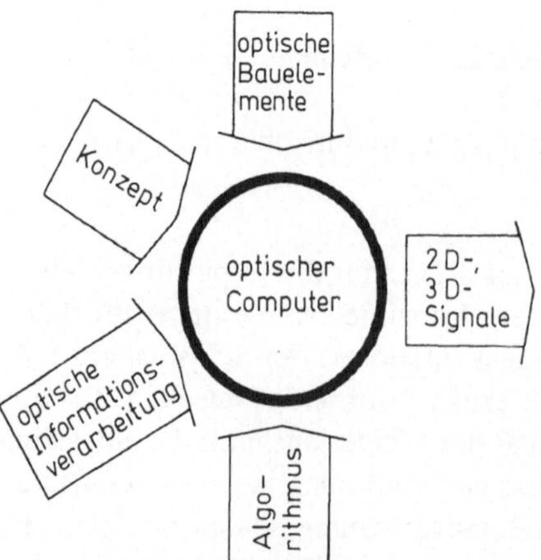

Bild 1:   Vier für die Entwicklung optischer Computer erforderliche Maßnahmen

Leider ist gegenwärtig der Begriff des optischen Parallelcomputers selbst noch nicht geklärt. Daher ist es für die praktische Realisierung eines parallelen digitalen Computers zunächst erforderlich, den Begriff genau abzugrenzen. In Bild 1 sind die für die Entwicklung optischer Parallelrechner erforderlichen Maßnahmen angeführt.

Die praktische Realisierung optischer Computer setzt die Entwicklung der Bauelementetechnologie voraus, wie aus dem Vergleich mit dem Entwicklungsprozeß von Elektronenrechnern ersichtlich ist. Faßt man die Aspekte der praktischen Realisierung von parallelen digitalen optischen Computern zusammen, so sind für den Nachweis der Grundfunktionen und den Betrieb die folgenden Entwicklungen der Grundlagentechnologie sowie Grundlagenuntersuchungen erforderlich /5/:

1. Verfahren zur logischen und arithmetischen optischen Parallelverarbeitung
2. Verfahren für die parallele Datenein- und -ausgabe
3. Verfahren zur parallelen D/A- und A/D-Umsetzung
4. Verfahren zur Übertragung, Kopplung und Rückkopplung digitaler optischer Signale
5. Verfahren zur parallelen optischen Informationsspeicherung und zum Auslesen optischer Informationen
6. Entwicklung paralleler optischer Funktionselemente (z.B. Verstärker, Flip-Flop)
7. Praktische Realisierung räumlicher Lichtmodulatoren
8. Prinzipien für die optische Parallelverarbeitung

Diese Punkte stellen Aufgaben dar, die für die Entwicklung optischer Computer unbedingt zu lösen sind. Besonders in den letzten Jahren wurden hierzu Untersuchungen durchgeführt /6-8/. Übrigens kam das plötzliche Interesse an den optischen Computern in den letzten 2, 3 Jahren nicht nur aus den oben angeführten Forschungsgebieten, sondern auch aus allgemeiner Sicht /9/.

Wir haben ausgehend von dem Standpunkt, daß die herkömmliche optische Informationsverarbeitung und die neue Optik bei der Festlegung der Struktur eines parallelen optischen Computers wohl eine wichtige Rolle spielen werden, Grundlagenuntersuchungen mit dem Ziel durchgeführt, das Konzept eines parallelen optischen Computers zu klären. Im vorliegenden Artikel werden bezüglich des 1. Punktes parallele optische logische und arithmetische Rechenverfahren für die einfache praktische Anwendung der Korrelationsoptik erläutert, wie sie vor kurzem entwickelt wurden.

3.4.2 Parallele optische logische Rechenverfahren

Die grundlegendsten und wichtigsten Rechenoperationen von Digitalrechnern sind die logischen. Folglich wird von optischen digitalen Parallelrechnern gefordert, daß sie unter Ausnutzung der Parallelität des Lichtes digitale optische logische Operationen ausführen können. 1982 haben wir ein neues paralleles optisches logisches Rechenverfahren entwickelt /10,11/, das die geforderten Operationen mit einem äußerst einfachen optischen Korrelationssystem ausführt. Bei diesem Verfahren bilden 2 kodierte Binärbilder das Eingabesignal, und unter Verwendung eines optischen Projektionssystems mit einer Vielzahl von Punktquellen wird die parallele Logik realisiert. Unter Verwendung dieser Methode lassen sich äußerst effektiv parallele logische Berechnungen (Musterlogik) durchführen. Ausgehend vom Prinzip dieser Methode lassen sich folgende Besonderheiten feststellen:

1. Das Verfahren läßt sich mit einem äußerst einfachen inkohärentem optischen System, d.h. mit einem optischen Projektionssystem ohne Linsen, das eine Vielzahl von punktförmigen Lichtquellen (LED) verwendet, realisieren. Folglich sind für den Aufbau außer LED solche optischen Baugruppen wie Linsen, Prismen und Spiegel nicht erforderlich. Weiterhin wird auch keine elektronische oder mechanische Abtastung benötigt. Daher ist auch das Preis-Leistungsverhältnis äußerst günstig.

2. Durch Einbeziehung der Schaltfunktion der LED lassen sich für zwei eingegebene Binärbilder auf einfache Weise 16 Arten der parallelen logischen Verarbeitung (logische Musterberechnung) realisieren, die für digitale Berechnungen erforderlich sind.

3. Die Logikgatter werden mit der SIMD (Single Instruction Stream Multi-Data)-Architektur betrieben.

4. Programmierbarkeit liegt vor. Mit dem Programm können beliebig zusammengesetzte parallele logische und arithmetische Verarbeitungen vorgenommen werden. Weiterhin ist die Verwendung als dynamische Logikgatter möglich.

5. Die eingegebenen Bilder müssen räumlich kodiert werden. Für die Betrachtung des ausgegebenen Bildes ist eine einfache Dekodiermaske erforderlich.

6. Eine rechentechnische Verarbeitung ist nicht nur für binäre, sondern auch für Bilder mit mehreren Graustufen möglich.

7. Berechnungen mit Parallelverschiebung sind möglich.

8. Durch die Kombination mit verschiedenen optoelektronischen Bauelementen lassen sich optische Schaltkreise herstellen.

Prinzipien der optischen parallelen logischen Verarbeitung

Bild 2 zeigt das Grundprinzip der entwickelten parallelen optischen logischen Verarbeitung. Die beiden eingegebenen binären Bilder A und B bestehen aus mxn Bildelementen. Nachdem sie mit dem nachfolgend beschriebenen Verfahren kodiert wurden, erhält man ein überlagertes kodiertes Eingabebild. Dieses Bild wird in die Eingabeebene des optischen Projektionssystems gebracht und mit vier Punktlichtquellen (LED) bestrahlt, die sich in der Ebene der Lichtquellen in gitterförmiger Anordnung befinden. (Entsprechend dem Kodierungsverfahren des Eingabebildes kann diese Anordnung geändert werden.) Durch Abgleich der Systemanordnung erfolgt die Projektion des kodierten Eingabebildes mit den 4 LED so, daß es auf dem Schirm um ein halbes Bildelement nach oben und unten bzw. rechts und links verschoben wird. Dieses projizierte Bild wird durch eine Dekodiermaske betrachtet, die als Rechteckgitter angeordnete, rechteckige Fenster hat. Als Verknüpfungsergebnis der zweiwertigen logischen Funktion zweier Variabler erhält man ein paralleles optisches Hell-Dunkel-Signal für alle Bildelemente, aus denen das Bild besteht, d.h. ein logisches Bildmuster. Wird die Variation der Ein-Ausschaltfunktion der 4 LED ebenfalls genutzt, so lassen sich 16 Arten von logischen Bildmustern gewinnen. Diese Logikgatter arbeiten im SIMD-Betrieb. Jedes der Bildelemente, aus denen das Bild besteht, wird vollständig parallel verarbeitet. Das heißt, daß nur so viele Logikgatter existieren, wie Bildelemente vorhanden sind. Ihre Eingangssignale sind die Bildelementewerte, deren Lage den beiden eingegebenen Bildern entspricht. Die Logikgatter arbeiten parallel und unabhängig und geben das Ergebnis (logisches Bildmuster) der vollständig parallelen logischen Verarbeitung aus.

Nachfolgend soll anhand des logischen Gatters eines Elementes der Abbildung, des Bildelementes ij, die Ausführung der logischen Verknüpfung über die logische Kodierung des eingegebenen Bildes und das optische Projektionssystem erläutert werden. Da natürlich die Logikgatter für alle Bildelemente, aus denen die Abbildung besteht, vorhanden sind, ist der Betrieb des Logikgatters bezüglich des Bildelementes ij äquivalent zu dem der übrigen Bildelemente, die völlig parallel und unabhängig verarbeitet werden.

Kodierung eines Bildelementes

Eingangssignale des Logikgatters ij sind die Werte a_{ij} bzw. b_{ij} des Bildelementes ij der binären Eingabebilder A und B. Die Werte für a_{ij} und b_{ij} sind 0 (schwarz oder lichtundurchlässig) oder 1 (weiß oder lichtdurchlässig). Die Eingabeinformationen werden als Schwarz-Weiß-Informationen der Bildelementeebenen gespeichert. Hier werden sie als räumliche Koordinateninformationen gespeichert, die sich leicht parallel verarbeiten lassen.

Im Bild 3 (a) ist das Kodierungsverfahren für die Werte a_{ij}, b_{ij} des Bildelementes ij der Bilder A und B dargestellt. Die umrandeten weißen Teile sind lichtdurchlässig, die schraffierten lichtundurchlässig. Wie aus Bild (a) ersichtlich ist, wird für die beiden eingegebenen Bilder eine unterschiedliche Kodierung durchgeführt. Werden unter Verwendung dieses Kodierungsverfahrens alle Bildelemente der eingegebenen Bilder A,B kodiert, so erhält man die kodierten Bilder A',B'.

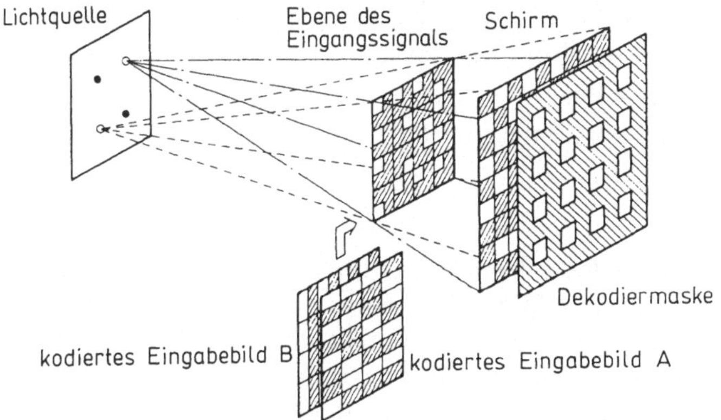

Bild 2:   Prinzip der parallelen optischen logischen Verarbeitung

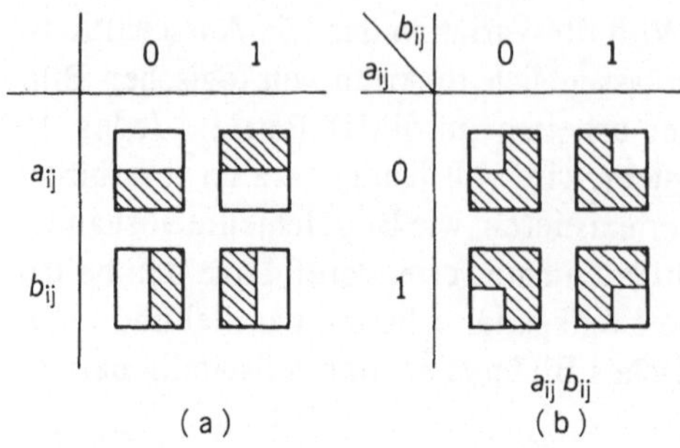

<table>
<tr><td>(a)</td><td>(b)</td><td>Bild 3 : Kodierung des Bildelementes ij</td></tr>
</table>

Dann werden die beiden kodierten Bilder A', B' so überlagert, daß die Koordinaten der jeweiligen einzelnen Bildelemente übereinstimmen. Als Ergebnis erhält man durch Zusammenfassen der Werte a_{ij}, b_{ij} vier Kodewerte wie in Bild (b). Dies bedeutet, daß nur 1/4 des Bildelementebereiches ein lichtdurchlässiges Fenster hatte. Die Lage dieses Fensters im Bildelementebereich beschreibt die Verknüpfung der Werte a_{ij} und b_{ij}. Sie bilden die Eingangsinformationen des Logikgatters des Bildelementes ij. Das so durch Überlagerung entstandene, kodierte Eingabebild wird in die Eingabeebene des Systems von Bild 2 gebracht. Die räumliche Kodierung des Bildelementes ij nach Bild 3 entspricht der Funktion eines digitalen 2-Bit-Dekoders nach Bild 4.

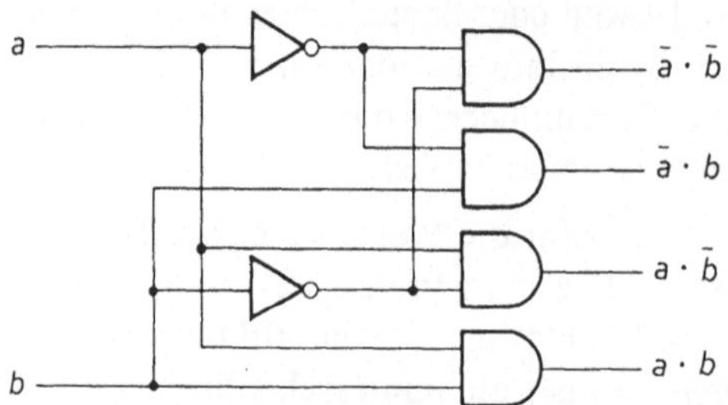

Bild 4:   2-Bit-Dekoder

Durchführung der parallelen optischen logischen Verarbeitung

Das kodierte Eingabebild wird in die Eingabeebene des Systems von Bild 2 gebracht und mit dem diffusen Licht der vier LED, die sich auf einem rechteckigen Gitter befinden, bestrahlt. In Bild 5, 6 sind das kodierte Eingabebild und die Schirmanordnung gezeigt. Bild 5 zeigt Vorder- und Seitenansicht; Bild 6 ist eine perspektivische Darstellung.

Wie aus den Bildern 5,6 ersichtlich ist, wird dann, wenn die Beziehung

$$\frac{z}{z_1} = \frac{d_1}{l - d_1} \, (d_1 < l) \tag{1}$$

erfüllt ist, die Abbildung des Bildelementes ij des kodierten eingegebenen Bildes auf dem Schirm dargestellt, wenn es genau um ein halbes Bildelement in waagerechter und senkrechter Richtung verschoben wird. $2d_1$ ist die Größe des Bildelementes des eingegebenen kodierten Bildes, z_1 und z sind die Abstände zwischen der Ebene der Lichtquellen und der Eingabeebene bzw. der Eingabeebene und der Schirmfläche. Als Ergebnis erreicht das Licht, das

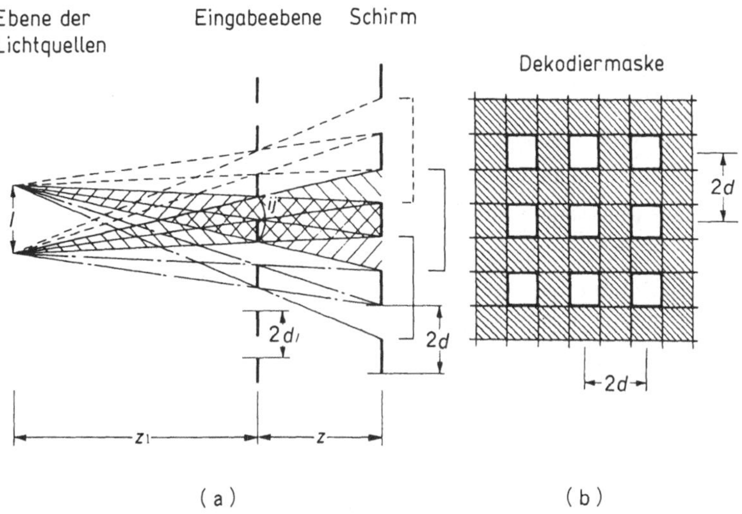

Bild 5:   Optisches Projektionssystem und Dekodiermaske

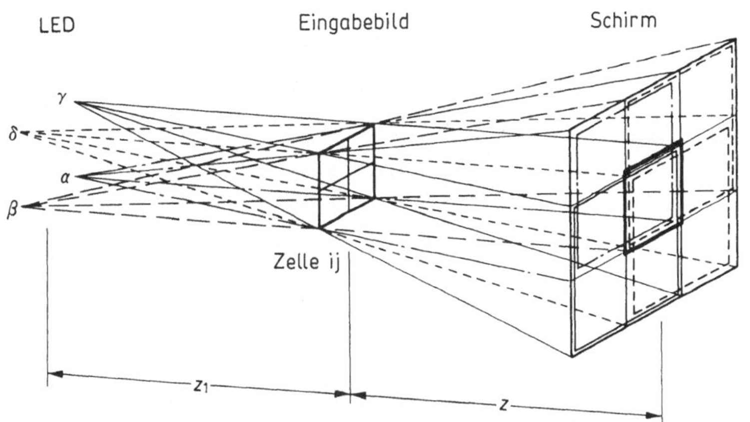

Bild 6:   Mehrfaches Projektionssystem für das Bildelement ij

durch die 4 Teilfenster des Bildelementes ij fällt, neun auf dem Schirm befindliche Teilflächen.

Jetzt soll die mittlere Teilfläche der 9 Teilflächen auf dem Schirm betrachtet werden. In den folgenden 4 Fällen fällt Licht auf diese Teilfläche:

1. Lichtquelle α ON und $\quad a_{ij} = 1$

$\qquad\qquad\qquad\qquad\quad\; b_{ij} = 1$

2. Lichtquelle β ON und $\quad a_{ij} = 1$

$\qquad\qquad\qquad\qquad\quad\; b_{ij} = 0$

3. Lichtquelle γ ON und $\quad a_{ij} = 0$

$\qquad\qquad\qquad\qquad\quad\; b_{ij} = 1$

4. Lichtquelle δ ON und $\quad a_{ij} = 0$

$\qquad\qquad\qquad\qquad\quad\; b_{ij} = 0$

Daher kann die Stärke des Lichtes, das die Teilfläche erreicht, mit der folgenden Gleichung abgeschätzt werden:

$$I_{i,j} = a \cdot (a_{i,j} \cdot b_{i,j})$$
$$+ \beta \cdot (a_{ij} \cdot \overline{b}_{ij})$$
$$+ \gamma \cdot (\overline{a}_{ij} \cdot b_{ij})$$
$$+ \delta \cdot (\overline{a}_{ij} \cdot \overline{b}_{ij}) \tag{2}$$

$\alpha, \beta, \gamma, \delta$ können die beiden Werte 0 und 1 annehmen, "." bezeichnet die AND- und "+" die OR-Funktion.

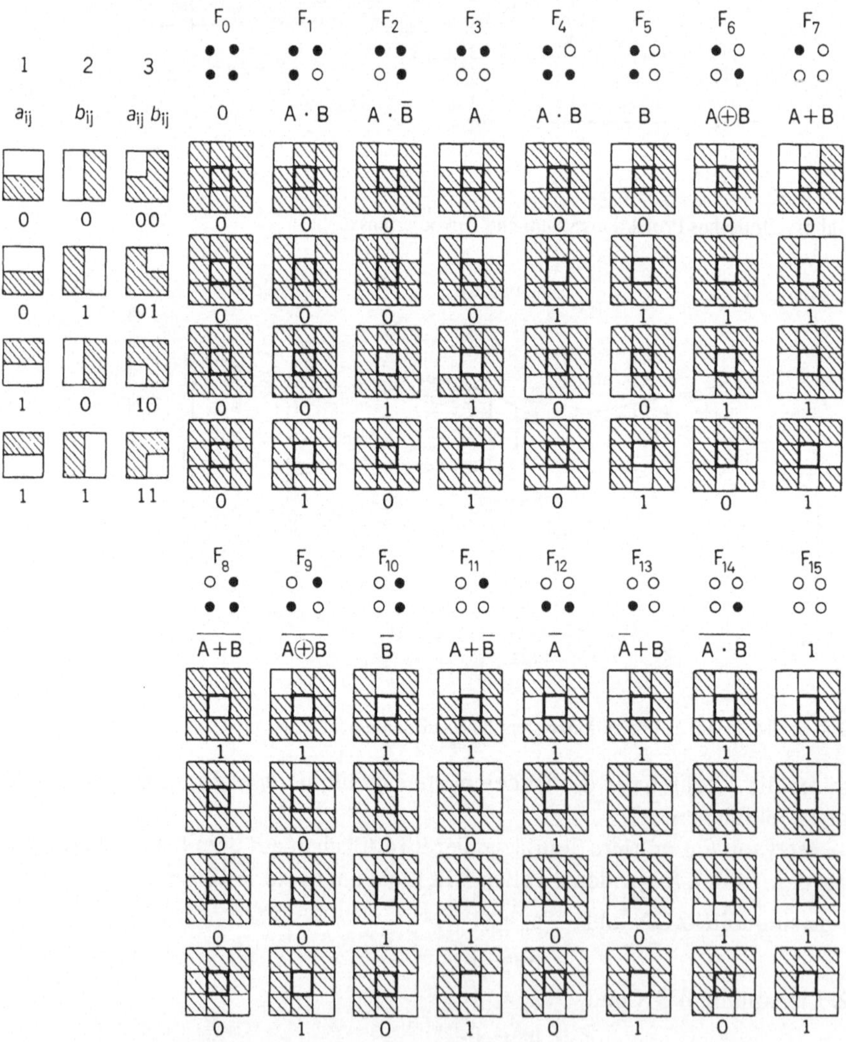

Bild 7: Mehrfachprojektion durch Ein-Ausschalten der LED und Realisierung der zweiwertigen Logikfunktion mit 2 Variablen

In Bild 7 ist dargestellt, welche projizierten Bilder auf dem Schirm erhalten werden, wenn für 16 Ein-Ausschaltzustände der LED die Kombinationen der

Werte a_{ij}, b_{ij} der eingegebenen Bildelemente geändert werden. Mit den darüberliegenden 4 Punkten wird der Ein-Ausschaltzustand der LED gekennzeichnet; weiß bedeutet ein-, schwarz ausgeschaltet. Die drei Beispiel links zeigen die kodierten Bildelemente für die Werte a_{ij}, b_{ij} des Bildelementes ij der beiden eingegebenen Bilder und deren Kombination. Die Ziffer unter jedem projizierten Bild zeigt den Helligkeitszustand des mittleren Teilbildes; 0 bedeutet dunkel und 1 hell.

Wie aus Bild 7 ersichtlich ist, lassen sich entsprechend dem ein- oder ausgeschalteten Zustand der 4 LED 16 Typen von zweiwertigen Logikfunktionen mit 2 Variablen realisieren. Wird daher die in Bild 5(b) gezeigte Dekodiermaske in die Schirmebene gebracht, so kann man mit 16 Typen von Ausgangssignalen 16 Arten von Logikgattern als Kombinationen der Hell-Dunkelinformationen dieser Fenster (logische Bildmuster) erhalten. Bild 8 zeigt den logischen Gatterbetrieb für die 4 Eingangszustände eines XOR- Gatters in perspektivischer Darstellung.

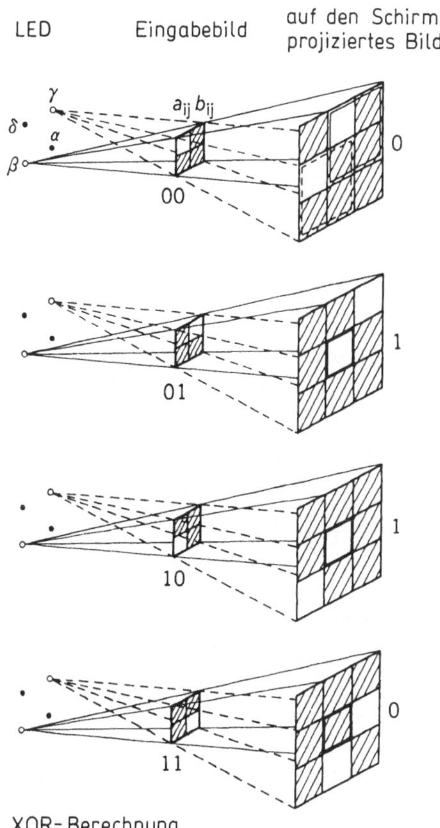

Bild 8:   Praktische Realisierung eines logischen XOR-Gatters

Bild 9 zeigt zwei binäre Eingabebilder mit 64x64 Bildelementen. Diese Eingabebilder wurden mit dem oben beschriebenen Verfahren kodiert und das

Bild 9:   Eingegebenes Binärbild

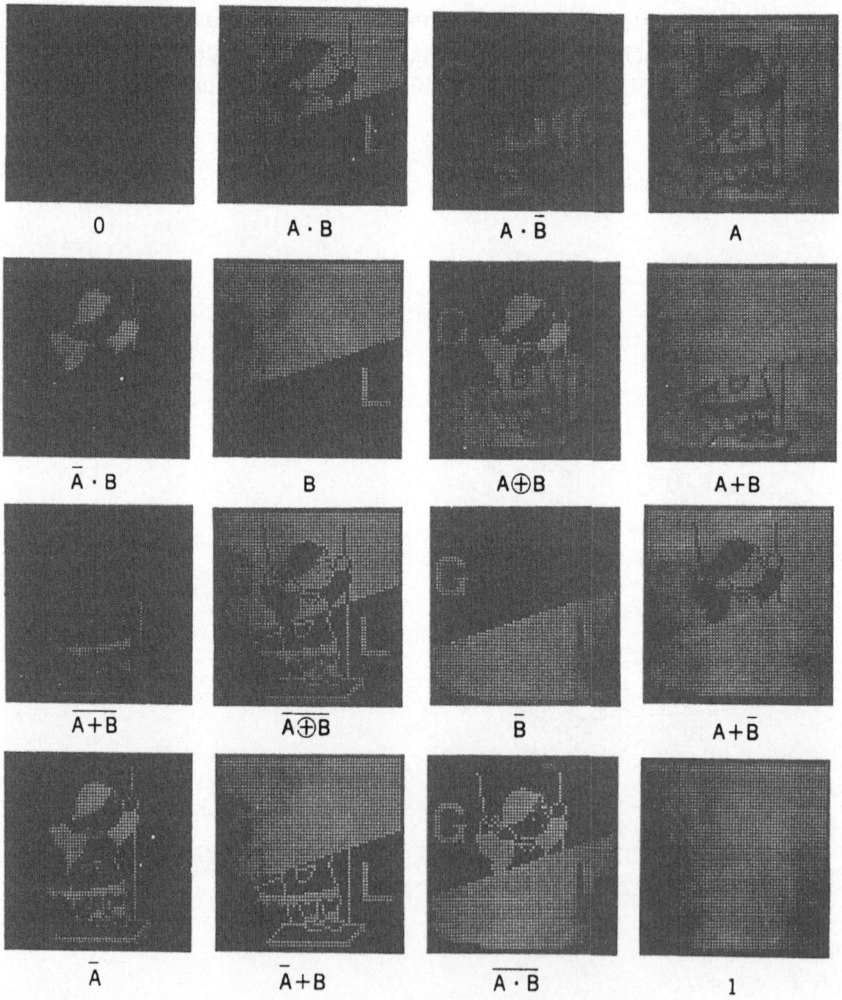

Bild 10: Experimentelles Beispiel für ein parallel arbeitenden Logikgatter

überlagerte Bild als kodiertes Eingabebild verwendet. Hierzu wurde es in die
Eingabefläche des optischen Systems von Bild 2 gebracht. In Bild 10 ist das
Ergebnis der logischen Musterverknüpfung von 16 logischen zweiwertigen

Funktionen zweier Variabler dargestellt. Wie man sieht, kann durch einfache Änderung der Kombination der LED-Ein-Ausschaltzustände eine parallele logische Verarbeitung von 64x64 = 4096 Kanälen durchgeführt werden. Da natürlich jedes logische Gatter nur vom Ein-Ausschaltzustand der LED abhängt, läßt sich dies äquivalent realisieren.

3.4.3 Parallele digitale optische Verarbeitungsverfahren

Realisierung der Parallelverschiebung

Bei der Parallelverarbeitung von Bilddaten spielen Verschiebungen eine große Rolle. Sie können durchgeführt werden, indem die Bilddaten insgesamt in mehrere Teilbilder zerlegt werden und eine senkrechte und waagerechte Verschiebung erfolgt. Unter Verwendung der Verschiebung können Verknüpfungen von Bildelementen vorgenommen werden, die sich an verschiedenen Orten in den eingegebenen Bildern befinden (z.B. a_{ij} und $b_{i,j-1}$).

Wird das in Bild 2 dargestellte optische Parallelverarbeitungssystem verwendet, so kann aus einfachen optischen Überlegungen heraus lediglich durch Erweiterung des Lichtquellenarrays, wie in Bild 11 gezeigt, die Durchführung der Verschiebung auf einfache Weise erfolgen. Es soll jetzt angenommen werden, daß die Lichtquellengruppe 1 in der Lichtquellenebene ein projiziertes Bild des entsprechenden Bildelementes i, j auf der Schirmposition i, j ausgibt. Die Lichtquellengruppe 2 bildet dann das gleiche Bildelement in der Position i,j-1 ab. Diese Operation wird in gleicher Weise für alle anderen Elemente des Eingabebildes durchgeführt. Dadurch wird das erhaltene Bild insgesamt in j-Richtung um ein Bildelement parallel verschoben. Da jedoch mit der Lichtquellengruppe 2 selbst eine parallele logische Verknüpfung erfolgen kann, können Parallelverschiebung und parallele logische Verarbeitung gleichzeitig vorgenommen werden.

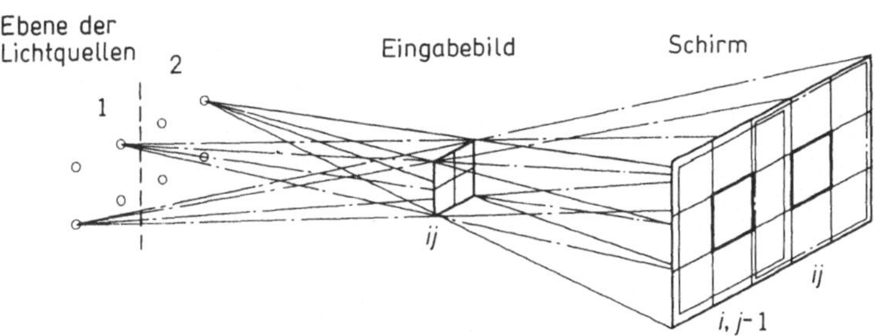

Bild 11: Prinzip der parallelen Verschiebung

Bild 12 zeigt die experimentellen Ergebnisse für das Beispiel einer Parallelverschiebung. Es sind das projizierte Bild ohne Verschiebung und mit Linksverschiebung um ein Bildelement gezeigt. Wird die Anzahl der Lichtquellenarrays erhöht, ist eine Verschiebung um eine beliebige Anzahl von Bildelementen sowie in beliebiger Richtung möglich.

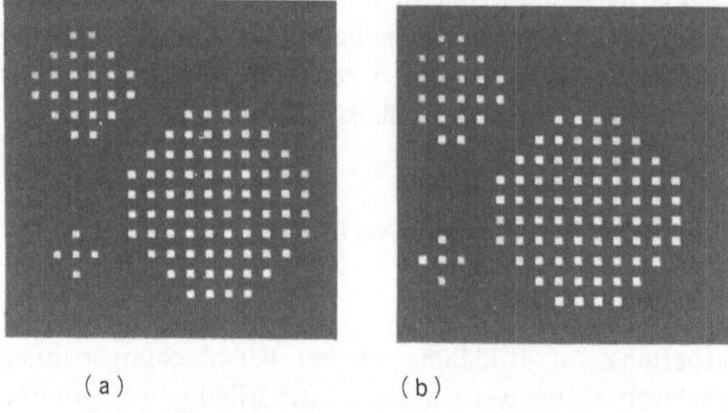

(a)   (b)

Bild 12: Experimentelles Ergebnis für die Parallelverschiebung
        (a) ohne Verschiebung
        (b) Linksverschiebung um ein Bildelement

Anwendung in der Bildverarbeitung

Die Bildverarbeitung ist ein typisches Anwendungsbeispiel für die Parallel-verarbeitungsverfahren. Hier sollen 2, 3 Beispiele einschließlich Verfahren zur Verarbeitung von Grauwertbildern erläutert werden.

(a) Parallele Addition und Subtraktion

Die optischen Informationen sind prinzipiell analoge Größen, so daß ein Verarbeitungsverfahren, das nur die Werte 0,1 verwendet, häufig wenig geeignet ist. Es gibt aber ein Berechnungsverfahren, das mehrere Licht-stärkepegel verwendet und im Vergleich zur parallelen optischen binärlogischen Verarbeitung eine parallele digitale optische Verarbeitung mit höherer Informationsdichte zuläßt. Das große Ziel des Konzeptes besteht in der Nutzung der mehrwertigen Logik bei der optischen Parallelverarbeitung. Ein sehr einfaches Beispiel ist die parallele Addition und Subtraktion, die als Ausgabepegel die drei Werte 0, 1 und 2 zuläßt sowie keine Erhöhung der bei den beiden zweiwertigen Bilder auftretenden Stellenzahl erfordert. Speziell die Subtraktion ist die Schwachstelle der normalen optischen Verarbeitung. Werden 3 Pegel für die Lichtstärke zugelassen, so ist hier eine einfache Realisierung möglich.

(b) Parallele Berechnung der Differenz

Werden parallele Subtraktion und Verschiebung kombiniert, so läßt sich die parallele Differenzberechnung auf einfache Weise durchführen. Bild 13 zeigt hierfür ein experimentelles Beispiel. Das eingegebene Bild ist das Eingabebild A von Bild 9. Bild (a) zeigt das Differenzbild für die x-Richtung, Bild (b) das für die y-Richtung. Bild (c) zeigt die Ein-Auschaltfunktion der Lichtquelle während der Durchführung der parallelen Berechnung der Differenz. Hiernach lassen sich lediglich durch Änderung des Licht-quellenmusters verschieden Rechenoperationen wählen, was ein großer Vorteil des betrachteten optischen Parallel-Verarbeitungsverfahrens ist.

(c) Parallele D/A-Umsetzung

Wird das in (a) gezeigte Prinzip der parallelen Addition und Subtraktion

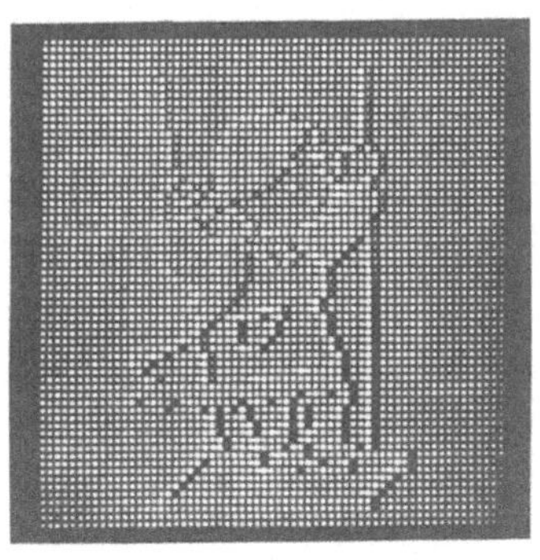

(a)   (b)

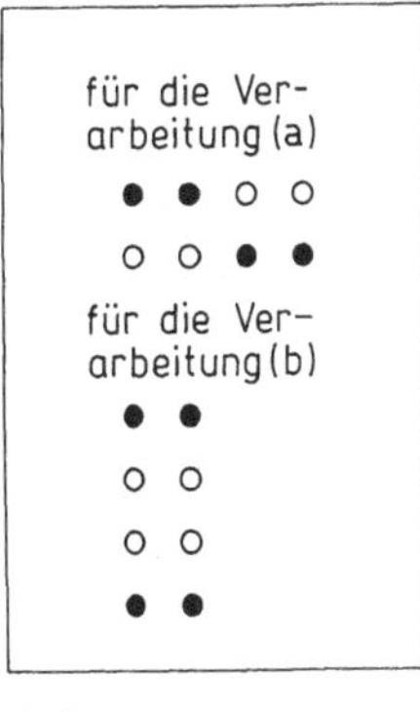

(c)

Bild 13: Experimentelles Beispiel für die parallele Subtraktion

     (a) Differenzbild in x-Richtung

     (b) Differenzbild in y-Richtung

     (c) Lichtquellenmuster für die Verarbeitung von (a) bzw. für die Verarbeitung von (b)

erweitert und mit der Verschiebung kombiniert, so läßt sich eine parallele D/A-Umsetzung durchführen. Bei dieser Berechnung lassen sich kombiniert die folgenden drei Verfahren realisieren:

1. Festlegen der Bildanordnung des eingegebenen Bildes
2. Gleichzeitiges Auslesen jeder Bitebene aus der Ausgabeebene durch Verschiebung
3. Nutzen von LED-Lichtquellen mit gesteuerter Lichtstärke

Bild 14 zeigt das Prinzip der Umsetzung. Das Eingangsbild ist nur für ein bestimmtes Bildelement dargestellt. Im Bild ist ein 4-Bit-Verarbeitungssystem dargestellt. Die Binärinformationen sind so angeordnet, daß sie einander benachbart sind. Weiterhin entsprechen die 4 Lichtquellenarrays der Lichtquellenebene den jeweiligen Einzelbits. Wird der Leuchtzustand dieser Lichtquellengruppen verändert, so kann an einer festgelegten Ausgabeposition der Schirmfläche das entsprechende Bit-Ausgabebild ausgelesen werden. Die Lichtquellengruppe 1 liefert für das Signalauslesen einen Beitrag zum Bit 2^0,

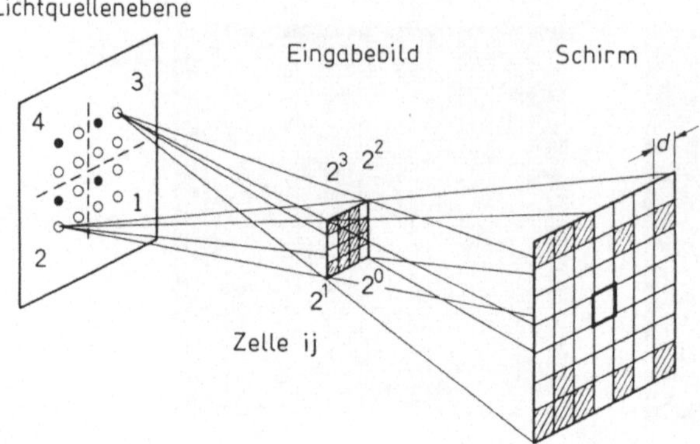

Bild 14: Prinzip der parallelen D/A-Umsetzung (für 4 Bit)

die Gruppe 2 zum Bit 2^1, die Gruppe 3 zum Bit 2^2 und 4 für das Bit 2^3. Wird dieses optische System verwendet und entprechend dem Gewicht jedes Bits eine Amplitudenmodulation jeder Lichtquellengruppe durchgeführt, erhält man den parallel umgesetzten Ausgangswert auf dem Bildschirm. In Bild 15 ist ein Beispiel für ein Lichtquellenmuster dargestellt, das eine D/A-Umsetzung des Eingabebildes A und eine D/A-Umsetzung von A + B durchführt. Bild 16 zeigt das Verarbeitungsergebnis, Bild (a) das eingegebene Bild, (b) das D/A-umgesetzte Bild A und (c) das D/A-umgesetzte Bild A + B.

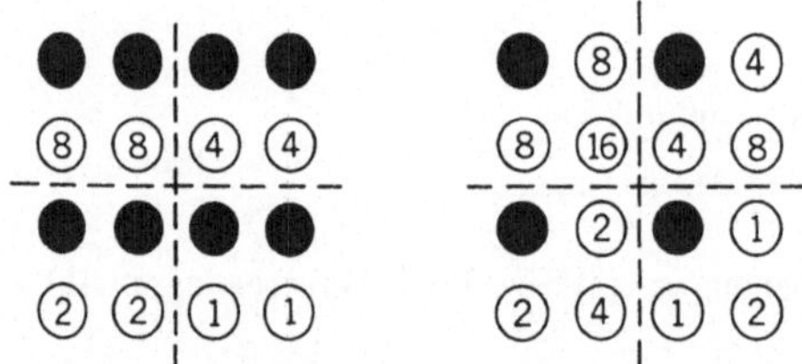

Bild 15: Lichtquellenmuster für die parallele D/A-Umsetzung
       (a) D/A-Umsetzung des Eingabebildes A
       (b) D/A-Umsetzung von A + B

3.4.4 Einfluß der Beugung

Bei dem hier vorgeschlagenen parallelen optischen logischen Verarbeitungsverfahren wird ein einfaches optisches Projektionssystem verwendet. Das Verarbeitungsprinzip beruht auf den Konzepten der geometrischen Optik. Sollen logische Berechnungen für Bilder mit hoher Auflösung durchgeführt werden, ist der Einfluß der Beugung zu berücksichtigen. Werden die Fresnelschen Beugungsstrukturen berechnet, wenn in die Bildeingabeebene des optischen Systems nach Bild 2 ein Schlitz mit der Breite d gebracht wird, so läßt sich die Grenze für das vorliegende logische Berechnungsverfahren abschätzen.

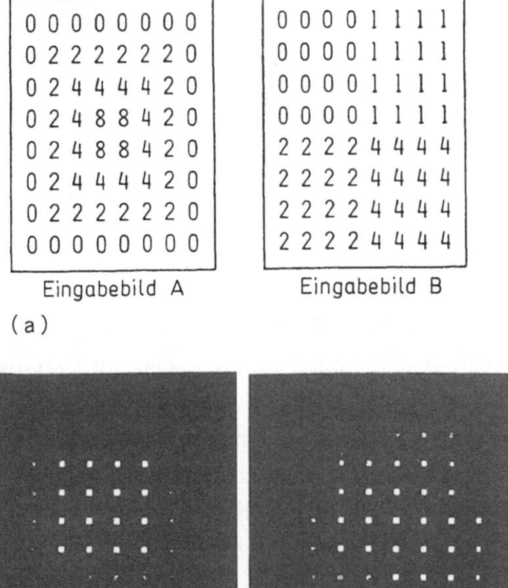

(a)

(b)   (c)

Bild 16: Eingegebenes Bild mit unterschiedlicher Helligkeit

(b) D/A umgesetztes Ausgangssignal des eingegebenen Bildes A

(c) D/A umgesetztes Ausgangssignal von A + B

Unter Verwendung der quadratischen Näherungsformel von Kirchhoff und dem stationären Phasenverfahren /12/ wurde der Schattenbereich berechnet. Wenn der Abstand zwischen Eingabeebene und der Schirmebene z die Bedingung

$$4\lambda < z << \frac{d^2}{\lambda} \tag{3}$$

erfüllt, wird ein Bereich gebildet, der etwa dem Schatten entspricht. Hierbei ist λ die Wellenlänge des Lichtes, mit dem bestrahlt wird. Verwendet man Gl. (3) und nimmt man zur Abschätzung ein konkretes Beispiel, entsteht bei einer Breite eines Elementes des kodierten eingegebenen Bildes von 25 μm ein ausreichender Schattenbereich bei z = 125 μm. Dieser Wert entspricht etwa der Stärke handelsüblicher Filme. Beträgt die Anzahl der Bildelemente, die auf einer Filmfläche von 20x20mm^2 aufgezeichnet werden sollen, ca. 400x400, so läßt sich, wie zu sehen ist, eine Aufzeichnungsdichte erreichen, die über dem geschätzen Wert liegt. Für die praktische Realisierung ist ein kleiner Wert für z anzustreben. Da die Eingabeebene und die Schirmebene als Einheit ausgeführt werden können, läßt sich das optische System einfach abgleichen.

3.4.5 Konzepte zur Entwicklung optischer Computer

Wie im Abschnitt 1 beschrieben, lassen sich gegenwärtig drei Typen von optischen Systemen entwickeln, wobei das System zur parallelen digitalen optischen Verarbeitung die meisten Möglichkeiten bietet. Auch das hier beschriebene optische Parallelverarbeitungsverfahren zielt auf den Einsatz eines derartigen Systems ab.

Um jedoch die Vorzüge dieser Verarbeitungsverfahren nutzen zu können, muß ein Konzept verwendet werden, das sich von den Verfahren der bisher entwickelten zweidimensionalen parallelen logischen Verarbeitung unterscheidet. Bild 17 zeigt die Unterschiede als Übersicht. Bild (a) zeigt ein Verfahren, bei dem durch die Verbindung paralleler Logikgatter, die eine bestimmte Funktion haben, eine beliebige Logikschaltung aufgebaut werden kann. Für diese Verfahren läßt sich das Konzept der Random-Logik der herkömmlichen elektronischen Schaltkreistechnik nutzen. Wird jedoch die Anzahl der Logikgatter, die für den Aufbau des Systems verwendet werden, groß, so kommt es im praktischen Gerät zu verschiedenen Problemen. Um dieses Problem zu vermeiden, werden dagegen im Bild (b) multifunktionelle parallele Logikgatter als Recheneinheit verwendet, die eine Verarbeitung auf einem hohen Niveau ermöglichen. D.h., daß sie bei dynamischer Steuerung nicht nur parallele logische Rechenoperationen, sondern auch parallele arithmetische Berechnungen durchführen. Das letztere Konzept dürfte die Grundlage für parallele optische Rechensysteme bilden.

(a) Verfahren mit Random-Logik

(b) Verfahren mit Array-Logik

Wird das hier vorgeschlagene parallele optische logische Berechnungsverfahren verwendet, so läßt es sich in dynamische multifunktionelle parallele Logikgatter umsetzen. Weiterhin kann dieses Verfahren dem Konzept der Ar-

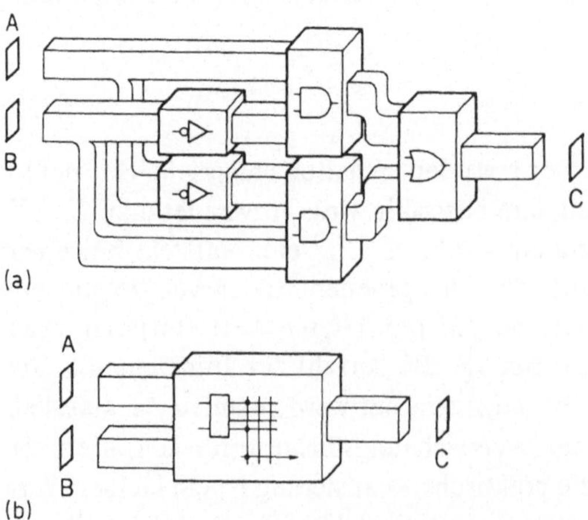

Bild 17: Aufbau eines parallelen logischen Netzwerkes

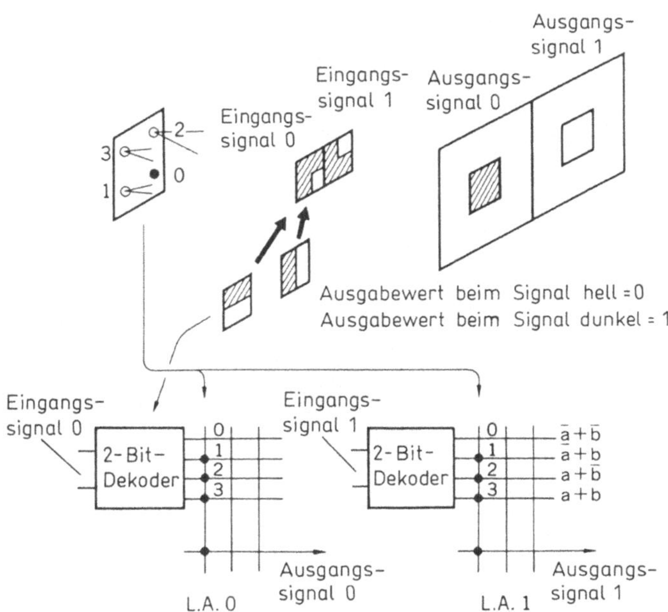

Bild 18: Zusammenhang zwischen optischer Parallelverarbeitung und Array-Logik

raylogik gegenübergestellt werden, das in den letzten Jahren im Mittelpunkt des Interesses auf dem Gebiet der Elektronik stand (Bild 18) /13/. Werden die Vorteile beider Konzepte genutzt, kann man auf der Grundlage des Konzeptes von Bild 17(b) eine Recheneinheit aufbauen, mit der die Aufgaben bewältigt werden können, die beim Aufbau von parallelen optischen Rechnersystemen erwartet werden, beispielsweise die Verringerung der Anzahl der Bauelemente und die Vereinfachung der internen Verbindungen. Dieser Punkt ist der größte Vorteil des parallelen optischen Verarbeitungsverfahrens. Der Nachweis der Richtigkeit des Konzeptes eines parallelen optischen Computers ist eine wichtige zukünftige Aufgabe.

3.4.6 Zusammenfassung

Unter Verwendung eines einfachen optischen Projektionssystems mit LEDs als Lichtquellen wurden Konzepte für die parallele logische und arithmetische Verarbeitung erläutert sowie anhand von Beispielen deren Effektivität nachgewiesen.

Der Nachteil der vorliegenden parallelen optischen logischen Berechnungsverfahren besteht in der Kodierung des eingegebenen Bildes. Zukünftig müssen effektivere Kodierungsverfahren sowie neue schnelle parallele optische Sensoren und parallele optische Verstärkerbauelemente entwickelt werden. Gelingt es, diese Baugruppen zu vereinen, so läßt sich abschätzen, daß sich effektiv arbeitende, hybride parallele optische Computer realisieren lassen.

Literatur

1 Danielsson, P.E.; Levialdi, S.: Computer. 15 (1982) 11, p. 53
2 Schaefer, D.H.; Fisher, J.R.: IEEE Spectrum 19 (1982), p.32
3 Kido, D.; Sakanoue, K.: Nikkei Erekutoronikusu (1982) 19.7. (in Japanisch)
4 Mnatsakanyan, E.A.; Morozov, V.N.; Popov, Y.M.: Sov. J. Quantum Electron. 9 (1979), p. 665
5 Ichioka, Y.: Grundlagensymposium: Neueste Tendenzen der optischen Informationsverarbeitung. Koen Yokoshu (1982) 19.11., S. 19 (in Japanisch)
6 Ishihara, S.; Shimada, J.; Sakurai, K.: Denshi Tsushin Gakkaishi 64 (1981), S. 89 (in Japanisch)
7 Seko, A.: Optischer 19. Sommerseminar 80. Nendai no Kogaku Gijutsu Rombunshu (1981) (in Japanisch)
8 Shimada, J.; Ishihara, S.: Kogaku 10 (1981), p. 237 (in Japanisch)
9 Special issue on Optical Computing. Proc. IEEE 72 (1984)
10 Ichioka, Y.; Tanida, J.: Sammelband der 13. Konferenz über Probleme der Bildverarbeitung. (1982), S. 113 (in Japanisch)
11 Tanida, J.; Ichioka, Y.: J. Opt. Soc. Am. 73 (1983), p. 800
12 Lohmann, A.W.: Optical information processing (Lohmann, Erlangen, Federal Republic of Germany) (1979), p. 121
13 Ichioka, Y.; Tanida, J.: Proc. IEEE 72 (1984), p. 787

3.5 Optische Speicher

Ukita, H. (NTT)

3.5.1 Einleitung

Die optischen Speicherverfahren lassen sich folgendermaßen unterteilen:

1. bitweise Speicherung
2. Hologramme /1/ und
3. das fotochemische Brennen von Löchern (Photochemical Hole Burning: PHB) /2,3/.

Beim ersten Verfahren werden die Informationen bitweise gespeichert. Die Impulsfolgen werden dabei durch optisches Schalten direkt repräsentiert. Beim zweiten Verfahren werden die Informationen räumlich verteilt aufgezeichnet. Nachdem die Impulsfolgeninformationen in Musterinformationen transformiert wurden, wird das Beugungsbild als Hologramm gespeichert. Dieses Verfahren besitzt den Vorteil einer großen Redundanz sowie einer teilweisen Korrektur der durch Staub und Zerstörungen entstehenden Fehler. Außerdem können bestimmte Verfahren der Informationsverarbeitung wie die Mustererkennung bei der Speicherung erfolgen. Da jedoch die Leistungskennwerte der räumlichen Lichtmodulatoren und der reversiblen lichtempfindlichen Materialien unzureichend sind, werden sie noch nicht praktisch eingesetzt. Mit dem 3. Verfahren, das zukünftig von Interesse ist, werden Bitinformationen im Frequenzbereich multiplex gespeichert. Jedoch gibt es hier die Probleme, daß das Aufzeichnungsmaterial bei sehr niedrigen Temperaturen gelagert werden muß, ein Refresh erforderlich ist und ein Verfahren zur Frequenzmodulation entwickelt werden muß.

Die gegenwärtige optische Speicherung verwendet digitale Verfahren für die Impulsfolgen, die die Ankopplung an Elektronenrechner voraussetzen. Im vorliegenden Artikel soll unter diesem Gesichtspunkt der gegenwärtige Stand optischer Speicher erörtert werden.

Speicher für digitale Impulsfolgen gibt es für einen weiten Speicher-, Geschwindigkeits- und Preisbereich. Zu den elektronischen Rechnersystemen gehören die in Bild 1 angeführten Speicherebenen. Gegenwärtig befinden sich in der untersten Ebene die Magnetbandspeicher. In naher Zukunft werden hier die optischen Platten Einzug halten und die Magnetplatten ergänzen. Es wird davon ausgegangen, daß hiermit Plattenspeichersysteme aufgebaut werden, die einen wahlfreien Zugriff ermöglichen. Da sich in diesem Fall die Operationsgeschwindigkeit der Rechner weiter erhöhen läßt, besteht die Möglichkeit, daß hybride Verfahren zur Anwendung kommen, wie dies beim optischen Spezialcomputer nach Bild (b) der Fall ist, der eine Paralellverarbeitung ermöglicht /4,5/.

                                        Optische Verarbeitung und optische Speicherung

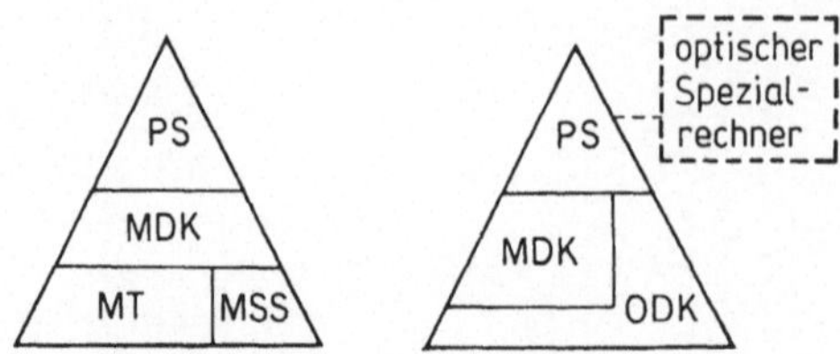

PS : Processor Storage   MT : Magnetic Tape
    (Bipolar, MOS)   MSS : Mass Storage System
MDK : Magnetic Disk   ODK : Optical Disk

Bild 1:   Speicherebenen
          (a) Gegenwärtig
          (b) In Zukunft

Tabelle 1: Entwicklungsstand von optischen Plattenspeichern

Entwicklungsstufe	handelsübliches Produkt							Versuchsgerät		
Speicherverfahren	Einschreiben							überschreibbar		
Name des Herstellers	Toshiba	Matsushita	Hitachi	NEC	STC (USA)	OPTIMEN (USA)	ISI (USA)	Matsushita	KDD. Sony	Hitachi
Durchmesser des Mediums (Inch)	12	8	12	12	14	12	5	8	12	5
Speicherkapapazität (GB/Flächeneinheit)	3	0,7	1,3	1,3	4	1,0	0,1	0,7	1,0	0,275
Komponenten des Speichermediums	TeC-Akryl	TeOx. Akryl	TeSe-Glas	Metalle, nicht Te, Akryl	Te-System Akryl	Au-Pt. Glas	Te-System Akryl	TeOx. Akryl	TbFe Co-Poly-karbonit	TbFe Co-Epoxid
Umdrehungsgeschwindigkeit (U/min)	300 - 500	900	600	900	1313	1122	1800	1800	900	1200
Übertragungsgeschwindigkeit (MB/s)	0,2	0,625	0,44	0,81	3,0	0,625	0,31	1,2	0,65	0,44
Zugriffszeit(ms)	500	300	250	250	85	250	200	-	100	100
Bitfehlerrate (Zyklen/bit)	10^{-12}	10^{-8}	10^{-12}	10^{-12}	10^{-13}	10^{-12}	10^{-12}	-	-	10^{-12}

Die optische Speicherung besitzt die Vorteile einer großen Kapazität, niedrigen Preises, eines berührungslosen Speicherschreibens und -lesens und einer leichten Austauschbarkeit des Speichermediums. Mit der weiteren Entwicklung der Bildübertragung und der Datenbasis erweitert sich ihr Einsatzgebiet /6,7/. In Tabelle 1 ist der gegenwärtige Stand der Entwicklung von Bildplattenspeichern dargestellt. Aufgrund der technischen Verbesserung der Halbleiterlaser und der Plattenspurführung sind im Handel für spezielle Einsatzfälle Geräte wie Video- und Audio-Anlagen verfügbar /8/. Weiterhin wurde auf der Grundlage der Entwicklung von Aufzeichnungsmaterialien mit hoher Empfindlichkeit und großer Langzeitstabilität die Entwicklung von handelsüblichen Geräten zur elektronischen Datenaufzeichnung begonnen /9,10/. Die Grundlagenuntersuchungen für überschreibbare Speicher sind abgeschlossen. In der nächsten Phase wird mit der Entwicklung von Versuchsgeräten begonnen /11-13/. Sind die Zuverlässigkeitsprobleme gelöst /14/, so erhöht sich die Wahrscheinlichkeit, daß die Speicher in naher Zukunft in Rechnern eingesetzt werden.

3.5.2 Speichermaterialien und Wiedergabeprinzipien für die Aufzeichnungen

Die optische Informationsaufzeichnung wird mit einem Laserstrahl (10-20 mW), der auf 1 µm Durchmesser konzentriert wurde, durch Bestrahlen der Speicherschicht auf einer sich drehenden Platte vorgenommen. Hierbei entstehen auf der Speicherschicht Löcher mit einem Durchmesser von 0,6 bis 1,0 µm oder andere physikalische Änderungen. Die Aufzeichnungsmaterialien /15/ lassen sich in Materialien für eine einmalige Aufzeichnung und überschreibbare Materialien unterteilen. Beim ersten Typ erfolgt die Aufzeichnung neuer Informationen dadurch, daß Abschnitte gesucht werden, die noch keine Informationen enthalten /6/, beim letzteren Verfahren können an einer Stelle wiederholt Aufzeichnungen vorgenommen werden /11,14,17/.

Bei der einmaligen Aufzeichnung über die Erzeugung von Löchern hängt der Schwellwert für die Aufzeichnungsenergie vom Aufzeichnungsmaterial, dem Substrat und der Bestrahlungszeit (Transportgeschwindigkeit des Mediums) ab /18/. Nach Bild 2 ist die Abhängigkeit des Grenzwertes der Aufzeichnungsenergie von der Bestrahlungszeit und von der Art des Substrats (Wärmeleitungskoeffizient) groß, dagegen von der Art und Stärke des Aufzeichnungsmaterials gering. Weiterhin sind bei der Löcherzeugung außer dem Schmelzen und Verdampfen das Fließen durch den Wärmetransport, das Fließen der darunterliegenden Schicht und die Gasinjektion sowie die Vergrößerung der Löcher durch die Oberflächenspannung zu berücksichtigen.

Im Bild 3 ist das Wirkprinzip des überschreibbaren Typs dargestellt. Die Eigenschaften eines Materials mit Phasenumwandlung werden mit denen optomagnetischer Materialien verglichen. Bezüglich der Materialeigenschaften bestehen Probleme der Langzeitstabilität der Informationen. Ein System mit Phasenumwandlung besitzt die Vorteile, daß es kein System zur Erzeugung des Magnetfeldes benötigt, die Wiedergabe der Aufzeichnung und das Löschen mit

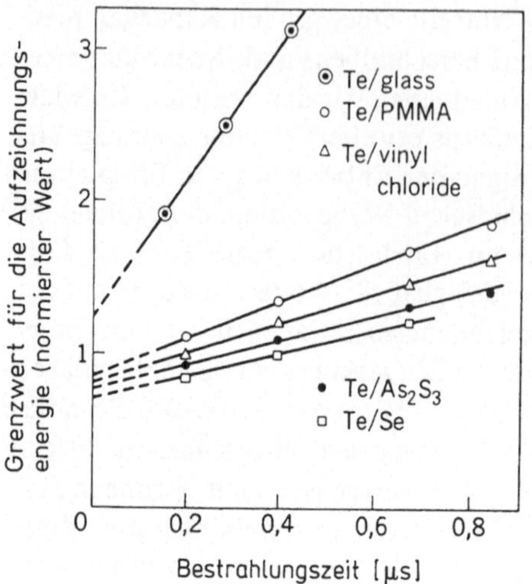

Bild 2: Zusammenhang zwischen dem Schwellwert für die Aufzeichnungsenergie und Aufzeichnungsmaterial, Substrat, Bestrahlungszeit /18/

Tabelle 2: Vergleich von überschreibbaren Materialien

Art des Materials		Phasendrehung	optomagnetisch
Material-eigenschaften	Empfindlichkeit	0	0
	SN-Verhältnis	0	0
	Anzahl der Aufzeichnungszyklen	0	0
	Stabilität der Informationen	Δ	Δ
Gerät zur Erzeugung eines Magnetfeldes		nicht erforderlich	erforderlich

Δ: Der Kennwert muß verbessert werden

zwei Strahlen bei hoher Geschwindigkeit vorgenommen werden können und ein Überschreiben möglich ist.

Bei der Wiedergabe wird über die Änderung des Reflexionsfaktors der Aufzeichnungsschicht oder die Ermittlung der Magnetisierungsrichtung genutzt. Bild 4 zeigt ein Beispiel für die Signalverarbeitung in einem optischen Wiedergabesystem für einen optischen Speicher, bei dem durch die Bildung von Löchern der Reflexionsfaktor verändert wurde. Als Lichtquelle wurde ein Halbleiterlaser verwendet. Die Umdrehungsgeschwindigkeit der Platte betrug 1800 U/min. Als Modulationsverfahren wurde das MFM-Verfahren mit 1f = 3 MHz, 2f = 6 MHz benutzt.

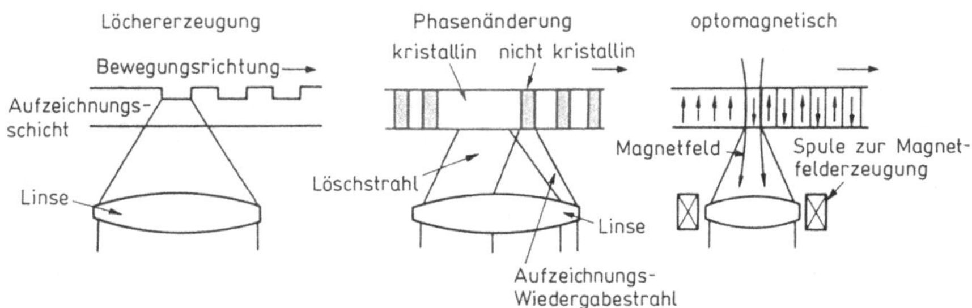

Bild 3:   Prinzip der Wiedergabe optischer Aufzeichnungen

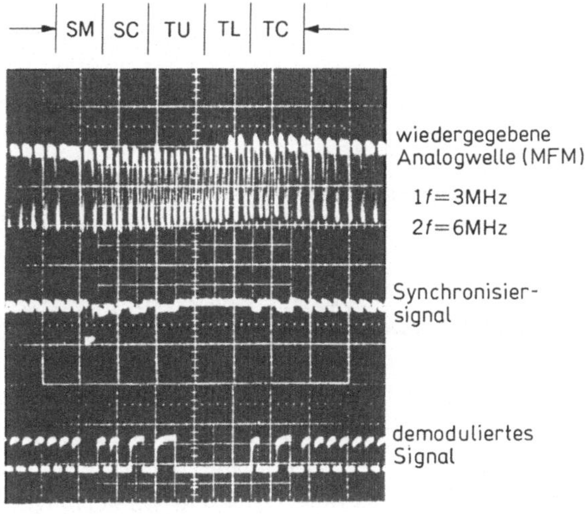

SM : Startmarke

SC : Startkode

TU : Nummer der oberen Spur "38"

TL : Nummer der unteren Spur "00"

TC : Spurnummer CRC

Bild 4:   Beispiele für die wiedergegebenen Wellenformen (Adreßteil)

3.5.3 Plattensubstrat und Signal zur Strahlsteuerung

Rillenplatte

Die Grundplatte bildet den Träger für das Aufzeichnungsmaterial, das beidseitig von einer Schicht geschützt wird. Bild 5(a) zeigt die Schichtstruktur. Der
Laserstrahl wird durch die lichtdurchlässige Schicht auf eine 10 nm starke
Aufzeichnungsschicht gelenkt. Da der Strahldurchmesser auf dem Substrat
größer als 1 mm ist, ist der Einfluß von Oberflächenrissen und Fingerabdrükken relativ gering. Weiterhin gibt es als Aufzeichnungsmaterialien, bei denen
sich die physikalischen Eigenschaften ändern, auch hermetisch verkapselte

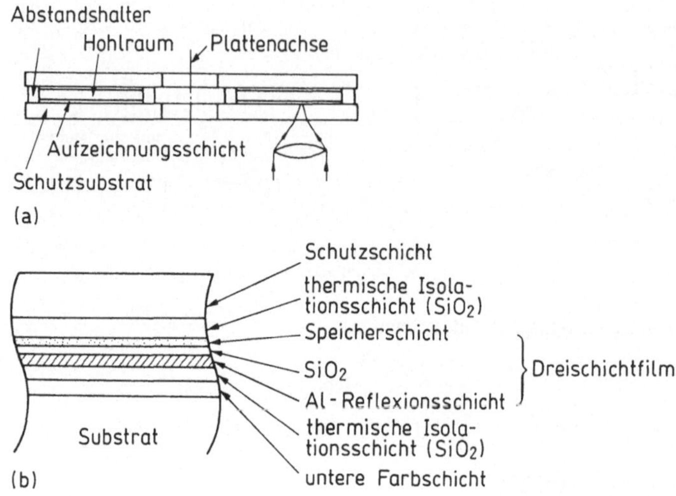

Bild 5: Beispiel für die Struktur eines optischen Plattenmediums
         (a) Sandwich-Struktur
         (b) Dreischichtiger Film mit Schutzschichten (verkapselter Typ)

Ausführungen /9/. In Bild (b) ist eine dreischichtige Struktur mit Schutzschicht
dargestellt. Das Aufzeichnungsmaterial wird dabei vor äußerem Sauerstoff und
Wasserdampf geschützt. Weiterhin befindet sich zwischen dem Aufzeichnungsmaterial und der Al-Reflexionsschicht eine lichtdurchlässige Schicht, die eine
Totalreflexion verhindert. Dadurch verbessern sich die Aufzeichnungsempfind-
lichkeit und das Signal-Rausch-Verhältnis bei der Wiedergabe. Als Trägermate-
rial werden Glas, Plaste oder Al mit geringen Krümmungen und Verwerfungen
sowie hoher Oberflächengüte, geringem Wärmeleitvermögen und optischen
Verzerrungen verwendet. Weiterhin wird ein billiges Material gefordert.

Da sich Platten mit Führungsrillen in Massenproduktion herstellen lassen,
sind sie im Konsumbereich, wo ein niedriger Preis gefordert wird, eine wichtige Technologie. Die Qualität dieses Verfahrens hängt von der Stärke des für
die optische Aufzeichnung verwendeten Fotoresist und von dessen Homogenität ab. Um die Fehler zu verringern, wurden verbesserte Verfahren zur Herstellung der Spur wie trockene Herstellungstechnologien und mechanisches
Schneiden untersucht. Wird andererseits ein Al-Substrat ohne Führungsspur
verwendet und sollen eine niedrige Fehlerrate sowie eine hohe Umdrehungsgeschwindigkeit erzielt werden, ist es erforderlich, auf der Platte ein Platten-
servosignal aufzuzeichnen. In diesem Fall kann während des Servoschreibens
eine Fehlerkontrolle erfolgen.

Signal zur Strahlsteuerung

Um stabil mit hoher Dichte Aufzeichnung und Wiedergabe vornehmen zu
können, ist ein Verfahren erforderlich, mit dem entlang der Führungsrille auf
der Platte ein Lichtpunkt so geführt wird, daß keine Verschiebungen des
Brennpunktes auftreten. Hierzu wird ein Strahlsteuersignal verwendet, das ört-

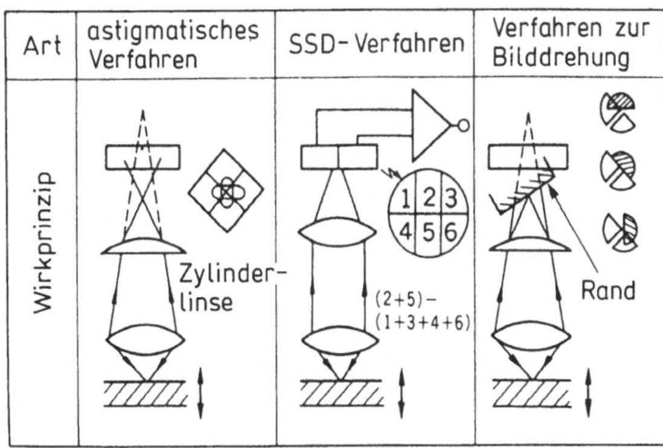

SSD : Spot Size Detection
C-SSD : Complementary SSD

Bild 6:   Verfahren zur Ermittlung des Brennpunkt-Fehlersignals

liche Verlagerungen des Lichtstrahls oder Änderungen der Lichtmengenverteilung ermittelt, wenn der beim Aufzeichnen und der Wiedergabe verwendete Laserstrahl reflektiert wird und einen optischen Sensor erreicht. Zum Beispiel wird das Signal für die Brennpunktverschiebung mit der in Bild 6 dargestellten Methode ermittelt, das Signal für die Spurabweichung mit dem nach Bild 7.

Zur Ermittlung des Spurfehlersignals mit einem Beugungsverfahren kann die oben beschriebene Führungsrille verwendet werden. Es läßt sich ein einfaches optisches System aus wenigen Bauelementen aufbauen. In diesem Fall wird die geometrische Form der Spur unter Berücksichtigung des Durchmessers des Lichtflecks, der Empfindlichkeit des Spursignals, der Genauigkeit der Spurberechnung, des Signal-Rausch-Verhältnisses des Datensignals und der Fertigungstoleranzen festgelegt /19,20/. Gegenwärtig wird eine 0,4 bis 0,8 μm breite, 70 nm tiefe Rille mit einem Rasterabstand von 1,6 μm verwendet.

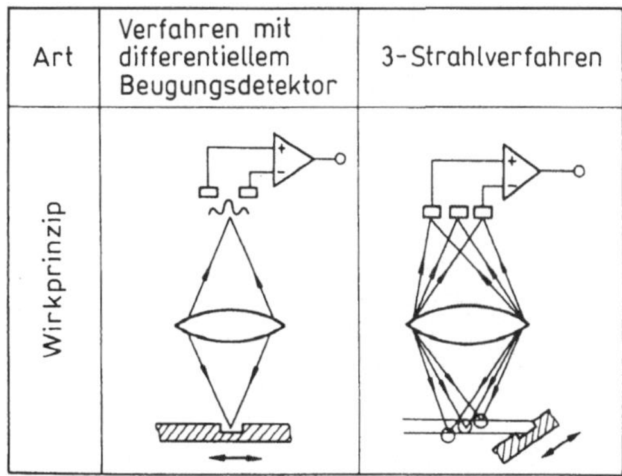

Bild 7:   Verfahren zur Ermittlung des Spurfehlersignals

3.5.4 Optischer Kopf

Der optische Kopf konzentriert den Halbleiter-Laserstrahl auf die Aufzeichnungsschicht und sorgt für die richtige Brennpunkteinstellung, die Spurverfolgung und den Strahlenzugriff. Die Hauptbestandteile des Kopfes sind der optische und mechanische Teil, deren Einzelteile in einem Gehäuse kompakt untergebracht sind /21-23/. Ein Beispiel für die Konstruktion eines Aufzeichnungskopfes ist in Bild 8 dargestellt. Ein Kopf zum Überschreiben benötigt noch zusätzliche Elemente für den Löschstrahl (Ändern des Phasenzustandes), für den Polarisator und den Magnetfeldgenerator (optomagnetisches Element).

Der optische Teil besteht aus dem optischen Sammelsystem und dem Signaldetektor. Bei diesem Beispiel wird der elliptische Strahl des Halbleiterlasers durch die prismatische Rechtwinkligkeit auf der Schichtoberfläche homogen verteilt. Der Polarisations-Strahlteiler und die Platte mit einer Breite, die 1/4 der Wellenlänge beträgt, wirken so, daß das von der Aufzeichnungsschicht reflektierte Licht nicht zum Halbleiterlaser zurückkehrt. Das optische Sensorsystem hat eine einfache Struktur, bei der ein sechsteiliger Lichtsensor verwendet wird, der das Brennpunkt-Fehlersignal, das Spurfehlersignal und das Datensignal aufnimmt.

Der mechanische Teil bewegt entsprechend den oben angeführten Fehlersignalen die Objektivlinsen. Der Lichtfleck folgt den bei der Plattendrehung auftretenden Flächen- und Spurschwankungen. Damit der Brennpunktfehler unter 1 µm und der Spurfehler unter 0,1 µm liegt, muß im niederfrequenten Bereich die Servorverstärkung bei 60 dB liegen. Der vorliegende Aufbau des Stellgliedes wird als MALS (Mirror and Lens Shift) bezeichnet. Da auch bei Betrieb der Steuerung auf dem optischen Sensor keine Lageverschiebungen des Strahl entstehen, ist eine hochgenaue stabile Signalermittlung möglich /24/.

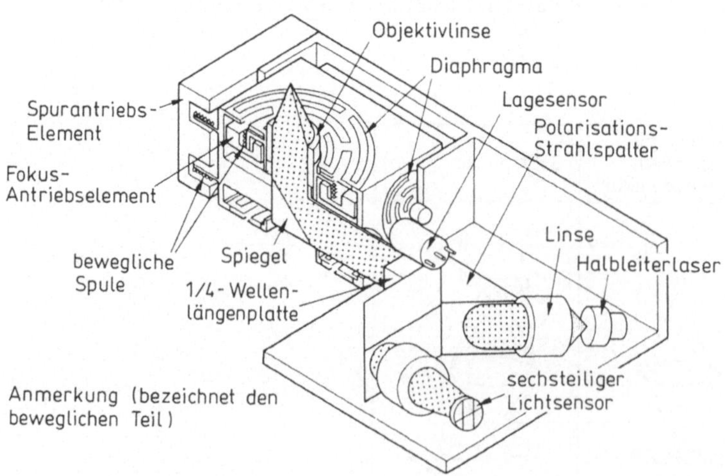

Bild 8:   Optischer MALS-Kopf

Weiterhin sind auch die neuesten Verbesserungen der Herstellungstechnologien für die wichtigsten Teile optischer Köpfe, wie die Erhöhung der Ausgangsleistung und die Verbesserung des Signal/Rausch-Verhältnisses der Halbleiterlaser sowie der durch die Verwendung von Plast nichtkugelförmigen Objektivlinsen erheblich.

3.5.5 Technologie für die Gerätemontage

Das optische Plattengerät besteht, wie z.B. in Bild 9 dargestellt, aus dem Plattenkörper, dem optischen Kopf, der Mechanik (Linearmotor, Spindel), der Schaltung zur Aufzeichnung und Wiedergabe und der Schaltung zur Lageermittlung (mechanische Steuerung, Anregung des optischen Strahls). Bei der Gerätemontage ist es wichtig, ein reibungsloses Zusammenwirken der Einzelteile und hohe Leistung bei niedrigem Preis und hoher Zuverlässigkeit zu erreichen.

Für das Aufnahme- und Wiedergabesystem müssen die jeweiligen Eigenschaften der Platte, des optischen Kopfes und der Signalverarbeitung bekannt sein, weiterhin die Datensignale, die Servosignale und die Lage der Grenzwerte für die Servomechanismen sowie eine Signalverarbeitung entsprechend der Fehlermerkmale.

Beim Lageermittlungssystem bilden der Linearmotor, der optische Kopf und die Rillenplatte eine Einheit. Die Rillenführung erfolgt schnell und genau. Nachfolgend soll das System zur Positionsbestimmung näher erläutert werden. Beim Spurzugriff wird gegenwärtig häufig über eine äußere Skala der Grobzugriff mit einem Linearmotor durchgeführt, der Feinzugriff wie Spurspringen dagegen mit optischem Zugriff.

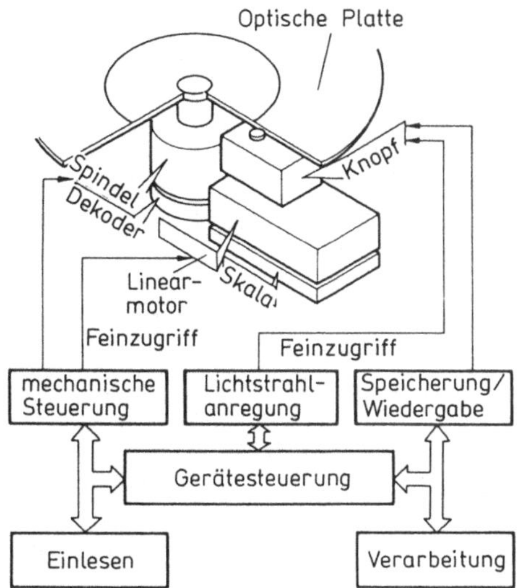

Bild 9:   Ausführungsbeispiel für die Konstruktion eines optischen Plattenspeichers

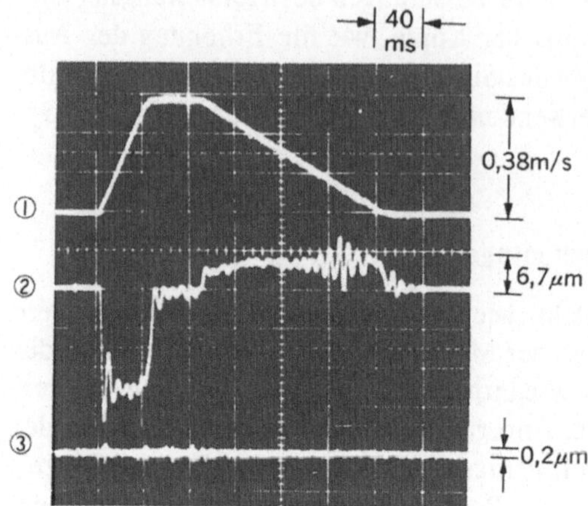

① : Geschwindigkeit des Linearmotors
② : Verschiebung des Spurantriebes (ungeregelt)
③ : Verschiebung des Spurantriebes (geregelt)

Bild 10: Schwingungswellen des beweglichen Spurkörpers während der Suche des Linearmotors

Für einen schnellen Zugriff ist neben einer Konstruktion, die während der Suche des Linearmotors keine Strahlschwingungen zuläßt, eine Unterdrückung der Steuerschwingungen unerläßlich. Bild 10 zeigt ein Beispiel für einen MALS-Kopf mit Positionssensor, wobei durch das Positionssignal des beweglichen Spurteils eine Schwingungsunterdrückung erfolgt /25/. Beträgt die Beschleunigung des Linearmotors 1 g, so wird durch diese Steuerung ein Überschwingen von ± 0,1 μm vermieden, die Einschwingzeit von vorher ca. 40 ms wird Null.

Bild 11 zeigt ein Beispiel für einen optischen Zugriff. Er erfolgt mit dem Abstand, der der Differenz zwischen der Zielmarke und der vorliegenden Mar-

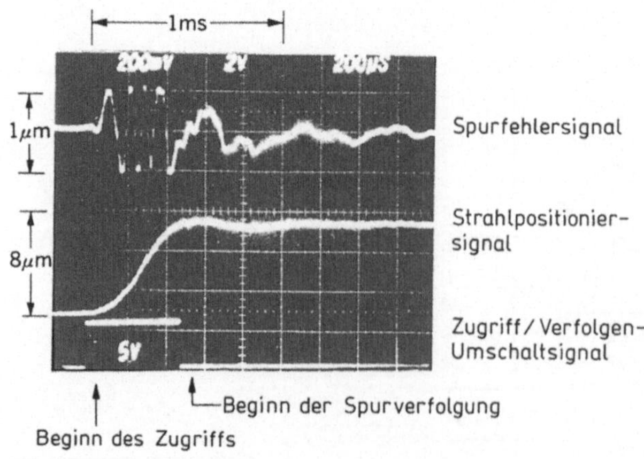

Bild 11: Optischer Zugriff

ke entspricht. Bei diesem Beispiel wird mit dem Zweipunkt-Antrieb ein vierspuriger Zugriff vorgenommen. Bis der Fehler der Spurverfolgung 0,1 μm beträgt, vergeht eine Zeit von 1 ms. Es wurde auch ein Verfahren zur direkten Spurberechnung untersucht /26, 27/, das keine äußere Skala benötigt.

3.5.6 Zusammenfassung

Mit den Fortschritten der optischen digitalen Speichertechnik verbessern sich die Voraussetzungen für deren praktische Einsetzbarkeit. Gegenwärtig befindet sich die optische Speicherung auf einem Niveau, bei dem ein Teil des herkömmlichen Speichersystems durch Licht ersetzt wird. Um die Vorteile von Licht zu nutzen, ist es zunächst erforderlich, in die digitalen Verfahren zur Verarbeitung von Impulsfolgen parallele Verarbeitungskonzepte zu integrieren. Ein weiteres Konzept besteht darin, im optischen Kopf die Lichtquelle und optische Aufnehmer als Array anzuordnen /28, 29/, für die weiteren optischen Bauelemente aber die üblichen zu verwenden. Hiermit läßt sich eine räumliche parallele Speicherung und Wiedergabe durchführen. Weiterhin gibt es die Möglichkeit, dank der Fortschritte der optischen integrierten Schaltkreistechnik miniaturisierte optische Köpfe großer Zuverlässigkeit herzustellen /30/.

Die optische Verarbeitung wird die zentralen Funktionen eines Computers durch ihre Möglichkeiten zur Parallelverarbeitung umgestalten. Optische Speicher lassen sich nicht nur in den zukünftigen optischen Computern, sondern auch in elektronischen Rechensystemen einsetzen. Die Überlegungen zum Konzept eines optischen Computers sind noch nicht abgeschlossen. Häufig wird davon ausgegangen /31/, daß die Funktionen arithmetische Verarbeitung, Speicherung und Ausgabe vereinigt werden. Daher sind wohl in Zukunft optische Speicher geeignet, die diese Verarbeitungsmöglichkeiten von sich aus bieten.

Literatur

1 Stewart, W.C., et al.: An experimental read-write holographic memory. RCA Review 34 (1973), p. 3
2 Cutierez, A.R., et al.: Multiple photo-chemical hole-burning in organic glass and polymers: spectroscopy and storage aspects. IBM J. Res. Dev. 26 (1982), 2 p. 198
3 Moerner, W.E.: materials for spectral hole-burning storage. CLEO'83 WM3 (1983), p. 124
4 Ishihara, S.; Shimada, J.; Sakurai, K.: Optische Computer. Denshi Tsushin Gakkaishi 64 (1981), 1 S. 89 (in Japanisch)
5 Tsujiuchi: Fortschritte der optischen Informationsverarbeitung. Oyo Butsuri 51 (1982) 5, S. 543 (in Japanisch)
6 Bell, A.E.: Optical data storage technology status and prospects. Computer Design (1983), p. 133
7 Ukita; Kaneko: Tendenzen bei Aufzeichnungsverfahren für optische Platten. Denshi Tsushin Gakkaishi 66 (1983) 8, S. 835 (in Japanisch)
8 Miyaoka: Digitales Speichergerät mit Halbleiterlaser zur Reproduktion. Kotai Butsuri 17 (1982) 6, S. 347 (in Japanisch)
9 Kanamura et al.: Plattendateien von ruhenden Bildern. National Tech. Rep. 28 (1982) 3, S. 467 (in Japanisch)

10 Tsunoda; Miyazaki; Abe: Optische Plattenspeicher hoher Kapazität zur Aufzeichnung kodierter Informationen. Nikkei Erekutoronikusu (1983) 21.11., S. 189 (in Japanisch)

11 Takenaga et al.: Überschreibbare optische Platten hoher Speicherkapazität. National Technical Report 29 (1983) 5, S. 82 (in Japanisch)

12 Takahashi et al.: Magnetooptisches Plattenspeichersystem hoher Kapazität zur Aufzeichnung kodierter Informationen. Denshi Tsusin Gakkai Gijutsu Kenkyu Hokoku MR 84-37 (1984), S. 1 (in Japanisch)

13 M. Ojima et al.: Magneto-optical disk for coded data storage. SPIE Optical Mass Data Storage 529 (1985), p. 12

14 Ota: Zuverlässigkeit magnetooptischer Platten. Nippon Oyo Jiki Gakkaishi 8 (1984) 5, S. 361 (in Japanisch)

15 Bartolini, R.A.: Optical recording: High-density information storage and retrieval. Proc. IEEE 70 (1982) 6, p. 589

16 Asano; Yamazaki; Fujimori: Optische Platten, die mehrschichtige CS_2-Plasma-Schichten mit Te-Anteil verwenden. Denshi Tsushin Gakkai Gijutsu Kenkyu Hokoku. CPM 82-56 (1982), S. 17 (in Japanisch)

17 Imamura: Neuer magnetooptischer Speicher. Denshi Tsushin Gakkaishi 64 (1981) 5, S. 494 (in Japanisch)

18 Yamamoto; Yonezawa; Fukunishi: Neuer magnetooptischer Speicher. Denshi Tsushin Gakkai Rombunshi. C J64-V (1981) 11, S. 732 (in Japanisch)

19 Yamamoto; Watabe; Ukita: Untersuchung der Rillenform für optische Platten mit optischen Beugungssensoren. Sho59 Shingaku Zendai S 5-1, S. 2-429 (in Japanisch)

20 Yoshida; Nagashima; Ohara: Optische Untersuchungen optischer Speicherplatten, die Telluroxidschichten verwenden. Shingakuron C J 66-C (1983) 5, S. 388 (in Japanisch)

21 Yoshida et al.: Untersuchung von Schreib-Leseköpfen für optische Platten. Denshi Tsushin Gakkai Gijutsu Kenkyu Hokoku CPM 81-68 (1981), S. 31 (in Japanisch)

22 Maeda; Muraoka; Nakamura; Kaku: Isolierter optischer Kopf für einen Regler in einem kleinen magneto-optischen Plattengerät. Sho59 Shuki Oyobutsu Yokoshu 13 a-E-5, S. 52 (in Japanisch)

23 Ukita: Abnehmer für optische Platten. Sho59 Yogaku Rendai 17- 5, S. 59 (in Japanisch)

24 Ukita,H.; Watabe, A.; Katoh, K.: MALS (Mirror And Lens Shift) Head for Optical Recording. CLEO'83 WR2 (1983), p. 138

25 Watabe; Katoh; Ukita: Beschleunigung der Regelung für den Lichtstrahl, der für die Steuerung von Übergangsschwingungen und zur Korrektur der Ekzentrizität dient. Sho58 Shingaku Zendai, S. 208 (in Japanisch)

26 Maeda; Kasai; Tsunada: Zugriffsverfahren für optische Plattenspeicher. Sho58 Shingaku Zendai, S. 1022 (in Japanisch)

27 Moriya; Nakata; Kanamaru: Verfahren für den Spurzugriff bei optischen Platten. Sho58 Shingaku Zendai, S. 1210 (in Japanisch)

28 Ito; Kawano; Shimonobu; Yoshiura: Optische DRAW-Platte für die Echtzeit-Aufzeichnung und Fehlerkorrektur mit optischem LD-Array als Kopf. Sho60 Shunki Oyo Butsu Yokoshu 1a-P-6, S. 108 (in Japanisch)

29 Botez, D. et al.: High-power individually addressable monolithic array of constricted double heterojunction large- optical-cavity lasers. Appl. Phys. Lett. 41 (1982) 11, p. 1040

30 Ura: Suhara; Nishihara; Oyama; Yatagai: Kennwerte eines optischen Gitterkopplers für Aufnehmer optischer Platten. Denshi Tsushin Gakkai Gijutsu Kenkyu Hokoku OQE 84-109 (1985), S. 97 (in Japanisch)

31 Yatagai: Optische Computer. Kogaku 14 (1985) 1, S. 2 (in Japanisch)

4 Stand und Perspektiven der digitalen Hochleistungsrechentechnik

4.1 Verfahren zur Parallelverarbeitung

Mori, K. (Toshiba Sogo Kenkyusha)

4.1.1 Einleitung

Die Forderung nach einer Erhöhung der Rechengeschwindigkeit von Computern verstärkt sich gegenwärtig immer mehr. Die schnelle Verarbeitung von Satellitenbildern, von Fotos in der Industrie, die während des Produktionsprozesses zu Kontrollzwecken aufgenommen wurden, oder umfangreiche Simulationsberechnungen, wie sie zur Analyse der Atmosphäre, zur Planung von Atomkraftwerken, für den Entwurf organischer Moleküle oder für die numerische Windkanalanalyse von Flugzeugen erforderlich sind, benötigen einen Bedarf an Rechenleistung, der um ein Mehrfaches den der gegenwärtigen Computer übersteigt. Um diesem Bedarf an Rechenleistung maximal entsprechen zu können, laufen umfangreiche Forschungen und Entwicklungen von sehr schnellen digitalen Rechenelementen. Jedoch liegt die durch eine Verbesserung der Geschwindigkeit der digitalen Bauelemente erzielbare Erhöhung der Rechenleistung bei einem Faktor von 5 bis 10. Das ist um eine Größenordnung zu niedrig, wenn man die geforderte Erhöhung der Rechenleistung um den Faktor 100 bis 1000 in Betracht zieht.

Auch wenn durch die Entwicklung von ultraschnellen digitalen Bauelementen eine Geschwindigkeitserhöhung um den Faktor 5 bis 10 möglich ist, muß die restliche Erhöhung um den Faktor 10 bis 100 mit einem anderen Verfahren erreicht werden. Als technische Variante zur Lösung dieser Aufgabe werden Verfahren der Parallelverarbeitung eingesetzt. Bedingt durch die Entwicklung der neuen VLSI-Technologie erreichte die Anzahl der auf einem Chip integrierten Gatter einige 100 000. Die digitalen Verarbeitungseinheiten lassen sich alle auf einem Chip unterbringen. Durch den Parallelbetrieb von Dutzenden bis Hunderten dieser LSI-Computer-Chips läßt sich für das Computersystem insgesamt eine Geschwindigkeitserhöhung erzielen. Gegenwärtig werden im Rahmen eines Forschungs- und Entwicklungsprojektes des Institutes für Industrie und Technik des Handelsministeriums (Japan) "Superschnelles Computersystem für Wissenschaft und Technik" und der amerikanischen Projekte von NASA und DARPA parallele Computer untersucht und entwickelt.

4.1.2 Architektur von Parallelrechnern

Die Parallelität, die Großrechner in Wissenschaft und Technik erfordern, tritt einmal in Form der Parallelität von Datenmassiven auf, wobei die Matrizenoperationen mit den Elementen eines Massives jeweils unabhängig parallel durchgeführt werden können, und in Form der einem Algorithmus innewohnenden Parallelität, bei der verschiedene Verfahren, die in der Rechnung enthalten sind, voneinander unabhängig durchgeführt werden können /3/. Zu den ersteren gehören Modelle stetiger Systeme, wie numerische Lösungsverfahren für partielle Differentialgleichungen und Verfahren der Bildverarbeitung, zu den letzteren Teilchenmodelle für Monte-Carlo-Methoden und die Extraktion von Bildmerkmalen.

Zur Realisierung der geforderten Parallelität wurden verschiedene Architekturen untersucht und entwickelt. Bei der Parallelität von Massiven wird für alle Massive zu einem Zeitpunkt ein Operationsbefehl abgearbeitet. Sind viele zu bearbeitende Datenmassive vorhanden, so wird die SIMD (Single Instruction Stream/Multiple Data Stream)-Architektur verwendet. Mögliche SIMD-Parallelrechner sind der Pipeline-Prozessor, bei dem mehrere Prozessoren mit Pipeline-Steuerung arbeiten, und der Array-Prozessor, bei dem mit einer gemeinsamen Steuerung mehrere Prozessoren betrieben werden.

Um bei algorithmischer Parallelität eine große Geschwindigkeit zu erreichen, wird, da die Operationsbefehle zur Berechnung der jeweiligen Algo-

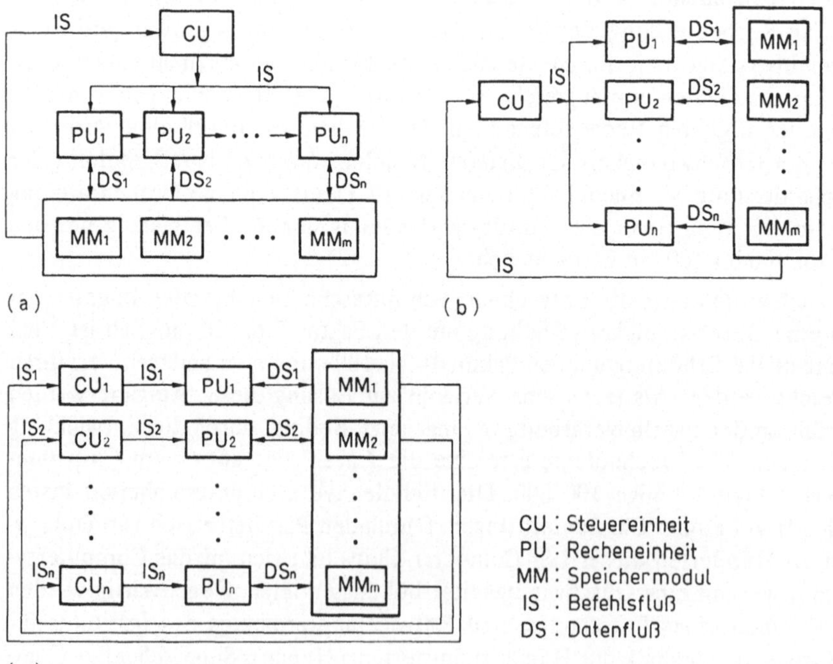

Bild 1: Parallelrechner-Architekturen

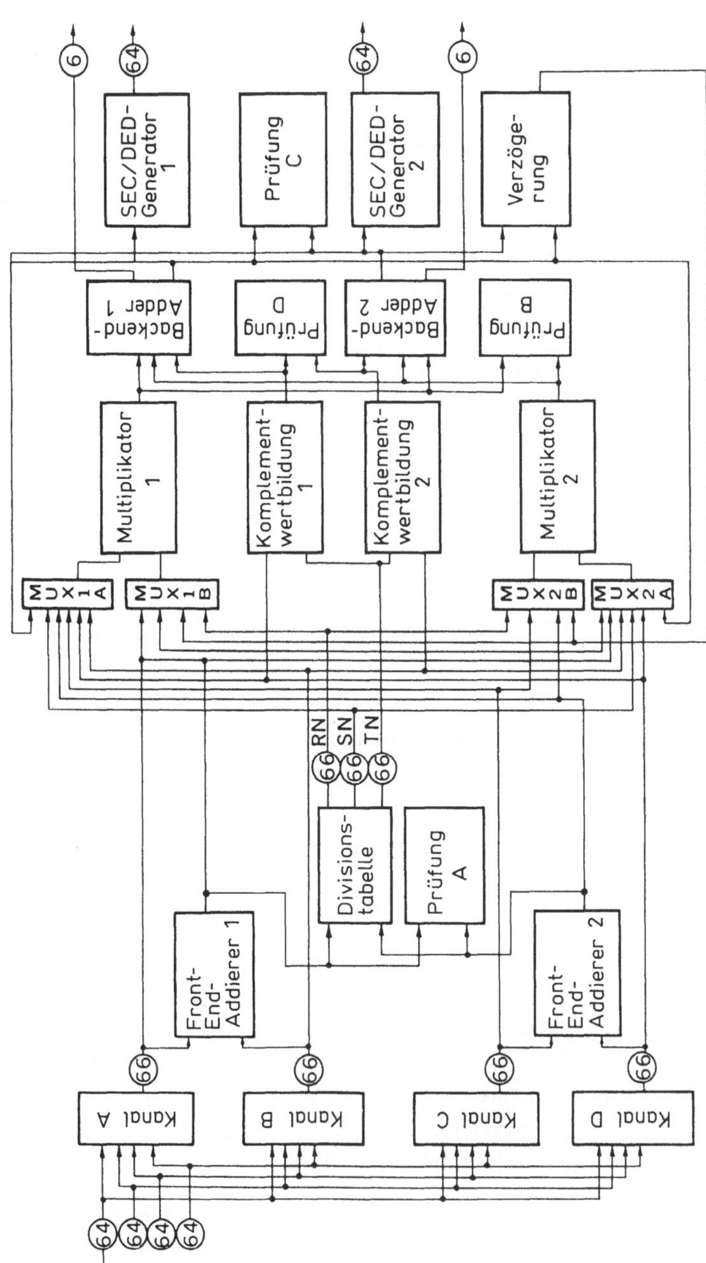

Bild 2: Pipeline des CDC-NASF /2/

rithmen voneinander unabhängig sind, die MIMD (Multiple Instruction Stream/Multiple Data Stream)-Architektur verwendet. In Bild 1 sind die jeweiligen Architekturen als Modell dargestellt.

Dadurch, daß bei Pipelineprozessoren n Recheneinheiten innerhalb der Taktperiode die jeweiligen Elementarberechnungen ausführen und die Ergebnisse an die folgende Recheneinheit weitersenden, führen die n Einheiten einen Parallelbetrieb durch. Das allgemeinste Beispiel ist die Befehlsabarbeitung im Pipelinebetrieb. Hier können die Grundschritte der Befehlsabarbeitung, nämlich Befehlsinterpretation, Adreßberechnung, Speicherlesen, Senden der Steuersignale und Lesen des nächsten Befehls, parallel durchgeführt werden. Häufig werden Summenberechnungen mit dem Pipeline-Verfahren durchgeführt. Rechenanlagen mit Pipelineausführung sind Computer wie CDC 7600 und AP-120 B von FPS, die nur skalare Befehle ausführen, und Vektorrechner wie CRAY-1 und CYBER von CDC.

Beim Arrayprozessor sind Prozessoreinheiten (PU) mit gleicher Rechenleistung als Array angeordnet. Jede PU führt bei gemeinsamer Steuerung zur gleichen Zeit die gleiche Operation mit verschiedenen Daten aus. Es gibt eine Vielzahl von Anordnungen, wie von 64-512 Gleitkommaprozessoren beim ILLIAC IV und Burroughs-NASF sowie äußerst einfache Anordnungen von 16x16 bis 128x128 1-Bit-Prozessoren wie beim STARAN, DAP und MPP.

Beim Pipeline-Verfahren wurde für die Operationen mit 64-Bit-Worten eine maximale Verarbeitungsgeschwindigkeit von 1,5 GFLOPS (Giga Floating-point Operations Per Second), bei 32-Bit-Wörtern von 3 GFLOPS erreicht (Bild 2) /2/.

Ein einfacher MPP (Massively Parallel Processor) mit Recheneinheiten, die Array-Prozessoren sind, wurde von der NASA für die Verarbeitung von Satellitenbildern entwickelt. Es wurde eine Verarbeitungsgeschwindigkeit von mehr als 10^6 Operationen pro Sekunde erreicht. Für die Multiplikation zweier 8-Bit-Bilder wurden 6,6 GOPS (Giga Operations per Second), für die Multiplikation zweier 8-Bit-Bilder 1,9 GOPS benötigt. Werden 32-Bit-Gleitkomma-Operationen durchgeführt, so liegt die Leistung - obwohl ca. 16 000 Recheneinheiten gleichzeitig arbeiten - nur bei 0,4 GFLOPS (Bild 3) /4/.

Multiprozessor-Rechner, die nach dem MIMD-Verfahren arbeiten, haben entweder eine lose Kopplung zwischen den Prozessoren wie IBM 3084 und CRAY-XMP oder eine enge wie CRAY-2. Beim MIMD- Verfahren sind noch viele Probleme zu untersuchen, wie der Grad der Komplexität der Einzelprozessoren, das Kopplungsverfahren und die Synchronisierung zwischen den Prozessoren. Die jeweiligen Recheneinheiten des Multiprozessors sind häufig als Pipeline ausgeführt, die mehrfache Kopplungselemente aufweisen. Sie besitzen das Merkmal, daß die Anzahl der direkt miteinander verbundenen PU relativ gering ist. Jedoch kann bei einem hohen Grad an Parallelität von einer Stufenstruktur ausgegangen werden. Beim Supercomputer-Großprojekt des

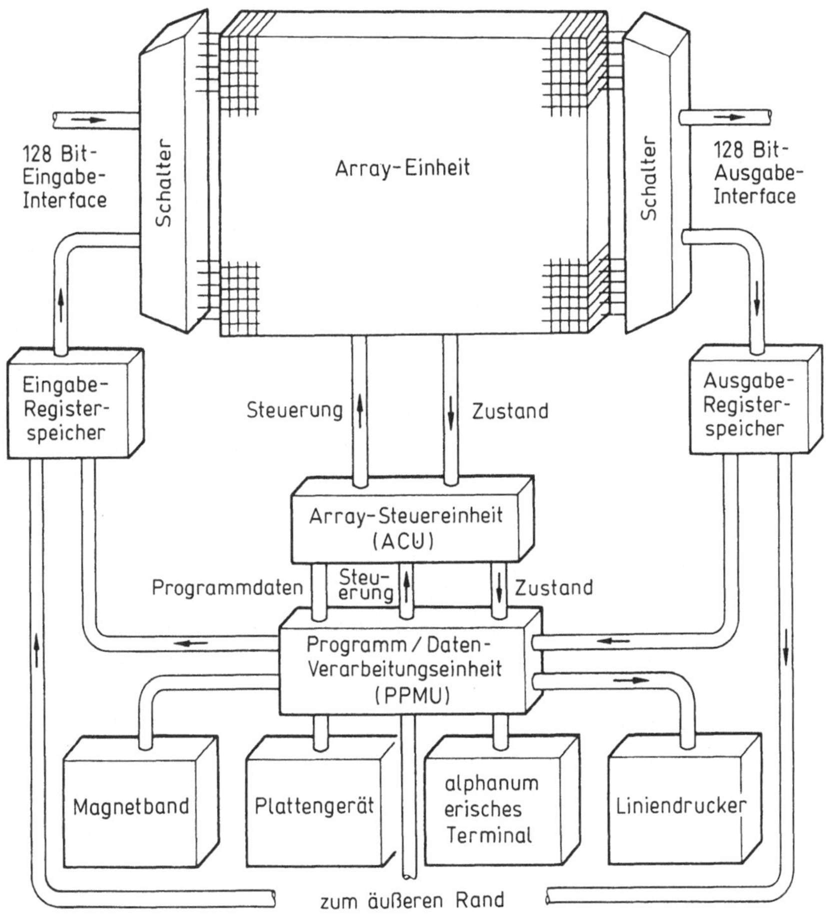

Bild 3: MPP-Architektur /3/

Handelsministeriums (Japan) besteht die Zielstellung, mit einem Multiprozessor, der nach dem MIMD-Verfahren arbeitet, eine Rechengeschwindigkeit zu erreichen, die oberhalb von 10 GFLOPS liegt.

4.1.3 Paralleler LSI-Computer für die Bildverarbeitung

Nachfolgend soll ein Überblick über einen Parallelrechner für die Bildverarbeitung gegeben werden, wie er im Rahmen des Supercomputer-Großprojektes untersucht wird /1/. Bild 4 zeigt das Konzept als Übersicht. Da z.B. bei medizinischen Aufnahmen, Satellitenaufnahmen oder Aufnahmen für industrielle Anwendungszwecke außerordentlich viele Daten anfallen, ist die Bildverarbeitung ein Anwendungsgebiet, das große Verarbeitungsleistungen erfordert, für die die Rechengeschwindigkeit der herkömmlichen schnellen Computer nicht ausreicht. Da zum Beispiel eine Satellitenaufnahme aus 2500 x 3000 Bildelementen in 4 Bändern besteht, sind Informationseinheiten von 30 MB

(Megabyte) zu verarbeiten. Da Satellitenbilder täglich vom Satelliten gesendet werden, ist ein Speichern mit langsamer Auswertung nicht möglich.

Bei einem Bild sind die Informationen zweidimensional angeordnet, es werden die folgenden Auswertungen vorgenommen:

a) Die parallele Auswertung von Bildelementen, bei der die gleichzeitige Verarbeitung mehrerer Bilder für das gleiche Bildelement erfolgt,

b) die lokale parallele Verarbeitung, bei der benachbarte, sich berührende Bildelemente verknüpft werden, und

c) die großflächige Parallelverarbeitung, bei der relativ weit entfernte Bildelemente einer Verarbeitung wie FFT und Bildvergrößerung, Bildverkleinerung und Drehung unterzogen werden.

Bei einer derartigen Bildverarbeitung müssen vielfältige Operationen, d.h. schnelle Berechnungen mit großen Datenmengen, vorgenommen werden. In der Architektur von Bild 4 sind, um dieses Ziel zu erreichen, ein großer, nach dem SIMD-Verfahren arbeitender Array-Parallelverarbeitungs-Prozessor und ein hochleistungsfähiger, nach dem MIMD-Verfahren arbeitender Parallelverarbeitungs-Prozessor aus mehreren Einzelprozessoren über einen gemeinsamen Bildspeicher, der einen zweidimensionalen Zugriff ermöglicht, effektiv verbunden. Beim großen Parallelverarbeitungsprozessor sind 128x128 1-Bit-

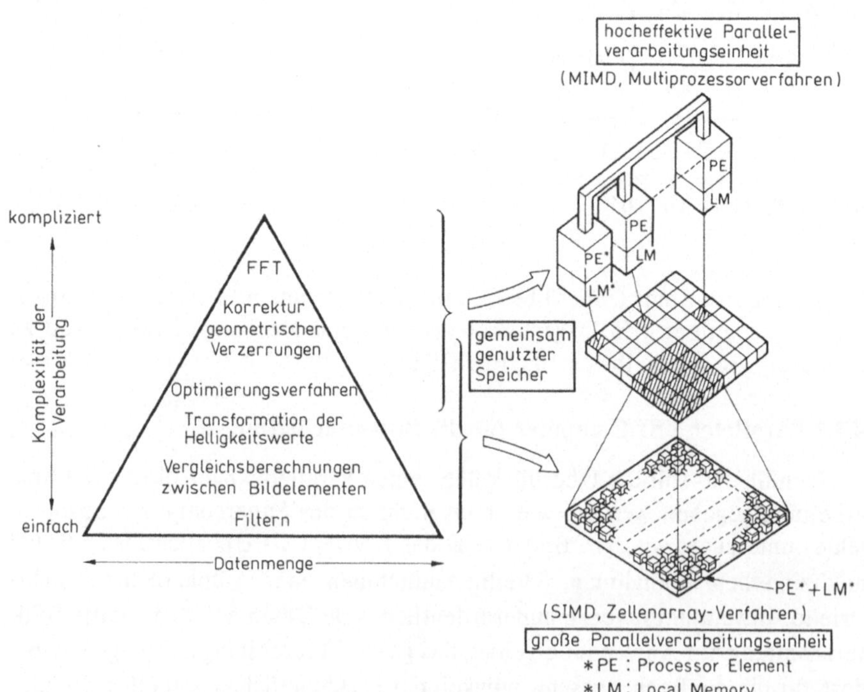

Bild 4:   Parallelverarbeitungs-Architektur für die Bildverarbeitung /1/

Prozessoren parallel angeordnet. Er hat eine höhere Rechenleistung als der MPP-Rechner, einen lokalen Speicher, eine Koppeleinheit und ist besonders dafür geeignet, bei der Bildverarbeitung relativ einfache Berechnungen vorzunehmen, wobei auf der gesamten Bildfläche überall die gleiche Rechenoperation ausgeführt wird. Andererseits enthält der hochleistungsfähige Prozessor zur Parallelverarbeitung 64 Multiprozessoren aus jeweils 32-Bit-Prozessoren. Er läßt einen effektiven Einsatz für komplizierte Berechnungen zu, die eine hohe Rechengenauigkeit erfordern. Weiterhin wurde für fortlaufend eingegebene Bilddaten ein Pipeline-Verarbeitungsverfahren in Job-Einheiten vorgeschlagen, bei dem die abzuarbeitende Befehlsfolge auf 2 Prozessortypen verteilt wird.

Für jeden Prozessor wurde untersucht, wie er sich als LSI-Schaltkreis realisieren läßt. Speziell bei den großen Prozessoren zur Parallelverarbeitung müssen ca. 16 000 Verarbeitungseinheiten parallel betrieben werden, so daß es nicht ausreicht, lediglich die Prozessoreinheiten als LSI-Schaltkreis auszuführen. Ebenso wichtig sind die Verfahren zur Kopplung der Verarbeitungseinheiten. Häufig wird hier eine zweidimensionale Anordnung verwendet, bei der benachbarte Prozessoreinheiten verbunden werden.

4.1.4 Verfahren zur Kopplung von Parallelrechnern

Werden statt einiger Dutzend bzw. Hundert parallel verbundener LSI-Rechenschaltkreise mehr als 10 000 für die Verarbeitung benötigt, so entsteht das Problem, wie diese große Anzahl von Prozessoren zu verbinden ist /4/. Bei Systemen zur Parallelverarbeitung wird nicht nur durch die Leistung der Einzelprozessoren, sondern auch durch die Qualität der Verbindungen zwischen den Prozessoren die Leistung im starken Maße beeinflußt. Bei den bisher verwendeten Busverbindungen und der gemeinsamen Nutzung des Speichers entstehen Konflikte, wenn mehr als 2 Prozessoren vorhanden sind, die gleichzeitig Bus und Speicher verwenden. Daher lassen sich insbesondere dann, wenn die Anzahl der verbundenen Prozessoren wächst, diese Verbindungsverfahren praktisch nicht verwenden.

Damit in der Kopplungseinheit der N Prozessoren keine Konflikte entstehen, können vollständige Koppelfelder und vollständige Verbindungsnetzwerke (Bild 5) eingesetzt werden. (Es wird der Konflikt ausgeschlossen, daß zwei Prozessoren gleichzeitig Nachrichten zum selben Prozessor senden.) Dieses Koppelverfahren ist geeignet, wenn die Anzahl N niedrig ist. Wird N groß, so sind beim vollständigen Koppelfeld N^2 Schalter erforderlich. Beim vollständigen Koppelnetzwerk muß jeder Prozessor N-1 Ein-Ausgangs-Tore haben. Hier wird davon ausgegangen, daß ein kleines vollständiges Koppelfeld in mehreren Stufen verbunden ist. Den Knoten des Netzwerks wird ein Prozessor zugeordnet und ein Netzwerk verwendet, bei dem die Knoten miteinander verbunden sind.

Bei Parallelprozessoren, die nach dem SIMD-Verfahren arbeiten, wird gefordert, daß der gleiche Befehlsstrom an alle Prozessoren gesendet wird, die Schwankungen der Übermittlungszeiten zu den einzelnen Prozessoren gering sind und eine einfache Synchronisation zwischen den Prozessoren möglich ist. In den einzelnen Stufen sind dabei vollständige Koppelfelder vorhanden. Bei den nach dem MIMD-Verfahren betriebenen Parallelprozessoren arbeiten die einzelnen Prozessoren nicht synchron mit den anderen. Wenn erforderlich, werden zwischen den Prozessoren Nachrichten ausgetauscht und die Informationen zu Paketen zusammengestellt, wobei ein Knotenprozessornetz verwendet wird.

Ein Beispiel für ein mehrstufiges Netzwerk ist das Omega-Netzwerk /5/. Bei ihm werden vollständige 2x2-Koppelfelder verbunden, wie in Bild 6 dargestellt ist. Auch beim Computer Burroughs-NASF werden zwischen den Prozessorgruppen und den Speichereinheiten Omega-Netzwerke der Größe 1024x1024 verwendet. Ist die Anzahl der Prozessoren N, so sind $\log_2 N$ Netzwerke erforderlich. In jeder Stufe sind N/2 Schaltelemente angeordnet. Dieses Netzwerk ist kein vollständiges Koppelfeld. Wird ein Weg zwischen mittleren Schaltelementen verwendet und müssen Nachrichten zwischen Prozessoren den gleichen Weg durchlaufen, kommt es daher zu Konfliktsituationen, und eine der Nachrichten muß warten, bis der Weg frei ist.

Beim Knotenprozessor-Netzwerk sind die jeweiligen Prozessoren in den Knoten verbunden, und die Verbindungen zwischen den Knoten bilden ein relativ einfaches Netzwerk. Werden daher von einem Prozessor zu einem anderen Informationen übertragen, so ist die Anzahl der durchlaufenen Knotenpunkte in Abhängigkeit vom Abstand zwischen den Prozessoren unterschiedlich. Bei nach dem MIMD-Verfahren arbeitenden Parallelprozessoren ist es nicht erforderlich, daß die ursprünglichen Prozessoren synchron arbeiten. Obwohl die Datenübermittlung zwischen den Prozessoren unter Umständen

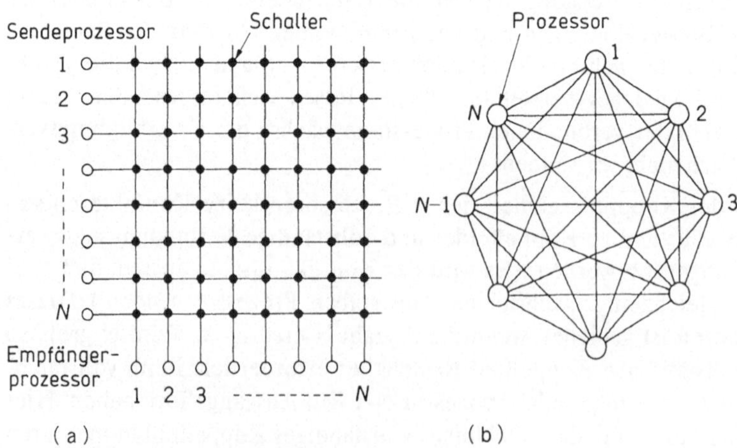

Bild 5:　Koppelverfahren für Parallelprozessoren (2 Grundprinzipien)
　　　　(a) Vollständiges Koppelfeld (8x8)
　　　　(b) Vollständiges Verbindungsnetzwerk

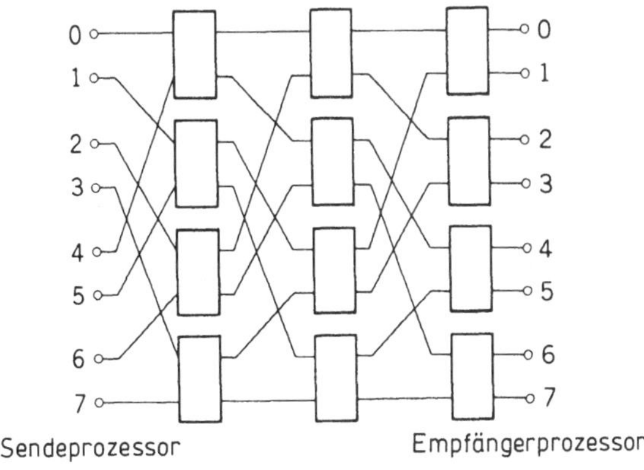

Bild 6:   8 × 8 - Omega-Netzwerk

schwankt, liegt kein so starker Einfluß wie beim SIMD-Verfahren vor. Kann weiterhin das Netzwerk zwischen den Knoten mit LSI-Schaltkreisen ausgeführt werden, so kann für die N Prozessoren ein Knotennetzwerk mit N Knoten-LSI-Schaltkreisen realisiert werden.

Als Netze für die Knotenprozessoren wurden verschiedene Anordnungen wie Masche, Baum, Würfel und erweiterter Würfel vorgeschlagen. Hier wird - auch hinsichtlich der möglichen Ausführung als LSI-Schaltkreis - der Baum gewählt. Wie Bild 7 zeigt, beträgt die maximale Anzahl der Verbindungen, die bei der Baumform durch Abzweigung von einem Knotenpunkt möglich ist, drei. Da die symmetrische Anordnung zweidimensional erweitert wird, liegt eine Struktur vor, die sich für die Ausführung als LSI-Schaltkreis gut eignet. Bei der Verbindung in Baumstruktur sind, wenn bei N Prozessoren zwischen zwei Prozessoren Informationen zu übertragen sind, im Mittel $2(\log_2 N - 3)$ Knotenpunkte zu durchlaufen. Werden daher die parallel abzuarbeitenden Aufgaben so aufgeteilt, daß möglichst zwischen benachbarten Prozessoren der größte Teil der Nachrichten ausgetauscht wird, so ergibt sich eine gute Auslastung des Netzwerkes. Obwohl die Baumform eine einfache Struktur hat und auch die Steuerung einfach ist, nimmt bei den oberen Knoten die Anzahl der Nachrichten zu. Daher ist es zur Entlastung erforderlich, daß zwischen den Knoten der unteren Ebenen Umgehungswege eingerichtet werden.

4.1.5 Zusammenfassung

Heute ist es möglich, ganze Systeme auf einem Chip zu integrieren. Die Entwicklung und der Entwurf von Parallelrechnern auf der Basis von LSI-Schaltkreisen, die die Forderung nach superschnellen Rechnern erfüllen, machen besonders in Japan und den USA große Fortschritte, wobei jedoch noch eine Vielzahl von Problemen zu lösen ist. Auf technologischem Gebiet ist auch eine verstärkte Zunahme von Mitteilungen über Teilentwicklungen optischer Computer zu verzeichnen, die vielversprechend sind; jedoch dürfen kleine Erfolge nicht überbewertet werden. Die Forderung nach superschnellen Compu-

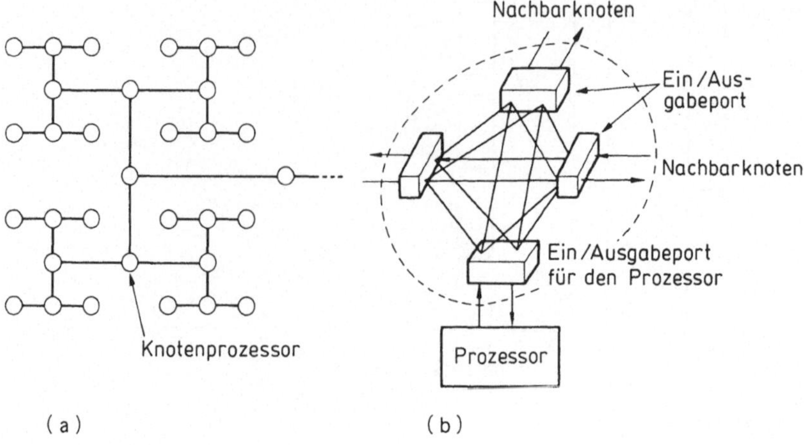

Bild 7:　Baumförmiges Knotenprozessornetzwerk
(a) baumförmige Verbindungsmethode
(b) Struktur des Knotenprozessors

tern wird nicht nur bei speziellen Berechnungen (z.B. der Fouriertransformation) erhoben. Modelle für diskrete, stetige und Quantensysteme erfordern jeweils eine schnelle Rechentechnik. Das Ziel für die praktische Realisierung optischer Computer muß daher darin bestehen, diese verschiedenen Berechnungen zu ermöglichen. Der mit LSI- Schaltkreisen aufgebaute Computer kann an den jeweiligen Typ von Berechnungen angepaßt werden. Da es auch möglich wurde, durch die Anordnung von einigen Dutzend bis einigen Hundert Prozessoren eine Parallelverarbeitung durchzuführen, muß davon ausgegangen werden, daß es für optische Computer sehr schwierig sein wird, Verarbeitungsgeschwindigkeit und Flexibiltät elektronischer Computer zu überbieten.

Literatur

1　Vereinigung für technische Untersuchungen über den Einsatz der Hochleistungs-Rechentechnik in Wissenschaft und Technik. Showa 58 Nendo Kenkyu Seika Hokokushu (nicht im Handel erhältlich, in Japanisch)
2　Stevens, K.G.: Numerical aerodynamic simulation facility project. Super Computers (Ed. C.R. Josshope and R.W. Hockney) 2 (1979), p. 331-342
3　Batcher, K.E.: Design of a massively parallel processor. IEEE Trans. C-29 (1980), p. 836-840
4　Siegel, H.J.: Interconnection networks for parallel and distributed processing: an overview. IEEE Trans. on Computers C- 30 (1981), p. 245-246
5　Yew,P.; Lawrie, D.H.: An easily controlled network for frequently used permutations. IEEE Trans. on Computer C-30 (1981), p. 296-301

4.2 Superschnelle logische LSI-Schaltkreise

Ishikawa, H. (Fujido Kenkyusho)

Die Operationsgeschwindigkeit und der Integrationsgrad von LSI-Schaltkreisen verbessern sich gegenwärtig sehr schnell. Die heute hergestellten schnellen Logikschaltkreise sind LSI-Schaltkreise auf der Grundlage der Silizium-Bipolar-Technologie. Durch die Entwicklung eines Verfahrens zur Verringerung der Fläche des äußeren Basisbereiches, der deren Betriebsgeschwindigkeit bestimmt, stieß die Logik in den Gigabitbereich vor.

Auch bei Halbleiter-LSI-Schaltkreisen aus GaAs oder anderen chemischen Verbindungen sind schnelle Fortschritte z.B. bei der Technologie zur Kristallherstellung festzustellen, und deren praktische Realisierungsmöglichkeiten haben sich verbessert. Die großen Vorteile der Halbleiter aus Verbindungen sind die große Elektronenbeweglichkeit und die gute Qualität der Hetero-Übergänge. Dadurch wurde die Entwicklung von Bauelementen mit zukünftig erforderlichen neuen Eigenschaften wie von HEMT- und HBT-Bauelementen weiter beschleunigt.

4.2.1 Einleitung

Gegenwärtig werden für die Logik schneller Computer oder schneller Speicher LSI-Schaltkreise verwendet, die ECL-Schaltkreise aus Silizium-Bipolartransistoren sind. In großen Universalrechnern werden LSI-Schaltkreise eingesetzt, bei denen mehrere Tausend Gatter integriert wurden, die eine Schaltgeschwindigkeit von einigen Hundert ps aufweisen, sowie als Speicher statische RAM mit 4 bis 64 kB und einer Zugriffszeit von ca. 10 ns. Auch bei Bipolartransistoren auf Siliziumbasis, deren Leistungskennwerte stagnieren, konnten aufgrund der Fortschritte bei der Kristallherstellung weitere Leistungsverbesserungen ermöglicht werden. Auf absehbare Zeit werden wohl Slizium-Bipolartransistoren weiterhin die Hauptrolle in der schnellen logischen Verarbeitung spielen.

Jedoch wird sich dies durch die Fortschritte der Mikro-Bearbeitungstechnologie etwas ändern. Zum Beispiel haben MOS-LSI-Schaltkreise hervorragende Integrationsgrade, hinsichtlich der Operationsgeschwindigkeit sind aber Nachteile zu erkennen. Kann man aber Bauelemente mit Strukturabmessungen im Submikrometerbereich herstellen, so ist die Entwicklung von LSI-Schaltkreisen mit einer Taktfrequenz von mehreren Hundert MHz realistisch. Da speziell für CMOS-LSI-Schaltkreise ein Integrationsgrad von mehr als 1 000 000 Gattern möglich ist, gibt es für die Betriebsgeschwindigkeit des Gesamtsystems noch viele Möglichkeiten für Verbesserungen.

Auch bei Bauelementen aus Verbindungs-Halbleitern sind schnelle Fortschritte festzustellen. Da im allgemeinen bei Verbindungs-Halbleiter-Kristallen die effektive Elektronenmasse klein ist, ist im Vergleich zu Siliziumkristallen die Elektronenbeweglichkeit größer und es lassen sich leicht sehr schnelle Bauelemente entwickeln. Auf diesem Gebiet sind LSI-Schaltkreise auf der

Grundlage von GaAs-FET am weitesten entwickelt. Es wurden bereits logische LSI-Schaltkreise mit mehreren Tausend Gattern und statische RAM mit 4 bis 16 kB hergestellt.

Ein großer Vorteil der Verbindungs-Halbleiter besteht darin, daß sich qualitativ gute Heteroübergange mit veränderter Gitterordnung realisieren lassen. Bauelemente, die diese Eigenschaft nutzen, z.B. HEMT, HBT, stehen heute im Mittelpunkt des Interesses und werden verstärkt untersucht. Es verbessern sich auch die Möglichkeiten, in Zukunft Bauelemente zu fertigen, die die Funktion von Bauelementen mit Supergittern und optischen Bauelementen in sich vereinen, sowie Bauelemente mit Quanteneffekten, die den Vorteil des Heteroüberganges nutzen.

Hier sollen der gegenwärtige Stand und die Entwicklungen von Sizilizium-Bipolar- und CMOS-LSI-Schaltkreisen, die in letzter Zeit zu einer erheblichen Leistungssteigerung führten, betrachtet werden sowie GaAs-, HEMT-, HBT-LSI-Schaltkreise, die als zukünftige schnelle Bauelemente Aufmerksamkeit verdienen.

4.2.2 Silizium-Bipolartransistor

LSI-Schaltkreise auf der Grundlage von Silizium-Bipolartransistoren sind die Bauelemente, die den Kern heutiger Mainframe-Computer bilden. Ein typischer universeller Mainframe-Computer verwendet einen ECL-LSI-Schaltkreis mit einem Integrationsgrad von 1 000 bis 3 000 Gattern, die im Betriebszustand pro Gatter eine Verzögerungszeit von 0,3 bis 0,5 ns und einen Leistungsverbrauch von 1 bis 5 mW aufweisen. Weiterhin werden im Cache-Speicher 4 bis 16 kB ECL-sRAM verwendet; deren Zugriffszeit liegt im Bereich von 4 bis 10 ns und der Leistungsverbrauch bei 1 W.

Ein Bipolartransistor läßt sich im Vergleich zum Feldeffekttransistor (FET) mit einem großen Leitwert (g_m) realisieren. Da weiterhin die Amplitude der Logiksignale klein sein kann, läßt sich ein schnelles Schalten erreichen. Da jedoch, wie Bild 1(a) zeigt, zum Herausziehen der Elektrode gegenüber der eigentlichen Basis ein großer äußerer Basisbereich erforderlich ist, wird aufgrund der parasitären Kapazität die Betriebsgeschwindigkeit begrenzt. Als Verfahren zur Verkleinerung dieses Bereiches wurden die Strukturen nach (b) und (c) vorgeschlagen, wodurch sich das dynamische Verhalten nachweisbar um eine Größenordnung verbessert /1,2/.

In Bild (b) wird eine als SST (Super Self-alignment Technology) bezeichnete Struktur vorgestellt. Es ist eine Technologie, die die Seitenwandunterstützung anwendet. Da die Kontaktfläche der Basiselektrode durch das Polysilizium und der Abstand zwischen Emitter und Basis durch die dazwischenliegende Oxidschicht bestimmt wird, kann der äußere Basisbereich äußerst klein gehalten werden. Bild (c) zeigt eine als SICOS (Sidewall Base Contact Structure) bezeichnete Struktur, bei der der äußere Basisbereich durch eine polykristalline Siliziumschicht auf einer Isolationsschicht gebildet wird. Es wird angenommen, daß durch die verringerte Fläche des Basis-Kollektorüberganges, die parasitäre Kapazität verringert werden kann und damit ein idealer bipolarer Transistor

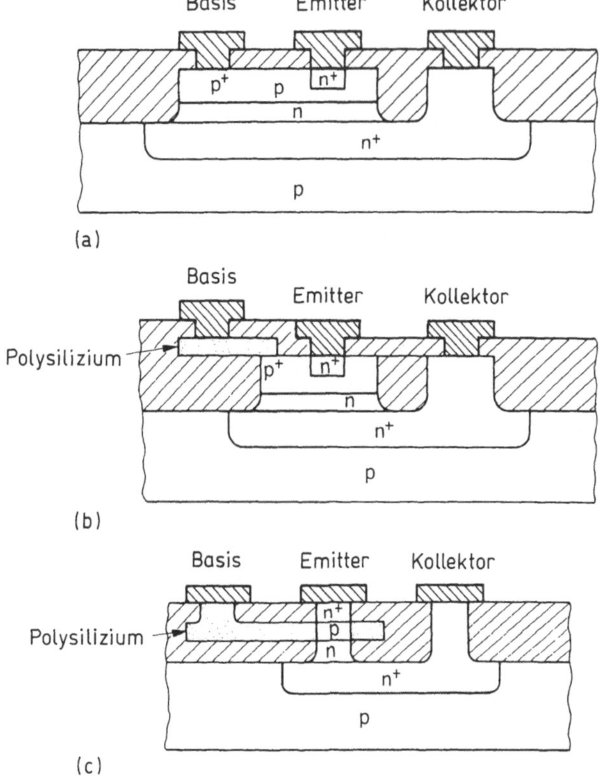

Bild 1: Querschnitte von typischen Strukturen bipolarer Transistoren

vorliegt. Jede Struktur läßt sich als Ergebnis der Fortschritte der Mikrobearbeitungstechnologien, wie des reaktiven Ionenätzens, herstellen. Tabelle 1 zeigt die Kennwerte der mit SST- und SICMOS-Struktur hergestellten LSI-Bauelemente. Bei der Untersuchung, welche Verbesserung der Kennwerte diese

Tabelle 1: Fertigungsmuster von bipolaren Silizium-LSI-Schaltkreisen

Bauelement	Prozeß/Schaltung	Kennwerte	Literatur
2,5 k Gate-Makro-zellenarray	SST Emitter $0,05 \times 5\ \mu m^2$ LCML-8-Tr-Zelle	Grundgatter 78 ps (2,6 mW) 16×16 Bit Multiplikator 7,5 ns (2,1 W)	/3/
Frequenzteiler 1 : 8	SST Emitter $0,35 \times 16\ \mu m^2$ TFF 3 Stufen	9,1 GHz (554 mW)	/4/
Frequenzteiler 1 : 16	SICOS Emitter $3 \times 4\ \mu m^2$ ECL/IIL	6 GHz (45 mW/Stufe)	/5/
1 K sRAM (256 w $\times$ 4b)	SST Emitter $0,5 \times 8\ \mu m^2$ ECL	Zugriffszeit 0,85 ns (950 mW)	/6/

Technologie zuläßt, sind hochleistungsfähige Bauelemente-Simulatoren erforderlich, die noch nicht im ausreichenden Maße entwickelt wurden. Durch die Fortschritte der selektiven Epitaxie- Beschichtung und der SOI-Technologie lassen sich weitere Leistungssteigerungen erwarten.

4.2.3 CMOS

MOS-LSI erreichen den höchsten Integrationsgrad. Mit der Miniaturisierung der Bauelemente erhöhte sich auch die logische Verarbeitungsleistung. Da speziell bei CMOS-Bauelementen aufgrund des geringen Leistungsverbrauchs die bei Erhöhung des Integrationsgrades auftretenden thermischen Einschränkungen nicht so groß sind, werden die zukünftigen MOS-LSI-Schaltkreise die wichtigsten Bauelemente bilden. Tabelle 2 enthält Beispiele für spezielle schnelle MOS-LSI-Schaltkreise.

Auch bei MOS-LSI-Schaltkreisen wird sich mit voranschreitender Miniaturisierung der Bauelemente die Schaltleistung erhöhen. Gegenwärtig sind die Probleme, die bei der Miniaturisierung der Bauelemente zu lösen sind, die folgenden:

1. der Kurzkanaleffekt
2. der Effekt der heißen Elektronen und
3. der MOS-Latch-up-Effekt.

Zur Lösung dieser Probleme wurden verschiedene Verfahren untersucht. Zur Beseitigung des ersten Problems wurde eine schmale Source und Drain untersucht bzw. die Verwendung einer Gate-Oxid-Schicht, die dünner als 10 nm ist. Zur Lösung des zweiten Problems wird eine LDD-Struktur vorgeschlagen. Für das dritte Problem wurde untersucht, ob eine CMOS-Doppelmuldenstruktur die Bedingungen verbessert. Jedoch gibt es zahlreiche Zweifel, ob sich für die Submikron-CMOS-Technologie dieses Verfahren anwenden läßt, und es sind weitere Untersuchungen erforderlich.

Es ist interessant zu untersuchen, wo die Grenzen für die Miniaturisierung von MOS-LSI-Schaltkreisen liegen. Dazu wurden verschiedene Untersuchungen durchgeführt. Es wird angenommen, daß folgende Probleme die Grenzen bestimmen:

1. die minimale Energie, die zur Durchführung der logischen Operationen erforderlich ist,
2. Schwankungen der Verunreinigungen
3. durch die Herstellungstechnologie bedingte Grenzen
4. Source-Drain-Spannungsfestigkeit
5. Spannungsfestigkeit der Gate-Oxidschicht und
6. die Verschlechterung der Bauelementeeigenschaften durch Erhöhung des Reihenwiderstandes.

Werden jedoch die Betriebsspannung gesenkt und die Herstellungstechnologie verbessert, so gibt es keine Einschränkungen, wie theoretisch und experimentell nachgewiesen wurde. Es wird angenommen, daß das Rauschen gegenwärtig

Tabelle 2: Beispiele für MOS-LSI-Schaltkreise mit sehr schneller logischer Verarbeitung

Bauelement	Prozeß/Schaltung	Kennwerte	Literatur
8 × 8 Bit-Multiplikator	1,3 μm CMOS	23 ns (5,5 mW) Raumtemperatur 11,3 ns (5,4 mW) bei Temperatur von flüssigem Stickstoff	/7/
8 × 8 Bit-Multiplikator	0,85 μm E/D nMOS	9,5 ns	/8/
16 × 16 Bit-Multiplikator	1,5 μm CMOS	45 ns (100 mW)	/9/
16 × 16 Bit-Multiplikator	1,8 μm CMOS/SOS	27 ns (150 mW)	/10/
Frequenzteiler 1 : 2	0,5 μm E/D nMOS	2,5 GHz (75 mW)	/11/

die stärksten Einschränkungen verursacht. Die in Bild 2 gezeigte Bauelementestruktur ist wohl hinsichtlich des Miniaturisierungseffektes die beste /12/. Für das Bauelement wurde eine Betriebsgeschwindigkeit von 10 ps abgeschätzt. Es wurde gezeigt, daß auch MOS-Bauelemente als schnelle Logikelemente einsetzbar sind.

Beispiele für Bauelemente mit Submikron-Strukturabmessungen (Tabelle 2) sind ein 3 GHz-Frequenzteiler, der mit einer effektiven Gatelänge von 0,5 μm in nMOS hergestellt wurde, sowie ein Signalprozessor mit einer Taktfrequenz von Hunderten MHz, der das Ziel des VHSIC-Projektes (Very High Speed IC) war.

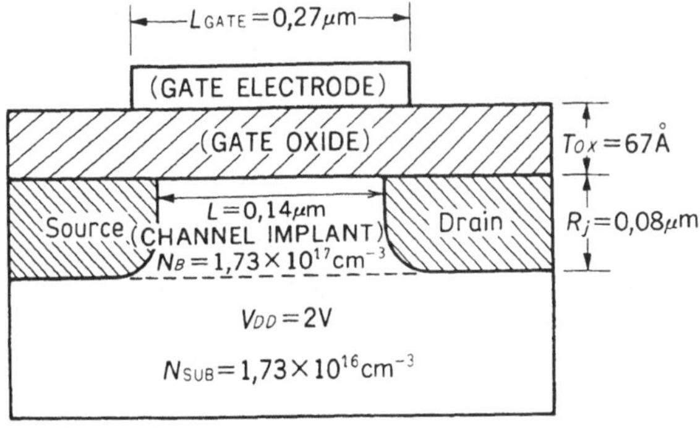

Bild 2: Querschnitt einer MOFSET-Struktur, die als letzte Möglichkeit der Miniaturisierung angesehen wird

4.2.4 GaAs LSI-Schaltkreise

Da sich bei Halbleitern aus Verbindungen wie GaAs keine stabile Oxidschicht mit guter Qualität wie bei Silizium herstellen läßt, wird ein LSI-Schaltkreis mit MOSFET-Struktur aufgebaut, bei dem das Gate durch eine Schottky-
Barriere gebildet wird. LSI-Schaltkreise auf der Grundlage von GaAs-MES-
FET sind gegenwärtig in ihrer Entwicklung am weitesten fortgeschritten. In
Tabelle 3 sind einige Beispiele für existierende GaAs-LSI-Schaltkreise angeführt. In noch keinem Fall gibt es eine praktische Anwendung; es wurde aber
ein Niveau erreicht, das hinsichtlich des Integrationsgrades und der Leistungskennwerte einen Einsatz zuläßt.

Ein großes Problem von GaAs-MESFET besteht in der Instabilität des Betriebes der Bauelemente durch Elektronenfallen an der GaAs-Oberfläche. Um
dieses Problem zu lösen, wurden verschiedene Bauelementestrukturen vorgeschlagen, die in Bild 3 dargestellt sind. Das Prinzip besteht darin, entweder die
hochdotierten Source-Drain-Schichten so nahe wie möglich an die Gate-Elektrode anzunähern, wodurch der Bereich klein wird, der durch die Fallen der
GaAs-Oberfläche beeinflußt wird, oder mit einer selbstjustierenden Struktur
die hochdotierten Source-Drain-Schichten bis unter die Gate-Elektrode zu
bringen, so daß die Schicht mit der niedrigsten Dotierung, in der der Einfluß
der Fallen groß ist, nicht zur Oberfläche reicht. Bei einer Struktur mit Selbstju-
stierung wird die Gate-Elektrode als Maske genommen und eine Ionenimplan-

Tabelle 3: Beispiele für Versuchsmuster von GaAs-LSI- Schaltkreisen

Bauelement	Prozeß/Schaltung	Kennwerte	Literatur
8×8 Bit-Multiplikator	Gate-Länge 1,5 µm WN Selfaligment DCFL Gate-Array	8,5 ns (400 mW)	/13/
8×8 Bit-Multiplikator	Gate-Länge 1,0 µm WAI Selfaligment SBFL Gatearray	7,9 ns (220 mW)	/14/
4 K sRAM (1 kw $\times$ 4b)	seitenwandunterstützte Struktur mit kurzen Elektrodenabständen DCFL + SCFL CML Pegel	2,4 ns (1,1 W)	/15/
4 K sRAM (4 kw $\times$ 1b)	Gate-Länge 1,5 µm W-Silizid, Selfaligment DCFL	3,0 ns (700 mW)	/16/
16 K sRAM	Gate-Länge 1,0 µm SAINT DCFL	4,1 ns (1,4 W)	/17/

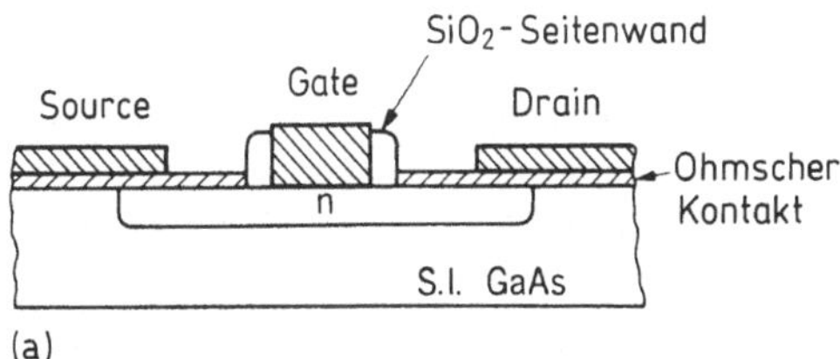

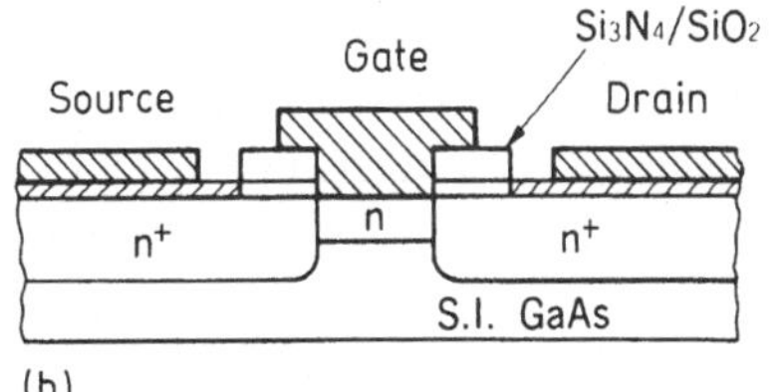

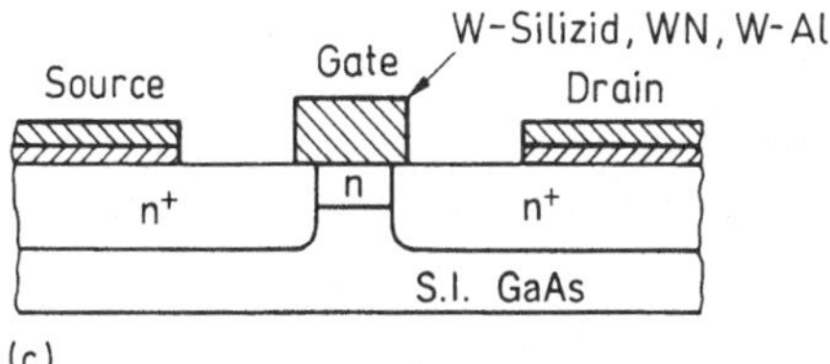

Bild 3: Im Querschnitt dargestellte typische GaAs-MESFET- Strukturen
(a) Seitenwandunterstützte Struktur mit kurzen Elektrodenabständen
(b) SAINT-Struktur
(c) Selbstjustierende Struktur

tation des Donators für die Herstellung der Source-Drain-Bereiche durchgeführt. Sie werden durch thermische Behandlung aktiviert. Hierfür ist normalerweise eine Temperatur über 700° C erforderlich. Bei dieser thermischen Behandlung kommt es zu keiner Legierung mit dem GaAs, und das Metall für die Gate-Elektrode wird freigelegt. Gegenwärtig wurden, wie das Bild zeigt, verschiedene Metalle ermittelt, deren spezifischer Widerstand gegenüber dem von Al groß ist. Um eine hohe Geschwindigkeit der LSI-Schaltkreise zu erreichen, sind aber Strukturen mit einem niedrigen Widerstand erforderlich. Gegenwärtig sind GaAs-LSI-Schaltkreise den Silizium-Bipolarschaltkreisen nur im geringen Maße überlegen. Dies ist auf die Differenz im Belastungsvermögen von FET- und Bipolartransistoren zurückzuführen. Zur Verbesserung der Kennwerte der GaAs-LSI-Schaltkreise ist eine Erweiterung in den Submikronbereich erforderlich. Auf der Grundlage der Monte-Carlo-Simulation unter Verwendung eines Teilchenmodells wurde festgestellt, daß bei einer Gatelänge unter 0,5 μm eine große Leistungssteigerung durch den Überschußeffekt der Elektronen-Driftgeschwindigkeit erwartet werden kann. Für die Realisierung von Bauelementen im Submikronbereich müssen Verbesserungen der Materialien und der Herstellungstechnologie erreicht werden.

4.2.5 HEMT-LSI-Schaltkreise

An der GaAs-AlGaAs-Heteroübergangsfläche entsteht aufgrund der Differenz der Elektronenaffinität beider Halbleiter im Leitband eine Energieunstetigkeit. Um diese aufrechtzuerhalten, wird auf der AlGaAs-Seite der Heteroverbindung eine Verarmungsschicht und auf der AlGaAs-Seite eine Elektronenspeicherschicht erzeugt. Die Konzentration der Elektronen in der Elektronenspeicherschicht wird, wenn die beiden Halbleiterschichten genügend stark sind, durch die Al-Konzentration der AlGaAs-Schicht und durch die Konzentration der Verunreinigungen bestimmt. Auch wenn die GaAs-Schicht zur Erzeugung freier Elektronen nicht dotiert wird, kann eine ausreichende Elektronenkonzentration garantiert werden. Daher wird für die GaAs-Schicht beim Kristallwachstum ein möglichst hoher Reinheitsgrad angestrebt, durch den bei niedrigen Temperaturen, bei denen die Streuung der Verunreinigungen und auch die Gitterstörungen gering sind, eine hohe Elektronenbeweglichkeit über $100\,000\ cm^2/Vs$ erreicht werden kann.

Wird auf der Oberfläche der AlGaAs-Schicht eine Gleichrichter-Gate-Elektrode angebracht und die AlGaAs-Schicht so dünn gestaltet, daß die sich von der Oberfläche erstreckende räumliche Verarmungsschicht das elektrische Potential in der Nähe der Heteroverbindung beeinflußt, so läßt sich die Elektronenkonzentration der Elektronenspeicherschicht mit dem Potential der Gate-Elektrode steuern. Folglich läßt sich ein Feldeffekttransistor (FET) herstellen, der als HEMT (High Electron Mobility Transistor) bezeichnet wird. Eine analoge Funktion läßt sich nicht nur mit dem AlGaAs-GaAs-System, sondern auch mit verschiedenartigen Heteroübergängen wie die des InGaAs-InP-Systems erreichen.

Die Elektronenbeweglichkeit der Elektronenspeicherschicht wird im starken Maße von der Kristallstruktur in der Nähe des Heteroüberganges beeinflußt. Um eine Diffusion von Verunreinigungen von der hochdotierten AlGaAs-Schicht zur hochreinen GaAs-Schicht und eine Coulombsche Streuung der ionisierten Verunreinigungsatome der Heteroübergangsfläche zu vermeiden, wird eine möglichst dünne AlGaAs-Trennschicht auf die Hetero-Übergangsfläche aufgebracht. Um ein Dotieren mit hohen Konzentrationen zu ermöglichen, gibt es verschiedene Varianten wie den Aufbau einer AlGaAs-Schicht im GaAs/AlAs-Supergitter. Als Auftrageverfahren zum Erzielen einer derartigen Feinstruktur sind MBE- und MOCVD-Verfahren geeignet. Die Entwicklung dieser Technologie weist in zunehmendem Maße Fortschritte auf.

HEMT-Bauelemente lassen sich in verschiedenen Strukturvarianten herstellen; gegenwärtig werden mehrere untersucht. Bild 4 zeigt ein Beispiel für eine solche Struktur. Auch HEMT-LSI-Schaltkreise werden entwickelt. Vor kurzem wurden als Versuchsmuster hochintegrierte Bauelemente vorgestellt, in denen mehrere Tausend HEMT enthalten sind. Deren Kennwerte sind Tabelle 4 zu entnehmen.

Die Aufgabe der HEMT-Herstellungstechnologie besteht darin, Bauelementestrukturen zu erzeugen, die gute Heteroübergänge aufweisen und meh-

Tabelle 4: Beispiele für Versuchsmuster von HEMT-LSI- Schaltkreisen

Bauelement	Prozeß/Schaltung	Kennwert	Literatur
1 K sRAM (1 kw × 1b)	Gate-Länge 1,5 µm DCFL	3,4 ns (290 mW) Raumtemperatur 0,9 ns (360 mW) Temperatur des flüssigen Stickstoffs	/19/
Frequenzteiler 1 : 2	Gate-Länge 1,0 µm DCFL RS-Flip-Flop	5,5 GHz (15 mW) Raum- temperatur 10 GHz (50 mW) Temperatur des flüssigen Stickstoffs	/20/

rere HEMT mit unterschiedlichen Schwellwertspannungen auf einem Wafer integrieren. Die beim MBE-Beschichtungsverfahren zum Problem werdenden Oberflächendefekte (oval defects) wurden hinsichtlich ihrer Verursachungsquellen und der Auftragebedingungen optimiert; die Defektdichte konnte auf 100 cm^{-2} gesenkt werden. In die Bauelementestruktur wurde, wie Bild 4 zeigt, eine Cap-Schicht eingeführt, durch die die Schwellwertspannung erzeugt wird. Es wurden auch verschiedene Verfahren untersucht, mit denen sich hohe Elektronenbeweglichkeiten aufrechterhalten lassen. Speziell wurden die DX-Zentren zum Problem, die entstehen, wenn in die AlGaAs-Schicht Si, das ein Donator ist, in großer Konzentration dotiert wird. Es wurde vorgeschlagen, eine SD-HS-Struktur bzw. AlAs/GaAs-Supergitterstruktur zu verwenden, durch die gute Ergebnisse erzielt wurden.

Auch der Wirkungsmechanismus von HEMT-Bauelementen wurde durch Computersimulation untersucht /21/. Aus ihr ergab sich, daß bei niedriger Feldstärke eine außerordentlich hohe Elektronenbeweglichkeit vorliegt; bei hoher Feldstärke sinkt sie plötzlich. Speziell bei Kurzkanal-HEMT bestimmt die Sättigung der Elektronenbeweglichkeit im Kanalteil unter dem Drain-Anschluß der Gatelektrode die Stromsättigung. Das bedeutet, daß bei hoher Elektronenbeweglichkeit ein Effekt, der über die Verringerung des Kanalzu-

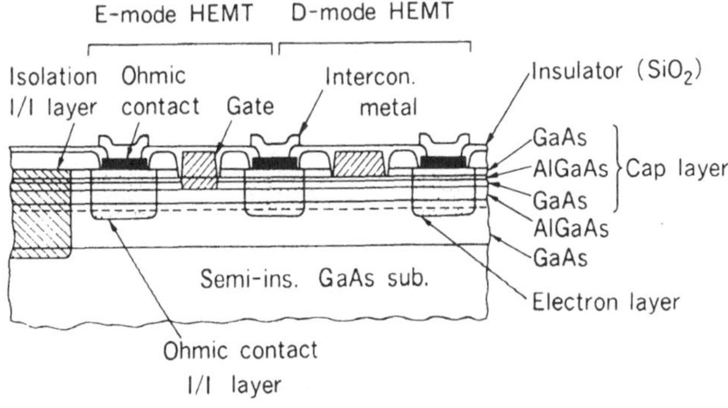

Bild 4:   Querschnitt einer typischen HEMT-Struktur

griffwiderstandes hinausgeht, nicht zu erwarten ist. Jedoch unterliegen im Bereich der Sättigung der Geschwindigkeit die Elektronen einer Feldstärke, die an dem Gate-Anschluß 10^4 V/cm übersteigt, über einen mit 0,2 bis 0,3 μm kurzen Bereich. In diesem Fall tritt deutlich der Überschußeffekt der Geschwindigkeit zutage, der über ein Teilchenmodell mit Monte-Carlo-Simulation nachgewiesen wurde /22/. Es muß aber weiter untersucht werden, wie dieser Effekt die Kennwerte des Bauelementes beeinflußt.

4.2.6 HBT

Beim HBT-Bauelement (Bipolartransistor mit Heteroübergang) wird für die Emitterzonen ein Halbleiter mit einem breiteren Bandabstand als bei dem Halbleiter, der die Basisschicht bildet, verwendet. Wird ein derartiger Emitter mit Heteroübergang eingesetzt, so kann die Strominjektionsrate beibehalten werden, obwohl eine so große Differenz der Konzentrationen wie beim Emitter mit homogenen Übergang nicht vorhanden ist. Der Basiswiderstand ist niedrig, und die Kapazität des Emitter-Basisüberganges kann klein gehalten werden, was für einen schnellen Betrieb anzustreben ist. Beim AlGaAs/GaAs-System kann ein Heteroübergang mit guter Gitterstruktur hergestellt werden. Da auch eine hohe Elektronenbeweglichkeit und eine Überschuß-Sättigung der Elektronen erwartet werden können, kann von einer noch hohen Betriebsgeschwindigkeit ausgegangen werden. Das HBT-Bauelement wird seit langem mit großem Nachdruck untersucht. Jedoch ist die Herstellungstechnologie für Hochleistungsbauelemente noch unzureichend, so daß noch keine praktischen Ergebnisse vorliegen. Wie beim HEMT-Bauelement werden sich mit den Fortschritten der MBE-Herstellungstechnologie die Eigenschaften der Bauelemente verbessern.

Gleichzeitig mit der Untersuchung der die Grundlage bildenden Transistoren wurden auch hochintegrierte LSI-Schaltkreise als Versuchsmuster gefertigt. In Tabelle 5 sind diese zusammengefaßt.

Bild 5 zeigt den Querschnitt einer typischen HBT-Struktur /24/. Basis- und Emitterelektrode werden soweit wie möglich der Emitterelektrode genähert. Es ist unbedingt erforderlich, parasitäre Widerstände und Kapazitäten zu vermeiden. Da bei Verbindungs-Halbleitern nicht die Freiheitsgrade für die Her-

Tabelle 5: Beispiele für Versuchsmuster von HBT-LSI-Schaltkreisen

Bauelement	Prozeß/Schaltung	Kennwert	Literatur
1 K Gate-Array	IIL	Internes Gate 1,5 ns (0,2 mW) 0,4 ns (1,0 mW)	/23/
Frequenzteiler 1 : 4	Emitter $1,2 \times 5$ μm^2 ECL	8,5 GHz (200 mW)	/24/

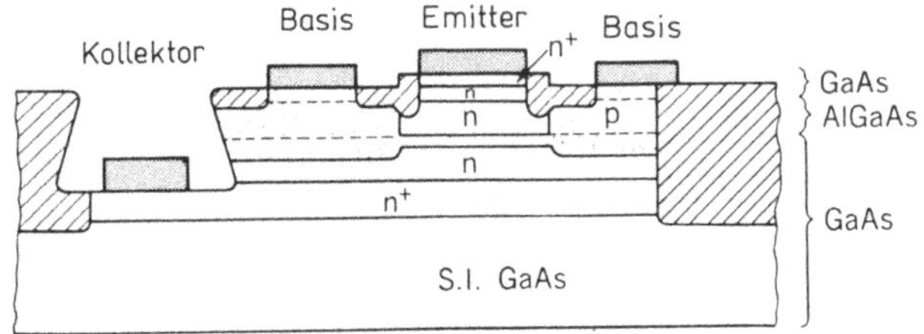

Bild 5:   Querschnitt einer HBT-Struktur

stellungstechnologie wie bei Silizium vorliegen, wird keine Optimierung vorgenommen.

Es wurden auch verschiedene Abschätzungen für die Leistungsfähigkeit von HBT-Bauelementen vorgenommen. Sie hängen von der Festlegung verschiedener Randbedingungen ab. Nach Abschätzungen soll aber die Transistoreinheit eine Sperrfrequenz von 100 GHz, der einfache ECL-Schaltkreis eine Verzögerungszeit unter 10 ps und einen Leistungsverbrauch unter 5 mW haben /25/. Diese Werte sind außerordentlich vielversprechend. Um sie aber tatsächlich erreichen zu können, ist eine ebenso leistungsfähige Herstellungstechnologie wie bei Supergitterstrukturen erforderlich, die nähere technologische Untersuchungen erfordert.

4.2.7 Zusammenfassung

Für verschiedene Typen von Halbleiterbauelementen, die für ultraschnelle logische LSI-Bauelemente verwendet werden, wurden der gegenwärtige Stand und die zukünftigen Perspektiven untersucht. Für den Vergleich der Kennwerte der einzelnen Bauelemente wurden die Daten eines Ringoszillators verwendet. Da jedoch in diesem Fall die Verdrahtung und die Leistung, mit der eine Lastkapazität gespeist wird, nicht ausreichend berücksichtigt werden, sind diese Angaben nicht in jedem Fall Kennziffern, auf die die Realisierung von hochintegrierten Schaltkreisen aufbauen kann. Hierzu wurden zusammengefaßt die Taktfrequenz und der Leistungsverbrauch von Flip-Flop-Schaltungen angeführt, die in wichtigen Teilen verwendet werden und die Leistung von LSI-Schaltkreisen wie Schieberegistern mit praktisch eingesetzten LSI-Schaltkreisen bestimmen, weiterhin Rechengeschwindigkeit und elektrischer Leistungsverbrauch von Multiplikatoren, die eine wichtige Funktionseinheit von Digitalrechnern sind, sowie Zugriffszeit und Leistungsverbrauch von statischen RAM (Bild 6 bis Bild 8).

Wie aus den Bildern ersichtlich ist, lassen sich mit allen oben angeführten Bauelementen etwa die gleichen Kennwerte erreichen. Bei allen praktisch eingesetzten Schaltkreisen läßt sich kein großer Unterschied des Belastungsfaktors feststellen. Natürlich weisen Herstellungsabmessungen und Komplexität der einzelnen Bauelemente Unterschiede auf. Beim gegenwärtigen Zustand, in dem die Mikrobearbeitungstechnologie weitaus fortgeschrittener ist als es für die Strukturabmessungen der herzustellenden Bauelemente nötig wäre, wird

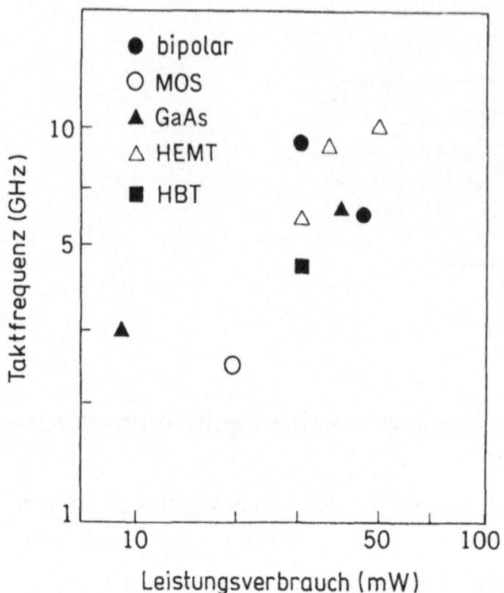

Bild 6:   Kennwerte des Flip-Flop

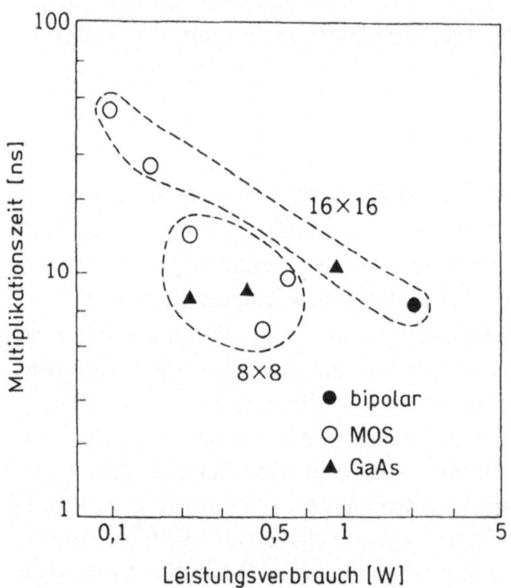

Bild 7: Kennwerte eines Multiplikators

so ein Freiheitsgrad für die Fertigungstechnologie der Bauelemente erkennbar.

Da bei Silizium-Bauelementen die Stabilität des Materials groß ist, ist die Miniaturisierung der Bauelemente einfach. Es wurde darauf verwiesen, daß es möglich ist, auf Isolatoren wie SOI-Strukturen Siliziumkristalle aufzutragen. Durch das Anwenden dieser Technik wird eine weitere Verbesserung der Kennwerte erwartet. Silizium-Bauelemente werden vorzugsweise als CMOS-

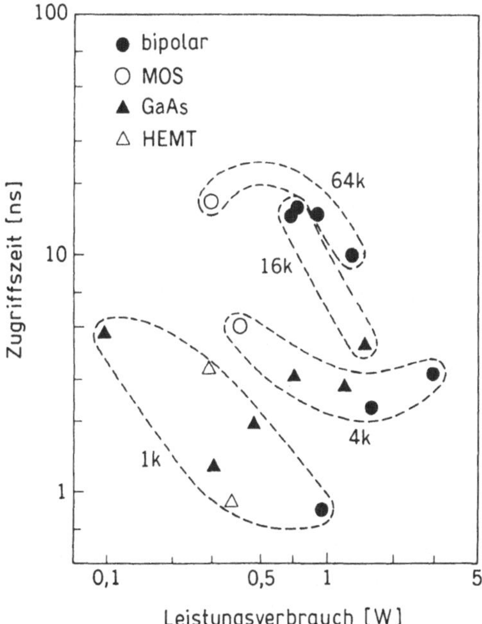

Bild 8: Kennwerte statischer RAM

Struktur hergestellt. In letzter Zeit wurden bei Untersuchungen, bei denen die CMOS- und die Bipolartechnololologie verknüpft wurden, hervorragende Ergebnisse erzielt.

Andererseits bestehen die erheblichen Vorteile von Halbleiterbauelementen aus Verbindungen in der hohen Elektronenbeweglichkeit und Elektronengeschwindigkeit, weiterhin im qualitativ hochwertigen Heteroübergang und in der Möglichkeit, ein isoliertes Substrat zu verwenden; dies ist für ein schnelles Bauelement äußerst nützlich.

Auf jeden Fall werden die hier angeführten Bauelemente verbessert und zu gegenseitigen Konkurrenten. Wie jedoch die Prognosen für alle Bauelemente aussagen, steht unmittelbar die praktische Fertigung von schnellen logischen LSI-Schaltkreisen bevor, die aus einigen 10 000 Gattern bestehen und mit einer Taktfrequenz von 1 GHz arbeiten.

Literatur

1 Nakamura, H.; Sakai, T.: Bipolar technologies for high speed VLSI's. Symp. VLSI technologies. Digest of Tech. papers (1981), p. 36

2 Nakamura, T.; Miyazaki, T.; Takahashi, T.; Okabe, T.; Nagata, M.: Self-aligned transistor with sidewall electrode. 1981 ISSCC Digest of Tech. papers. (1981), p. 214

3 Horiguchi, S.; Suzuki, M.; Ichino, H.; Konaka, S.; Sakai, S.: An 80 ps 2500-gate bipolar macrocell array. 1985 ISCC Digest of Tech. papers (1985), p. 198

4 Suzuki; Ichino; Konaka; Hagimoto: 1:8-Frequenzteiler, 9 GHz auf der Grundlage der SST-Technologie. Showa 60 Nendo Denshi Tsushin Gakkai Sogo Kenkyoku Daikai Koen Rombunshi (1985), S. 2-217 (in Japanisch)

5 Nakazato, K.; Nakamura, T.; Nakagawa, J.; Okabe, T.; Nagata, M.: A 6 GHz ECL frequency divider using sidewall base contact structure. 1985 ISSCC Digest of Tech. papers (1985), p. 214

6 Miyanaga, H.; Konaka, S.; Yamamoto, Y.; Sakai, T.: A 0.85 ns 1 kb bipolar ECL RAM. Abstract of 1984 Int'l Conf. Solid State Devices and Materials (1985), p. 225

7 Hamamura, S.; Aoki, M.; Masuhara, T.; Minato, O.; Sakai, Y.; Hayashida, T.: Low temperature CMOS 8x8 b multipliers with sub 10 ns speeds. 1985 ISSCC Digest of Tech. papers. (1985), p. 210

8 Lee, J.Y.; Garvin, H.L.; Slayman, C.W.; Mento, R.P.: A 8x8 b parallel multiplier in Submicron Technology. 1985 ISSCC Digest of Tech. papers (1985), p. 84

9 Kaji, Y.; Sugiyama, N.; Kitamura, Y.; Ohya, S.; Kikuchi, M.: A 45 ns 16x16 CMOS multiplier. 1984 ISSCC Digest of Tech. papers. (1984), p. 84

10 Iwamura, J.; Suganuma, K.; Kimura, M.; Taguchi, S.: A CMOS/SOS multiplier. 1984 ISSCC Digest of Tech. papers. (1984), p. 92

11 Fraser, D.L.; Boll, H.J.; Bayruns, R.J.; Wittwer, N.C.; Fuls, E.N.: Gigabit logic circuits with scaled NMOS. 1981 ESSCIRC Digest of Tech. papers. (1981), p. 202

12 Pfiester, J.R.; Shott, J.D.; Meindl, J.D.: Performance limits of CMOS ULSI. IEEE J. Solid-State Circuits SC-20 (1985), p. 253

13 Toyoda, N.; Uchitomi, N.; Kitaura, Y.; Mochizuki, M.; Kanazawa, K.; Terada, T.; Ikawa, Y.; Hojo, A.: A 42 ps 2k-gate GaAs gate array. 1985 ISSCC Digest of Tech. papers (1985), p. 206

14 Nakamura, H.; Tanaka, K.; Tsunotani, M.; Kawakami, Y.; Akiyama, M.; Kaminishi, K.: A 390 ps 1 000-gate array using GaAs super-buffer FET logic. 1985 ISSCC Digest of Tech. papers. (1985), p. 204

15 Takahashi, K.; Maeda, T.; Katano, F.; Furutsuka, T.; Higashisaka, A.: A CML GaAs 4 kb SRAM. 1985 Digest of Tech. papers. (1985), p. 68

16 Yokoyama, N.; Onodera, H.; Shinoki, T.; Ohnishi, H.; Nishi, H.; Shibatomi, A.: A 3 ns GaAs 4 kx 1b SRAM. 1984 ISSCC Digest of Tech. papers. (1984), p. 44

17 Tomigashi; Ino; Kato: Statischer 16 kb, 4,1 ns-GaAs-Speicher. Showa 60 Nendo Denshi Tsushin Gakkai Sogo Zenkoku Daikai Koen Rombunshi (1985), S. 2-239 (in Japanisch)

18 Shibatomi, A.; Saito, J.; Abe, M.; Mimura, T.; Nishiuchi, K.; Kobayashi, M.: Material and device considerations for HEMT LSI. 1984 IEDM Tech. Digest. (1984), p. 340

19 Nishiuchi, K.; Kobayashi, N.; Kuroda, S.; Notomi, S.; Mimura, T.; Abe, M.; Kobayashi, M.: A subnanosecond HEMT 1 kb SRAM. 1984 ISSCC Digest of Tech. papers. (1984), p. 48

20 Hendel, P.H.; Pei, S.S.; Kiehl, R.A.; Tu, C.W.; Feuer, M.D.; Dingle, R.: A 10-GHz frequency divider using selectively doped heterostructure transistor. IEEE Electron. Devices Letters EDL-5 (1984), p. 406

21 Yoshida, J.; Kurata, M.: Zweidimensionale numerische Analyse von Transistoren mit hoher Elektronenbeweglichkeit (HEMT). Denshi Tsushin Gakkai Rombunshi J 67-C (1984), S. 802 (in Japanisch)

22 Tomizawa, M.; Yokoyama, K.; Yoshi, A.: Hot-electron velocity characteristics at Al-GaAs/GaAs heterostructures. IEEE Electron. Device Letters EDL-5 (1984), p. 464

23 Yuan, H.; McLevige, W.V.; Shih, H.D.; Hearn, A.S.: GaAs heterojunction bipolar 1 k-gate array. 1984 ISSCC Digest of Tech. papers. (1984), p. 42

24 Asbeck, P.M.; Miller, D.L.; Anderson, R.J.; Deming, R.N.; Hou, L.D.; Liechti, C.A.; Eisen, F.H.: 4.5 GHz frequency dividers using GaAs/(GaAl)As heterojunction bipolar transistors. 1984 ISSCC Digest of Tech. papers. (1984), p. 50

25 Sugada, K.: Bipolartransistoren mit Heteroübergängen des GaAs- Systems-technologische Möglichkeiten. Showa 59 Nen Denki Yongakkai Rengo Daikai (1984), S. 3-41 (in Japanisch)

4.3 Supraleiter-Computertechnologie

Ishida, A. (NTT)

4.3.1 Einleitung

Als Technologie für die Höchstleistungs-Rechentechnik verdient die Anwendung von Josephson-Elementen in Supraleitungs-Computern Aufmerksamkeit. Josephson-Elemente sind sehr schnell mit einer Schaltzeit, die unterhalb von 10 ps liegt. Der elektrische Leistungsverbrauch kann unter einige μW gesenkt werden, so daß sich ein kompakte Anlage entwickeln läßt, ohne daß die hohe Verarbeitungsgeschwindigkeit verloren geht. Hier ist eine stürmische Entwicklung auf dem Gebiet der Computer zu erwarten. Entsprechend einer Abschätzung läßt sich ein heutiger Großrechner in einem Würfel mit einer Kantenlänge von 10 cm unterbringen, wobei eine Leistungssteigerung um einen Faktor von einigen Dutzend bis einigen Hundert möglich sein soll.

Die letzten Jahren brachten bei der Untersuchung der Josephson- Elemente deutliche Fortschritte, wobei auch integrierte Schaltkreise und Computerkonzepte konkret einbezogen waren. Hier werden die Prinzipien von Josephson-Elementen und deren Kennwerte, das Konzept eines auf der Supraleitung beruhenden Computers sowie der gegenwärtige Stand der Schaltkreistechnik und der Fertigungstechnologie vorgestellt. Zukünftige Entwicklungen werden prognostiziert.

4.3.2 Funktionsprinzip und Kennwerte von Josephson-Elementen

Die Struktur des typischen Josephson-Elementes besteht, wie Bild 1 zeigt, aus zwei supraleitenden Halbleiterelektroden und einer dazwischenliegenden Isolationsschicht, die so dünn ist, daß Elektronen tunneln können. Wird diese Anordnung auf sehr tiefe Temperaturen abgekühlt, fließt zwischen den Elektroden ein Strom. Unterhalb eines Schwellwertes I_J wird zwischen den Elektroden keine Spannung erzeugt. Es fließt der bei der Supraleitung auftretende Strom. Wird der Schwellwert I_J überschritten, so kommt es zur Spannungserzeugung. Diese Erscheinung beruht auf dem Tunneleffekt der Supraleitungselektronen durch die dünne Isolationsschicht. Bild 1(b) zeigt die Strom-Spannungskennlinie.

Wird das Josephson-Element in Computern eingesetzt, so wird die logische Information "0" dem supraleitenden Zustand (Zustand des Punktes A im Bild) und die Information "1" dem Spannungszustand (Zustand des Punktes B im Bild) zugeordnet. Die Zeit, die für das Umschalten vom Punkt A zum Punkt B erforderlich ist, wird durch die Aufladezeit der statischen Kapazität des Bauelementes bestimmt. Da sich hier die Struktur des Energieabstandes des Supraleiters widerspiegelt und der differentielle Widerstand im Punkt B äußerst gering ist, ist sie mit einigen ps sehr klein, das Element damit sehr schnell. Die im Punkt B erzeugte Spannung V_G ist gleich dem Wert des Supraleiter-Energieabstandes der Elektrodenmaterialien. Wird Blei verwendet, so ergibt sich der sehr kleine Spannungswert von 2,6 mV. Andererseits wird der Schwellwert

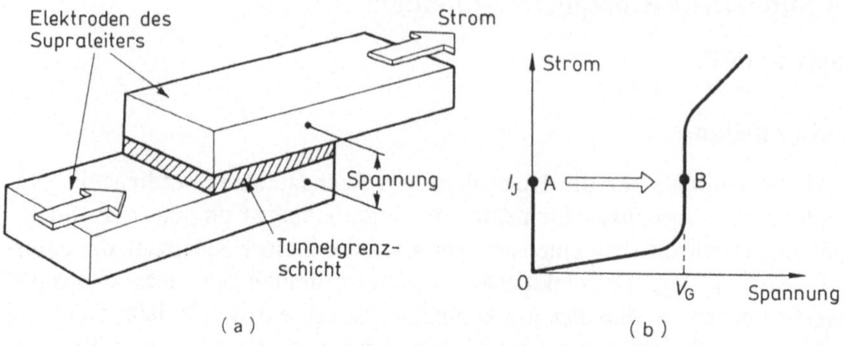

Bild 1:   Aufbau und Wirkprinzip eines Josephson-Elementes

für den Schaltstrom I_J durch die von der Elektrode bedeckte Fläche und die
Dicke der für das Tunneln verwendeten Isolationsschicht bestimmt. Werden
Schaltungs-Strukturen von einigen µm verwendet, läßt sich leicht ein Wert
erreichen, der in der Größenordnung von 0,1 mA liegt. Daher ist die Leistung,
die das Bauelement im spannungsführenden Zustand verbraucht, mit einem
Wert unter 1 µW sehr klein.

In Bild 2 ist für die Schaltzeit und den Leistungsverbrauch ein Vergleich mit
Halbleiterbauelementen angeführt. Im Vergleich zum Halbleiterbauelement
beträgt die Geschwindigkeit ca. das 10-fache, der Leistungsverbrauch nur ein

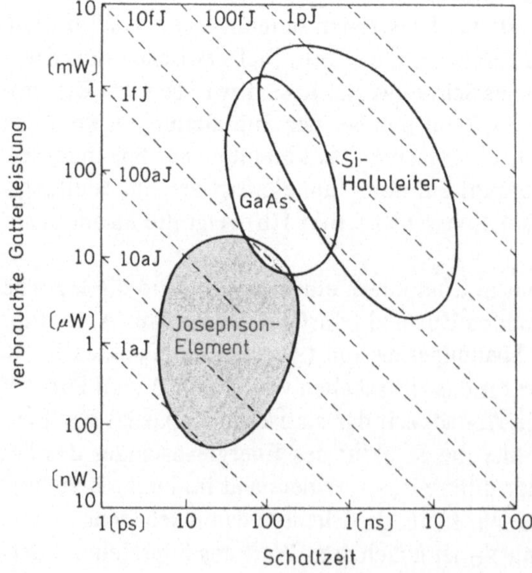

Bild 2:   Kennwertvergleich von Josephson- und Halbleiterbauelement

Hundertstel bis Tausendstel, das Produkt von Geschwindigkeit und Leistung, das eine Kennziffer für Computerbauelemente ist, liegt bei einigen Zehntausendstel. Ursachen hierfür sind Unterschiede des Schaltmechanismus und des Energieabstandes. Das heißt, das Schalten der Halbleiter erfolgt durch Elektronenbeschleunigung, die Josephson-Elemente beruhen dagegen auf dem Tunneleffekt. Weiterhin kommt es durch die unterschiedlichen Betriebsspannungen zu Differenzen im Energieverbrauch, was mit den Energieabständen im Zusammenhang steht, der bei Halbleitern in der Größenordnung von 1 eV liegt und beim Josephson-Element bei 2 meV.

4.3.3 Konzept für einen Supraleitungs-Computer

Da Josephson-Elemente äußerst wenig Leistung verbrauchen, lassen sie sich in großer Packungsdichte herstellen, die das Volumen eines Computers stark verringert. Die Verarbeitungsleistung eines Computers hängt nicht nur von der Leistung der verwendeten Bauelemente, sondern auch stark von der Signalverzögerung ab, die durch die innere Verdrahtung der Anlage bedingt ist. Besonders bei großen Computern ist diese Tendenz stark ausgeprägt. Kann man den auftretenden niedrigen Leistungsverbrauch nicht in ein Gerät mit hoher Packungsdichte umsetzen, so läßt sich trotz schneller Bauelemente kein Computer konstruieren, der diese Geschwindigkeit der Bauelemente ausnutzt.

Eine Eigenschaft von Supraleitungs-Computern mit Josephson- Elementen besteht darin, daß das Volumen stark verringert und ein sehr schnelles System aufgebaut werden kann, bei dem sich die Verzögerung durch die Bauelemente und die durch die Verdrahtung etwa im Gleichgewicht befindet. In Bild 3 ist ein Modell mit den Abmessungen eines universellen Großcomputers dargestellt, der aus Bauelementen mit 50 000 Logikgattern, einem Cache-Speicher von 256 kByte und einem Hauptspeicher von 64 MByte besteht sowie mit Josephson-Elementen realisiert wurde. Angenommen wurden für die Bauelemente bei einem Integrationsgrad der Gatter von 1000 und einer Gatterverzögerung von 40 ps ein Leistungsverbrauch von 3 mW, für die Cache-Speicherelemente ein Integrationsgrad von 4 kBit, eine Zugriffszeit von 0,5 ns und ein Leistungsverbrauch von 10 mW, für die Hauptspeicherelemente ein Integrationsgrad von 16 kBit, eine Zugriffszeit von 15 ns und ein Leistungsverbrauch von 0,6 mW.

Das Volumen eines Computers einschließlich Hauptspeicher ist das eines Würfels mit einer Kantenlänge von einigen Dutzend cm. Die durch die Verdrahtung im Gerät entstehende Verzögerungzeit wird um ca. eine Größenordnung kleiner. Es gibt Abschätzungen, daß bei einer Erhöhung der Bauelemente-Geschwindigkeit um eine Größenordnung auch die Leistung eines Computers leicht um das Dutzendfache gesteigert werden kann, wodurch sich Rechengeschwindigkeiten von einigen Hundert MIPS realisieren lassen. Die vom Rechner erzeugte Wärme liegt in der Größenordnung von 8 W. Auch wenn man hier die Wärme hinzuaddiert, die durch die hin- und abführenden Kabel von

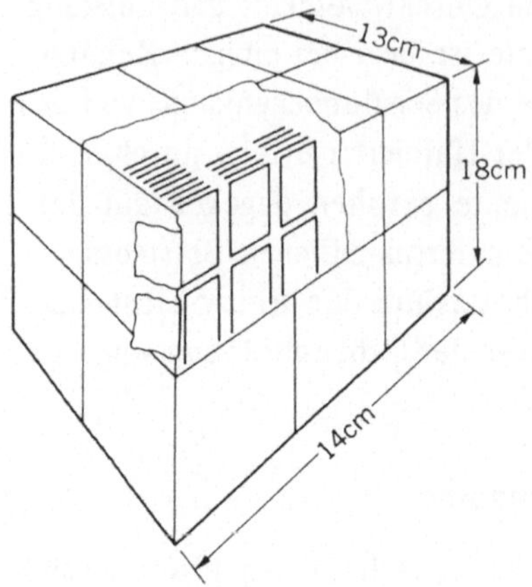

Bild 3:   Modell für die Abmessungen eines Josephson-Computers

außen zugeführt wird, beträgt die Wärmemenge, die bei äußerst tiefen Temperaturen abzuführen ist, nur einige Dutzend W. Daher ist die Kühlung relativ einfach und eine Leistung von ca. 10 kW ausreichend.

Bild 4 zeigt die Gesamtansicht eines auf der Supraleitung beruhenden Computers, der bis hin zum Hauptspeicher aus Josephson-Elementen ausgeführt ist und sich in einem Kühlgerät für sehr tiefe Temperaturen befindet. Anlagen wie Plattengeräte und Ein-Ausgabegeräte sind außerhalb untergebracht. Nach dem Konzept sollen sie über Interfaceschaltungen, die bei der Temperatur des flüssigen Stickstoffs arbeiten, über Koaxialkabel angeschlossen werden. Auch mit Kühlgerät liegt der Platzbedarf bei dem normaler Computer.

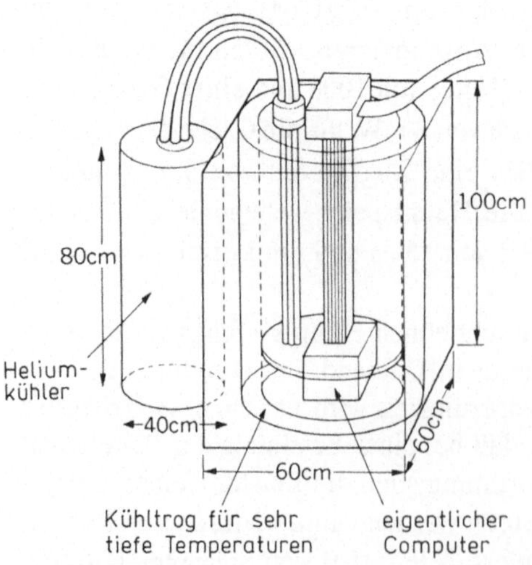

Bild 4:   Gesamtansicht eines auf der Supraleitung beruhenden Computers

4.3.4 Schaltkreistechnologie

Logikgatter

Das Logikgatter, das das Grundelement eines Computers ist, ist so aufgebaut, daß der supraleitende Zustand des Josephson-Elementes der logischen "0" und der Spannungszustand der logischen "1" entspricht. Da hierbei das Josephson-Element selbst ein Zweipol ist, ist die Steuerung für die Umschaltung von "0" auf "1" wichtig.

Ein vielversprechendes Verfahren ist in Bild 5 dargestellt, bei dem das Steuersignal über eine Transistorstruktur eingespeist wird. Die Steuersignalleitung und die supraleitende Schleife, die die Verbindung mit dem supraleitenden Element herstellt (sie wird als Quanteninterferometer bezeichnet), sind magnetisch miteinander gekoppelt. In dem Zustand, in dem der Schleife der Arbeitspunktstrom I_B aufgeprägt wird, werden in die Steuersignalleitung die Ströme I_{C1}, I_{C2} eingespeist. In der Schleife wird elektromagnetisch ein Strom induziert, und die Josephson-Elemente J_1, J_2 werden in den Spannungszustand geschaltet. Wird parallel zum Gatter eine induktive oder ohmsche Last gebracht, so kann ein Ausgangsstrom abgenommen werden. Werden mehrere Steuereingangsleitungen angebracht und wird dafür gesorgt, daß das Schalten mit nur einem Eingangsstrom erfolgt, so wird die OR-Funktion realisiert. Werden weiterhin 2 Gatter verwendet und diese so verbunden, daß das Ausgangssignal des ersten Gatters den Vorspannungsstrom für das zweite Gatter liefert, so erhält man als Ausgangssignal des zweiten Gatters das AND-Signal des Eingangssignals des ersten Gatters und des Eingangssignals des zweiten Gatters. Bei dieser Gatterschaltung sind die Steuereingänge und der Ausgang vollständig voneinander isoliert. Die Schaltung läßt sich leicht erweitern. Da induktive Schaltelemente erforderlich sind, läßt sich nur eine geringe Schaltgeschwindigkeit erreichen, und der Platzbedarf bei der Integration ist groß.

Bei einem anderen Verfahren erfolgt das Schalten durch direktes Einspeisen des Eingangssignals in das Josephson-Element. Bild 6 zeigt die als JAWS bezeichnete logische Injektions-Gatterstruktur.

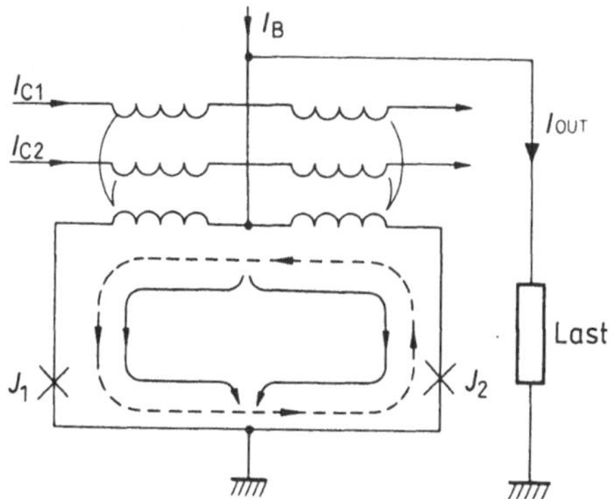

Bild 5:   Logisches Gatter mit magnetischer Kopplung

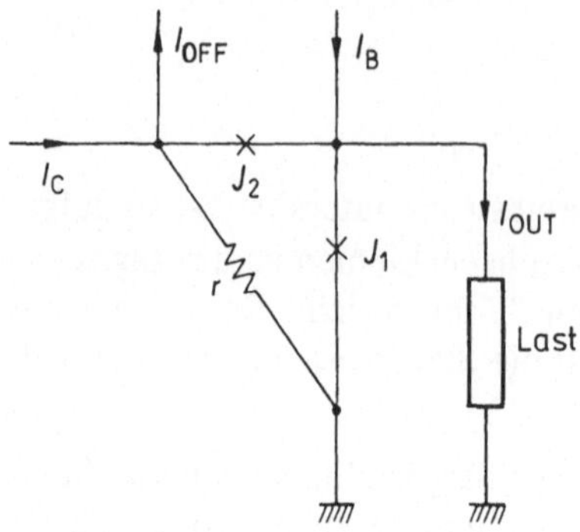

Bild 6:   Struktur des JAWS-Gatters

Als Strom I_B des Arbeitspunktes wird ein solcher Strom eingespeist, bei dem das Josephson-Element J_1 nicht schaltet. Wird jetzt der Eingangsstrom I_c angelegt, so schaltet das Element J_1 und wird hochohmig. Wird der Widerstand r gegenüber dem Ausgangswiderstand ausreichend klein gewählt, so fließt in dieser Stufe der Strom des Arbeitspunktes durch das Element J_2 und den Widerstand r zur Masse, das Element J_2 schaltet und wird hochohmig. Als Ergebnis wird der Arbeitspunktstrom am Ausgang umgeschaltet, und das Eingangssignal gelangt über den Widerstand r zur Masse. Das Eingangssignal und der Arbeitpunktstrom sind über die hochohmig geschalteten Josephson-Elemente J_1, J_2 getrennt. Werden mehrere Eingangssignalleitungen parallel geschaltet, wird die OR-Funktion realisiert. Die AND-Funktion wird durch die Kombination mehrerer dieser Gatter erzeugt. Da keine induktiven Bauelemente erforderlich sind und der Platzbedarf gering ist, läßt sich ein schneller Betrieb erwarten.

Bei der JAWS-Gatterstruktur nach Bild 7 ist der abgegebene Ausgangsstrom bezüglich des Eingangsstromes relativ niedrig, die sogenannte Verstärkung gering. Daher wurden Injektionsgatter mit großer Verstärkung als Muster gefertigt. Es gibt Vorschläge wie 4JL der Firma Densoken (Japan), RCL der Firma Tsuken (Japan) und RCJL der Firma Niden (Japan). Bild 7 zeigt den Aufbau

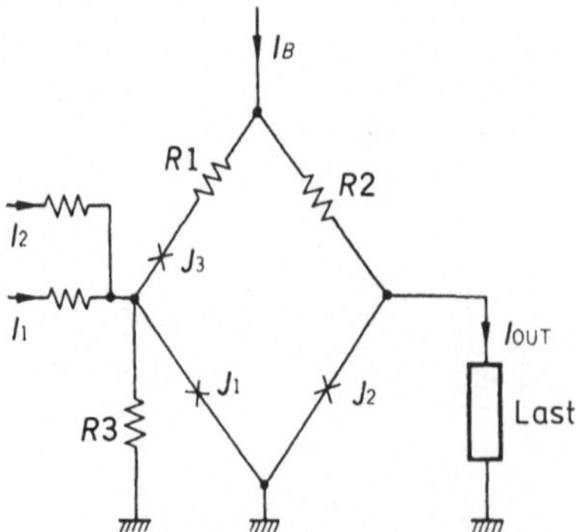

Bild 7:   Aufbau eines RCL-Gatters

des RCL-Elementes. Mit dem Josephson-Element J_1 wird der Eingabestrom aufgenommen und mit J_2 die Last gespeist, so daß man eine hohe Verstärkung erzielt. Es wurde ein Verhältnis von Ein- zu Ausgangsstrom erreicht, das über vier lag.

Bild 8 zeigt die mit Josephson-Logikgattern experimentell erzielten Ergebnisse. Die schnellen Gatter mit einer Verzögerungzeit in der Größenordnung von 10 ps waren alle Strominjektionsgatter, was auf die Überlegenheit dieser Methode verweist. Die bisher erreichten maximalen Leistungskennwerte betrugen bei einem RCL-Gatter, bei dem 3-µm-Feinstrukturen verwendet wurden, 6 ps bei einem Leistungsverbrauch von 3 µW.

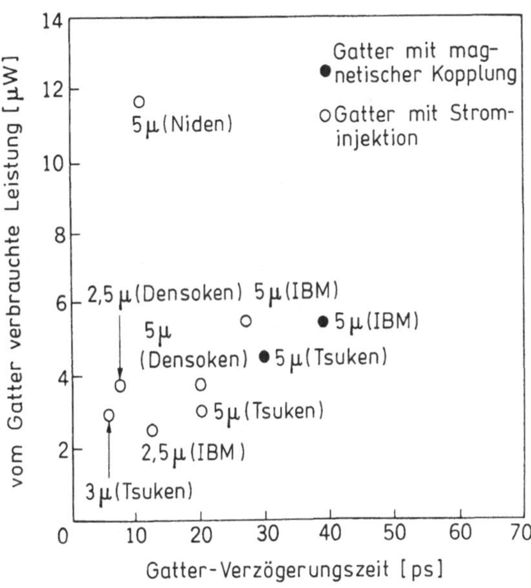

Bild 8:   Experimentelle Ergebnisse für Leistungskennwerte von Logikgattern

Logische Rechenschaltkreise

Josephsonelemente haben die Eigenschaft, daß sie, wenn sie einmal in den Spannungszustand geschaltet sind, nicht in den supraleitenden Zustand zurückkehren, solange der Vorspannungsstrom nicht unterbrochen wird. Um eine Negationslogik zu realisieren, ist es daher nach Anlegen eines Eingangssignals erforderlich, einen Vorspannungsstrom einzuspeisen. Hierzu wird von der Stromquelle eine besondere Dynamik gefordert. Es ist sehr schwierig, eine schnelle logische Verarbeitung durchzuführen. Um diesen Zustand zu verbessern, muß eine Logik verwendet werden, die ein orthogonales komplementäres Signalpaar verwendet, was als Doppelsignalverfahren bezeichnet wird. Bild 9 zeigt ein Beispiel für die Ausführung eines Volladders nach dem Doppelsignalverfahren. Er hat eine Struktur, bei der außer den Summanden A_n, B_n und dem Übertrag $\underline{C}_{n-1}$ von den unteren Stellen die jeweiligen komplementären Signale $\overline{A}_n$, $\overline{B}_n$, $\overline{C}_{n-1}$ bereitgestellt werden und nach den logischen Gleichungen

$$C_n = (A_n + B_n) \cdot (A_n \cdot B_n + C_{n-1})$$
$$\overline{C}_n = (\overline{A}_n + \overline{B}_n) \cdot (\overline{A}_n \cdot \overline{B}_n + \overline{C}_{n-1})$$
$$S_n = (X_n + C_{n-1}) \cdot (\overline{X}_n + \overline{C}_{n-1})$$
$$X_n = (A_n + B_n) \cdot \overline{(A_n + B_n)}$$
$$\overline{X}_n = A_n \cdot B_n + \overline{A}_n \cdot \overline{B}_n$$

das Übertragsignal C_n, und dessen Komplementärsignal $\overline{C}_n$ und das Summen-
signal S_n gebildet werden. Bei diesem Verfahren sind keine Gatter für die
negierte Logik erforderlich.

Um Prozessoren aufzubauen, ist neben dem Rechenschaltkreis nach Bild 9
eine Schaltung erforderlich, mit der die zueinander komplementären Signale
erzeugt werden, weiterhin eine Schaltung, mit der nach Abschluß der Berechnungen alle Gatter in den ursprünglichen supraleitenden Zustand rückgesetzt
werden können. Bild 10 zeigt ein Beispiel für eine konstruktive Ausführung.
Dabei wird die Symmetrie der Eigenschaften des Josephson- Elementes bezüglich des positiven und negativen Vorspannungsstromes ausgenutzt. Als Vor-
spannungsquelle wird, wie das Bild zeigt, eine Wechselstromquelle mit positiven und negativen Anteilen genutzt. In den Punkten, in denen die Stromquelle
ihre Nulldurchgänge hat, werden die Gatter rückgesetzt. Hierzu wird eine
Schaltung benötigt, die das Rechenergebnis speichert, sowie eine Schaltung,
die im folgenden Zyklus zu der Zeit, zu der die Spannung ansteigt, dieses
Rechenergebnis ausliest. Hierfür sind ein Datenlatch und eine selbststeuernde
AND-Schaltung (self-gating AND (SGA)) erforderlich.

Als Datenlatch wird der Dauerstrom der supraleitenden Schleife verwendet.
Ist ein Teil der supraleitenden Schleife im Josephson- Element enthalten, so
kann durch dessen Schalten ein Dauerstrom erzeugt und das Datensetzen sowie Rücksetzen gesteuert werden. Die SGA-Schaltung ermittelt das Vorhan-
densein dieses Dauerstromes während des Anstieges des Vorspannungsstromes, sie erzeugt das komplementäre Doppelsignal und sendet es zur Rechen-
schaltung. Weiterhin unterdrückt sie bis zum Beginn des nächsten Zyklus eine
neue Dateneingabe.

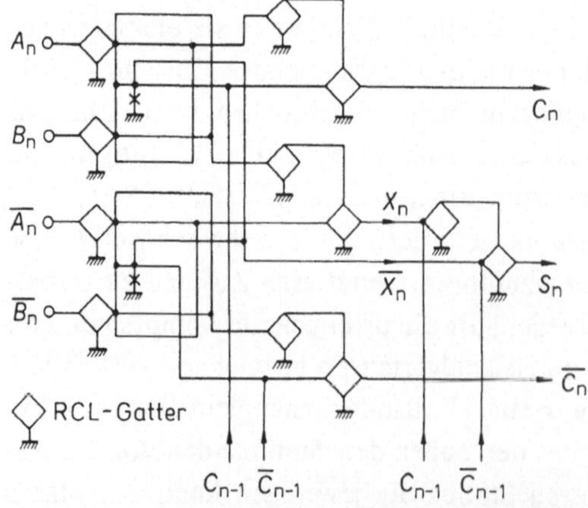

Bild 9:   Aufbau eines Volladders nach dem Doppelsignalverfahren

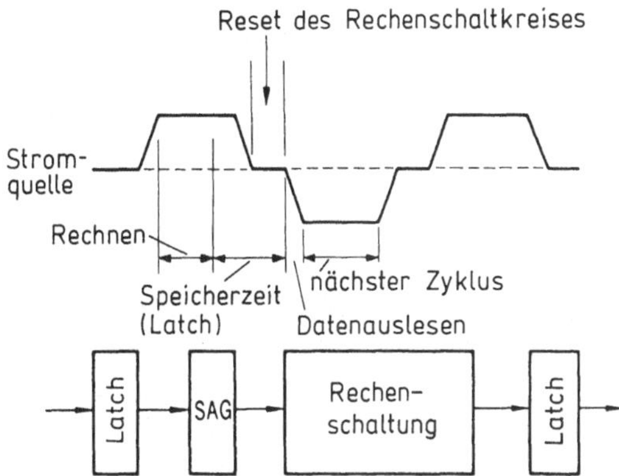

Bild 10: Struktur der Josephson-Logik

Um den in Bild 10 gezeigten Signalverlauf der Stromquelle zu erhalten, wird die in Bild 11 gezeigte Schaltung zur Stromformierung verwendet. Wird das Josephson-Element, das den supraleitenden Strom steuert, mit einem sinusförmigen Strom gespeist, so werden durch die Ausnutzung der Nichtlinearität die Spitzen der Sinuswelle abgeschnitten, und man erhält eine Rechteckwelle mit positiven und negativen Anteilen.

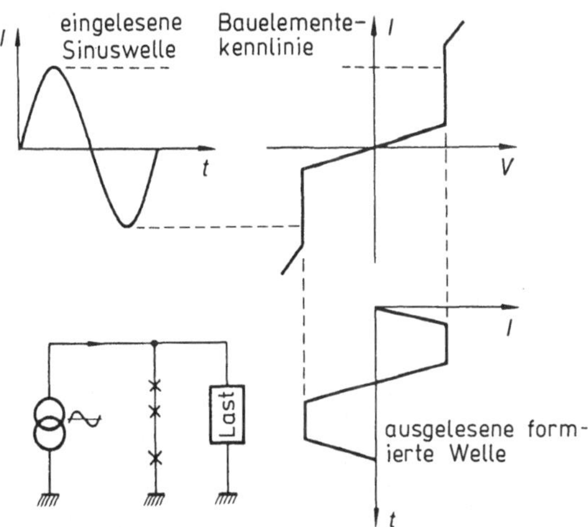

Bild 11: Aufbau einer Formierungsschaltung für den Strom einer Stromquelle

Speicherschaltkreis

Für die Informationsspeicherung gibt es ein Verfahren, bei dem der in einer supraleitenden Schleife induzierte Dauerstrom verwendet wird, sowie ein weiteres, das den zwischen zwei parallelgeschalteten Josephsonelementen auftretenden Interferenzeffekt nutzt. Bild 12 zeigt eine Speicherzelle nach dem 1. Verfahren. Ein Teil der supraleitenden Schleife ist als elektromagnetisch gekoppeltes Gatter ausgeführt. Wird dieses geschaltet, so wird damit die Erzeugung bzw. Löschung eines Dauerstromes gesteuert; die Informationen werden eingeschrieben. Das heißt, wird in dem Zustand, bei dem in die Schleife der

Strom I_B eingeschrieben ist, das Schreibgatter geschaltet, wird ein in der
Schleife umlaufender zyklischer Strom induziert. Wird dann das Schreibgatter
wieder in den supraleitenden Zustand gebracht, so fließt auch dann, wenn der
Strom I_B abgeschaltet wird, der Zyklusstrom (Dauerstrom), und die Information "1" wird gespeichert.

Wird bei nicht anliegendem Strom I_B das Schreibgatter geschaltet, so wird
der Dauerstrom gelöscht und die Information "0" gespeichert. Beim Auslesen
der Informationen wird mit dem magnetisch gekoppelten Sensorgate, bei dem
ein Teil der Schleife den Steuereingang bildet, die Existenz des Dauerstromes
festgestellt. Diese Zellenform benötigt viel Platz. Da ein zerstörungsfreies Lesen möglich ist und die peripheren Schaltungen auf die gleiche Weise schnell
geschaltet werden können, finden sie als schnelle Cache-Speicher Verwendung.

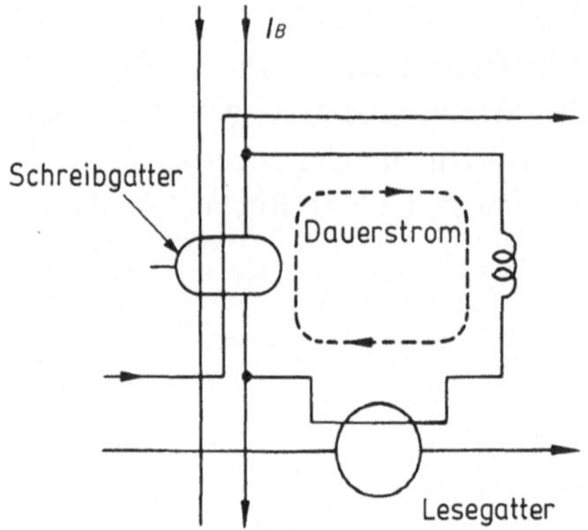

Bild 12: Struktur einer Dauerstrom-Speicherzelle

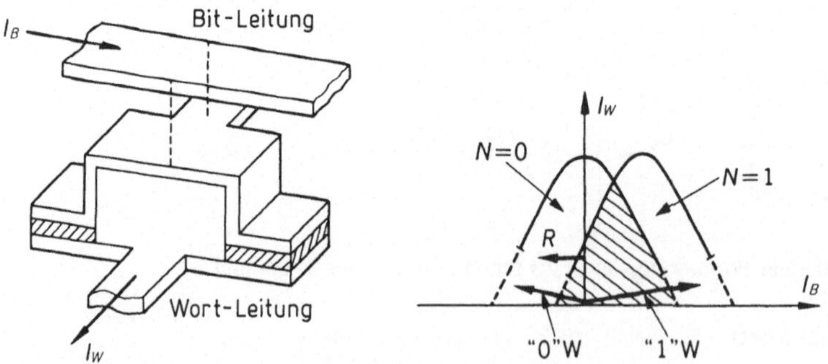

Bild 13: Struktur einer Magnetfluß-Quantisierungs-Speicherzelle

Als Speicherzellen auf der Grundlage des Interferenzeffekts werden, wie
Bild 13 zeigt, Elemente verwendet, die die Quantisierung des Magnetflusses
nutzen und die gleiche Struktur wie ein Gatter mit magnetischer Kopplung
haben. Informationen werden dadurch eingelesen, daß ein Strom I_W der Wortleitung und ein Strom I_B der Bitleitung aufgeprägt werden, die jeweils einen

solchen Wert haben, daß ein Umschalten zum Quantenzustand N= 0 oder
N= 1 erfolgt, wobei der Zustand, bei dem die Magnetquanten in der Schleife
vorliegen, der gespeicherten "1" und der quantenlose Zustand der "0" entspricht. Beim Lesen wird zunächst in die Wortleitung ein Strom I_W eingespeist,
der einen Wert hat, bei dem die Grenze des Quantenzustandes N= 1 nicht
überschritten wird, dann wird ein solcher Strom I_B in die Bit-Leitung eingespeist, daß die Grenze für den Quantenzustand N= 1 überschritten und der
Bereich N= 0 erreicht wird. Hatte die Zelle den Speicherzustand "1", so wird
ein Umschalten vom Zustand N = 1 zum Zustand N = 0 vorgenommen und in
der Wortleitung eine Spannung induziert, beim Speicherzustand 0 nicht. Da bei
dieser Zellenform beim Auslesen der Speicherzustand "1" zerstört wird, ist es
erforderlich, nach dem Lesen ein erneutes Schreiben durchzuführen. Es ist
schwierig, die Geschwindigkeit der peripheren Schaltungen zu erhöhen und
einen schnellen Betrieb zu erreichen. Die von der Zelle eingenommene Fläche
ist klein, und sie wird daher hauptsächlich für große Speicher eingesetzt.

4.3.5 Herstellungstechnologie

Ein Problem der Herstellungstechnologie von Josephson-Elementen besteht darin, die Isolationsschicht für den Tunnel exakt und mit guter Reproduzierbarkeit herzustellen. Als Verfahren zur Herstellung der dünnen Isolationsschicht, durch die die Elektronen tunneln, wurde ein Sputter-Oxidationsver-
fahren vorgeschlagen. Bei ihm wird auf dem Target der Hochfrequenz-Sputter-
anlage die zu oxidierende Probe abgelegt, Sauerstoffgas eingeleitet und eine
Hochfrequenzentladung ausgelöst. Die Oberfläche der unteren Elektrode des
Josephson-Elementes wird dabei mit einer dünnen Oxidschicht versehen. Bild
14 zeigt das Prinzip des Verfahrens.

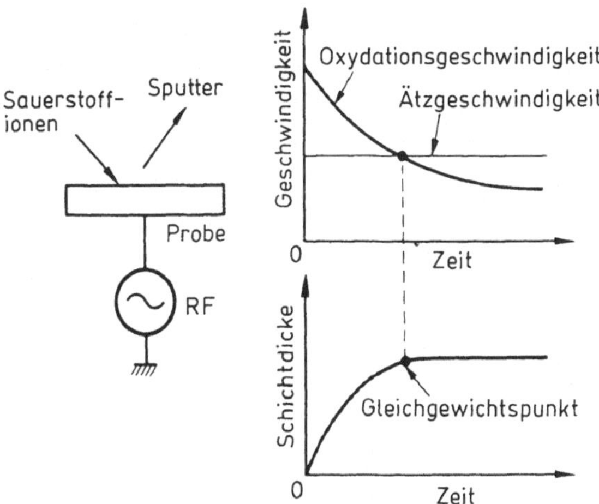

Bild 14: Prinzip der Sputter-Oxidation

Auf dem Target in der Sputteranlage laufen gleichzeitig die Prozesse des Sputterätzens und der Oxidation durch die Sauerstoffionen ab. Hierbei ist die Geschwindigkeit des Sputterätzens etwa konstant, während sich die Oxidationsgeschwindigkeit mit fortlaufender Oxidation verringert. Daher wird zu dem Zeitpunkt, in dem sich Sputterätzen und Oxidation im Gleichgewicht befinden, das Wachstum der Oxidationsschicht gestoppt. Es entsteht eine stabile Oxidschicht mit einer Stärke von einigen nm. Da das Gleichgewicht zwischen dem Sputterätzen und der Oxidation durch den Sauerstoffdruck und die Entladespannung bestimmt wird, läßt sich, wenn beide mit guter Genauigkeit gesteuert werden, eine gute Reproduzierbarkeit relativ leicht erzielen. Bei einem Josephson-Element, bei dem eine Pb-In-Au-Legierung als untere Elektrode verwendet wird, wurden Daten erhalten, die unterhalb der Streuung der Bauelementekennwerte von $\pm$ 10% für den angestrebten Wert lagen.

Bereits sehr zeitig wurden die Josephson-Elemente einem Temperaturzyklus zwischen sehr tiefen Temperaturen und Raumtemperatur unterworfen und kurzgeschlossen, d.h., Probleme der Verschlechterung des Temperaturzyklus untersucht, die sich über die Wahl geeigneter Materialien lösen lassen. Bei Josephson-Elementen, bei denen Materialien aus Bleilegierungen verwendet werden, kam für die untere Elektrode eine fein strukturierte Pb-In-Au-Legierung und für die obere Elektrode eine Pb-Bi-Legierung zum Einsatz, und bei 5000 Temperaturzyklen konnten keine Störungen nachgewiesen werden. Es können auch Josephson-Elemente aus harten Elementen wie Nb gefertigt werden, von denen angenommen wird, daß sie einer starken Abhängigkeit vom Temperaturzyklus unterliegen. Es wurde auch eine Technologie vorgeschlagen, bei der für die obere und untere Elektrode Nb und für die Isolationsschicht amorphes Si und Al_2O_3 zur Anwendung kommen.

Bild 15 zeigt im Querschnitt die Struktur eines als integrierter Schaltkreis ausgeführten Josephson-Elementes, bei dem eine Pb-Legierung zur Anwendung kommt. Ein Si-Wafer, bei dem die Oberfläche oxidiert wurde, wird als Substrat verwendet, und zunächst wird die Massefläche hergestellt. Die Masse-

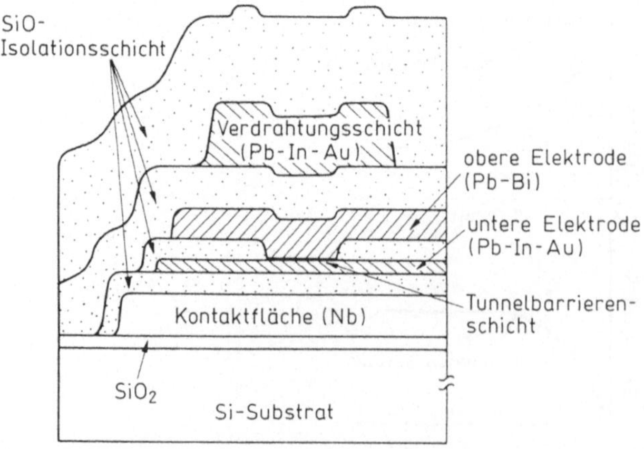

Bild 15: Querschnitt einer Struktur eines integrierten Schaltkreises mit einer Pb-Verbindung

fläche ist von den Leitern der Josephson-Elemente isoliert. Weiterhin dient sie dazu, bei einer Verdrahtung mit einer Mikrostrip-Leitungsstruktur eine sehr schnelle und verzerrungsfreie Signalübertragung zu ermöglichen, was bei integrierten Schaltkreisen zur Beibehaltung der Verarbeitungsgeschwindigkeit eine große Rolle spielt. Die Josephson-Elemente werden über der Massefläche aufgetragen, von der sie mit SiO isoliert sind. Auf der oberen Schicht des Josephson-Elementes wird über einer SiO-Isolationsschicht die Pb-In-Au-Verdrahtungsschicht angeordnet, die für die Verdrahtung der Eingabeleitung des magnetisch gekoppelten Gatters und zwischen den Gattern verwendet wird.

Bei der Herstellung der Strukturen aus Pb-Legierungen wird das Lift-off-Verfahren verwendet. Dieses Verfahren besitzt eine gute Genauigkeit und die Strukturen lassen sich mit guter Ausbeute herstellen. Es sind aber Masken mit überhängenden Strukturen erforderlich. Der AZ-Resist wird nach dem Belichten in Chlorbenzen getaucht, und an der Resist-Oberfläche wird eine für das Entwickeln unempfindliche Schicht erzeugt. Durch das Entwickeln entsteht dann eine überhängende Struktur. Mit diesem Verfahren können auf der gesamten Si-Waferoberfläche Strukturgrößen unter 2 µm hergestellt werden.

4.3.6 Zukünftige Probleme und Entwicklungen

Wie oben dargelegt, hat die Entwicklung von supraleitenden Computern, die Josephson-Elemente verwenden, erstaunliche Fortschritte gemacht, aber sie befindet sich noch im Stadium der Grundlagenuntersuchungen. Es bleiben noch viele Probleme für den praktischen Einsatz zu lösen. Das erste besteht darin, daß die Josephson-Elemente keine Verstärkung wie Transistoren aufweisen, Betriebskennwerte wie bei Logikgattern aus Halbleitern lassen sich nicht erreichen. Daher ist es gegenwärtig außerordentlich schwierig, große integrierte Schaltkreise herzustellen. Das zweite Problem besteht in der Stabilisierung der Herstellungstoleranzen der Josephson-Elemente. Letztere sind darin begründet, daß die Kennwerte der Josephson-Elemente äußerst empfindlich gegenüber der Schichtdicke der Tunnelbariere und den Bearbeitungsabmessungen der Elemente sind. Weitere Probleme sind die Störfestigkeit und die Kühltechnologie, aber auch die praktische Herstellung der Geräte.

Gegenwärtig werden Untersuchungen zur Verbesserung der vielversprechenden Injektionsgatter, der Transistor-Verstärkerelemente und bezüglich des Einsatzes von hochstabilen Nb-Materialien fortgesetzt, die erwarten lassen, daß sich der supraleitende Computer einen weiteren Schritt seiner praktischen Realisierung nähern wird.

Literatur

1 Nakamura, A.: Einführung in die Kryo-Elektronik Ohmsha (1980) (in Japanisch)
2 Onodera, H.; Yamashita, T.: Supraleitende Schaltkreise - Elektronische Josephson-Schaltkreise. (Kiyasu, Z.: Joho Kagaku Koza D.13.6) Kyoritsu Shuppan (1981) (in Japanisch)
3 Ishida, A.; Yanagawa, F.; Yoshikiyo, J.: Supraleitende integrierte Schaltkreise. Denshi Tsushin Gakkaihen Koronasha (1983) Koronasha (in Japanisch)

4.4 Auf der Steuerung von Quantenzuständen beruhende Computerbauelemente

Oya, G.; Nakajima, K.; Sawada, Y. (Tohoku-Universität)

4.4.1 Einleitung

Mit dem Anwachsen der Menge an zu verarbeitenden Informationen schreitet die Entwicklung von hochleistungsfähigen elektronischen Rechnern voran, die sehr schnell große Informationsmengen verarbeiten können. Betrachtet man die bisherige Entwicklung der Computer, so war ihre Quelle der Fortschritt auf dem Gebiet der Elektronik, der auf die Halbleitertechnologie zurückzuführen ist. Durch ihn setzte eine Entwicklung der Schaltelemente ein, die Bestandteile der Computerschaltungen sind. Sie verlief von der Röhre zum Transistor, schließlich von den diskreten Bauelementen zu IC, LSI- und VLSI-Schaltkreisen. Eine weitere Richtung bestand darin, daß superschnelle Schaltelemente wie HEMT und supraleitende Josephson-Elemente entwickelt wurden, deren Schaltgeschwindigkeit in den Bereich von ca. 10 ps vorstieß.

Wie die Geschwindigkeit, Miniaturisierung und der Integrationsgrad derartiger Computerbausteine auch weiter erhöht werden, so ist doch die maximale Geschwindigkeit für die Signalübertragung durch die Lichtgeschwindigkeit vorgegeben.

Die gegenwärtige Mikrobearbeitungstechnologie für integrierte Schaltkreise hat sich vom Submikron- hin zum Nanometerbereich entwickelt. Die Tendenz besteht darin, die Bauelemente und die Schaltungen möglichst klein zu gestalten und den Integrationsgrad zu erhöhen. Da jedoch ein Faktor, der die Leistung und den Integrationsgrad von Bauelementen einschränkt, die vom Bauelement erzeugte Wärme ist, wird diese bei zunehmendem Integrationsgrad zum Problem. Daher ist die Verringerung des Leistungsverbrauchs der Bauelemente eine notwendige Bedingung für die Schaltkreisintegration. In den letzten Jahren rückten Josephson- Elemente, die auf dem Supraleiter-Tunneleffekt beruhen, als Computerbauelemente in den Mittelpunkt des Interesses. Weil sie in der Nähe der quantentheoretischen Grenze (ca. 0,2 ps), d.h. sehr schnell schalten und der Energieabstand der Supraleitung mit einigen meV sehr klein ist, werden für ihren Betrieb nur sehr kleine Energien von 10^{-16} bis 10^{-18} J benötigt.

Welches sind also die zukünftigen superschnellen Computerbauelemente mit geringem Energieverbrauch und Mikrostruktur? Werden die Abmessungen der gegenwärtigen Bauelementen verringert, bis sie in der Größenordnung der charakteristischen Weglänge der freien Elektronen oder etwas darüber liegen (De-Broglie-Wellenlänge, mittlere freie Weglänge oder Kohärenzlänge), so begrenzen die Leitungselektronen in einem Körper die Bewegung, und die Bauelemente können ihre Funktionen nicht mehr erfüllen. Bei Bauelementen, bei denen dagegen die Abmessungen noch weiter verkleinert werden, treten deutlich ausgeprägte Quanteneffekte als Quantenstruktureffekte /1/ oder auf molekularem oder atomarem Niveau /2/ auf und müssen beachtet werden. Weil

Rechnen und Informationsverarbeitung physikalische Prozesse sind muß man als das letztendliche Computerbauelement dasjenige bezeichnen, bei dem ein Quant, das die kleinste physikalische Größe (quantisierte Größe) ist, der Träger für die steuerbare Informationseinheit darstellt, und das die Funktion hat, diesen zu speichern, zu lesen und logisch zu verarbeiten. Dies soll als Quantenbauelement bezeichnet werden. Als Quanten, die die Informationsträger sind, sind gegenwärtig Magnetflußquanten oder Fluxoide, die in einem Supraleiterring auftreten, oder elektrisch geladene Teilchen in einem Körper bzw. der Zustand eines Moleküls möglich. Bei Bauelementen, die eine derartige physikalische Quantisierung nutzen, wird der Quantenzustand, der mit der Quantisierung der Informationen im Zusammenhang gebracht wird, als logischer Zustand angesehen. Es ist wohl möglich, die Einnahme eines Zustandes der Informationsspeicherung sowie die Übergänge zwischen den Zuständen logischen Verknüpfungen entsprechen zu lassen bzw. diese steuern zu können. Da im eingenommenen Quantenzustand keine Energieverluste auftreten und die für einen Übergang zwischen den Zuständen erforderliche Zeit durch das Unschärfeprinzip festgelegt wird, lassen sich Computer-Quanten-Bauelemente sehr klein und in großer Packungsdichte ausführen, wobei hohe Geschwindigkeiten zu erwarten sind /3/. Jedoch ist davon auszugehen, daß Computer, die aus derartigen Bauelementen bestehen, ein völlig anderes Funktionsprinzip als die herkömmlichen haben.

Die Fluxoide oder Magnetflußquanten, die in Supraleitersystemen auftreten, sind gegenwärtig die einzigen steuerbaren Quanten. Es werden die Möglichkeiten untersucht, die sich für logische Verknüpfungen bei der Verwendung derartiger Quanten bieten. Im vorliegenden Artikel wird hauptsächlich über derartige supraleitende Bauelemente berichtet, bei denen als Informationsträger Fluxoide oder Magnetflußquanten verwendet werden und die sich steuern lassen. Schwerpunkte der Betrachtung sind ihre Wirkprinzipien und logische Verarbeitungsstrukturen. Ausführungsbeispiele für Supraleitungs-Quantencomputer, die auf diesen Funktionen beruhen, werden angegeben. Abschließend erfolgt eine Abschätzung der Möglichkeiten von zukünftigen molekularelektronischen Bauelementen, die die Molekülzustände organischer Stoffe nutzen /4/.

4.4.2 Auf Supraleitungs-Quanten beruhende Computerbauelemente

Fluxoid-Quantisierung

Die Erscheinung der Supraleitung wurde in mehr als 1000 Materialien, darunter zunächst in Metallen, Legierungen und Metallverbindungen und dann bei speziellen Zuständen in Halbleitern sowie neuerdings in eindimensionalen anorganischen Polymeren sowie organischen eindimensionalen Halbleitern nachgewiesen. Sie wird als eine Erscheinung interpretiert, die allgemein in einem Leitungselektronensystem eines Festkörpers durch das Entstehen einer Wechselwirkung von Anziehungskräften über Phonone verursacht wird, die die Coulombschen abstoßenden Kräfte zwischen den Elektronen überwindet, wodurch das System insgesamt makroskopisch in einen Quantenzustand kondensiert /5/. Dieser Elektronen-Kondensationszustand in einem Supraleiter ist ein makroskopischer Quantenzustand, der phasenkohärente Welleneigenschaft hat. Das Gesamtsystem läßt sich mit einer makroskopischen Wellenfunktion beschreiben /6/. Entsprechend dieses Zusammenhanges äußern sich in den verschiedenen elektromagnetischen Eigenschaften eines Supraleiters die quantentheoretischen Eigenschaften in makroskopischen Dimensionen. Dies zeigt sich in der Quantisierung der idealen elektrischen Leitfähigkeit, des perfekten Diamagnetismus, der Quantisierung des Magnetflusses und der Fluxoide sowie im Josephson-Effekt /7,8/.

In supraleitenden Quantenbauelementen werden diese makroskopischen Quantisierungseffekte genutzt. Hier sollen die Magnetfluß- und Fluxoid-Quantisierungseffekte, die die Grundlage bilden, beschrieben werden.

Hierzu wird von dem in Bild 1(a) dargestellten Ring ausgegangen, der aus einem Supraleiter besteht. Beim Abkühlen wird ein schwaches Magnetfeld angelegt, und nachdem der Ring in den supraleitenden Zustand übergegangen ist, wird dieses Magnetfeld abgeschaltet. Da hierbei der Supraleiter ideal diamagnetisch ist (Meissner-Effekt), wird im Inneren des Ringes der Magnetfluß Φ eingeschlossen, das Magnetfeld bleibt bestehen, und an der Ringoberfläche wird in der Eindringtiefe λ des Magnetfeldes λ ($\lambda_{4.2k}$: 50 bis 500 nm) ein Dauerstrom (Supraleitungsstrom) induziert. Die Stromdichte j läßt sich mit der makroskopischen Wellengleichung des Supraleiters $\psi = |\psi| \exp(i\varphi)$ beschreiben als

$$j = \frac{e}{m} |\psi|^2 (\hbar \nabla\varphi - 2eA) \tag{1}$$

Hierbei sind e die Elektronenladung, m die Masse des Elektrons, A das Vektorpotential, $\hbar = h/2\pi$, h die Plancksche Konstante. φ ist die Phase der makroskopischen Wellenfunktion, das Quadrat $|\psi|^2$ der Amplitude entspricht der Elektronendichte ρ_s der Supraleitung. In diesem supraleitenden Ring wird der geschlossene Weg s gelegt und Gl. (1) entlang s integriert. Aufgrund der einfachen Stetigkeit der Wellengleichung gilt $\oint \nabla\varphi ds = 2\pi n$ (n ganzzahlig). Da $\oint Ads = \Phi$ gilt, erhält man unter Verwendung dieser Beziehung die folgende Gleichung. Hierbei ist Φ der im Ring eingeschlossene Magnetfluß.

$$\oint \frac{m}{2e^2\rho_s} jds + \Phi = n\frac{h}{2e} = n\Phi_0 \tag{2}$$

(n: ganzzahlig)

$$\Phi_0 = \frac{h}{2e} = 2{,}07 \times 10^{-15} \, [Wb] \tag{3}$$

Die linke Seite von Gl. (2) wird auch als Definition für das Fluxoid angesehen. Hier können nur Werte auftreten, die ganzzahlige Vielfache von Φ_0 sind. D.h., es tritt eine Quantisierung mit Φ_0 als Einheit auf. Dabei wird Φ_0 als Magnetflußquant (Fluxoid) bezeichnet.

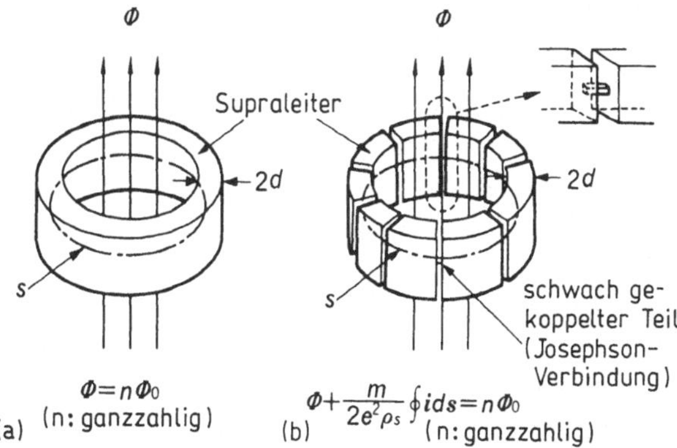

Bild 1: Quantisierung von Magnetfluß und Fluxoid
(a) In einem supraleitenden Ring eingeschlossene Magnetflußquanten
(b) In einem supraleitenden Ring eingeschlossene Fluxoide

Ist die Abmessung d des Ringes ausreichend groß gegenüber λ, kann das erste Glied auf der linken Seite von Gl.(2) vernachlässigt werden, da der Integrationsweg s hauptsächlich in dem Bereich liegt, in dem im Supraleiter kein Strom fließt. Nimmt man für die Eigenimpedanz L und für den Dauerstrom I an, so ergibt sich aus Gl. (2):

$$\Phi = LI = n\Phi_0 \tag{4}$$

(n: ganzzahlig)

Dies bedeutet nichts anderes, als daß der im Ringinneren eingefangene Magnetfluß quantisiert ist. Daher kann man sagen, daß das Fluxoid eine Erweiterung des Begriffes des quantisierten Magnetflusses ist.

Nachfolgend soll der in Bild 1(b) dargestellte Fall eines supraleitenden Ringes betrachtet werden, dessen Abmessung d ausreichend groß gegenüber λ ist und dessen Querschnitt kleine supraleitende Elemente (schwach gekoppelte Elemente) in großer Anzahl aufweist. Auch bei diesem Ring kommt es nach Gl. (2) zu einer Fluxoid-Quantisierung. Da in den schwach gekoppelten Elementen ein homogener Strom fließt, kann der Beitrag dieses Stromes zum Fluxoid nicht vernachlässigt werden. Daher wird die Fluxoid-Quantisierung durch den Beitrag der Stromdichte der schwach gekoppelten Elemente und den Beitrag des Magnetflusses beschrieben.

Die schwach gekoppelten Elemente des Ringes werden durch eine äußerst dünne Isolationsschicht (einige nm) oder eine etwas stärkere Metallschicht gebildet. In dem Fall, in dem eine gegenseitige Wechselwirkung der makroskopischen Wellenfunktion zwischen zwei benachbarten Supraleitern auftritt, die dieses Element umschließen, kommt es zu verschiedenen Interferenzeffekten mit dem Supraleitungsstrom, der in den schwach gekoppelten Elementen fließt. Diese werden als Josephson-Effekt bezeichnet /7,8/. Elemente, bei denen dieser Effekt auftritt, werden als Josephson-Elemente bezeichnet. In einem kleinen Josephson-Element fließt nach folgender Grundgleichung ein Supraleitungsstrom I bis zum Wert I_0:

$$I = I_0 \sin\Theta \tag{5}$$

$$\Theta = \varphi_B - \varphi_A - \frac{2\pi}{\Phi_0} \int_A^B A ds \tag{6}$$

Hierbei ist I_0 der Josephson-Grenzstrom, φ_A und φ_B sind die Phasen der makroskopischen Wellenfunktionen der beiden Supraleiter A und B, zwischen denen der schwach gekoppelte Teil liegt. Hängt in der mit Gl. (5) beschriebenen Beziehung die Phasendifferenz Θ nicht von der Zeit ab, so wird dies als Gleichstrom-Josephson-Effekt bezeichnet. In diesem Fall fließt im Element beim Spannungszustand 0 ein Supraleitungs-Gleichstrom. Dieser Nullspannungszustand des Josephson-Elementes ist für $|\Theta| < \pi/2$ stabil.

Der supraleitende Ring enthält N kleine Josephson-Übergänge. Hierbei kann die Gl. (2), die die Quantisierung der Fluxoide beschreibt, unter Verwendung der Phasendifferenz Θ_k (k= 1,...,N), die an jedem Übergang auftritt, wie folgt beschrieben werden:

$$\frac{\Phi_0}{2\pi} \sum_{k=1}^{N} \Theta_k + \Phi = n\Phi_0 \tag{7}$$

(n: ganzzahlig)

Hierbei gilt:

$$\int_J \frac{m}{2e^2 \rho_s} j \, ds = \frac{\Phi_0}{2\pi} \sum_{k=1}^{N} \Theta_k = \frac{\Phi_0}{2\pi} \sum_{k=1}^{N} \sin^{-1} \frac{I}{I_{ok}} \tag{8}$$

J ist hier das Integral, das sich über die Übergänge des Ringes erstreckt. I ist der im Ring fließende periphere Strom, I_{0k} (k= 1,...,N) der Grenzstrom der einzelnen Josephson-Übergänge. Ist weiterhin L die Eigenimpedanz des Ringes, so gilt, wenn Φ_x das von außen induzierte Magnetfeld ist:

$$\Phi = LI + \Phi_x \tag{9}$$

In diesem Fall erfolgt die Quantisierung nach Gl. (7). Es ist eine Steuerung über ein im Ring induziertes Magnetfeld oder durch den Strom möglich. Weiterhin ist ersichtlich, daß eine Abhängigkeit von der Phasendifferenz besteht, die am gebildeten Josephsonübergang auftritt. Ein supraleitender Ring, der einen Josephson-Übergang hat, der eine derartige Steuerung des Quantenzustandes zuläßt, bildet die Grundform eines supraleitenden Quantenbauelementes.

Supraleitendes Quanten-Interferenz-Bauelement - SQUID

In einem supraleitenden geschlossenen Stromkreis, der mehr als einen Josephson-Übergang enthält, kommt es zu Interferenzen des supraleitenden Stromes, der in diesen Josephson-Übergängen fließt. Daher wird diese Anordnung als supraleitendes Quanten-Interferenz-Bauelement (Superconducting Quantum Interference Device: SQUID) oder Josephson-Interferometer bezeichnet. Da beim SQUID-Bauelement die Fluxoide gespeichert werden, kann ein schwaches Magnetfeld in der Größenordnung von Φ_0 mit großer Empfindlichkeit nachgewiesen werden. Es läßt sich daher als hochempfindliches Magnetfeldmeßgerät und Speicher sowie Schaltelement einsetzen. Werden andererseits nur die Funktionen der Fluxoid-Speicherung und der Betriebssteuerung genutzt, läßt sich das SQUID-Bauelement als supraleitendes Quantenbauelement verwenden. Die Funktion des supraleitenden Quantenelementes hängt im starken Maße von den Betriebskennwerten seines Josephson-Überganges ab. Daher werden hier zunächst die grundlegenden Eigenschaften des Josephson-Überganges untersucht, auf deren Grundlage die Grundfunktionen des SQUID-Bauelementes als Quantenbauelement erläutert werden.

In Bild 2 sind die Struktur eines Josephson-Tunnelüberganges und eine typische Strom-Spannungs-Kennlinie dargestellt. Ist der Josephson-Übergang klein, so lassen sich die räumliche Verteilungen von Magnetfeld und Strom im Übergang vernachlässigen. Das Ersatzschaltbild ist dann das nach Bild 3 (a); Bild 3(b) zeigt die für den Übergang verwendeten Symbole. Wird in diesen Übergang der Gleichstrom I eingespeist, entsteht an seinen Klemmen die Spannung V, wobei die folgenden Beziehungen gelten /9/:

$$I = C\frac{dV}{dt} + GV + I_0 \sin\Theta \tag{10}$$

$$V = \frac{\Phi_0}{2\pi}\frac{d\Theta}{dt} \tag{11}$$

Hier ist C die statische Kapazität zwischen den Übergängen und G der nichtlineare Tunnelleitwert. Gleichung (10) führt, wenn $|I|$ unter I_0 liegt und über dem Übergang keine Spannung induziert wird (spannungsloser Zustand) auf Gleichung (5) zurück, die den Gleichstrom-Josephson-Effekt beschreibt. Wird eine Spannung erzeugt (Spannungszustand), so gibt die Gleichung an,

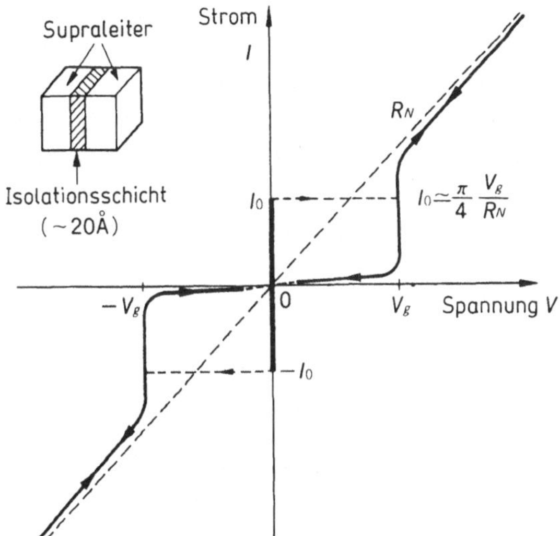

Bild 2:   Struktur und Strom-Spannungs-Kennlinie des Josephson-Tunnelüberganges

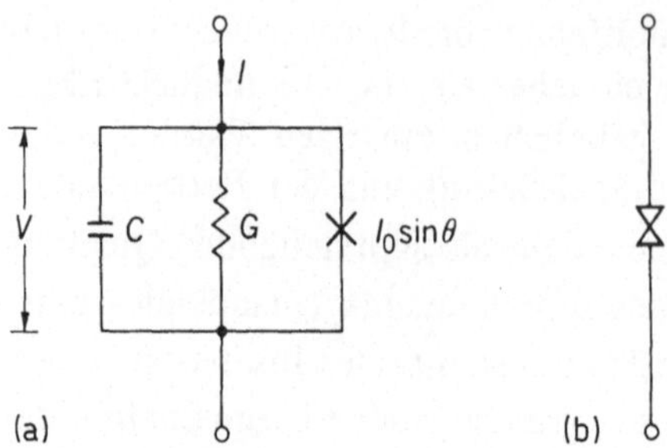

Bild 3:   (a) Ersatzschaltbild eines kleinen Josephson-Überganges
          (b) Symbol für den kleinen Josephson-Übergang

daß im Übergang ein veränderter Gleichstrom, ein Quasiteilchenstrom und
schließlich ein sehr großer Wechselstrom fließen. Gleichung (11) beschreibt
den Wechselstrom-Josephson-Effekt. Erzeugt der Übergang eine Spannung
oder wird an den Übergang eine Spannung angelegt, so wird die zeitliche Änderung der Phasendifferenz Θ am Übergang beschrieben. Weiterhin ergibt
sich, daß bei zeitlicher Änderung der Phasendifferenz Θ zeitlich ändert, über
dem Übergang eine Spannung erzeugt wird. Schließlich zeigt diese Beziehung,
daß mit jeweils einer Zunahme der Phasendifferenz Θ um 2π ein Magnetflußquant den Übergang kreuzt. Es wird die Spannung angegeben, die in diesem
zeitlichen Prozeß am Übergang erzeugt wird.

Die Strom-Spannungs-Kennlinie des Josephson-Überganges kann auf der
Grundlage von Gl. (10) und Gl. (11) mit der Phasendifferenz Θ in Zusammenhang gebracht und qualitativ wie folgt erklärt werden. Wird in den Übergang
der Gleichstrom I eingespeist und quasistatisch erhöht oder verringert, so wird
für einen Wert von $|I|$ bis I_0 die Phasendifferenz Θ, die über dem Übergang
besteht, entsprechend $|I|$ festgelegt, und der Übergang bleibt im spannungslo-
sen Zustand. Steigt jedoch $|I|$ über I_0, so übersteigt die Phasendifferenz $|\Theta|$
den Wert $\pi/2$ und der Übergang geht vom spannungslosen Zustand in den
Spannungszustand über. Die Übergangszeit beträgt hierbei einige ps. Wird bei
einem einmal in den Spannungszustand übergegangenen Übergang $|I|$ verrin-
gert, wenn $\beta_c = 2\pi\, CI_0/\Phi_0 G^2$ groß ist, so ändert sich auch dann, wenn I_0 unter-
schritten wird, die zeitliche Änderung von $|\Theta|$ fortlaufend. Da der Spannungs-
zustand aufrechterhalten wird, entsteht in der Strom-Spannungs-Kennlinie
eine Hysteresis (Bild 2). Die Erzeugung der Hysteresis beruht auf der statischen Kapazität C des Überganges. Im allgemeinen ist die Hysteresis umso
kleiner, je kleiner β_c des Überganges ist. Bei $\beta_c = 0$ verschwindet sie ganz. Die
Strom-Spannungs-Kennlinie eines Überganges mit $\beta_c = 0$ ist oberhalb von I_0
eine Parabel. Da andererseits beim Josephson-Tunnelübergang mit großem β_c
zwei stabile Zustände $V = 0$ und $V = V_g$ (Spannung des Energieabstandes der
Supraleitung) existieren (siehe Bild 2), kann man diesen beiden Zuständen 0
bzw. 1 zuordnen und sie unter Ausnutzung der äußerst kurzen Übergangszei-
ten zwischen diesen beiden Zuständen als Schaltelemente verwenden.

gebracht. Daher können die betrieblichen Eigenschaften von SQUID-Bauelementen auch durch die Phasendifferenzen gekennzeichnet werden, die an den Josephson-Übergängen des Bauelementes auftreten. Wie bereits dargelegt, wird der Quantenzustand des SQUID-Bauelementes durch die Gleichung (7) bestimmt, die die Fluxoid-Quantisierung beschreibt. Im allgemeinen wird jeder Quantenzustand beibehalten, solange der Strom I, der über den Josephson-Übergang fließt, unterhalb des Grenzstromes I_{0k} (k= 1,...,N) liegt.

Jetzt soll der in Bild 4 dargestellte Fall betrachtet werden, daß an einem aus N Übergängen gebildeten SQUID-Bauelement der Strom I_b und der Magnetfluß Φ_X eingespeist werden. Es gelten dann die folgenden Beziehungen:

$$C_k \frac{\Phi_0}{2\pi} \frac{d^2\Theta_k}{dt^2} + G_k \frac{\Phi_0}{2\pi} \frac{d\Theta_k}{dt} + I_{0k}\sin\Theta_k = I_k - \Theta_1$$

$$+ \sum_{k=2}^{N} \Theta_k + \frac{2\pi}{\Phi_0}(\Phi_x - L_1 I_1 + L_2 I_2) = 2\pi n \tag{12}$$

$$k = 1, 2 ..., N, I_2 = I_3 = ... = I_N$$

$$I_b = I_1 + I_2, \; L = L_1 + L_2$$

Hierbei ist L die Schleifeninduktivität. Die dynamischen Eigenschaften des SQUID-Bauelementes können daher durch Lösung von Gl. (12) bestimmt werden. Hier soll aber eine qualitative Beschreibung des Betriebes erfolgen. Befindet sich das SQUID-Bauelement in einem Fluxoid-Speicherzustand (Quantenzustand) und werden der eingespeiste Strom I_b oder der Magnetfluß Φ_X erhöht, so nimmt, wenn der über die Übergänge fließende Strom I_k (k= 1,...,N) in einem Übergang den Grenzwert I_{0k} überschreitet, die Phasendifferenz Θ_k über dem Übergang mit der Zeit zu, und das SQUID-Bauelement geht in den anderen Zustand über. Diese Zustandsübergänge lassen sich grob unterteilen in

1. sogenannte Spannungs-Übergänge, bei denen mehr als zwei Josephson-Übergänge den Spannungszustand V_k annehmen und der stabile Span-

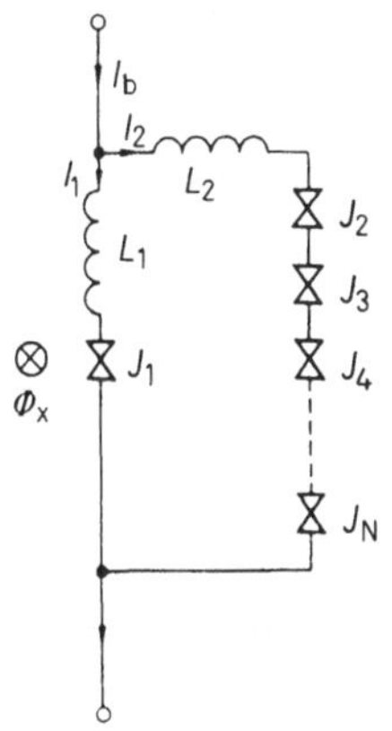

Bild 4:   Geschlossener Stromkreis mit N Übergängen

nungszustand dadurch erreicht wird, daß jeweils eine Vielzahl von Fluxoiden mit der Periode $T_k = \Phi_0/V_k$ stetig fließen, und

2. sogenannte Vortex- (Wirbel) Übergänge. Bei diesen wird mindestens ein Josephson-Übergang von einer endlichen Anzahl, die größer als 1 ist, von Fluxoiden durch Einspeisen oder Abstrahlen passiert, wobei es entsprechend dieser Anzahl zu Quantenübergängen kommt, die den Quantenzustand ändern.

Beim Spannungsübergang nimmt die Phasendifferenz Θ des Überganges, der den Spannungszustand angenommen hat, nur mit der Zeit zu, wenn der eingespeiste Strom und das angelegte Magnetfeld sich genügend verringert haben; sie nimmt keinen bestimmten Wert an. Beim Vortex-Übergang dagegen tritt beim Übergang, den die Fluxoide passieren, eine Θ-Änderung um das 2π-fache der Anzahl dieser Fluxoide auf. Schließlich fällt Θ auf einen bestimmten Wert. In diesem Fall wird an diesem Übergang nur eine transiente Spannung erzeugt.

In Bild 5 sind der zeitliche Verlauf der Phasenänderung am Übergang, an dem die Fluxoid-Durchgänge während dieser SQUID- Zustandsänderungen auftreten, und die erzeugte Spannung dargestellt. Dieses Bild wurde auf der Grundlage der numerischen Analysen von Gl. (12) erhalten. Bild 5(a) zeigt den Spannungsübergang, Bild 5(b) den Vortex-Übergang. Die Übergangszeit für den ersten beträgt einige ps. Letzterer zeigt den 2π-Wechsel der Phasendifferenz, wenn die Fluxoide einen Übergang passieren. Die Übergangszeit liegt im ps-Bereich. Der Josephson-Übergang dient als Gatter, das die Fluxoide passie-

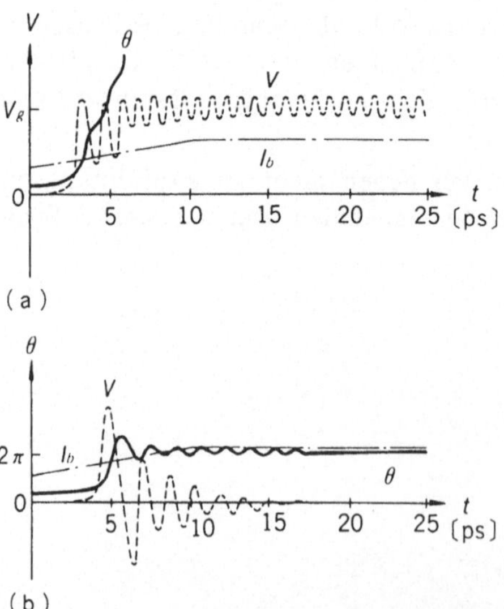

Bild 5: Zeitliche Änderung der am Übergang vorhandenen Phasendifferenz Θ und der generierten Spannung V bei Zustandsübergängen von SQUID-Bauelementen. I_b ist der in das SQUID-Bauelement eingespeiste Strom (in beliebigen Einheiten)
(a) Spannungsübergänge
(b) Vortex-Übergänge (1 Quant; 2π-Übergang)

ren. Sein Verhalten steht mit der Phasendifferenz am Übergang im Zusammenhang. Die Ein-Ausgabe der Fluxoide beim SQUID-Bauelement sowie die Übergänge der Quantenzustände lassen sich durch Steuerung des Stromes der Josephson-Gatter oder der magnetischen Feldstärke steuern. Dies ist ein wichtiger Grund dafür, daß sich diese SQUID-Bauelemente als Quanten-Bauelemente einsetzen lassen.

Hier sollen der prinzipielle Betrieb und die Funktionen von SQUID als Quanten-Bauelemente konkret anhand von symmetrischen geschlossenen Stromkreisen mit 2 und mit 4 Übergängen gezeigt werden. Es wurde vorgeschlagen, diese beiden geschlossenen Stromkreise unter Verwendung von Dünnschicht-Übergängen herzustellen und als Quanten-Basisbauelemente zu verwenden.

Geschlossene Stromkreise mit 2 Übergängen werden normalerweise als dc-SQUID bezeichnet. Deren Ersatzschaltbild ist in Bild 6 dargestellt. Hierbei ist L die Schleifeninduktivität. Werden jetzt, wie im Bild dargestellt, der Biasstrom I_b und der Steuerstrom I_c direkt in das SQUID eingespeist, so wird das enthaltene Josephson-Gatter gesteuert. Die im Bild gezeigte Stromrichtung ist die positive. I_c erzeugt für das SQUID den von außen induzierten Magnetfluß Φ_x, er ist die Steuervariable. Die dc-SQUID-Funktion wird am besten durch die Schwellwerteigenschaft ausgedrückt, die den Quantenzustand beschreibt, der gespeichert werden kann. Diese Funktion gibt den maximalen Wert von $|I_b|$, der das dc-SQUID-Bauelement in jedem Quantenzustand durchfließen kann, ohne daß Zustandsübergänge entstehen, in Abhängigkeit von I_c oder Φ_x. In Bild 7 sind für dc-SQUID-Bauelemente, für die bezüglich LI_0 und Φ_0 eine Symmetrie vorliegt (die Kennlinien sind für beide Übergänge gleich), die Schwellwertkennlinien dargestellt, die aus den Quantisierungsbedingungen der Fluxoide und den Bedingungen für die Energiestabilität durch numerische Simulation erhalten wurden. Das gebirgsartige Relief, das entlang der Abszisse auftritt, bezeichnet die vom SQUID eingenommenen Quantenzustände; ihre Lage entspricht dem Spannungszustand.

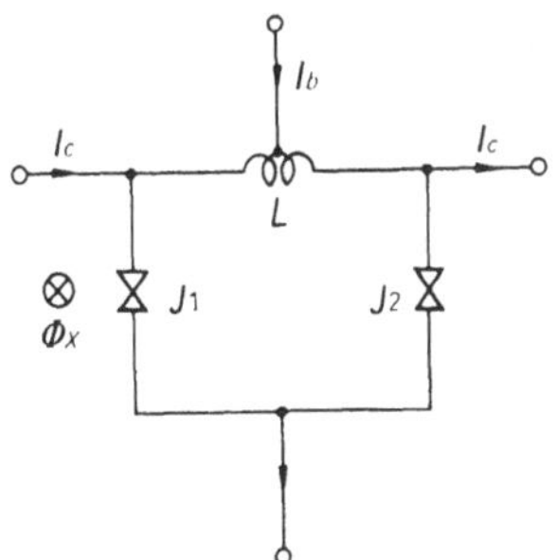

Bild 6: Ersatzschaltbild einer Schaltung mit 2 Übergängen (dc- SQUID)

Solange der Strom die Bedingungen einhält, die zu dem jeweiligen Quanten-Zustandsbereich gehören, behält das SQUID-Bauelement seinen Quantenzustand bei. In der Mitte liegt in Bild 7 der Zustand n = 0, die links bzw.

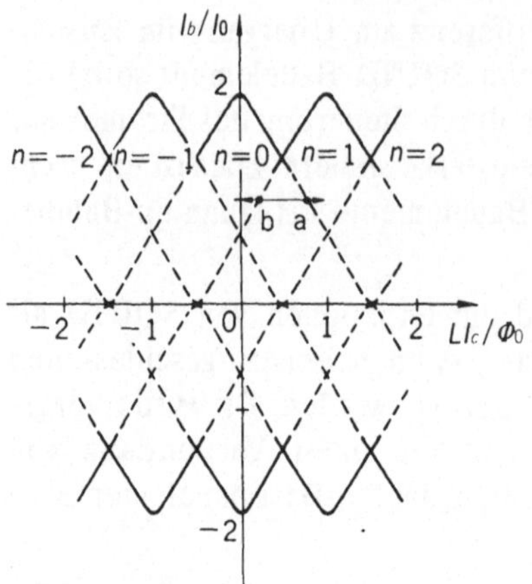

Bild 7:   Schwellwertkennlinie des dc-SQUID $LI_0 = \Phi_0$ (aufgrund numerischer Simulation)

rechts angrenzenden entsprechen jeweils dem Zustand n = -1 und + 1 usw.
Die Quantenzahl $|n|$ nimmt mit $|I_c|$ zu. Im Bild 8 ist ein Beispiel für das
Schwellwertverhalten dargestellt, das experimentell ermittelt wurde /10/. Der
LI_0-Wert dieses SQUID-Bauelementes beträgt 0,9 Φ_0. Hier gibt es eine gute
Übereinstimmung mit den theoretisch bestimmten Werten. Jedoch wurde nur
ein Teil dieser Schwellwertkennlinien beobachtet. Die Leuchtpunkte zeigen
den Verlauf des kritischen Stromes für den Übergang des SQUID-Bauelementes vom Quantenzustand zum konstanten Spannungszustand (Spannungsübergang). Andererseits läßt sich die charakteristische Kurve im Bereich niedriger
Vorspannungsströme nicht beobachten, da das SQUID-Bauelement Vortex-
Übergänge ausführt. Daher lassen sich die beiden Übergangsmoden beim dc-
SQUID durch die Schwellwert-Kennlinien unterscheiden. Daher können die
eingespeisten Ströme I_b und I_c auf der Grundlage der Schwellwertkennlinien
gesteuert und damit festgelegt werden, welcher der beiden Übergangsmoden
verwendet wird. Hier erfolgt die Trennung der Quantenzustandsbereiche, die

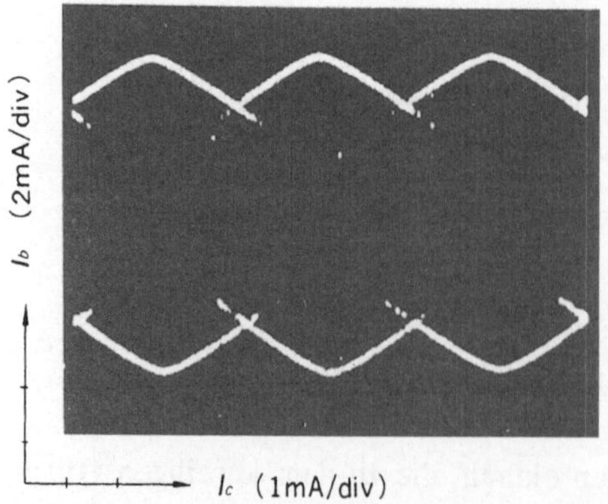

Bild 8:   Gemessene Schwellwert-Kennlinie eines dcSQUID /10/ $LI_0 = 0,9\,\Phi_0$

bei der Schwellwert-Kennlinie nach Bild 8 aneinandergrenzen, bei einem Abszissenwert von:

$$|\Delta I| = \frac{\Phi_0}{L} \tag{13}$$

Wird das Verhalten eines Fluxoid gesteuert, so wird der SQUID-Vortex-Übergang genutzt, und es können die eingespeisten Ströme I_b und I_c so festgelegt werden, daß es bezüglich der Schwellwert-Kennlinie zu Übergängen zwischen benachbarten Quantenzuständen kommt.

Zum Beispiel soll ein dc-SQUID (Bild 6) betrachtet werden, das die Schwellwertkennlinie von Bild 7 hat. Der im Bild gestrichelt gezeichnete Teil ist der Bereich, in dem Vortex-Übergänge auftreten können. Zunächst wird mit einem Strom I_b in der Größenordnung $I_b/I_0 = 1$ die Vorspannung erzeugt; als Anfangszustand des SQUID wird n = 0 gewählt. Dann wird der Strom I_c, wie in dem Bild mit Pfeilen gezeigt, von $I_c = 0$ im Zustandsbereich n = 0 auf einen Wert im Zustandsbereich n = 1 erhöht und dieser Wert beibehalten. Wird der Stromwert für I_c überschritten, der dem Punkt a des Bereichsendes des Zustandes n = 0 entspricht, so wird im SQUID-Bauelement 1 Fluxoid aus dem Übergang J_1 eingeleitet. Als Ergebnis geht das SQUID in den Zustand n = 1, und dieser Zustand wird beibehalten. Wird danach I_b konstant gehalten und I_c auf Null verringert und überschreitet I_c den Stromwert, der dem Punkt b am Ende des Zustandsbereiches n = 1 entspricht, so gibt das SQUID ein gespeichertes Fluxoid über den Übergang J_2 nach außen ab (Senden) und kehrt in den Zustand n = 0 zurück. Auf diese Weise kann unter Verwendung eines dc-SQUID ein Fluxoid erzeugt, gespeichert und transportiert werden (Senden, Empfangen). Die Transportrichtung des Fluxoid kann durch Änderung der Flußrichtung von I_b umgekehrt werden. Weiterhin läßt sich die Polarität durch Änderung der Flußrichtung von I_c umpolen. Es ist die grundlegende Funktion des obigen Quantenbauelementes. Falls β_c des Überganges, den das Fluxoid passiert, groß ist, so daß die Schwingung der Phasendifferenz schwer zu dämpfen ist, sowie in dem Fall, daß LI_0 des SQUID groß ist und die Übergänge zwischen benachbarten Quantenzuständen schwer steuerbar sind, kann es leicht zum Fehlbetrieb kommen. In vielen Fällen läßt sich dieses Problem lösen, wenn β des Überganges und L des SQUID klein gehalten werden oder das SQUID-Element durch einen geeigneten Widerstand ergänzt wird.

Um mit Quanten logische Berechnungen durchführen zu können, müssen zusätzlich zu den Funktionen der Erzeugung, Speicherung und des Transports die Funktionen einer mehrfachen Ein- und Ausgabe und der Steuerung der Übertragungswege zur Verfügung stehen. Es sind multifunktionelle Quantenbauelemente erforderlich, die verschiedene Wechselwirkungen zwischen den einzelnen Quanten realisieren. Ein geschlossener Stromkreis mit vier Übergängen (auch als 4J-Schleife bezeichnet) ist ein Grundbauelement, das diese Funktionen ermöglicht. Der geschlossene Stromkreis mit 4 Übergängen wird mit dem in Bild 9 gezeigten Ersatzschaltbild beschrieben. In dem Bild ist L die Induktivität der Schleife. Die grundlegende Funktion dieser Schaltung ist die

Schwellwertfunktion, die auch am besten deren Merkmale beschreibt. Durch
Erhöhung der Anzahl der Josephson-Übergange, aus denen diese geschlossene
Schaltung besteht, gibt es eine Vielzahl von Methoden zur Strominjektion sowie zur Darstellung der Schwellwertfunktion. Bei Quantenbauelementen wird
angestrebt, die Funktion eines Fluxoids sowie die enthaltenen Gatter jeweils
unabhängig steuern zu können. Daher ist es in diesem Fall vorteilhaft, in die als
Gatter betriebenen Übergänge jeweils unabhängige Ströme direkt einzuspeisen. Hier werden in der geschlossenen Schaltung nach Bild 9 in die Übergänge
J_1 und J_2 die Ströme I_1 bzw. I_2 unabhängig voneinander injiziert. Die hier im
Bild angegebene Stromrichtung ist die positive. In Bild 10 sind für die symmetrische geschlossene Schaltung mit 4 gleichen Übergängen die Schwellwert-
Kennlinien angeführt, die durch numerische Analyse erhalten wurden. Sie sind
für verschiedene LI_0-Werte dargestellt. Die Schwellwertkurve ist aufgrund des
Strominjektionsverfahrens gegenüber den Koordinatenachsen um 45° geneigt.

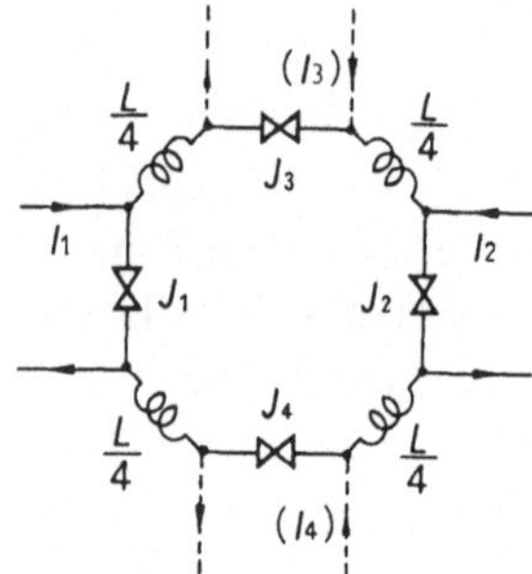

Bild 9:   Ersatzschaltbild der geschlossenen Schaltung mit vier Übergängen

Die Kennwerte dieser Schwellwertfunktion unterscheiden sich von denen
der dc-SQUID-Bauelemente. Der Bereich der Quantenzustände ist auf die
Nähe des Koordinatenursprunges begrenzt. Dies ist darauf zurückzuführen,
daß nicht nur die Übergänge J_1 und J_2, in die direkt Strom eingespeist wurde,
sondern auch die anderen Übergänge J_3 und J_4 in den Spannungszustand über-
gehen, was anhand der Beschränkungen für den dcSQUID-Schwellwert ersichtlich ist. Andererseits nimmt die Anzahl der Quantenzustände, die mit der
geschlossenen Schaltung erfaßt werden können, mit dem Wert für LI_0 zu. Ist
jedoch der LI0-Wert konstant, so sind die Schwellwertverläufe, die durch
Strominjektion in zwei beliebige Übergänge des geschlossenen Stromkreises
erhalten werden, vollständig gleich. Bild 11 zeigt die Schwellwertverläufe, die
experimentell mit einem symmetrischen geschlossenen Stromkreis aus 4 Übergängen bei $LI_0 = {}\approx 2\Phi_0$ erhalten wurden /11/. Es konnte die Existenz der
Quantenzustände n = 0, ± 1, ± 2 nachgewiesen werden. Es ist festzustellen,
daß dieser Schwellwertverlauf äußerst gut mit den durch numerische Analyse
erhaltenen Verläufen übereinstimmt. Auch bei diesen Schwellwertverläufen
können die Abschnitte, die den Spannungsübergängen des geschlossenen Strom-

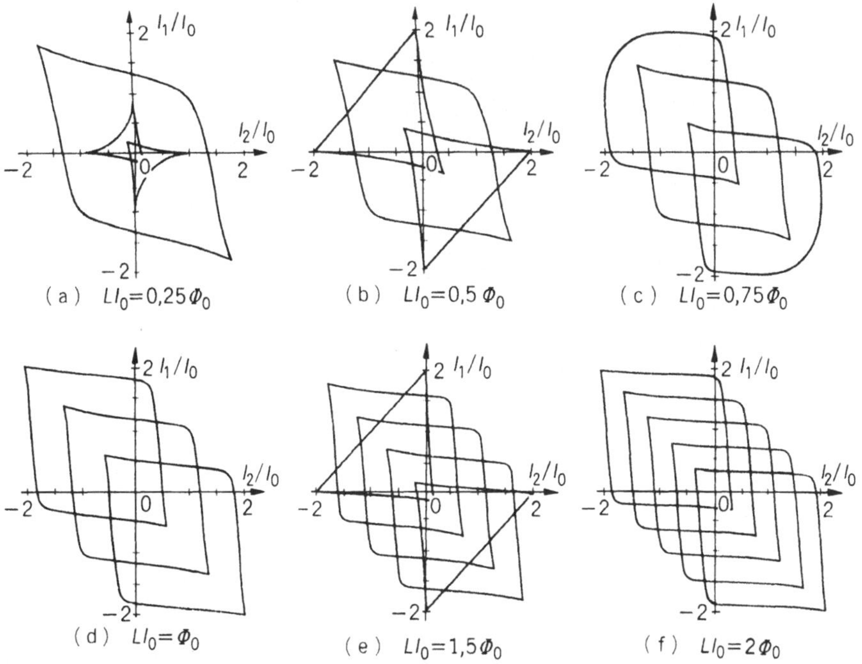

Bild 10: Schwellwertfunktion der geschlossenen Schaltung mit vier Übergängen (auf der Grundlage einer numerischen Analyse)

kreises und den Vortex-Übergängen entsprechen (leuchtende Linien und davon umschlossene Teile), deutlich unterschieden werden.

Daher ist bei dem geschlossenen Stromkreis mit 4 Übergängen wie beim dc-SQUID ein Betrieb mit Steuerung eines Fluxoids unter Ausnutzung des Vortex-Überganges möglich. Jedoch ist es für dessen Realisierung erforderlich, daß in dem geschlossenen Stromkreis keine Spannungsübergänge auftreten und Übergänge zwischen benachbarten Quantenzuständen möglich sind. Es müssen zumindest die Quantenzustände $n = 0, \pm 1$ eingenommen werden können. Auf der Grundlage der Schwellwertfunktionen von Bild 10 ist unter Berücksichtigung des betrieblichen Spielraumes für die Funktion des geschlossenen Stromkreises als Quantenbauelement anzustreben, daß für den LI_0-Wert gilt: $0,75\,\Phi_0 \leq LI_0 \leq 1,0\,\Phi_0$. In diesem Fall ist es möglich, daß nur der Übergang, in den ein Strom direkt eingespeist wird, als Ein/Ausgabegatter eines Fluxoids verwendet werden kann. Wird daher in das gewünschte Gatter ein Strom eingespeist, so daß der geschlossene Stromkreis Übergänge zwischen den benachbarten Quantenzuständen $n = 0 \leftrightarrow \pm 1$ ausführen kann, so lassen sich über diese Gatter die Funktionen Zuführung, Injektion, Erzeugung (Speicherung) oder Aussenden, Transport eines Fluxoids realisieren /11/. Da daher beim geschlossenen Stromkreis mit 4 Übergängen ein beliebiger Übergang als Ein-Ausgabe-Gatter für das Fluxoid dienen kann (Funktion eines mehrfachen Ein-Ausganges), ist es möglich, durch Auswahl des Gatters, in das ein Strom

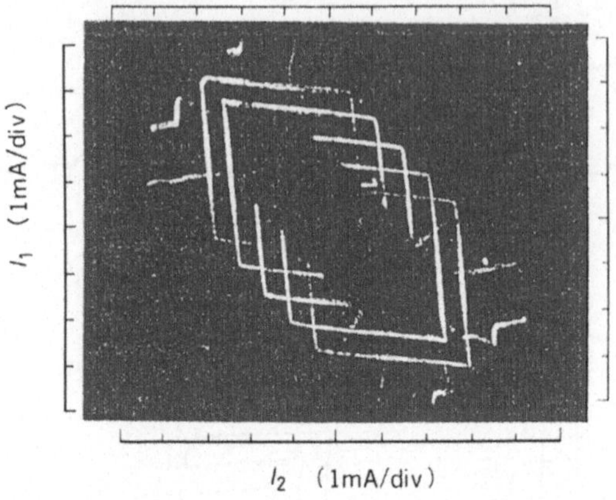

Bild 11: Gemessene Grenzwertfunktion /11/ des geschlossenen Kreises mit vier Übergängen $LI_0 \approx 2\,\Phi_0$

eingespeist wird, den Transportweg des Fluxoids zu steuern (Funktion eines Verzweigungselementes) /11/.

Kann im allgemeinen ein geschlossener Stromkreis mit N Übergängen (N> 2) mindestens die Quantenzustände n = 0, ± 1 speichern und lassen sich durch das Einspeisen von Strom in die einzelnen Übergänge die Übergänge zwischen benachbarten Quantenzuständen steuern, so hat man die Funktion eines Quantenbauelementes mit steuerbarem Fluxoid. Werden jetzt in zwei beliebige Übergänge J_1 und J_2 des geschlossenen Stromkreises mit N Übergängen die Ströme I_1 und I_2 direkt eingespeist, so läßt sich erwarten, daß Schwellwerteigenschaften erzielt werden, die denen von Bild 10 ähneln /12/.

Wird hier ausgeschlossen, daß die Induktivität L des geschlossenen Stromkreises sehr groß ist, so läßt sich die Grenze zwischen den Bereichen der Quanten-Zustände, die auf der Schwellwertkurve benachbart sind, entlang der Stromachse wie folgt nähern /11/:

$$ |\,\Delta I| = \frac{\Phi_0}{L + \dfrac{\Phi_0}{4} \displaystyle\sum_{k=3}^{N} \dfrac{1}{I_{0k}}} \tag{14}$$

Hierbei ist I_{0k} der Grenzstrom des Josephson-Überganges. Gleichung (14) zeigt, daß nicht nur durch die Erhöhung von L, sondern auch von N sich der Spielraum für die Funktion des geschlossenen Stromkreises als Quantenbauelement verringert. (Durch das Verwenden von Übergängen mit großem Grenzstrom kann dies eingeschränkt werden.) Der Nenner der rechten Seite der Gleichung zeigt als Ursache, daß die Übergänge J_k (k= 3,...,N) einen Beitrag als äquivalente Induktivität liefern. Diese äquivalente Induktivität kann den Magnetfluß bis zu $\Phi_0/4$ pro Übergang (in die Phasendifferenz umgewandelt $\pi/2$) übernehmen. Daher speichert der geschlossene Stromkreis mit N Übergängen auf der Grundlage von Gl. (7) auch bei sehr kleinem L stabil diejenigen Quantenzustände n, die folgende Gleichung erfüllen:

$$|n| < \frac{N}{4} \tag{15}$$

Dies bedeutet, daß für einen geschlossenen Stromkreis mit N> 4 Übergängen durch einen sehr kleinen L-Wert nicht nur eine Verringerung des Funktionsspielraumes verhindert wird, sondern daß er als Quantenbauelement arbeiten kann, bei dem Fluxoide mit geringem Magnetflußbeitrag als Informationsträger dienen /12/. Damit ein supraleitender geschlossener Stromkreis 1 Magnetflußquant oder 1 Fluxoid mit großem Magnetflußbeitrag speichert, ist normalerweise eine Fläche von ca. 100 µm² erforderlich. Diese Fläche ist nicht unbedingt klein. Da jedoch bei geschlossenem Stromkreisen mit 4 Übergängen kleine Fluxoide verwendet werden können, kann die Möglichkeit bestehen, daß durch die Fortschritte der Mikrobearbeitungstechnologie integrierter Schaltkreise der geschlossene Stromkreis selbst klein gestaltet und ein hoher Integrationsgrad erzielt wird.

Übertragungsleitung für Josephson-Fluxoide

Da bei supraleitenden Quantencomputersystemen als Signal (Informationsträger) die Quanten zu übertragen sind, werden als Leitungen Josephson-Fluxoid-Übertragungsleitungen verwendet. Bild 12 (a) zeigt deren Grundstruktur, Bild 12(b) das Ersatzschaltbild. Prinzipiell liegt eine Struktur vor, bei der Mikro-Josephson-Übergänge mit gleichen Kennlinien in großer Anzahl im gleichen Abstand durch Supraleiter verbunden und parallel geschaltet werden. Ihr geschlossener Einheitstromkreis ist nichts anderes als ein dc-SQUID. Aus diesem Grund kann man diese Verbindungsleitung als Josephson-Interferometer

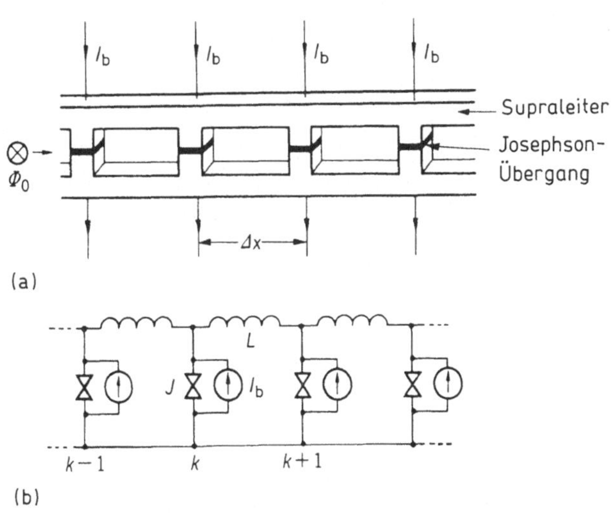

Bild 12: Josephson-Fluxoidleitung
    (a) Prinzipschaltung
    (b) Ersatzschaltung

ansehen. In ihm werden die Fluxoide oder der Magnetfluß quantisiert und durch äußere Strominjektion transportiert. Folglich übertragen die Josephson-Fluxoid-Übertragungsleitungen die Informationen nicht als elektrische Signale, sondern es werden die Fluxoide oder Magnetflußquanten als Informationsträger übermittelt.

Wird jetzt in die Übergänge, die im Übertragungsweg liegen, ein Strom I_b zur Erzeugung der Vorspannung eingespeist, lassen sich die Eigenschaften der Leitung durch die folgende Differentialgleichung beschreiben /13/:

$$\frac{1}{L}\frac{\Phi_0}{2\pi}\frac{\Delta^2\Theta}{\Delta x^2} - C\frac{\Phi_0}{2\pi}\frac{\partial^2\Theta}{\partial t^2} - G\frac{\Phi_0}{2\pi}\frac{\partial\Theta}{\partial t} = I_0 \sin\Theta - I_b \tag{16}$$

Hier gilt $\Delta^2\Theta = \Theta_{k+1} - 2\Theta_k + \Theta_{k-1}$, Δx ist der Abstand zum nächstgelegenen Josephson-Übergang, L die Induktivität jedes geschlossenen Einheitstromkreises. Ist bei Δx die Änderung von Θ differentiell klein, läßt sich Gl. (16) durch die folgende partielle Differentialgleichung beschreiben /14/.

$$\frac{1}{L_0}\frac{\Phi_0}{2\pi}\frac{\partial^2\Theta}{\partial x^2} - C_0\frac{\Phi_0}{2\pi}\frac{\partial^2\Theta}{\partial t^2} - G_0\frac{\Phi_0}{2\pi}\frac{\partial\Theta}{\partial t} = I_{00}\sin\Theta - I_{b0} \tag{17}$$

Hier ist L_0 die Induktivität, C_0 die statische Kapazität, G_0 der Leitwert pro Längeneinheit, I_{b0} der Biasstrom und I_{00} der Josephson-Grenzstrom. Gl. (17) ist die gleiche wie für einen langen Josephson-Übergang mit verteilten Parametern. Hier sollen die Eigenschaften von Leitungen mit verteilten Parametern dargelegt werden, die für die Übertragungseigenschaften von Fluxoiden (Magnetflußquanten) über Leitungen von Bedeutung sind /15,16/.

Zunächst wird Gl. (17) wie folgt umgeformt:

$$x = \lambda_j X, t = (\Phi_0 C_0/2\pi I_{00})^{1/2}T,$$

$$\Gamma_0 = G_0(\Phi_0/2\pi C_0 I_{00})^{1/2}, \gamma_0 = I_{b0}/I_{00} \tag{17'}$$

$$\lambda_j = (\Phi_0/2\pi L_0 L_{00})^{1/2}$$

Hierbei ist λ_J die Josephson-Eindringtiefe. Gl. (17) ergibt sich wie folgt:

$$\frac{\partial^2\Theta}{\partial X^2} - \frac{\partial^2\Theta}{\partial T^2} - \Gamma_0^2\frac{\partial\Theta}{\partial T} = \sin\Theta - \gamma_0 \tag{18}$$

Da die Leitung keine Verluste hat, kann man, wenn kein Strom zur Erzeugung der Vorspannung eingespeist wird, $\Gamma_0 = 0$, $\gamma_0 = 0$ setzen.

$$\frac{\partial^2\Theta}{\partial X^2} - \frac{\partial^2\Theta}{\partial T^2} = \sin\Theta \tag{19}$$

wird als Sine-Gordon-Gleichung bezeichnet. Diese Gleichung hat die Lösung

$$\Theta = 4\tan^{-1}\left[\exp\pm\left(\frac{X - uT}{\sqrt{1 - u^2}}\right)\right], \tag{20}$$

$$(0 \leq u \leq 1)$$

die die nichtlineare Einzelwelle (Soliton) beschreibt. Hier gilt $u = v/v_0$, v ist die Ausbreitungsgeschwindigkeit der Einzelwelle in der Leitung, v_0 ist deren maximale Grenzgeschwindigkeit. In diesem Fall beschreibt Gl. (20) 1 Fluxoid

(Magnetflußquant), das sich mit gleichförmiger Geschwindigkeit in einer verlustfreien Leitung mit verteilten Parametern bewegt, die gegenüber λ_J ausreichend lang ist (einige µm bis 1 mm).

Es gilt $v_0 = 1/\sqrt{L_0 C_0}$. Diese Geschwindigkeit beträgt ca. 1/10 der Lichtgeschwindigkeit. In Bild 13 sind die räumliche Änderung der Phasendifferenz Θ, die dem isolierten Fluxoid (Soliton) in der Leitung zum Zeitpunkt $T = 0$ ($t = 0$) entspricht, sowie die räumliche Verteilung der Magnetflußdichte B dargestellt. Das Fluxoid ist in der Größenordnung von λ_J über die Länge verteilt. Die Form von Θ verändert sich bei der Ausbreitung mit der Geschwindigkeit v nicht. Dies ist ein Merkmal der Einzelwelle (Soliton). Liegt jedoch die Ausbreitungsgeschwindigkeit v des Fluxoids in der Nähe von v_0 ($u \rightarrow 1$), so wird dessen Länge um $\sqrt{1 - u^2}$ verringert, und es kommt zur sogenannten Lorenz-Kompression.

Für das Zusammenstoßen zweier Fluxoide wurden die folgenden Gleichungen erhalten, die den Zusammenstoß von zwei Wellen mit gleicher Polarität Θ_{1+1} bzw. mit umgekehrter Polarität Θ_{1-1} beschreiben:

$$\Theta_{1+1} = 4 \tan^{-1} \frac{u\,sinh(X/\sqrt{1 - u^2})}{\cosh(uT/\sqrt{1 - u^2})}$$

$$(21)$$

$$\Theta_{1-1} = 4 \tan^{-1} \frac{sinh(uT/\sqrt{1 - u^2})}{u\,cosh(X/1 - u^2)}$$

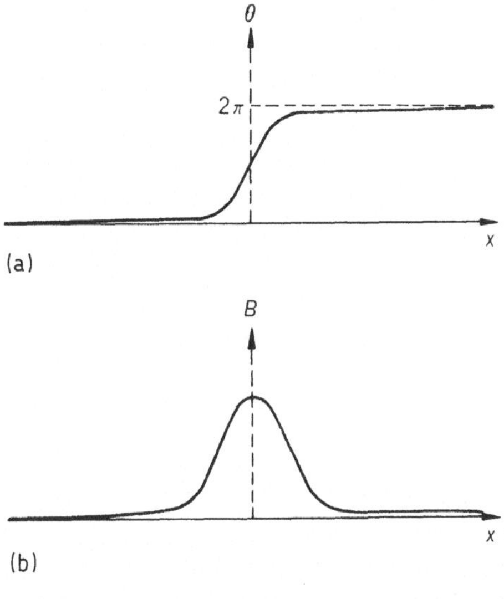

Bild 13: Isoliertes Fluxoid (Soliton) in einer Josephson-Fluxoid- Leitung mit verteilten Parametern

    (a) Räumliche Änderung der Phasendifferenz Θ

    (b) Räumliche Verteilung der Magnetflußdichte B

Bei Θ_{1+1} zeigen die Fluxoide das Verhalten eines elastischen Stoßes, bei Θ_{1-1} durchdringen sie sich nach dem Zusammenstoß, nehmen die ursprüngliche isolierte Form wieder an (rekursive Erscheinung) und breiten sich aus. Hiernach verhalten sich die Fluxoide in der verlustlosen Leitung als Einzelwelle, die Teilcheneigenschaften hat.

In einer praktischen Leitung treten dagegen Verluste auf ($\Gamma_0 \neq 0$). Daher verringert sich die Geschwindigkeit der Fluxoide, die sich in der Leitung bewegen, langsam, dann werden sie gestoppt. Wird jedoch in die Leitung ein geeigneter Strom I_{b0} zur Erzeugung der Vorspannung eingespeist, kann sich ein Fluxoid mit konstanter Geschwindigkeit ausbreiten /15,16/. Dies beruht darauf, daß ein Fluxoid durch den Strom zur Erzeugung der Vorspannung eine Lorentzkraft erfährt, die dessen Größe proportional ist. Seine Ausbreitungsrichtung hängt von der Polarität des Fluxoids selbst ab und kann durch die Richtung des Biasstromes gesteuert werden. Stoßen weiterhin 2 Fluxoide mit unterschiedlicher Polarität in einer solchen verlustbehafteten Leitung zusammen, ist der Biasstrom klein. Erfolgt der Zusammenstoß mit geringer Geschwindigkeit, so werden sie durch ihre magnetischen Eigenschaften ausgelöscht. Falls es durch den Strom zur Erzeugung der Vorspannung zu einem Zusammenstoß mit großer Geschwindigkeit kommt, durchdringen sie sich gegenseitig /15/. Fluxoide verlieren auch in einer realen Leitung nicht ihre Soliton-Eigenschaften. Deshalb sind durch die Verwendung von Josephson-Fluxoid-Leitungen sowohl eine sehr schnelle Übertragung in beiden Richtungen der Informationsträger (Quanten) als auch eine Übertragung mit hoher Dichte möglich. Gegenwärtig wird das schnelle Schalten des Josephson-Überganges genutzt. Es wurden Muster sehr leistungsfähiger Josephson-Abtastelemente gefertigt, die eine zeitliche Auflösung von ca. 2 bis 6 ps und eine Stromempfindlichkeit von ca. 1 bis 5 μA aufweisen. Sie wurden zur experimentellen Untersuchung der Fluxoid-Übertragungseigenschaften in Verbindungsleitungen für Josephson-Übergänge genutzt. Bisher wurden sehr schnelle Impulse von übertragenen Fluxoiden mit einer Halbwertbreite von 6 ps gemessen /17/.

Eine Josephson-Leitung für Fluxoide besteht prinzipiell aus supraleitenden geschlossenen Stromkreisen (SQUID) mit Josephson-Übergängen. Für die Übertragung der Fluxoide wurden verschiedene Verfahren zur Verbindung der geschlossenen Einheitskreise vorgeschlagen. Diese Verfahren lassen sich grob unterteilen in

1. induktive Verbindungen (Verbindungen mit Supraleitern, Josephsonübergänge) und

2. Verbindungen über Widerstände /18/.

Bei beiden Verbindungs-Verfahren lassen sich durch Optimierung der Schaltungskonstanten der Leitung und der Steuerung Betriebszustände einstellen, bei denen keine Spannungsübergänge auftreten und ein Fluxoid sich stabil ausbreitet /18/. Da bei einem solchen Betriebszustand die Fluxoidausbreitung dem Übergang zugeordnet wird, der durch die Phasendifferenz des Josephson-Überganges der Leitung verursacht wird, wird er als Phasenmodus bezeichnet. Auch bei einem Quantennetzwerk, das durch die Verbindung von Quantenbauelementen (SQUID) nach verschiedenen Verfahren hergestellt wird, kann diese Struktur als Kombination von Josephson-Fluxoidleitungen angesehen werden. Daher sind die Übertragungseigenschaften des Fluxoids als Informationsträger durch den Phasenmodus gekennzeichnet.

Grundlagen der Quantentheorie

In einem supraleitenden Quantenstromkreis ist das Fluxoid (Magnetflußquant) räumlich stabil, es hat magnetische und Solitoneigenschaften. Sein Verhalten wird mit einem von außen eingespeisten Strom oder Magnetfeld gesteuert. Kann hierbei gleichzeitig mit der Funktionssteuerung der Quanten die Wechselwirkung zwischen den Quanten gesteuert werden, so ist eine logische Verarbeitung mit Quanten möglich. In diesem Fall ist die grundlegende Quantenlogik durch die folgende gegenseitige Wechselwirkung zwischen den Quanten möglich. Mit dem Quant ν, dem Antiquant $\bar{\nu}$ und der Energie E sind möglich:

1. logisches UND (AND)

$$\nu + \nu \rightarrow \nu + E$$
$$\nu + \bar{\nu} \rightarrow \bar{\nu} + E$$
$$\bar{\nu} + \bar{\nu} + \rightarrow \bar{\nu} + E$$

2. logisches ODER (OR)

$$\nu + \nu \rightarrow \nu + E$$
$$\nu + \bar{\nu} \rightarrow \nu + E$$
$$\bar{\nu} + \bar{\nu} \rightarrow \bar{\nu} + E$$

3. logische Negation (NOT).

$$\nu \rightarrow \bar{\nu}$$
$$\bar{\nu} \rightarrow \nu$$

Ist 4. ein Fan-out:

$$\nu + E \rightarrow \nu + \nu + \ldots$$

möglich, so läßt sich auf der Grundlage von Quanten die gesamte Computerlogik zusammenstellen /4/.

Hier soll ein einfaches experimentelles Beispiel beschrieben werden, das die grundlegenden Möglichkeiten der Quantenlogik verdeutlicht, wobei supraleitende Quanten-Bauelemente verwendet werden. Bild 14 zeigt einen Logikschaltkreis mit zwei Eingängen, der bei den Experimenten verwendet wurde /10/. Bei dieser Schaltungsstruktur sind vier Dünnschicht-dcSQUID über Dünnschicht-Widerstände verbunden. Dadurch kann jedes SQUID unabhängig gesteuert werden. Für die Schaltkreisherstellung wurde die fotolithografische Lift-off-Methode verwendet, als minimaler Abstand wurden 5 µm und als minimale Linienbreite 10 µm erreicht. Als untere Elektrode des Josephson-Überganges dient eine Pb-Au-Legierung als Dünnschicht, als obere Elektrode eine Au-Pb-In-Legierung. Der Übergang wurde in ein Fenster der SiO-Dünnschicht gelegt. Es ist kreisförmig mit einem Durchmesser von 8 µm. Die Tunnelbarriere wurde durch Entladungs-Oxidation an der unteren Elektrodenoberfläche

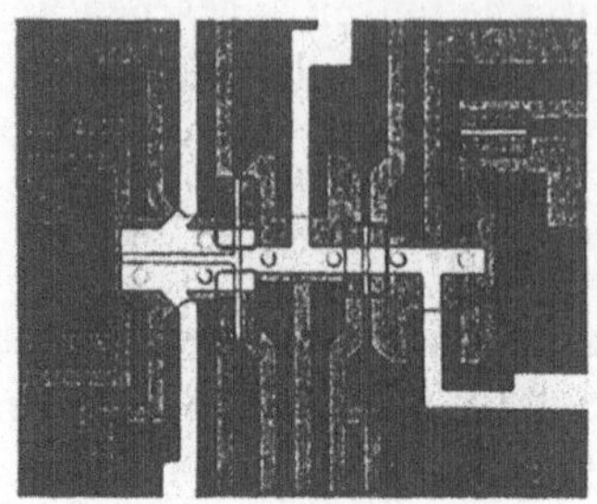

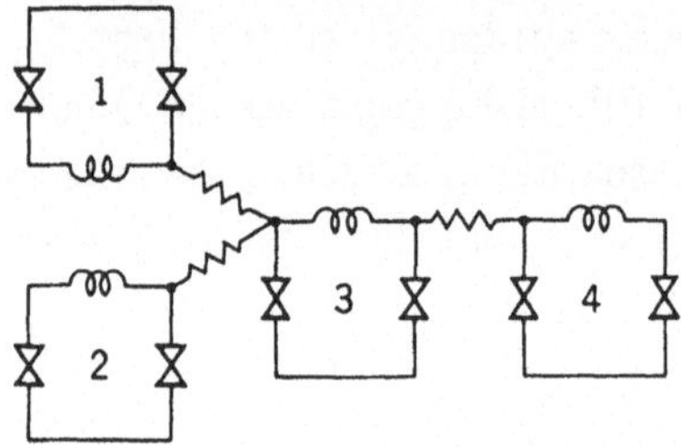

Bild 14: Quantenlogikschaltkreis mit 2 Eingängen, hergestellt unter Verwendung von Bleilegierungen, und dessen Ersatzschaltbild /10/

erzeugt. Weiterhin wurden als Verbindungswiderstände Dünnschichten aus chemischen Au-In-Verbindungen verwendet.

Zunächst soll die Fluxoid-Transportfunktion durch den Phasenmodus-Betrieb des SQUID gezeigt werden. Hierfür wird das SQUID 2 aus der Schaltung von Bild 14 verwendet. Durch Einspeisen des Biasstromes I_{b2} und des Steuerstromes I_{c2}, wie im Bild 15 (Bild 6) gezeigt, wird die Schwellwertkennlinie (Bild 7 oder Bild 8) festgelegt. Auf der Grundlage dieser Schwellwertkennlinie werden I_{b2} und I_{c2} nach Bild 7 gesteuert. Mit den SQUID-Vortex-Übergängen kommt es zu den Übergängen zwischen den Quantenzuständen n = 0 und 1. Hierbei wird für die Aufnahme des vom SQUID 2 im Phasenmodus ausgesendeten Fluxoids das SQUID 3 (Bild 14), das mit diesem SQUID über einen Widerstand verbunden ist, als Aufnehmer verwendet, der einen Spannungsübergang ausführt. In diesem Fall wird auch im SQUID 3 der Biasstrom I_{b3}, der etwas kleiner als der Grenzstrom ist, mit der gleichen Phase wie in SQUID 2 eingespeist. Bild 15 zeigt die experimentell gewonnenen Ergebnisse. Infolge der Quantenübergänge n= 0 →1 →0 im SQUID 2 geht, obwohl SQUID 2 den Zustand $V_2 = 0$ beibehält, SQUID 3 in den Spannungszustand $V_3 = V_g$ über. Dies ist darauf zurückzuführen, daß SQUID 2 im Phasenmodus ein Fluxoid erhält und dann aussendet. Durch die Widerstandskopplung nimmt SQUID 3 das gesendete Fluxoid auf. Durch den Widerstand wird es in einen Stromimpuls umgewandelt; dynamisch kann es als Fluxoid angesehen werden. Damit ist SQUID 3 in den Spannungszustand übergegangen. Dieses Ergebnis zeigt folglich, daß das SQUID indirekt die Transportfunktion (SHIFT) ausführt. Zieht man weiterhin in Betracht, daß SQUID 1,2 und 3 eine Logikschaltung mit zwei Eingängen bilden (Bild 14), erkennt man die Realisierbarkeit der OR-Funk-

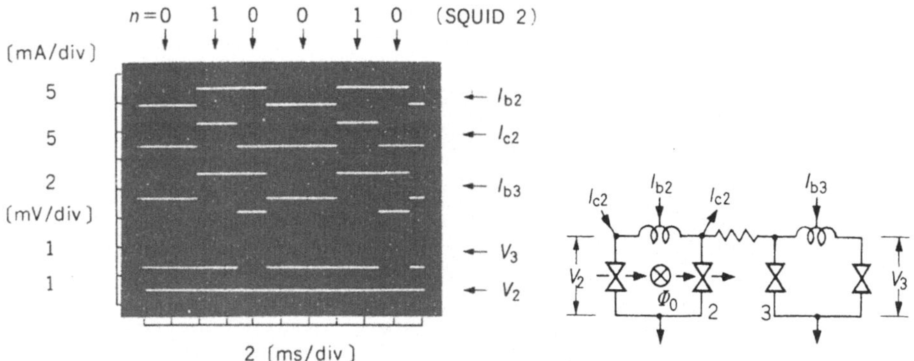

Bild 15: Experimentelle Ergebnisse /10/ der SHIFT- und ODER-Funktion eines Fluxoids unter Verwendung des Phasenmodus

tion. Bild 16 zeigt das Ergebnis, wenn unter Verwendung der gleichen Schaltung mit dem Phasenmodus die AND-Funktion erzeugt wird. Dadurch, daß die Übergänge der Quantenzustände n = $0 \to 1 \to 0$ vom SQUID 1 und 2 durchlaufen werden, werden von beiden SQUID im Phasenmodus Fluxoide ausgesendet. Es zeigt sich, daß nur dann, wenn diese über die Widerstandskopplung etwa synchron SQUID 3 erreichen, SQUID 3 in den Spannungszustand übergeht. In diesem Fall ist der Arbeitsstrom I_{b3}, der in SQUID 3, das für die Fluxoid-Ermittlung verwendet wird, eingespeist wird, etwas niedriger als bei der OR-Funktion. Mit dieser Schaltung läßt sich durch Festlegung dieses Arbeitsstromes I_{b3} sowohl die OR- als auch die AND-Funktions realisieren. Wird der Arbeitsstrom I_{b3} des SQUID 3 im Bereich der Schwellwertfunktion auf den Vortex-Bereich eingestellt, so kann SQUID 3 im Phasenmodus betrieben werden, und es ist möglich, daß SQUID 1 und 2 zum SQUID 3 ein Fluxoid senden, ohne daß die Schaltung in den Spannungszustand übergeht /18/. Durch diese Funktion läßt sich unter Verwendung der Quantenverschiebung und des Vorhandenseins von Quanten ($v = 1$, $v = 0$) die quantenlogische AND- und OR-Funktion realisieren. Wird weiterhin bei dieser Schaltung das Ein-Ausgabemodul (SQUID) invers betrieben, läßt es sich als Schaltung mit 2 Fluxoid-Ausgängen (Fanout) verwenden. Mit derartigen Schaltungen kann durch das Anschließen von Ein- und Ausgabebauelementen prinzipiell eine Erweiterung auf mehrere Ein- und Ausgänge vorgenommen werden, und eine große Anzahl von Fan-in und Fan-out ist erreichbar. Die Verbindung wird entsprechend des Einsatzes der Schaltung oder der Steuerung als Widerstands- oder induktive Kopplung ausgeführt.

Die NOT-Logik mit Quanten konnte experimentell noch nicht nachgewiesen werden. Werden jedoch die geschlossenen Schaltkreise mit vier Übergängen (oder eine geschlossene Schaltung mit N> 2 Übergängen) verwendet, kann gezeigt werden /11/, daß durch Steuerung des Übertragungsweges der Fluxoide prinzipiell auch eine NOT-Logik möglich ist.

Zusammenfassend läßt sich feststellen, daß das SQUID ein Quantenbauelement ist. Durch die Steuerung seines Quantenzustands unter Verwendung von

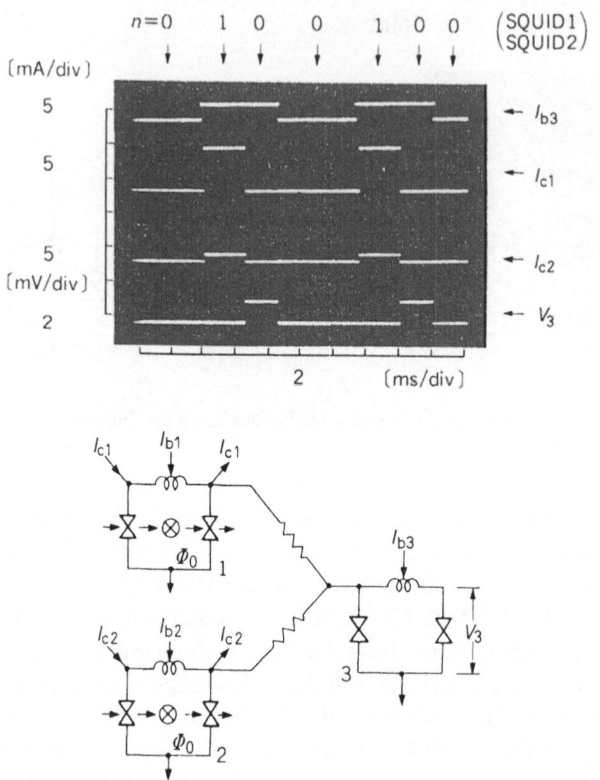

Bild 16: Experimentelle Ergebnisse für die AND-Funktion im Phasenmodus /10/

Strom oder Magnetfeld läßt sich für Quanten (Fluxoide) die gewünschte Funktion erreichen. Bei einem Quanten-Netzwerk, das aus einem Quantenbauelement und einer Josephson-Fluxoid-Leitung besteht, können durch Steuerung der gegenseitigen Wechselwirkung von Quanten gleicher und unterschiedlicher Polarität logische Rechenoperationen mit diesen ausgeführt werden. Für die Realisierung von Quanten-Logikschaltungen unter Verwendung von Josephson-Abtastelementen ist es jedoch erforderlich, das Verhalten der Quanten im Quantenbauelement und -stromkreis genauer zu untersuchen.

Entwurf eines Konzeptes für ein supraleitendes Quanten-Computersystem und dessen Merkmale

Ein supraleitendes Quanten-Computersystem besteht aus supraleitenden Quantenbauelementen (SQUID) als Grundeinheiten, deren Eigenschaften sich durch die Phasendifferenz der enthaltenen Josephson-Übergänge beschreiben lassen. Die Quanten (Fluxoid oder Magnetquant) können als Informationsträger in seinem Inneren stabil existieren, sie verhalten sich wie Partikel und stehen im Zusammenhang mit der Einzelwelle nach der Sine-Gordon-Gleichung. Daher ist es beim Schaltkreisentwurf sinnvoll, diese Partikeleigenschaften auszunutzen. Diese Zielstellung weicht vom bisherigen Entwurfskonzept, das die Grundlage der herkömmlichen Halbleiterbauelemente bildet, ab. Es gibt nur ein ähnliches Entwurfskonzept, das von Magnetventilen ausgeht /19/.

Nachfolgend soll eine einfache Systemausführung beschrieben werden, die zur Demonstration des Wirkprinzips eines Quanten-Computersystems entwickkelt wurde. Als Schaltkreiselemente wurden 5 Typen verwendet: dcSQUID, 4J-Kreise, Josephson-Fluxoid-Übertragungsleitung, Leitungsverzweigungen, die die Fan-out-Funktion realisieren /13,20/ und schließlich Widerstände. Die dynamischen Eigenschaften der Schaltung, die durch Verbinden dieser Elemente hergestellt wurden, wurden hauptsächlich durch numerische Analyse untersucht. Auf der Grundlage dieser Ergebnisse wurde der Systementwurf durchgeführt. In Bild 17 ist das entworfene System insgesamt dargestellt /10, 21/. Es ist ein binärer Rechner mit einer 1-Wort-, 6-Bit-Struktur. Ein Befehlswort besteht aus jeweils 3 Bit für den Befehl- und den Adreßteil. Die Speicherkapazität beträgt 48 Bit. In dem Bild sind CU die Steuereinheit, C der Zähler, T-I, T-II Terminal I und II, M der Speicher, IV der Inverter, A der Akkumulator, I die Eingabe- und O die Ausgabeeinheit. S ist das Statussignal und W ein von außen in den Speicher eingegebenes Signal. Die Geraden sind die Josephson-Fluxoid-Übertragungsleitungen, mit Pfeilen wird der Fluxoid-Fluß angezeigt. Jedes Bit kann den Wert 1 oder 0 annehmen, was der Existenz oder Nichtexistenz des Fluxoids entspricht. Für die Datenverarbeitung wurde das asynchrone Verfahren gewählt, bei dem die Teilchen als Informationsträger dienen. Im Vergleich zum asynchronen Verfahren mit Halbleiterbauelementen werden Probleme mit kritischen Konflikten und Hazards /22/ deutlich verringert, da die Informationsträger Teilchencharakter haben.

Als ein typisches Beispiel für eine Schaltung dieses Rechners soll die Steuereinheit vorgestellt werden. Bild 18 zeigt deren innere Struktur, Bild 19 die Schaltung, die in der Steuereinheit mehrfach verwendet wurde. In ihr sind zwei 4J-Schleifen kombiniert, deren Funktion durch eine Wahrheitstafel beschrie-

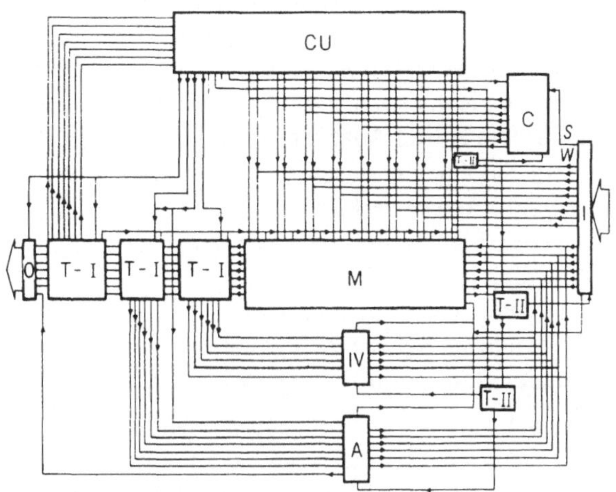

Bild 17: Supraleitungs-Quantencomputersystem /10,21/

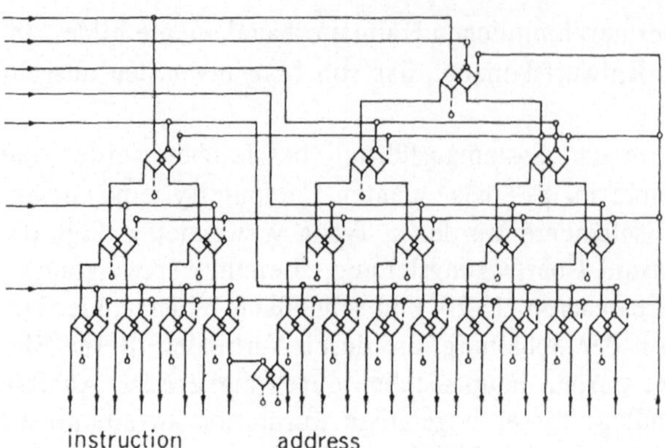

Bild 18: Steuereinheit des Supraleitungs-Quantencomputers/10,21/

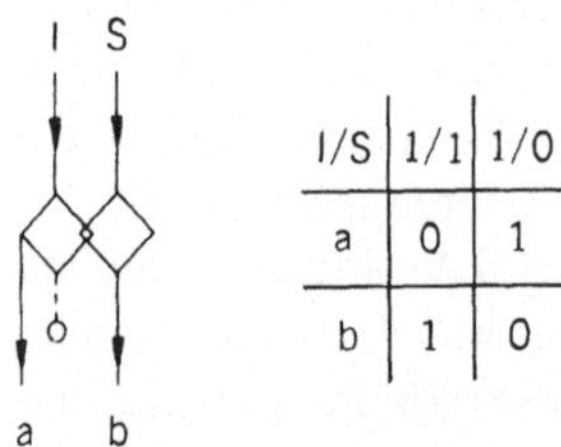

I/S	1/1	1/0
a	0	1
b	1	0

Bild 19: Aus einem geschlossenen Schaltkreis mit 4 Übergängen bestehende Schaltung und die
Wahrheitstafel für deren Funktion

ben wird. Für die enthaltenen Josephson-Übergänge wurden Dünnschichten vorgeschlagen. Ein bestimmter Arbeitsstrom fließt von deren unteren zur oberen Elektrode.

Diese Steuereinheit ist prinzipiell ein Dekoder. Das aus einem Speicher ausgelesene 6 Bit-Signal wird zusammen mit dem Steuersignal eines Fluxoids als 7-Bit-Signal in die linke Seite der Steuereinheit eingegeben. Das oberste Signal in Bild 18 ist das Steuersignal. Es legt in Abhängigkeit von den Werten Eins und Null den Übertragungsweg fest, es führt zum Anschluß des Befehls- und des Adreß-Teils von Bild 18. Die Adreß-Ausgangsleitungen sind mit dem Speicher verbunden und steuern das Speicherlesen und -schreiben. Der Befehls-Teil ist mit den Terminals und Zählern verbunden, er steuert den Zielort der aus dem Speicher ausgelesenen Signale. Bei dem verwendeten asynchronen Verfahren wird nach Beendigung jedes Befehls aus dem Zäher ein Steuersignal ausgegeben. Im Vergleich zum synchronen Verfahren, bei dem als Abstand der Steuersignale (Takt) die längstmögliche Zeit gewählt werden muß, ist es möglich, die Geschwindigkeit der Datenverarbeitung stark zu erhöhen.

Es wurde abgeschätzt, daß sich das entworfene supraleitende Quanten-Computersystem aus ca. 8 000 Josephson-Elementen aufbauen läßt, wobei der Signalübertragungsteil unberücksichtigt bleibt. Die Rechengeschwindigkeit würde in der Größenordnung von 200 MIPS liegen. Weiterhin träte ein Leistungsverbrauch ohne den Stromversorgungsteil in der Größenordnung von μW auf. Vergleicht man diesen Wert mit demjenigen, der für einen Josephson-Computer abgeschätzt wurde, der den Spannungsmodus verwendet (bei der gleichen Größenordnung wie die heutigen Supercomputer beträgt die verbrauchte Leistung des Grundgerätes 7 W und die Rechengeschwindigkeit liegt bei 70 bis 250 MIPS /23/), so ist er bei etwa gleicher Schalt- und Signalübertragungsgeschwindigkeit sowie etwa gleicher Rechengeschwindigkeit äußerst niedrig. Dies ist darauf zurückzuführen, daß beim Phasenmodus die Latch-Funktion nicht vorliegt und nur die Signal- (Quanten-) Übertragungseinheit elektrische Leistung verbraucht, was man als größten Vorteil des Verfahrens bezeichnen kann. Weiterhin tritt bei diesem Verfahren kein Durchgriffseffekt /24/ auf, der beim Spannungsmodus ein Problem bildet. Wird als Systemarchitektur ein Datenflußverfahren gewählt, läßt sich auch dann, wenn die gleiche Struktur wie beim Spannungsmodus-Verfahren gewählt wird, eine Rechengeschwindigkeit erwarten, die im Vergleich dazu um zwei Größenordnungen höher liegt. Jedoch sind Probleme des hier entworfenen Systems, daß der Biasstrom ein Gleichstrom ist, daß es in der gegenwärtigen Phase schwierig ist, ein Einzelfluxoid direkt zu ermitteln und daß der Spannungs-Übergangsmodus erforderlich ist. Bei der Ausgabeeinheit dieses Systems kommt ein zerstörungsfreies Leseverfahren zur Anwendung /25/, das den Spannungsübergang eines Quantenspeichers verwendet. Eine Abschätzung des Einflusses des äußeren Rauschens läßt sich nicht wie beim Spannungsmodusverfahren analysieren; er dürfte in der gleichen Größenordnung liegen.

4.4.3 Möglichkeiten molekularelektronischer Bauelemente

Es wurde ein Konzept entwickelt, das von der Fragestellung ausgeht, ob es nicht möglich ist, einen Molekülzustand organischer Stoffe für Funktionen von elektronischen Bauelementen (z.B. Informationsträger) bzw. die Moleküle selbst als Logik- und Speicherelemente zu nutzen. Lassen sich zum Beispiel die Übergänge elektrischer Ladungen im Molekül oder zwischen den Molekülen von außen steuern, erhält man Bauelemente, bei denen die Moleküle Schaltfunktionen haben. Werden Bauelemente realisiert, bei denen ein Molekülzustand der Informationsträger ist und dieser über eine Molekülkette ausgetauscht wird, so läßt sich ein Bauelement mit einem Integrationsgrad von $10^{18}/cm^3$ erwarten /26/. Allgemein bezeichnet man Bauelemente, die auf funktionellen organischen Molekülen beruhen, als molekularelektronische Bauelemente. Als Informationsträger kann man hier auf Protonen (H^+), Photonen, Exzitonen, Phononen, Elektronen und Solitonen zurückgreifen. Worauf hier aufmerksam gemacht werden soll, sind die Möglichkeiten molekularelektronischer Bauelemente /27/, bei denen das Soliton als Informationsträger verwendet wird. Aufgrund seiner Steuerbarkeit besitzt es dazu gute Chancen.

Polyacethylen $(CH)_x$ (die richtige Bezeichnung ist Polyvinylen oder Polyen) ist ein typisches Molekül eines Stoffes aus hochmolekularen Ketten, der eine elektrische Leitfähigkeit aufweist. Es wurde mitgeteilt, daß in diesem Stoff ein Soliton angeregt werden kann /28/. Dieser Stoff ist herkömmlicherweise ein

Eigenhalbleiter. Durch die Injektion von Donatoren oder Akzeptoren kann ein p- oder n-Halbleiter hergestellt werden. Bild 20 zeigt die molekulare Struktur von $(CH)_x$. Es gibt die Cis- und die Trans-Form; 4 Arten von kubischer Anisotropie sind möglich. Thermodynamisch stabil ist die Transform. Die beiden Zustände T_1 und T_2 (Doppelentartung) sind Resonanzzustände. Die Erzeugung von Doppelbindungen zwischen Kohlenstoffatomen beruht darauf, daß ein Elektron des Kohlenstoffatoms zum π-Elektron wird und sich entlang der Kohlenstoffkette ausbreitet. Bei der Transform existiert in der Kohlenstoffkette, wie im Bild 21 gezeigt, ein isoliertes π-Elektron. Schließlich gibt es die Möglichkeit, daß die Lage der rechts und links befindlichen Doppel- bzw. Einfachbindungen vertauscht wird. Das isolierte π-Elektron, das an der Grenze der beiden Strukturen auftritt, ist ein Soliton in der π-Bindung. Dieses isolierte π-Elektron breitet sich entlang der Kohlenstoffkette aus. Da es keine überschüssige elektrische Ladung darstellt, ist es kein Stromträger, und es wird als neutrales Soliton bezeichnet. Wird jedoch in die Nähe der Kohlenstoffkette eine Verunreinigung gebracht, so wird, wie Bild 22(a) zeigt, im Falle eines Akzeptors eine freie, mit $+\,|e|$ geladene Bahn erzeugt. Da dieser Defekt der π-Bahn, der sich entlang der Kohlenstoffkette bewegt, ein Stromträger ist, wird er als elektrisch geladenes Soliton bezeichnet. Auch wenn Donatoren injiziert werden, entstehen, wie Bild 22(b) zeigt, Ladungssolitonen, die hier die elektrische Ladung $-|e|$ haben. Da die Bewegung durch ein elektrisches Feld gesteuert werden kann, läßt sich erwarten, daß sich der Ladungstransport steuern läßt. Die Transportgeschwindigkeit liegt bei ca. 10^4 m/s. Über $(CH)_x$-Solitonen wurden intensive theoretische Untersuchungen der Struktur und der dynamischen Eigenschaften durchgeführt. So ergab sich, daß der Soliton-Zustand nicht an der Stelle eines Kohlenstoffatoms existiert, sondern entlang der Kette über eine Länge von 20 Kohlenstoffatomen verteilt ist /29/.

Von F.L. Carter /30/ wurde eine molekulare Schaltung vorgeschlagen, die unter Verwendung von $(CH)_x$ ein Schalten durch Solitonen-Ausbreitung durch-

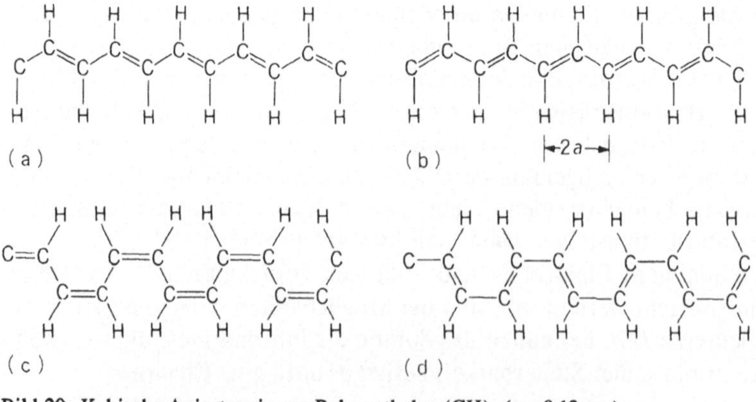

(a)

(b) $\left|\!\leftarrow\!2a\!\rightarrow\!\right|$

(c)

(d)

Bild 20: Kubische Anisotropie von Polyacethylen $(CH)_x$ (a= 0,12 nm)
      (a) Transtransoid (T_1)
      (b) Transtransoid (T_2)
      (c) Cistransoid (C_1)
      (d) Cistransoid (C_2)

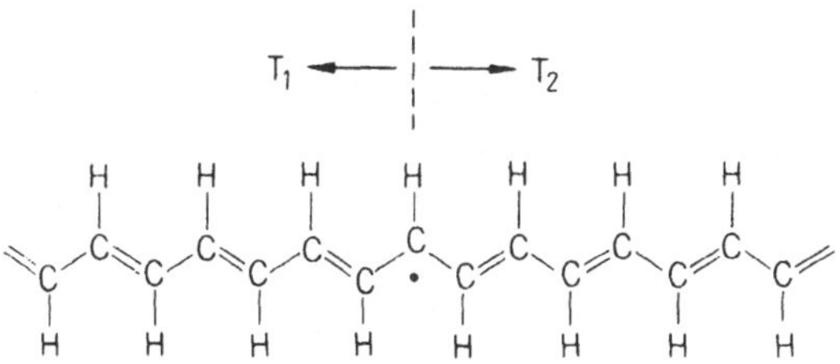

Bild 21: Neutrales Soliton in Polyacethylen
Das Zeichen "." kennzeichnet ein isoliertes π-Elektron.

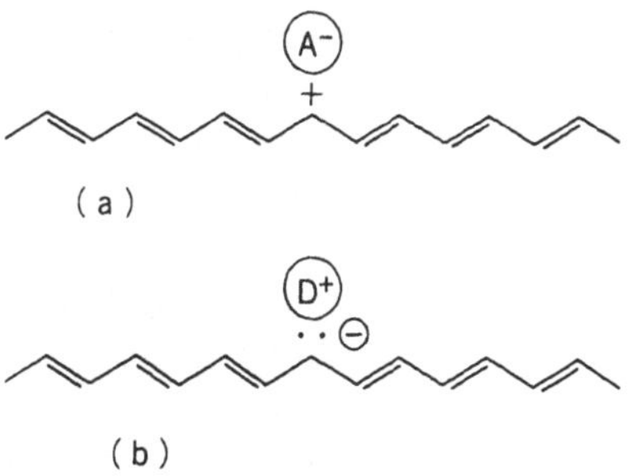

Bild 22: Ladungssoliton in Polyacethylen
(a) bei Injektion eines Akzeptors
(b) bei Injektion eines Donators

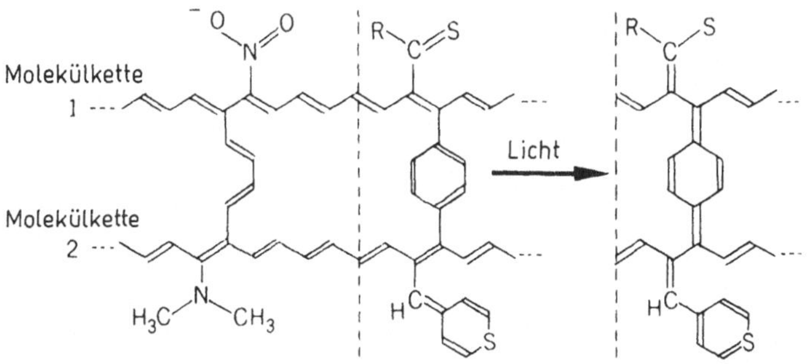

Bild 23: Schaltnetzwerk, das ein Soliton verwendet /24/

führt. Bild 23 zeigt die Struktur dieser Schaltung, bei der in $2(CH)_x$-Molekülketten zwei chromophore Gruppen vernetzt sind. Da die linke chromophore Gruppe mit der Doppelbindung nicht konjugiert ist, wird sie durch Licht nicht angeregt. Die rechte ist jedoch konjugiert, daher kommt es zur Anregung. Hierbei arbeitet die Schaltung wie folgt. Durchläuft ein Soliton die Molekülkette 1, so kann die linke chromophore Gruppe angeregt werden, die rechte nicht. Durchläuft dagegen ein Soliton die Molekülkette 2, so ist auf beiden Seiten eine Anregung der chromophoren Gruppen nicht möglich.

Weiterhin entsteht in eindimensionalen elektrischen Leitern /31/ im allgemeinen durch Temperaturverringerung ein Elektronen-Gruppenzustand, der als Ladungsdichtewelle (Charge Density Wave: CDW) bezeichnet wird. Im Zusammenhang damit wurde die Soliton-Anregung nachgewiesen. Ein Vertreter eines organischen Stoffes ist hier TTF-TCNQ (tetrathiafulvalenium tetracyanoquinodimethynide). TTF-TCNQ ist ein Komplexkristall, in dem sich elektrische Ladungen bewegen können und das aus TTF-Molekülen, die Elektronendonatoren sind, und TCNQ-Molekülen, die Elektronenakzeptoren sind, hergestellt wird.

Bild 24 zeigt dessen Kristallstruktur. Dieser Stoff hat nur in Richtung der Achse b eine gute elektrische metallische Leitfähigkeit, senkrecht zur Achse ist er nichtmetallisch. Das Elektronensystem derartiger eindimensionaler elektrischer Leiter ist hinsichtlich eines Störpotentials mit der Wellenzahl $2k_F$ instabil. Hierbei ist k_F die Fermi-Wellenzahl. Nur dann, wenn die Größe der Wechselwirkung Elektron-Gitter (die von der Verzerrungsenergie des Gitters abhängt) endlich ist, entsteht durch Temperaturverringerung bei einer Übergangstemperatur T_p (bei TTF-TCNQ 53 K) der Übergang Metall-Isolator. Dieser Übergang wird als Pires-Übergang bezeichnet. Unterhalb der Übergangstemperatur T_p treten bei der Elektronendichtewelle mit der Wellenzahl $2k_F$ und bei der Gitterverzerrungswelle große Amplituden auf. Diese beiden Wellen sind stark miteinander gekoppelt. Der Zustand dieser gemischten Welle wird als Ladungsdichtewelle bezeichnet. Die Ladungsdichtewelle wird beschrieben durch:

$$\rho = \rho_0 \cos \left(2k_F \chi + \Phi\right) \tag{22}$$

Hier legt die Phase Φ die Lage der Ladungsdichtewelle fest. Ist der Widerstand bezüglich der zeitlichen Änderung dieser Phase Φ, d.h. bezüglich der Bewegung Null (da die Potentialenergie der Ladungsdichtewelle nicht vom Ort abhängt, d.h. konstant ist), entsteht bei der Ausbreitung der Ladungsdichtewel-

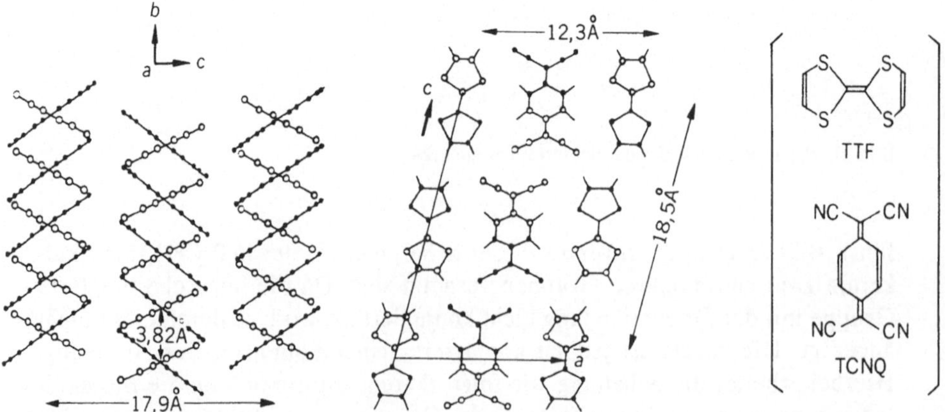

Bild 24: Aufbau von TTF-TCNQ-Kristallen

le der Widerstand Null. Jedoch wird in den folgenden Fällen die Unveränderbarkeit der Ausbreitung gestört:

1. wenn das Verhältnis zwischen der Wellenlänge der Ladungsdichtewelle und der Gitterperiode durch das Verhältnis einfacher ganzer Zahlen beschrieben wird,

2. wenn die Verunreinigungen, die im Gitter existieren, mit der Ladungsdichtewelle in Wechselwirkung treten und

3. wenn auf der eindimensionalen Kette die Ladungsdichtewellen miteinander in Wechselwirkung treten.

In diesen Fällen werden die Ladungsdichtewellen gestoppt. Wird dieses Haftpotential wie das Kristallgitter periodisch durch $V = \rho_0 V_0 (1 - \cos \Phi)$ beschrieben, so wird die elektrische Ladungsdichtewelle hiernach geschwächt und gestoppt. Als Bewegungsgleichung für die Phase Φ erhält man:

$$\ddot{\Phi} - v^2 \nabla_x^2 \Phi + \omega_F^2 \sin\Phi = 0 \tag{23}$$

Es gilt hierbei $\omega_F = 2\pi v \rho_0 V_0$. Dies ist nichts anderes als die Sine-Gordon-Gleichung. Daher hat die Phase Φ die Soliton-Lösung:

$$\Phi = 4 \tan^{-1}\left[\exp\left\{ \pm \frac{\omega_F}{\sqrt{v^2 - u^2}} (x - ut)\right\} + c \right] \tag{24}$$

Hier ist u die Soliton-Ausbreitungsgeschwindigkeit und v die Grenzgeschwindigkeit. c ist eine Konstante.

In Bild 25 (a) ist der Verlauf der Phase Φ bei $t = 0$ für $c = 0$ dargestellt, in Bild 25(b) die Ladungsdichtewelle, die deren räumlicher Änderung entspricht. In einer Ladungsdichtewelle mit homogener Phase gibt es einen Teil, bei dem sich bei einer Erweiterung um $d = v/\omega_F$ die Phase lokal um 2π ändert. Dieser Teil bewegt sich als isolierte Welle, als Soliton. Die Breite wurde mit einigen nm abgeschätzt /32/. Dieses Soliton wird als Phasensoliton bezeichnet. Bei seiner Erzeugung wird von außen ein elektrisches Feld angelegt, dessen Größe der Soliton-Anregungsenergie entspricht. Dadurch werden Φ-Teilchen und Anti-Φ-Teilchen gruppenweise erzeugt, was auch durch Wärmeenergie möglich ist.

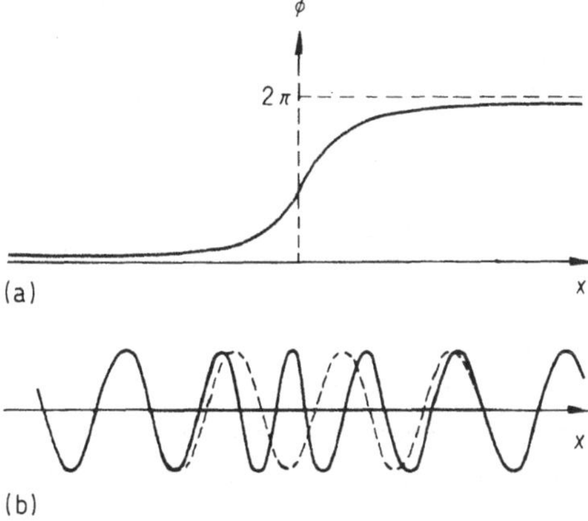

Bild 25: Phasen-Soliton
    (a) Räumliche Änderung der Phase
    (b) Ladungsdichtewelle, bei der lokale Phasenverzerrungen entstehen

Von den beiden Solitonen hat eines eine positive und das andere eine negative elektrische Ladung. Bei Anlegen eines elektrischen Feldes laufen sie in entgegengesetzte Richtungen, sie werden zu Stromträgern. Ihre Bewegungsgeschwindigkeit liegt ebenfalls bei ca. 10^4 m/s. Es wird angenommen, daß diese Soliton-Bewegung auch mit einem elektrischen Feld gesteuert werden kann. Daher hat die Bewegungsgleichung der von der Ladungsdichtewelle erzeugten Solitonen die gleiche Form wie die für das Supraleitersystem. Man kann daher hoffen, daß sich aus eindimensionalen organischen Leitern molekularelektronische Bauelemente herstellen lassen, die ähnliche Funktionsmöglichkeiten wie Schaltungen mit Josephson-Übergängen aufweisen.

Gegenwärtig wurden außer TTF-TCNQ als ähnliche eindimensionale Leiter zuerst HMTTF- (hexamethylenetrathiafulvalene)-TCNQ, TTF- und TSeF-TCNQ sowie HMTSF-TNCQ, bei denen die 4 Schwefel- Atome (S) von TTF und HMTTF durch Selen-Atome (Se) ersetzt wurden, weiterhin NMP- (N-methylphenazinum)-TCNQ und TMTSF- (tetramethyltetraselenafulvalenium)-DMTCNQ (dimethyl-TCNQ) synthetisiert und die Existenz von Ladungsdichtewellen an ihnen nachgewiesen /31/.

Die in organischen Stoffen ermittelten Solitonen haben gegenüber denen in supraleitenden Systemen (Fluxoiden oder Feldstärkequanten) eine geringere Transportgeschwindigkeit. Jedoch sind die Abmessungen im allgemeinen wesentlich kleiner. Werden molekularelektronische Bauelemente hergestellt, bei denen Solitonen die Informationsträger sind, so können die Bauelementeabmessungen so weit verringert werden, wie es die Abmessungen der Informationsträger zulassen. Im Vergleich zu supraleitenden Quantenelementen sind die molekularelektronischen Bauelemente hinsichtlich des hohen Integrationsgrades äußerst effektiv. Auch hinsichtlich der logischen Rechenoperationen lassen sich große Geschwindigkeiten erwarten.

4.4.4 Zusammenfassung

Ein Quantencomputer-Bauelement, das durch Steuerung der Quantenzustände die Funktionen der logischen Rechenoperationen und des Speicherns übernehmen kann, läßt sich als zukünftiges, definitives Computer-Bauelement bezeichnen, wobei ein aus diesen Bauelementen aufgebauter Computer wesentlich kleiner als ein herkömmlicher ist und weitaus bessere Eigenschaften aufweist.

Ein supraleitendes Bauelement, das die makroskopischen Quantisierungsphänomene von Supraleitern nutzt, läßt sich mit den gegenwärtigen Mikrobearbeitungstechnologien für integrierte Schaltkreise herstellen. Bei diesem Bauelement werden die Speicherzustände makroskopischer Quanten (Fluxoide oder Magnetfeldquanten) sowie deren Übergänge zwischen den Zuständen genutzt. Sie haben die Vorteile, daß ein sehr schneller Betrieb in der Nähe der Quantengrenze sowie bei sehr niedriger Leistung möglich ist. Falls Quanten mit sehr großem Magnetflußbeitrag verwendet werden, tritt der Nachteil auf, daß eine außerordentlich große Fläche (ca. 100 μm^2) erforderlich ist. Bei makroskopischen Quanten wird die kinetische Induktivität der Josephson-Übergänge, aus denen das Bauelement besteht, genutzt. Da ihr Beitrag zum Magnetfluß äußerst gering ist, ist eine weitgehende Miniaturisierung möglich. Jedoch müssen auch bei den kleinsten Bauelementen die Elektrodenmaterialien der Josephson-Übergänge der Struktur im supraleitenden Zustand sein. Es sind Elektrodenabmessungen erforderlich, die über der Kohärenzlänge ξ oder der Eindringtiefe des Magnetfeldes λ (ca. 2 nm bis ca. 1 µm) liegen. Daher weisen die aus Supraleitern gebildeten Quantenbauelemente Abmessungen auf, die im Vergleich zu den Solitonen in organischen Molekülen groß sind.

Lassen sich jedoch durch die Fortschritte der Herstellungstechnologien integrierter Bauelemente sowie der Material-Herstellungstechnologien Quantenbauelemente mit Abmessungen unter ca. 0,1 µm herstellen, bei denen kleine Quanten mit außerordentlich geringem Magnetfluß-Quantenbeitrag die Informationsträger sind, so ist aufgrund von deren außerordentlich hervorragenden Eigenschaften zu erwarten, daß der Quanten-Computer mit Supraleitern nicht nur ein Modell bleiben wird, sondern gute Aussichten dafür bestehen, daß er als hochleistungsfähiger Computer einer nächsten Generation zum Einsatz kommt /33/.

Andererseits kann man ein molekularelektronisches Bauelement, bei dem der Zustand von funktionellen organischen Molekülen steuerbar ist, im echten Sinn als eines der endgültigen Bauelemente bezeichnen. Ein molekularer Computer, der aus derartigen molekularen Bauelementen besteht, kann nicht nur mit einem hochleistungsfähigen Computer, sondern mit lebenden Molekülen (Bauelementen) in Zusammenhang gebracht werden. Hier eröffnet sich die Möglichkeit für einen intelligenten Computer mit einem neuen Konzept. Daher ist das molekulare Bauelement für die Zukunft äußerst reizvoll. Gegenwärtig befinden sich diese molekularen Bauelemente im Stadium der Vorschläge; es gibt auch nur relativ wenige Untersuchungen. Um diese Vorschläge in die Praxis umzusetzen und weiterzuentwickeln, sind folgende Probleme zu beachten:

1. Nachweis von Verfahren zur Zustandssteuerung, die die Erzeugung von Solitonen oder Quanten in hochmolekularen Stoffen, die Speicherung sowie den Transport betreffen, weiterhin logische Rechenoperationen auf der Grundlage ihrer Wechselwirkung sowie die Bedingungen, die die Molekülsysteme für deren Realisierung erfüllen müssen.
2. Für die Herstellung von molekularen Bauelementen und Schaltungen ist eine Bearbeitung auf molekularem Niveau erforderlich.
3. Entwicklung von Verfahren, die die Informationsträger auf molekularer Ebene mit dem externen Steuersystem koppeln.

Demnach sind für die Realisierung von molekularen Bauelementen und molekularen Computern auf vielen Gebieten Untersuchungen erforderlich, deren Entwicklung sowohl auf theoretischem als auch experimentellem Gebiet zu erwarten ist.

Literatur

1 Holonyak, N.Jr.; Kolbas, R.M.; Dupuis, R.D.; Dapkus, P.D.: Quantum-well heterostructure lasers. IEEE J. Quantum Electron. QE-16 (1980) 2, p. 170

2 Nishizawa, J.: Optoelektronik, Kyoritsu Shuppan (1977), S. 319 (in Japanisch)

3 Nakajima, K; Onodera, Y.: Logikschaltkreise mit Josephson-Leitungen. Oyo Butsuri 45 (1976) 8, S. 779 (in Japanisch)

4 Nakajima, K.; Oya,G.; Sawada, Y.: Computer mit Steuerung der Quantenzustände. Dai 19kai Tohoku Daigaku Denshi Tsushin Kenkyuso Shimpojumu Rombunshu (1983), S. 80 (in Japanisch)

5 Bardeen, J.; Cooper, L.N.; Schrieffer, J.R.: Theory of superconductivity. Phys. Rev. 108 (1957) 5, p. 1175

6 Ginzburg, V.L.; Landau, L.D.: On the theory of superconductivity. Zh. Exper. Teor. Fiz. 20 (1950) 12, p. 1064

7 Josephson, B.D.: Possible new effects in superconductive tunneling. Phys. Lett. 1 (1962) 7, p. 251

8 Josephson, B.D.: Supercurrents through barriers. Advances in Phys. 14 (1965), p. 419

9 McCumber, D.E.: Effect of ac impedance on dc voltage-current characteristics of superconductor weak-link junctions. J. Appl. Phys. 39 (1968) 7, p. 3113

10 Nakajima, K.; Oya, G.; Sawada, Y.: Fluxoid motion in phase mode Josephson switching system. IEEE Trans. Magn. MAG-19 (1983) 3, p. 1201

11 Oya, G.; Yamashita, M.; Sawada, Y.: Single-fluxoid quantum four-junction-interferometer operated in the phase mode. IEEE Trans. Magn. MAG-21 (1985) 2, p. 880

12 Yamashita, T.; Ogawa, Y.; Onodera, Y.: Kinetic momentum quantum effect in a superconducting closed loop composed of Josephson junctions. J. Appl. Phys. 50 (1979) 5, p. 3547

13 Nakajima, K.; Onodera, Y.: Logic design of Josephson network II. J. Appl. Phys. 49 (1978) 5, p. 2958

14 Scott, A.C.: Active and nonlinear wave-propagation in electronics. Wiley-Interscience (1970)

15 Nakajima, K.; Yamashita, T.; Onodera, Y.: Mechanical analogue of Josephson transmission line. J. Appl. Phys. 45 (1974) 7, p. 3141

16 Nakajima, K.; Onodera. Y., Nakamura, T.; Sato, R.: Numerical analysis of vortex motion on Josephson structures. J. Appl. Phys. 45 (1974) 9, p. 4095

17 z.B. in: Sakai, S.; Ako, H.; Hayakiwa, H., Yagi, A.: Über die Fluxoid-Leitung in Josephson-Übertragungsleitungen. Denshi Gijutsu Sogo Kenkyusho Hokoku 48 (1984) 4, S. 353 (in Japanisch)

18 Tamayama, H.; Yamashita, T.; Onodera, Y.; Sawada, Y.: Fluxoid transmission line using series Josephson junctions. Trans. IECE Jpn. E-64 (1981) 11, p. 724

19 Perenski, A.J.: Propagation of cylindrical magnetic domains in orthoferrites. IEEE Trans. Magn. MAG-5 (1969) 3, p. 554

20 Nakajima, K.; Onodera, Y.; Ogawa, Y.: Logic design of Josephson network. J. Appl. Phys. 47 (1976) 4, p. 1620

21 Nakajima, K.; Sawada, Y.: in Vorbereitung

22 Unger, S.H. : Asynchronous sequential switching circuits. John Wiley & Sons (1969)

23 Anacker, W.: Computing at 4 degrees Kelvin. IEEE Spectrum 16 (1979) 5, p. 26, Anacker, W.: Josephson-computer terminology, An IBM research project. IBM J. Res. Develop. 24 (1980) 2, p. 107

24 Fulton, T.A.: Punchthrough and the tunneling cryotron. Appl. Phys. Lett. 19 (1971) 9, p. 311

25 Henkels, W.H.; Greiner, J.H.: Experimental single flux quantum NDRO Josephson memory cell. IEEE J. Solid-State Circuits SC-14 (1979) 5, p. 794

26 Ishimoto, H.; Minagawa, K.: Molekularelektronische Bauelemente. Oyo Butsuri 52 (1983) 7, S. 589 (in Japanisch)

27 Nakajima,K.; Sawada, Y.: Computerbauelemente mit Quantensteuerung. Kino Zairyo 3 (1983) 8, S. 30 (in Japanisch)

28 Suzuki, N.; Ozaki, M.; Etemad, S.; Heeger, A.J.; MacDiarmid, A.G.: Solitons in polyacetylene: effects of dilute doping on optical absorption spectra. Phys. Rev. Lett. 45 (1980) 14, p. 1209

29 Su, W.P.; Schrieffer, J.R.; Heeger, A.J.: Soliton excitation in polyacetylene. Phys. Rev. B 22 (1980) 4, p. 2099

30 Carter, F.L.: Proc. Molecular electronic devices workshop (NRL memorandum report 4662). (1981)

31 Kagoshima, S.: Eindimensionale elektrische Leiter. Mohanobo (1982) (in Japanisch)

32 Rice, M.J.: Bishop, A.R.; Krumhansl, J.A.; Trullinger, S.E.: Weakly pinned Fröhlich charge-density-wave condensates: A new, nonlinear, current-carrying elementary excitation. Phys. Rev. Lett. 36 (1976) 8, p. 432

33 Nakajima, K.; Sawada, Y.: Numerical analysis of vortex motion in two-dimensional array of Josephson junctions. J. Appl. Phys. 52 (1981) 9, p. 5732

4.5 Möglichkeiten optischer Bauelemente

Kamiya, T. (Universität Tokyo)

4.5.1 Einleitung - Voraussetzungen der optischen Signalverarbeitung

Unmittelbar, nachdem 1962 der Halbleiterlaser entwickelt worden war, entstand der Wunsch, die Möglichkeiten des Lichtes für eine schnelle Signalverarbeitung zu nutzen. Die anfänglichen Untersuchungen zeigten mehrere prinzipielle Möglichkeiten und Anhaltspunkte für die praktische Entwicklung.

In den letzten Jahren gab es erhebliche Fortschritte bei der Entwicklung von Halbleiterlasern mit niedrigem Schwellstrom und hoher Zuverlässigkeit. Es wird ernsthaft versucht, Optik und Elektronik zu integrieren. Die Möglichkeiten der schnellen logischen Verarbeitung durch Licht, die das übliche Maß bei weitem übersteigen, verbessern sich, wobei die Optik unter einem neuen Gesichtpunkt das Ziel ist. Im vorliegenden Artikel wird das Problem in allgemeiner Form behandelt und es werden Abschätzungen darüber getroffen, wie unter Verwendung gegenwärtiger und in naher Zukunft eingesetzter optischer Halbleitermaterialien (Materialien für Mischkristalle der Gruppen III und V des Periodensystems) die Möglichkeiten zur Signalverarbeitung genutzt werden können. Die für diese Realisierung erforderlichen Lösungen für die Materialprobleme sowie Probleme der Bauelementestruktur werden ebenfalls erörtert. Prinzipiell haben optische Schaltkreise die folgenden Vorteile:

1. Die Geschwindigkeit der Signalverarbeitung ist groß.
2. Durch die Verwendung von Halbleiterlasern und optischen Sensoren lassen die Signale sich mit hoher Quantenausbeute umwandeln.
3. Da Wellenleiterstrukturen verwendet werden, lassen sich die Schaltkreiselemente auf die Größenordnung einiger Mikrometer verringern.

Aufgrund dieser hohen Geschwindigkeit, Effektivität und Dichte läßt sich mit sehr kleiner Leistung eine große Photonendichte erreichen. Es verbirgt sich hier die Möglichkeit, mit einer kleinen Leistung pro Bit eine sehr große Geschwindigkeit zu erzielen.

Da bei der elektronischen Signalverarbeitung der Elektronenfluß durch Ausnutzung der Wirkung eines elektrischen oder magnetischen Feldes gesteuert wird, begrenzen deren Störungen die Signalqualität. Es gibt eine Vielzahl prinzipieller Einschränkungen wie die Grenzwerte für Rauschen und Übersprechen, die auf Störungen der Verteilung des elektrischen Feldes zurückgehen und durch Struktur- oder Materialdefekte verursacht werden. Werden demgegenüber optische Signale verarbeitet, so liegt keine starke Beeinflussung vor, wenn die Störung des elektrischen Feldes im Medium auf einen Bereich beschränkt ist, der gegenüber der Wellenlänge des Lichtes genügend klein ist. Weiterhin kann man davon ausgehen, daß der minimale Grenzwert durch den Quantisierungsfehler bedingt ist, der auf den Teilchencharakter der Photonen zurückzuführen ist.

4.5.2 "Logikpegel von Photonen"

Für den Entwurf von Strukturen mit digitalen elektronischen Schaltungen ist es von grundlegender Bedeutung, wie die Spannungswerte (die logischen Pegel) gewählt werden, die die "0" und die "1" verkörpern. Die logischen Pegel werden unter Berücksichtigung der Rauscheigenschaften des Bauelementes und des Fan-out festgelegt. Weiterhin stehen der Arbeitspunkt des Bauelementes und die Schaltgeschwindigkeit miteinander im Zusammenhang.

Auch bei digitalen Logikschaltkreisen, die optische Signale verarbeiten, ist es wichtig, wie ein Bit als Grundeinheit mit optischen Mitteln beschrieben wird. Diese Festlegung soll als "Photonen-Logikpegel" bezeichnet werden. Es besteht also das Problem, für ein 1-Bit-Signal festzulegen, wieviel Photonen ihm geeigneterweise entsprechen. Für die Photonenstatistik ist die kleinste Einheit 1 Photon. Aufgrund von Schwankungen der Quantenzahl kann es natürlich nicht als Logikpegel verwendet werden.

Werden bei dem von einem Laser abgestrahlten Licht im Mittel m Photonen im kohärenten Zustand gebündelt, so läßt sich bekanntermaßen die Zustandsfunktion als Überlagerungsfunktion beschreiben, die mit der Poisson-Verteilung bewertet wurde.

$$| m >_c = \exp\left[-\frac{m}{2}\right] \sum_n \frac{m^{n/2}}{(n!)^{1/2}} | n> \tag{1}$$

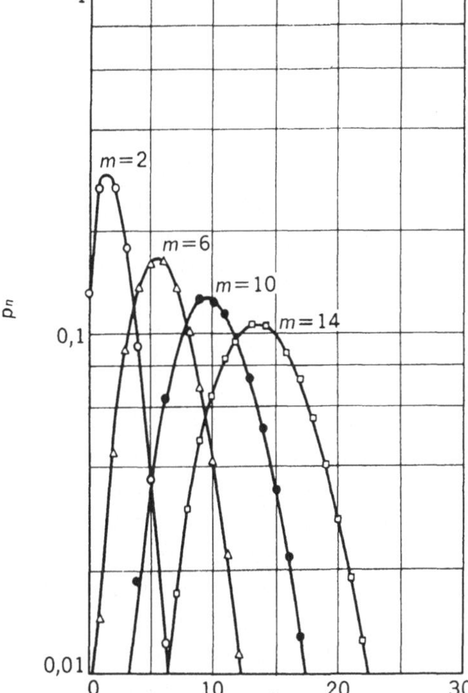

Bild 1: Wahrscheinlichkeit der Photonenzahl für den kohärenten Zustand

In Bild 1 ist die Wahrscheinlichkeit dargestellt, mit der n Photonen beobachtet werden können, wenn die mittlere Photonenzahl m ist.

$$P_n = <n|\,m>_{cc}<m|\,n> = \frac{m^n}{n!}\exp[-m] \qquad (2)$$

Wird die Anzahl der Lichtquanten ermittelt, bei der die Teilsumme der Poisson-Verteilung 1/10 übersteigt, so ergibt sich für m = 2 der Wert 1, für m = 6 der Wert 4, m= 10 der Wert 7 und m = 14 der Wert 10. Weiterhin ist die Wahrscheinlichkeit P_0, bei der die Photonenzahl n = 10 wird, jeweils 0,135 (m= 2), 0,0024 (m= 6), 5×10^{-5}(m= 10), $8,3 \times 10^{-7}$(m= 14); bei m = 26 liegt sie zum ersten Mal unter 10^{-11}. Bezieht man noch die Fehlerrate ein, ist davon auszugehen, daß für 1 Bit eine Anzahl von über 10 bis 25 Photonen anzustreben ist.

Weiterhin sollen die Zusammenhänge zwischen der Anzahl der Photonen und der optischen Leistung numerisch betrachtet werden. Die Photonenenergie bei einer Wellenlänge von 800 nm beträgt hv = 1,5 eV= $2,4 \times 10^{-19}$ J. Ist die Spitzenleistung des Lichtimpulses P_p und die Zeitdauer (Impulsbreite) τ_p, so ist die Anzahl der Photonen m, die in einem Impuls enthalten ist,

$$m = \frac{P_p \cdot \tau_p}{2,4 \times 10^{-19}} \qquad (3)$$

Ist z.B. τ_p = 25 ps, so beträgt der Spitzenwert des Lichtimpulses, der m= 25 Photonen enthält, P_p = 0,24 µW.

Es soll jetzt ein 1-Bit-Impuls eines PCM-Signals betrachtet werden, der die optische Signalübertragung realisiert. Ist der Eingangspegel des Signalempfängers -40 dBm, die Impulsbreite τ_p = 1,25 ns und hv = 1,5 eV, so ergibt sich die Photonenzahl zu:

$$m = \frac{10^{-7} \times 1,25 \times 10^{-9}}{2,4 \times 10^{-19}} = 520 \qquad (4)$$

In dem betrachteten Fall wird eine Avalanche-Diode mit geringem Rauschen als Photoaufnehmer verwendet. Es wird angenommen, daß der Unterschied zur theoretischen Grenze auf das Rauschen des Verstärkers zurückzuführen ist.

4.5.3 Möglichkeiten eines Halbleiterlasers

Bei den herkömmlichen Halbleiterlasern, die für die optische Nachrichtenübertragung verwendet werden, wurden die strukturellen Parameter unter dem Gesichtspunkt der optischen Ausgangsleistung, des Übertragungsverhaltens und der Zuverlässigkeit festgelegt. Wird dagegen in sehr schnellen Logikschaltkreisen das Licht verwendet, steht die Forderung nach sehr hoher Geschwindigkeit im Vordergrund, während die Ansprüche an das optische Ausgangssignal nicht so groß sind. Das Maß für die Funktionsgeschwindigkeit ist die Relaxationsfrequenz f_r. Es ist allgemein bekannt, daß bei darüberliegenden Frequenzen eine Antwort abgeschnitten wird. Entsprechend der Kleinsignaltheorie ergibt sich:

$$f_r = \frac{1}{2\pi} \sqrt{\frac{1}{\tau_s \tau_{ph}} \left(\frac{I}{I_{th}} - 1 \right)} \tag{5}$$

Hierbei ist τ_s die Dauer der spontanen Emission, τ_{ph} die Photonenlebensdauer, I der injizierte Strom und I_{th} der Schwellstrom. Bei den gegenwärtigen Halbleiterlasern ist es günstig, für die Dauer der spontanen Emission bei den gegenwärtigen Halbleiterlasern die Lebensdauer der injizierten Träger zu verwenden. Diese wird hauptsächlich durch die Strahlungs-Rekombinations-Prozesse zwischen den Bändern (Rekombinationskoeffizient B) und den nicht emittierenden Auger-Rekombinationsprozeß (Auger-Koeffizient A) bestimmt, ausgedrückt als

$$\tau_s^{-1} = B(p_0 + \Delta n) + A \Delta n (p_0 + \Delta n) \tag{6}$$

Die Werte für A und B betragen für GaAs 10^{-30} cm^6/s, 2×10^{-10} cm^3/s, für InGaAsP 10^{-29} cm^6/s, 5×10^{-11} cm^3/s. Bei $(p_0 + \Delta n) = 10^{18}$ bis 10^{19} cm^{-3} liegt τ_s in der Größenordnung von 1 ns. Wächst die Trägerdichte erheblich über 10^{19} cm^{-3} an, so liegt τ_s im Subnanosekundenbereich. Durch den Auger-Prozeß und den Träger-Leckprozeß, der zum Überschreiten der Heterobarriere führt, kommt es zu einer Verringerung des Quantenwirkungsgrades, die nicht erwünscht ist.

Die Photonenlebensdauer τ_{ph} wird durch den Absorptionskoeffizienten α des aktiven Bereiches, die Resonatorlänge L und den Reflexionsfaktor R der Randflächen bestimmt:

$$\tau_{ph}^{-1} = \frac{C}{n_{eff}} \left(\alpha + \frac{1}{L} \ln R^{-1} \right) \tag{7}$$

Hierbei ist n_{eff} der effektive Brechungsindex des aktiven Bereiches. Bei herkömmlichen Lasern liegt der Verlustfaktor im Inneren der Klammern in der Größenordnung von 100 cm^{-1}, die dementsprechende Photonenlebensdauer bei 10^{-12} s. Ist die Resonatorlänge eine Größenordnung niedriger, kann τ_{ph} bei 10^{-13} s liegen. Der Resonanzschwellwert für die Stromdichte erhöht sich, und da sich damit auch die Trägerdichte erhöht, kommt es zu einer Verringerung des Quantenwirkungsgrades und einer Verschlechterung der Effektivität. Es wäre hier wohl sinnvoll, die Verringerung von L innerhalb einer Größenordnung zu belassen und unter Umständen den Reflexionsfaktor R durch Beschichten der Endflächen zu erhöhen.

Ein effektives Verfahren zur Verbesserung von f_r besteht in dem Vergößern von $(I/I_{th}-1)$. Dafür ist es erforderlich, daß der Schwellwertstrom für die Schwingung gering ist. Ist bei kurzer Resonatorlänge der Schwingungsschwellwert für die Stromdichte konstant, so läßt sich ein Betrieb mit geringem Stromwert erreichen. Aus den obigen prinzipiellen Überlegungen lassen sich folgende aussichtsreiche Tendenzen ableiten, bei denen unter einem gewissen Verzicht auf die optische Ausgangsleistung eine hohe Geschwindigkeit erreicht wird:

1. Verkürzung der Länge L des Resonators,

2. Erhöhung des Reflexionsfaktors der Endfläche und

3. Betrieb im Bereich hoher Übersteuerung.

Ist z.B. R = 95%, L = 5 m, so ergibt sich $\tau_{ph} \approx 1$ ps und $J_{th} = 5 \times 10^3$ .d [A/cm^2]. Werden für die Streifendichte $w_s = 2$ μm und für die Dicke der aktiven Schicht d = 0,2 μm angenommen, ergibt sich für den Schwellwertstrom:

$$I_{th} = J_{th}\, w_{\,s} \cdot L = 100\,\mu A \tag{8}$$

Sind $\tau_s = 1$ ns, $f_r = 7$ GHz, so ergibt sich I = 2 $I_{th} \approx 200$ A. Hierbei beträgt die optische Ausgangsleistung ca. 15 μW, in einer Zeit von $\tau_p = 25$ ps werden ca. 1500 Photonen erzeugt. Auch wenn man für die Einfügedämpfung der Schaltung -10 dB annimmt, läßt sich, wenn man an die obige "logische Photonenamplitude" denkt, ein Fan-out von 6 erzielen.

Halbleiterlaser sind für hohe Geschwindigkeiten ausgelegt. Um ein schnelles Schalten zu erreichen, müssen Anregungs- und Modulationsschaltungen mit ausreichend hoher Geschwindigkeit betrieben werden. Hierzu ist es erforderlich, daß die für die Modulation verwendeten elektronischen Bauelemente eine integrierte Struktur haben. Es sind sogenannte optoelektronische integrierte Schaltkreise erforderlich. Der elektrische Leistungsverbrauch läßt sich grob wie folgt abschätzen. Die Lichtenergie eines Einzelimpulses beträgt bei 100 Photonen $2,4 \times 10^{-17}$ J (0,024 fJ). Schätzt man die Eingangsleistung eines Halbleiterlasers ab, wenn Impulsfolgen mit einem Anregungsstrom von 200 μA, einer Spannung von 1,5 V und $\tau_p = 25$ ps abgegeben werden, ergeben sich bei Umrechnung auf einen Impuls $7,5 \times 10^{-16}$ J (0,75 fJ). Nimmt man an, daß 1000 optische Logikelemente Lichtimpulse verarbeiten, so beträgt bei einem Fan-out von 6 die erforderliche Anzahl von Lasern 150. Bei Multiplikation mit den obigen Werten ergibt sich ein Wert von 45 mW, der als äußerst günstig angesehen werden kann.

Da es in optischen Schaltungen, wie im folgenden zu sehen, mit den optischen Sensoren und der Anschlußtechnik der Leitungen Probleme gibt, ist anstelle der Signalübertragung mit der oben dargelegten minimalen Photonenzahl eine etwas höhere erforderlich, so daß ein Spielraum entsteht. Für die Energieeinsparung gibt es aber wohl noch weitere Möglichkeiten.

4.5.4 Möglichkeiten für optische Aufnehmer und optische Schalter

Auch die optischen Aufnehmer erfordern eine andere Betrachtungsweise als diejenigen, die für die optische Nachrichtentechnik verwendet werden. Die bis heute entwickelten typischen Avalanche-Dioden haben eine Verarbeitungszeit, die unter 100 ps liegt. Es besteht eine dringende Notwendigkeit, für die optische Logik Bauelemente zu entwickeln, bei denen τ_p in der Nähe von 25 ps liegt. Da andererseits das optische Signal direkt vom Lichtwellenleiter an den optischen Aufnehmer angelegt wird, kann man annehmen, daß wie bei der Kopplung mit Glasfasern die Anforderungen an den lichtaufnehmenden Flächenbedarf nicht hoch sind.

Die Elektronenlaufzeit t_t, die die Verarbeitungsgeschwindigkeit bestimmt, läßt sich mit der Trägergeschwindigkeit bei Sättigung V_s und der Laufstrecke d wie folgt ermitteln:

$$t_t = \frac{d}{V_s} \tag{9}$$

Ist $V_s = 10^7$ cm/s und d = 0,5 μm, so liegt t_t in der Größenordnung von 5 ps. Da die Laufzeit der Photonen über die Strecke 1 mit (l.n/c) gegeben ist und weiterhin n ≈ 3 und c= 3×10^{10} cm/s gilt, ist die in der Laufzeit von 10 ps zurückgelegte Strecke l = 1 mm. Es ist ohne Schwierigkeiten möglich, den Abstand zwischen den Bauelementen um eine Größenordnung zu verkleinern. Der Saumbereich der Impulse, der durch Diffusionsstromkomponenten bedingt ist, bereitet beim Photodetektor Probleme. Bei digitalen optischen Schaltungen zum Beispiel werden durch das Anlegen eines synchronisierten elektrischen Ablenkfeldes die Restträger aus dem Betriebsbereich gebracht. Dies kann man durch sehr schnelle CCD-Bauelemente vermeiden. Gegenwärtig hat von den hochempfindlichen Fotosensoren die Avalanche-Fotodiode das höchste Signal-Rausch-Verhältnis. Berücksichtigt man aber ihre komplizierte Struktur, die Größe der angelegten Spannung und die Abhängigkeit von der Feldstärke der Vorspannung, so muß wohl auch die Verwendung anderer Bauelementetypen unter einem gewissenen Verzicht an Empfindlichkeit untersucht werden (FET, PIN-Diode, Fotoleiter, Bipolartransistor).

Nehmen optische Schaltelemente die logische Verarbeitung vor, so lassen sich verschiedene Analogien zu den elektronischen Schaltungen wie Dioden- und Transistorlogik ziehen. Werden weiterhin Bauelemente mit Funktionen wie die Flip-Flop-Schaltungen verwendet, so lassen sich Schaltkreise für alle logischen Grundrechenarten herstellen. Ein wichtiges Kennzeichen optisch bistabiler Bauelemente besteht darin, daß sie solche Elemente zur logischen Verarbeitung sind; es wurden aber noch keine entwickelt, die sowohl hohe Geschwindigkeit als auch hohe Empfindlichkeit miteinander vereinen. Die zukünftigen Untersuchungen sind auf Bauelemente gerichtet, die in der Nähe der theoretischen Grenze liegen.

Die längsten Untersuchungen an optischen Schaltelementen wurden bisher an elektrooptischen Modulatoren oder hiermit im Zusammenhang stehenden Bauelementen durchgeführt. Aufgrund der Grenzen für die Größe der elektrooptischen Konstante ist es schwierig, eine Miniaturisierung unter einigen Mikron zu erreichen. Die bisher entwickelten Lichtleitermodulatoren auf der Grundlage von $LiNbO_3$- und GaAs-Systemen haben Bauelementelängen, die alle über 1 mm liegen. Bei einer Geschwindigkeit von 10 ps ist die Übertragungszeit ein Problem für die Signalverarbeitung. Unter diesem Gesichtspunkt kann man trotzdem nicht sagen, daß elektrooptische Modulatoren für die superschnelle digitale Verarbeitung ungeeignet sind. Jedoch ist die hohe Geschwindigkeit des elektrooptischen Effektes äußerst anziehend, und als Umschalter zwischen optischen Schaltkreisen sind sie wichtig. Weiterhin wird angenommen, daß sie große Möglichkeiten für die Entwicklung von Steuerelementen für die räumliche Parallelverarbeitung optischer Signale bieten. Die

Möglichkeit von Verfahren, bei denen Signale über räumliche optische Umsetzer analog verarbeitet werden, wurde durch die Entwicklung optischer Fourieranalysatoren nachgewiesen. Als potentielle Varianten künftiger optischer Computer werden wohl auch hybride Typen wichtige Forschungsobjekte sein. Diese Typen kombinieren eine derartige Analogverarbeitung mit der optischen digitalen Verarbeitung, die der elektronischen digitalen Signalverarbeitung nahekommt. In diesem Fall spielen Lichtleiter-Steuerelemente auf der Grundlage elektrooptischer Lichtmodulatoren sowie akustooptische Modulatoren eine äußerst wichtige Rolle.

Bei den miniaturisierten optischen Schaltelementen kann man von konventionellen Typen ausgehen, z.B. von der Kombination von Lichtquellen-Bauelementen, optischen Aufnehmern und sehr schnellen elektronischen Schaltelementen. Als erste Elemente wurden Versuchsmuster optischer Matrixschaltelemente gefertigt. Auch hybride optisch bistabile Bauelemente können zu dieser Kategorie gezählt werden. Da die Verarbeitungsgeschwindigkeit jeweils bei einigen Dutzend ps liegt und die praktische Realisierbarkeit groß ist, bereitet es wohl keine Schwierigkeiten, Schaltzeiten unter 100 ps zu erreichen. Um jedoch mit diesem Verfahren unterhalb von 10 ps zu bleiben, sind wesentliche Verbesserungen erforderlich. Eine weitere wirkungsvolle Möglichkeit ist die Ausnutzung der Funktion von Halbleiterlasern, indem man an den Halbleiterlaser eine 3. Elektrode anbringt und so ein steuerbares Bauelement erhält. Hier wurden viele Ideen auf der Basis bekannter Ausgangspunkte geäußert. Laser die im Resonator Modulatoren haben, Generatoren mit Laserverstärkern und gekoppelte Halbleiterlaser bieten unter diesem Gesichtpunkt universelle Einsatzmöglichkeiten. Bisher wurde noch nicht ermittelt, welches Prinzip als Steuerverfahren die besten Aussichten hat. Der Gesichtspunkt, daß die starke Nichtlinearität des Halbleiterlasers direkt mit der Schaltfunktion verknüpft werden kann, bietet für die Zukunft außerordentlich gute Möglichkeiten. Mit Verfahren zur Erzeugung kurzer Impulse unter Verwendung von Halbleiterlasern lassen sich praktische Anwendungen schaffen, wie das aus der Quantenelektronik gut bekannte Q-Schalten (Verstärkungsschalten), die Modenkopplung und das Hohlraumdämpfen. Werden diese mit neuen Strukturen verknüpft, so kann erwartet werden, daß leistungsfähige optisch steuerbare Bauelemente entwickelt werden, die eine hohe Zuverlässigkeit, Miniaturisierung und geringen Leistungsverbrauch kombinieren.

4.5.5 Zusammenfassung - Erwartungen an die Herstellungstechnologie von optischen Halbleitern

Auf der Grundlage der obigen Betrachtungen läßt sich erwarten, daß schnelle Logikschaltkreise mit optischen Bauelementen die Möglichkeit bieten, Schaltzeiten von 10 bis einige Dutzend ps und einen Energieverbrauch von Subfemto-Joule praktisch zu erreichen. Jedoch ist für deren praktische Realisierung die Entwicklung einer äußerst zuverlässigen Technologie für miniaturisierte optische Halbleiterbauelemente eine unabdingbare Forderung. Die Materialtechnologie für die üblichen diskreten Bauelemente muß allseitig verbessert werden. Die Entwicklung von MBE- und OMVPE- Verfahren für die Kristallerzeugung laufen in diese Richtung. Es wird im starken Maße eine universelle Entwicklung der Trockenprozesse und der Technologie für Dünnschicht-Wellenleiter erwartet. Dabei werden die oben beschriebenen Konzepte für Bauelemente mit neuen Strukturen und die theoretischen Untersuchungen in Kombination mit der modernsten Materialtechnologie zum ersten Mal den optischen Bauelementen einen Weg zur praktischen Anwendung eröffnen.

5 Erwartungen an optische Computer

5.1 Vorschlag für einen optischen Computer

Kashiwagi, H. (Denshi Gijutsu Sogo Kenkyusho)

Die Welttheorie von Descartes läßt sich auch als Theorie des Lichtes interpretieren. Von alters her setzt die Menschheit große Erwartungen in das Licht.

Seit der Entwicklung der Laser wurde eine Vielzahl von Einsatzmöglichkeiten erörtert, die die prinzipiellen Vorteile des kohärenten Lichtes nutzen. Beispiele hierfür sind die optische Kommunikation und der optische Computer (optische Informationsverarbeitung), die bahnbrechende Aufgabenbereiche sind und die eine große Zukunft versprechen. Es gibt viele Projekte auf dem Gebiet der optischen Informationsverarbeitung, die auf den bisherigen Untersuchungsergebnissen von Bauelementen und Geräten beruhen. Es handelt sich um Aufgaben, die den Problemen des optischen Rechnens oder den dafür erforderlichen Anlagen gewidmet sind.

Durch die Vereinigung von Optik als ausgereifter Technik und Elektronik, die sich noch im Wachstum befindet, entsteht die Hoffnung, daß bei der Entwicklung des optischen Computers die vorbereitende Etappe abgeschlossen wurde und jetzt die Stufe kommt, in der seine Entwicklung angestrebt werden muß. Jedoch wird bei der Nutzung der wesentlichen Vorteile von Licht die Hoffnung auf eine Strategie gesetzt, die auf den Nachweis eines neuen Konzeptes gerichtet ist, wobei die Konzepte der herkömmlicher Computer von grundauf überprüft werden müssen.

Betrachtet man die bisherigen Aktivitäten auf dem Gebiet der Optoelektronik, so gibt es für die Recheneinheit Untersuchungen zur analogen Parallelverarbeitung, zur digitalen Verarbeitung von Impulsfolgen und zur digitalen Parallelverarbeitung, weiterhin Untersuchungen über die Echtzeitverarbeitung unter Einbeziehung der Speicher, große Speicher, die Verdrahtung und die Kopplung.

Die optische Analogverarbeitung ist das traditionelle Gebiet. Es gibt Untersuchungen und Entwicklungen von Prozessoren zur Fourier-Transformation auf der Grundlage der Fourieroptik und der optischen Korrelatoren sowie zur dreidimensionalen Bildverarbeitung und -darstellung. Insbesondere bei Verfahren zur präzisen Ermittlung von Höhenlinien steht die Bildverarbeitung von Satellitenaufnahmen im Vordergrund. Speziell die Holografie ist eine äußerst hervorragende Erfindung. Auf dem Gebiet der Informationsverarbeitung

konnte sie aber noch nicht praktisch eingesetzt werden. Die parallele Analogverarbeitung wurde für spezielle Anwendungen wie für bordgestützte Bildver-
arbeitungsanlagen von Satelliten vorgeschlagen. Ein Vorteil der optischen analogen Parallelverarbeitung besteht in der Möglichkeit einer Verarbeitung bei
hohen Geschwindigkeiten, jedoch hat sie den Nachteil, daß sich keine großen
Genauigkeiten erreichen lassen. Da weiterhin schnelle Spezialprozessoren für
nur eine Funktion eingesetzt werden, fehlen ihnen Universalität und Elastizität
der Programmierung.

Es gibt Untersuchungen, für die digitale optische Verarbeitung von Impulsfolgen optisch bistabile Schaltungen einzusetzen. Daher erfolgt eine Rückkopplung proportional zur Ausgangsleistung über Halbleiterlaser und dadurch
die Anregung von bistabilen Schwingungen. Vorteile sind die Schaltgeschwindigkeit in der Größenordnung von 10 ns, der hohe Verstärkungsgrad und die
einfache Ausführung als integriertes Bauelement.

Für die digitale optische Parallelverarbeitung ist der Tse-Computer allgemein bekannt, der von Schaefer von der NASA vorgeschlagen wurde. Weiterhin gibt es in Japan den Vorschlag von Seko von der Keio-Universität und den
Vorschlag von Ochioka von der Universität Osaka für ein optisches Projek-
tions-Verarbeitungssystem, bei dem ein optisches paralleles Logikbauelement
in zweidimensionaler Anordnung mit hoher Dichte realisiert wurde. Speziell
bei der Verarbeitung über ein optisches Projektionssystem wurden die Untersuchungen so weit fortgeführt, daß alle 16 Operationen für zweiwertige Funktionen zweier Variabler durchgeführt werden können. Weiterhin wurden bei
der zweidimensionalen Parallelverarbeitungseinheit mit zwei Eingängen ein
flächenemittierender Laser, bei dem die Lichtein- und -ausgabe in der gleichen
Richtung erfolgt, und eine sehr schnelle und hochempfindliche Fotodiode auf
einem geschichteten Braggschen Reflexionsspiegel vereinigt. Es wurde eine
Einheit entwickelt, bei der auf einer Fläche von 100 x 100 μm^2 100 zweidimensionale Anordnungen möglich sind.

An Speichern gibt es für die Echtzeitverarbeitung Speicher für optisches
Schreiben, elektronische Schreibspeicher, die räumliche Lichtmodulatoren
verwenden, und holografische Speicher. Man hofft, daß die optischen Plattenspeicher, die eine hohe Speicherkapazität und eine hohe Aufzeichnungdichte
mit bitweiser Speicherung vereinen, durch ihr großes Speichervolumen, niedrigen Preis und hohe Zuverlässigkeit Magnetband und Magnetspeicher ersetzen
werden.

Weiterhin wird erwartet, daß sich bei der Verdrahtung und Kopplung mit
Hilfe von Licht Interferenzen zwischen den Bauelementen vermeiden lassen
sowie Erdfreiheit erreicht werden kann. Dies kann aber nur zur Wirkung kommen, wenn keine Elektronikbaugruppen verwendet werden, d.h., wenn alle
Operationen mit Licht ausgeführt oder aber die Elektronikeinheiten nicht von
induzierten Störungen beeinflußt werden. Hierzu wurden bisher drahtlose Verbindungen und Sendemoden sowie die Verwendung von Bus-Leitungen in
Computern untersucht.

Weiterhin ist nicht nur die hohe Schaltgeschwindigkeit von Logikbauelementen der Computer zu beachten, sondern die gesamte Verarbeitungszeit

muß verkürzt werden. Dabei wird auch die Verbindung zwischen den Bauelementen, Chips und Leiterkarten berücksichtigt.

Bei Computern muß insgesamt eine hohe Geschwindigkeit und Parallelität angestrebt werden. Wie die Biologen festgestellt haben, liegt die Schaltzeit von Elementen bei Lebewesen in der Größenordnung von ms. Jedoch ist ihr Vermögen zur Informationsverarbeitung außerordentlich gut. Daher ist zu schlußfolgern, daß eine sehr wichtige Forschungsaufgabe die Entwicklung neuer Parallelverarbeitungsalgorithmen und der dementsprechenden optimalen Architekturen sowie optimalen Strukturbauelementen ist.

Insgesamt läßt sich einschätzen, daß bisher noch kein allgemeines Lösungsverfahren entwickelt wurde, mit dem die Verarbeitung von Impulsfolgen in die Parallelverarbeitung überführt werden kann. Jedoch besitzen wir auf dem Gebiet der Optik ein Verfahren, bei dem mit Linsen eine Fouriertransformation durchgeführt wird. Für allgemeine Lösungen ist die Untersuchung paralleler Algorithmen eine aktuelle Aufgabe.

Andererseits ist das Konzept eines Computers mit nichtlinearen Elementen für die Unterstützung einer mehrwertigen Logik, wie sie auf dem Gebiet der künstlichen Intelligenz vorkommt, unabdingbar. Es läßt sich wahrscheinlich mit einem optischen Computer umsetzen, bei dem die logische Verarbeitung analog erfolgt und das Signal danach digital weiterverarbeitet wird. Auf jeden Fall werden hier die Informationen in den Computerbereich in physikalisch angepaßter Weise eingegeben, ohne sich an die digitale Logik zu klammern und ohne enge Bindung an die zweiwertige Logik. Dabei soll das System, das die benötigten Informationen bereitstellt, nicht partiell ersetzt werden, sondern der optische Computer soll hier einen grundsätzlichen Wandel bewirken.

5.2 Überblick über optische Computer

Noguchi, Sh. (Tohoku-Universität)

Wie allgemein bekannt ist, erfolgt die Erhöhung der Verarbeitungsgeschwindigkeit von Computern heute durch die Verbesserung der Halbleitertechnologie. Jedoch wird für die Computer der nächsten Generation eine Leistung angestrebt, die von diesen Halbleitern nicht mehr erwartet werden kann. Große Hoffnungen setzt man daher in die folgenden beiden Forschungsrichtungen :

1. Untersuchungen, die Rechenleistung der gegenwärtigen Computer so zu erhöhen, daß sie letztendlich durch die physikalischen Eigenschaften der Körper bestimmt werden.
2. Konzeptionen von Computern, die analog zur Informations-Verarbeitung des Menschen arbeiten, was die heutigen Computer tun.

Unter diesen Gesichtspunkten gehören die optischen Computer zur 1. Kategorie. Man versucht unter Verwendung von Bauelementen, die die extreme Lichtgeschwindigkeit nutzen, äußerst schnelle Computer zu entwickeln.

Der optische Computer hat viele Aspekte, und für die Entwicklung neuer Computer hat man sich noch nicht festgelegt, welche Eigenschaften des Lichtes genutzt werden sollen. Hier sollen zunächst die technischen Entwicklungsniveaus der Computerentwicklung erläutert werden, wobei die optischen Computer im Mittelpunkt stehen.

5.2.1 Etappen der technischen Entwicklung von Computerarchitekturen

In Bild 1 sind die Stufen der technischen Entwicklung neuer Computer dargestellt.

1. Etappe:

Sie umfaßt die technische Umsetzung neuer physikalischer Effekte und der zugehörigen Materialien.

2. Etappe:

In dieser Etappe wird unter Verwendung der Ergebnisse der ersten untersucht, wie sich die Basis-Logikelemente herstellen lassen, und diese werden entwickkelt.

3. Etappe:

Hier werden unter Verwendung der Basis-Logikelemente integrierte Bauelemente als Verarbeitungseinheiten entwickelt.

4. Etappe:

In dieser Etappe wird die Architektur des Computersystems unter Verwendung von integrierten Bauelementen definiert. Sie ist die Etappe der Entwicklung hocheffektiver Systemstrukturen.

5. Etappe:

In dieser Etappe wird die Gesamtstruktur des Computersystems abgeschlossen und optimiert.

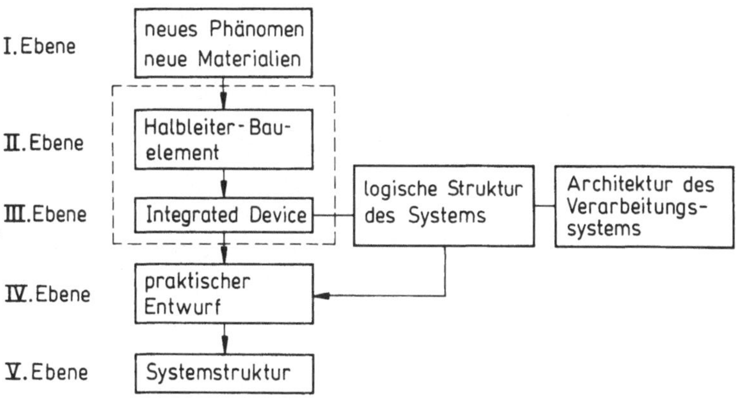

Bild 1:   1. bis 5. Etappe

In den obigen Etappen 1. bis 5. sind bei der Entwicklung optischer Computer die folgenden Punkte zu beachten, die die Besonderheiten des Lichtes berücksichtigen.

(a) 1. bis 3. Etappe

Das wichtigste Problem der Etappen 1. bis 3. besteht darin, die optischen Logikbauelemente mit hohem Integrationsgrad so auszuführen, daß sie möglichst schnell und mit geringem Energieverbrauch arbeiten.

(b) 4. Etappe

Im Mittelpunkt der 4. Etappe steht die Ausnutzung der Besonderheiten von Licht, z.B. der Parallelverarbeitung, in der Systemarchitektur.

(c) 5. Etappe

Ein großes Problem der 5. Etappe besteht in der Entwicklung technischer Mittel, mit denen der Kern des optischen Computers mit peripheren Komponenten verbunden wird. Das betrifft

1. das Kerngerät und den Massenspeicher sowie

2. das Kerngerät und das Ein- und Ausgabesystem.

Nachfolgend soll das für optische Computer wesentliche Problem (a) betrachtet werden.

5.2.2 Gegenwärtige optische Logikbauelemente

Das Grundkonzept für die Arbeitsweise und Steuerung eines optischen Computers besteht gegenwärtig hauptsächlich in einem hybriden Verfahren, bei dem zur Übermittlung aller Informationen optische Bauelemente eingesetzt werden, zur Berechnung und Steuerung aber elektronischer Bauelemente. Dies bedeutet, daß in der Richtung des Informationsflusses optisches Bauelement → elektronisches Bauelement → optisches Bauelement die Berechnungen mit großer Geschwindigkeit durchzuführen sind. Natürlich gibt es dabei die folgenden großen Probleme:

1. Geschwindigkeit- und Leistungsverbrauch-Overhead auf der Grundlage der Umwandlung Optik → Elektronik und Elektronik → Optik.

2. Begrenzung der Geschwindigkeit des optischen Computers durch die Geschwindigkeit der elektronischen Bauelemente.

Besonders das 2. Problem ist wesentlich. Werden nach diesem Verfahren arbeitende logische Bauelemente verwendet, verarbeitet der optische Computer den Bitstrom mit etwa 10 Gbit/s. Natürlich ist diese Geschwindigkeit beim Vergleich mit logischen Bauelementen, die ausschließlich auf der Grundlage von Halbleitern arbeiten, sehr ungünstig für die Zukunftsaussichten des optischen Computer. Daher muß das Konzept hinsichtlich der optischen Logikelemente prinzipiell geändert werden. Dieses Konzept soll im nachfolgenden Abschnitt betrachtet werden.

5.2.3 Optische Logikbauelemente

Betrachtet man neue optische Logikbauelemente, so gibt es die folgenden beiden Richtungen:

1. Optische Logikbauelemente auf Photonenniveau

2. Optische Logikbauelemente auf Lichtimpulsniveau.

Bei jeder Richtung ist das Licht der Informationsträger; sowohl beim Photon als auch beim Lichtimpuls ist es wichtig, daß ein Bauelement vorhanden ist, das dieses Trägermittel physikalisch speichert und logisch verarbeitet. Schließlich werden die wichtigen physikalischen Eigenschaften wie die Schaltzeit, die Verlustleistung und die Größe des Integrationsgrades durch das Bauelement bestimmt. Zum gegenwärtigen Zeitpunkt ist noch nicht klar, um welche konkreten Bauelemente es sich bei den auf Photonenniveau arbeitenden Logikelementen handelt. Jedoch soll hier untersucht werden, welche logischen Funktionen ein optisches Logikelement aufweisen soll, und seine Funktionen werden betrachtet. Im Bild 2 sind sowohl für die Photonenelemente als auch für die Lichtimpulse die jeweils erforderlichen Funktionen dargestellt. Das in Bild (a)' und (b)' gezeigte Konzept für die logischen Funktionen ist nicht nur für Lichtimpulse charakteristisch, sondern auch für herkömmliche Bauelemente in Verbindung mit den logischen Funktionen der neuronalen Netze und den logischen Neuristornetzen. Es wird angenommen, daß sich die in Bild 2 gezeigten, auf Photonenniveau realiserten Funktionen der Negation und der Speicherung schwierig realisieren lassen. Speziell die Funktion (d) wird, wenn in dieses Element ein Photon eingegeben wird, wie folgt realisiert. (Es ist günstiger, nicht ein Photon, sondern eine Photonengruppe zu betrachten.) Liegt auf der Steuerseite kein Photon vor, so wird das eingegebene Photon unverändert ausgegeben. Wird nur das Steuerphoton an dieses Element angelegt, so wird dann ein Photon ausgegeben, wenn es vorher in das Element eingeschrieben wurde. Ist keins vorhanden, wird nichts ausgegeben. Weiterhin läßt sich mit dem Logikelement (e) die Vervielfältigung von Photonen steuern.

Wie bereits berichtet wurde, wurden noch keine konkreten Bauelemente entwickelt, die die Funktionen (a) bis (e) haben. Optische Logikbauelemente mit den Funktionen (a)' bis (e)' sind wohl vielversprechend. Weiterhin läßt sich nachweisen, daß die Funktionen (d) und (e) universell sind. Es sollen die wesentlichsten Probleme der logischen Bauelemente in der 1. und 2. Etappe be-

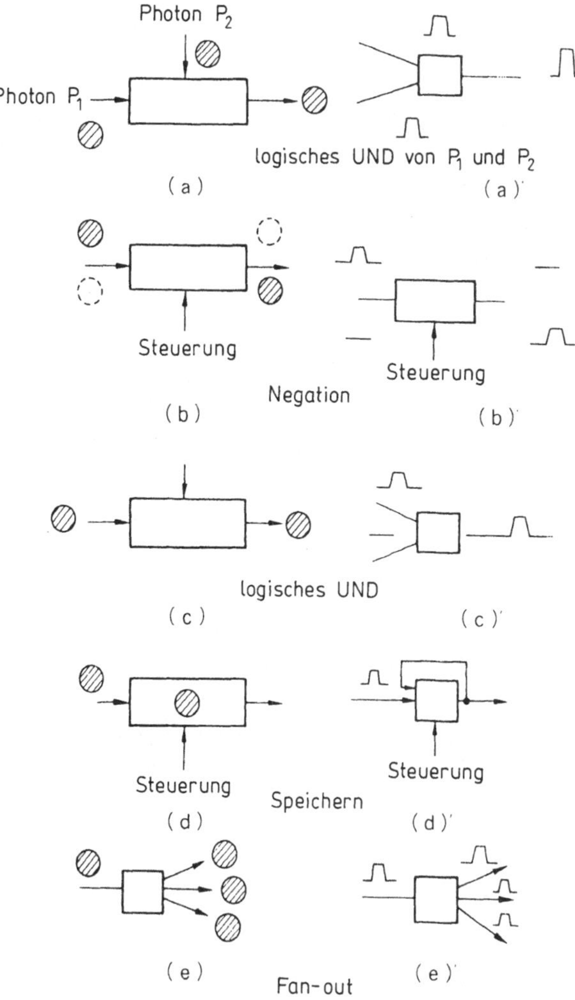

Bild 2: Fan-Out (Ausgangsauffächerung)

trachtet werden. Wenn auch bei der 1. Etappe die Photoneneinheit nicht 1 ist, ist ihre Anzahl doch sehr begrenzt. Jedoch ist es zukünftig von Bedeutung, festzustellen, wieviel Photonen die Bauelemente der 2. Etappe tatsächlich erfordern, und sie hiernach zu vergleichen. Im folgenden Abschnitt sollen die Logikelemente auf Photonenniveau bei idealen Umgebungsbedingungen betrachtet werden.

5.2.4 Möglichkeiten der Logikelemente auf Photonenebene

Untere Grenze für die Photonenzahl

Wie schon im vorigen Kapitel erwähnt wurde, wäre ein Bauelement, das mit nur einem Photon arbeitet, ein ideales logisches Bauelement. Es soll aber nachfolgend dargelegt werden, aus welchen beiden Gründen es schwierig ist, ein solches Bauelement zu entwerfen. Diese Gründe sind:

1. die Eigenstreuung der Photonen,
2. physikalische Einschränkungen bei den Materialien, mit denen die Photonen praktisch gesteuert werden.

Zunächst soll das erste Problem betrachtet werden. Nach Kamiya et al. ist die Wahrscheinlichkeit P_n dafür, daß die Anzahl der Photonen im kohärenten Zustand gleich n ist, wenn die mittlere Photonenzahl m beträgt, durch die folgende Gleichung gegeben:

$$P_n = \frac{m^n}{n!} \exp(-m) \tag{1}$$

Für das Logikbauelement ist es wichtig, die Zustände bei der logischen Verarbeitung klar zu unterscheiden, bei denen Photonen vorhanden sind oder nicht, d.h. P_0 und $(1-P_0)$. Ist dies nicht möglich, sinkt die Zuverlässigkeit der Bauelemente um diesen Anteil. Nach Gleichung (1) ist offensichtlich die Wahrscheinlichkeit P_0 für den Zustand 0

$$P_0 = \exp(-m).$$

Nachfolgend soll betrachtet werden, welche Zuverlässigkeit für die Bauelemente erforderlich ist, wenn optische Logikbauelemente auf Photonenbasis arbeiten.

Der Komplexheitsgrad des Informationsverarbeitungssystems liegt, bezogen auf eine Sekunde, bei einer Anzahl der Gatter von 10^6 und einer Schaltzeit von 1 ps bei einem Wert von (Gatter) $\times$ (Zeit) $= 10^{18}$. Demnach muß die Zuverlässigkeit eines Bauelementes ausgedrückt durch die Fehlerrate P_0, in der Größenordnung 10^{-30} bis 10^{-40} liegen. Auf dieser Grundlage ergibt sich die mittlere Anzahl der Photonen ausgehend von

$$P_0 = \exp(-m) < 10^{-30}$$

notwendigerweise zu ca. 100.

Aus diesem Zahlenwert läßt sich entnehmen, daß unabhängig davon, welches physikalische Bauelement in Zukunft verwendet wird, für einen stabilen Betrieb dieses Bauelementes die mittlere Anzahl der Photonen größer als 100 sein muß. Das ist also die untere Grenze der Anzahl von Photonen, die zur Sicherung der Funktion des Logikelementes unmittelbar ein- und ausgegeben werden müssen.

Funktionsgeschwindigkeit und Leistungsverbrauch von optischen Logikelementen, die auf der Grundlage von Photonen arbeiten

Zunächst muß festgestellt werden, daß bei optischen Logikelelmenten eine logische Berechnung lediglich mit Photonen nicht möglich ist. Es ist unbedingt eine Wechselwirkung zwischen den Photonen erforderlich, für die physikalische Bauelemente zur Durchführung nichtlinearer Rechenoperationen einzusetzen sind.

Zunächst soll der Einfachheit halber eine Logikschaltung betrachtet werden, die die beiden Photonen P_1, P_2 verarbeitet (siehe Bild 3).

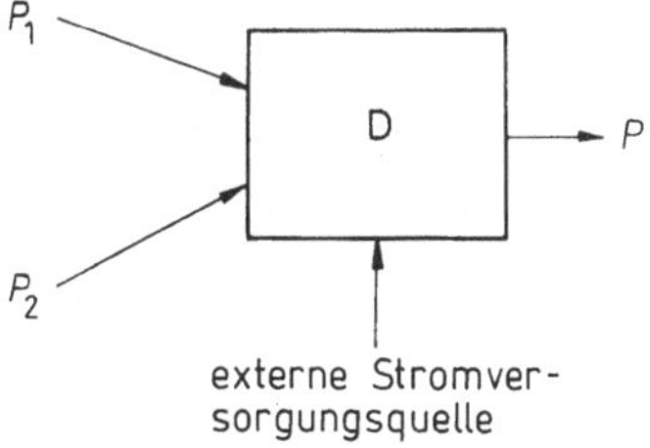

Bild 3

Nach diesem Bild bildet D das logische Produkt der beiden Eingangssignale P_1, P_2 und gibt es als Photon P aus. Natürlich müssen P_1, P_2 und P hinsichtlich der mittleren Anzahl von Photonen und der Geschwindigkeit alle die gleichen physikalischen Eigenschaften aufweisen.

Wie soll nun dieses Bauelement D zweckmäßigerweise arbeiten? Das Konzept läßt sich wie folgt als Modell darstellen. D hat die beiden inneren Zustände 0 und 1, die man bei Verwendung eines supraleitenden Bauelementes dem normalen bzw. dem supraleitenden Zustand zuordnen kann. D geht beim Betrieb normalerweise in den Zustand 0 über, und nur dann, wenn die beiden Photonen- Eingangssignale P_1 und P_2 gleichzeitig angelegt werden, nimmt D zunächst den Zustand 1 an. Ist die Eingabe beendet, kehrt das Element in den Ausgangszustand zurück. Entsprechend dieses Modells können jetzt die wichtigsten Parameter, und zwar 1. die Betriebsgeschwindigkeit des Bauelementes und 2. die vom Bauelement verbrauchte Leistung, bestimmt werden.

1. Die Operationsgeschwindigkeit des Bauelementes, d.h. die Schaltzeit, entspricht der Zeit, in der das Bauelement D die Zustände $0 \rightarrow 1 \rightarrow 0$ durchläuft. Diese Zeit soll als Δt bezeichnet werden.

2. Der Leistungsverbrauch des Bauelementes ist die Leistung, die bei der Zustandsänderung des Bauelementes D verbraucht wird.

Es wird angenommen, daß die während der Änderung des inneren Zustandes von D freigesetzte Energie das Ausgangssignal P erzeugt.

(a) Schaltzeit

Unter Verwendung des Modells soll jetzt die obere Grenze der Schaltzeit Δt untersucht werden. Zunächst sei der Energieabstand zwischen den beiden Zuständen, die das Bauelement D einnehmen kann, ΔE. Aufgrund der Unschärferelation zwischen Energie und Zeit gilt die folgende Beziehung:

$$\Delta E \cdot \Delta t \geq \hbar = 1{,}054 \times 10^{-34} \, [J \cdot sec] \qquad (2)$$

Hier ist h = $\hbar/2\pi$, h ist die Plancksche Konstante. Wie aus Gleichung (2) ersichtlich ist, hängt Δt vom Energieabstand ΔE des Bauelementes D ab. Nimmt man an, daß ΔE in der Größenordnung von eV liegt, so erhält man:

$$\Delta t \cong \hbar/eV \cong 10^{-34}/10^{-19} \cong 10^{-15} \, sec \qquad (3)$$

Das heißt, es ist möglich, Bauelemente mit einer Verarbeitungsgeschwindigkeit in der Größenordnung von 1 fs zu entwickeln. Jedoch wird die Grenze für die Geschwindigkeit optischer Logikbauelemente nicht in dieser Größenordnung liegen.

(b) Energieverbrauch

Als nächstes soll der Energieverbrauch optischer Logikelemente untersucht werden. Wie bereits dargelegt, strahlt das Bauelement D das Ausgangssignal P ab, wenn die beiden Eingangssignale P_1, P_2 angelegt werden. Da die physikalischen Parameter von P_1, P_2 und P etwa gleich sein müssen, wird zumindest der Energieanteil von P_1 effektiv in D verbraucht. Weiterhin ist die Art des Verbrauchs für die Herstellung des Bauelementes wichtig. Es ist im allgemeinen schwierig, die Erzeugung der Zustandsänderungen von D nur durch die Energieanteile $\tilde{P}_1$, $\tilde{P}_2$ von P_1 und P_2 herbeizuführen. Die Zuführung einer Energie W_{ex} von außen ist wohl erforderlich. Hieraus ergibt sich die im Bauelement D verbrauchte Leistung W zu:

$$W = \tilde{P}_1 + W_{ex} \tag{4}$$

Wird $\tilde{P}_1$ abgeschätzt, ergibt sich für eine verwendete Lichtwellenlänge von 800 nm und für eine mittlere Anzahl der Photonen von 100, wie im vergangenen Kapitel dargelegt:

$$\tilde{P}_1 = 100 \times h\nu \cong 2,4 \times 10^{-17} J \tag{5}$$

Die Größe von W_{ex} läßt sich hier schwer abschätzen, man kann aber annehmen, daß sie in der gleichen Größenordnung wie Gl. (5) liegt.

Entsprechend diesen Überlegungen liegt die in einem optischen logischen Bauelement verbrauchte elektrische Leistung bei Normaltemperatur in der Größenordnung von 10^{-16} bis 10^{-17} J.

(c) Probleme der Hochintegration

Entsprechend den bisherigen Überlegungen beträgt bei der Verwendung von Licht mit einer Wellenlänge von 800 nm die von einem Logikelement verbrauchte Energie mindestens $2,4 \times 10^{-17}$ J.

In diesem Kapitel soll der Zusammenhang zwischen dem Integrationsgrad und der verbrauchten Energie betrachtet werden.

Es werden die folgenden Annahmen getroffen:

1. Die Schaltzeit des Logikelementes beträgt 10 fs, der entsprechende Grundtakt 100 fs, d.h. 10^{-13} Hz.

2. Der Integrationsgrad liegt bei 10^6 Gattern.

3. Im Verarbeitungssystem sind normalerweise 10% der Elemente aktiv.

Wird auf der Grundlage dieser Annahmen die erzeugte Energie W bestimmt, ergibt sich:

$$W = 2,4 \times 10^{-17} \times 10^{13} \times 10^5 = 24 \text{ J/s}.$$

Dies bedeutet, daß der vorliegende integrierte Schaltkreis eine elektrische Leistung von 24 W verbraucht. Eine tatsächliche Kühlleistung von 24 W ist relativ schwierig zu realisieren, und es ist durchaus möglich, daß aus Gründen der Kühlung der Integrationsgrad oder die Betriebsgeschwindigkeit verringert werden müssen.

5.2.5 Zusammenfassung

Im vorliegenden Artikel wurde im Hinblick auf die Möglichkeiten der zukünftigen optischen Computer ein Überblick über die Zukunftsträchtigkeit der logischen Grundbauelemente gegeben, aus denen der Computer besteht.

Abschließend möchte der Verfasser des vorliegenden Beitrages den Mitgliedern der Forschungsgruppe "Komplexuntersuchungen zu Grundlagen optischer Computer" sowie den Professoren Oya und Sawada für die freundlichen Diskussionen danken, die zur Abfassung des vorliegenden Artikels beitrugen.

5.3 Funktionen optischer Computer unter dem Gesichtspunkt der Mustererkennung und der Software

Ito, T. (Tohoku-Universität)

(Der nachfolgende Artikel geht auf eine Diskussion auf einem Symposium zurück. Er ist als fragmentarische Einführung unter dem Gesichtspunkt der Bildverarbeitung und der Programmiersprachen gedacht.)

Im Laboratorium werden gegenwärtig der Entwurf und die automatische Erstellung von Software unter Nutzung der Mittel der künstlichen Intelligenz, der CAD-Software für LSI-Schaltkreise, Bilderkennungs- und Auswerte-Systeme sowie die damit im Zusammenhang stehenden logischen Grundlagenuntersuchungen im Blick auf die Semantik und die künstliche Intelligenz untersucht.

Für den Nutzer von optischen Computern ist deren Unterscheidung in allgemeine und spezielle Typen sinnvoll. Auf dem Gebiet der Informationsverarbeitung besteht zum Lösen der anstehenden Probleme die Aufgabe, eine höhere Leistung zu erzielen. Es wird eine Universalität angestrebt, der durch Adaption der Programme sofort entsprochen werden kann.

Am Beispiel der Bildverarbeitung soll diese Universalität näher erläutert werden. Bei der digitalen Bildverarbeitung ist häufig eine Analyse erforderlich, bei der das Originalbild mit /nxn/- Bildelementen in ein binäres Bild mit /nxn/ Elementen transformiert wird; dieser Fall soll als Beispiel dienen. Für ein zweidimensionales binäres Bild sind die folgenden zweidimensionalen logischen Rechenoperationen erforderlich:

"•" : AND

$$X \cdot Y \ (X(i,j) \cdot Y(i,j) \ \text{for every} \ e,j)$$

"+ ": OR

$$X + \ Y \ (X(i,j)+ \ Y(i,j) \ \text{for every} \ i,j)$$

"¬": NOT

$$\neg \ X \ (X(i,j) \ \text{for every} \ i,j) \tag{1}$$

Es sind Verfahren bekannt, mit denen sich diese zweidimensionalen logischen Operationen optisch realisieren lassen. Vom Standpunkt der zweidimensionalen Verarbeitung binärer Bilder ist aber zu beachten, daß sich lediglich mit diesen Operationen kein vollständiges, d.h. universelles System der logischen Operationen aufbauen läßt. Wichtige Operationen für die zweidimensionale Bildverarbeitung sind die Verschiebeoperation und der Mustervergleich. Die Operation der zweidimensionalen Verschiebung ist zum Aufbau eines vollständigen Bildverarbeitungssystems wichtig.

Für die zweidimensionale Verschiebung werden geeigneterweise verwendet:

L: Linksverschiebung eines zweidimensionalen Bildes (Verschiebung in Richtung -x um 1 Bit),

R: Rechtsverschiebung eines zweidimensionalen Bildes (Verschiebung in Richtung + x um 1 Bit),

V: Verschiebung eines zweidimensionalen Bildes nach oben (Verschiebung in Richtung + y um 1 Bit),

D: Verschiebung eines zweidimansionalen Bildes nach unten (Verschiebung in
    Richtung -y um 1 Bit), sowie

I: No operation

Zum Beispiel läßt sich mit

$$S_h = I \bullet L \bullet R \bullet U \bullet D$$

das Schrumpfen eines Gesamtbildes um 1 Bit (Verkleinerung) durchführen.
Weiterhin läßt sich für die Extraktion von Rändern angeben:

$$
\begin{aligned}
L_B \quad &= I \bullet \neg S_h \\
&= I \bullet \neg (I \bullet L \bullet R \bullet U \bullet D) \\
&= \neg L + \neg R + \neg U + \neg D \qquad\qquad (2)
\end{aligned}
$$

Man kann zeigen, daß das vollständige System logischer Operationen für
zweidimensionale zweiwertige Bilder ist: .,+ ,¬ , L,R,U,D.

Ein Ziel besteht darin, einen universellen Computer für die Bildverarbeitung aufzubauen, der unter Verwendung optischer Logikelemente zweidimensionale Logikoperationen, zweidimensionale Verschiebeoperationen und zweidimensionale Register realisiert.

Weiterhin soll als Beispiel die folgende komplizierte Gleichung zur Bildverarbeitung betrachtet werden.

$$Y = A \bullet B + (I + R + L + D + U)Y \bullet A$$

Diese Gleichung beschreibt die assoziative Berechnung des Musters A und des
Musters B. (Die minimale Anzahl der Festpunkte der Gleichung ist die Lösung. Um diese Funktion bereitzustellen, müssen Operationen, wie

1. Iteration oder Rekursion

2. Behandlung von Zwischenergebnissen, z.B. ein sekundärer Stack

3. Verarbeitung von Bedingungsgleichungen

4. Tabellensuchen

mit Optologik realisiert werden.

Wird zwischen 2 Spiegel ein Körper gebracht, so erhält man bekanntlich
eine Folge von Bildern, die das Bild dieses Körpers wiederholen. Es wird angenommen, daß sich diese Iteration und Rekursion der Form effektiv für die
optische Informationsverarbeitung nutzen läßt. Es läßt sich erwarten, daß sich
die rekursiv definierten Funktionen unter Verwendung des Spiegeleffektes entwickeln lassen und hierfür eine sehr schnelle Parallelverarbeitung als eine Eigenschaft des Lichtes erreicht wird.

Es werden sich wohl solche schnellen optischen Verarbeitungsverfahren realisieren lassen, wie

1. Schnelle Verarbeitung von Bedingungen (scan-select, parallel match usw.)

2. Tabellensuchen (search-one, search-all)

3. Backtracking und Mustervergleich.

Dies sollte eine kurze Einführung über die Möglichkeiten universeller optischer Computer sowie über die Funktionen und Steuermechanismen der Bildverarbeitung sein. Es ist zu erwarten, daß bald praktische Schlußfolgerungen
über die Entwurfsprobleme einer neuen Rechnergeneration, die nach optischen Prinzipien arbeitet, gezogen werden können.

5.4 Optische systolische Operationen

- Beispiel für eine Softwarelösung für optische Computer -

Ishihara, S. (Denshi Gijutsu Sogo Kenkyujo)

5.4.1 Einleitung

Bei der Untersuchung und Entwicklung von optischen Computern ist es wichtig, daß nicht nur Bauelementen und Materialien, sondern auch der Software Beachtung geschenkt wird, die die Vorzüge des Lichtes bewußt ausnutzt /1/.

Hier wurde als ein Beispiel für eine derartige Vorgehensweise die "optische systolische Berechnung" gewählt, die in letzter Zeit an Interesse gewann und deren Hintergründe, Konzepte sowie ein praktisch realisiertes Verfahren jetzt vorgestellt werden sollen /2/.

5.4.2 Technischer Hintergrund

Mit der in letzter Zeit zu beobachtenden Entwicklung der VLSI- Technik nahm die Rechenleistung der Bauelemente pro Kosteneinheit sehr stark zu, andererseits entstand die Tendenz, daß die Ein- und Ausgabegeschwindigkeit der Bauelemente hinter dieser Rechengeschwindigkeit zurückblieb. Um dieses Problem zu lösen und die Rechengeschwindigkeit effektiv zu erhöhen, wurde das Konzept der systolischen Arrays von der Gruppe von Kung und Leierson an der Carnegie-Mellon-Universität entwickelt.

Andererseits rückt die optische Informationsverarbeitung aufgrund der Möglichkeit der Parallelverarbeitung in den Vordergrund, wobei der räumliche Freiheitsgrad ausgenutzt wird. Durch die Einführung der Holografie und der Lasertechnik trat sie ins Rampenlicht. Im Vergleich zur elektronischen Informationsverarbeitung gibt es aber Probleme hinsichtlich Genauigkeit, Flexibilität und Universalität. Um diese zu überwinden, ist es erforderlich, digitale Verfahren einzuführen /3/. Obwohl weiterhin für die Eingabe der Informationen in ein optisches Informationsverarbeitungssystem ein Lichtmodulator benötigt wird, wurde bisher das für den praktischen Einsatz erforderliche Niveau an Geschwindigkeit und Auflösungsvermögen noch nicht erreicht, und der spezielle Vorteil der Parallelverarbeitung wird noch nicht genutzt. Dies liegt an Ein- und Ausgabeproblemen bei der Verarbeitung unter Verwendung der oben beschriebenen VLSI-Schaltkreise. Man kann sagen, daß der vor kurzem erfolgte Beginn der Untersuchungen der systolischen Verarbeitung unter Verwendung von Licht auch diese Tatsache widerspiegelt.

5.4.3 Konzept der systolischen Verarbeitung

In diesem Kapitel soll das Konzept, das für die im folgenden Kapitel 5.4.4 erforderliche optische systolische Verarbeitung erforderlich ist, in einfacher Weise erläutert werden.

Matrix-Vektor-Multiplikation

Hier soll für die Erläuterung des Begriffes der systolischen Verarbeitung zunächst das Problem der Bestimmung des Produktes der Matrix A $= (a_{ij})$ und des Spaltenvektors x $= (x_1,...,x_n)^T$ betrachtet werden /4/. Das Produkt, der Spaltenvektor y $= (y_1,...,y_n)^T$, kann mit der folgenden rekursiven Gleichung bestimmt werden:

$$y = (y_1, ... y_n)^T,$$
$$y_i^{(1)} = 0$$
$$y_i^{(k+1)} = y_i + a_{ik}x_k \quad (k = 1, ..., n)$$
$$y_i = y_i^{(n+1)} \tag{1}$$
$$(i = 1, ..., n)$$

Um die Erläuterungen zu vereinfachen, werde hier angenommen, daß A eine Bandmatrix der Größe nxn mit der Bandbreite w $=$ p $+$ q -1 ist. (Eine Matrix, bei der nur die Elemente der Diagonalen und einiger daran angrenzenden Nebendiagonalen einen Wert haben, der von Null verschieden ist. Die Anzahl dieser Nebendiagonalen wird als Bandbreite w bezeichnet. Bei einer normalen Matrix, bei der alle Elemente von Null verschieden sein können, ist w $=$ 2n $+$ 1.) In Bild 1 ist als Beispiel angenommen: p $=$ 2, q $=$ 3; nachfolgend soll dieses Beispiel erläutert werden.

Grundelement zur Berechnung des inneren Produktes

Das für die nachfolgenden systolischen Berechnungen verwendete Grundelement mit den in Bild 2(a) gezeigten Funktionen dient zur Berechnung des inneren Produktes. Bei diesem Bauelement werden bei einem Schritt, der durch das Taktsignal bestimmt wird (im Bild nicht gezeigt), an den drei Eingabeklemmen A, X, Y die jeweiligen Daten angelegt und in die entsprechenden Register R_A, R_X,R_Y eingegeben, der Wert $R_Y + R_A$ x R_X wird berechnet und das Ergebnis in R_Y eingeschrieben. Im nächsten, vom Taktsignal bestimmten Schritt werden über die drei Ausgangsklemmen A, X, Y die Werte R_A, R_X und R_Y ausgegeben. (Die untere Ausgabeklemme, über die der Wert R_A ausgegeben wird, wird bei den folgenden Erkläuterungen nicht benötigt.) Bild (b) ist ein Grundelement zur Berechnung des inneren Produktes, das die gleichen Funktionen hat wie Bild (a).

$$
q\left\{
\begin{array}{cc}
\begin{pmatrix}
\overbrace{a_{11}\ \ a_{12}}^{p} & & & & 0 \\
a_{21} & a_{22} & a_{23} & & \\
a_{31} & a_{32} & a_{33} & a_{34} & \\
 & a_{42} & a_{43} & a_{44} & \\
 & & a_{53} & \cdot & \\
 & & & \cdot & \\
0 & & & & \cdot
\end{pmatrix}
\end{array}
\right.
\begin{pmatrix}
x_1 \\ x_2 \\ x_3 \\ x_4 \\ \cdot \\ \cdot \\ \cdot
\end{pmatrix}
=
\begin{pmatrix}
y_1 \\ y_2 \\ y_3 \\ y_4 \\ \cdot \\ \cdot \\ \cdot
\end{pmatrix}
$$
$$\qquad A \qquad\qquad x \qquad\quad y$$

Bild 1: Multiplikation der Bandmatrix A mit p $=$ 2, q $=$ 3 mit dem Spaltenvektor x /4/

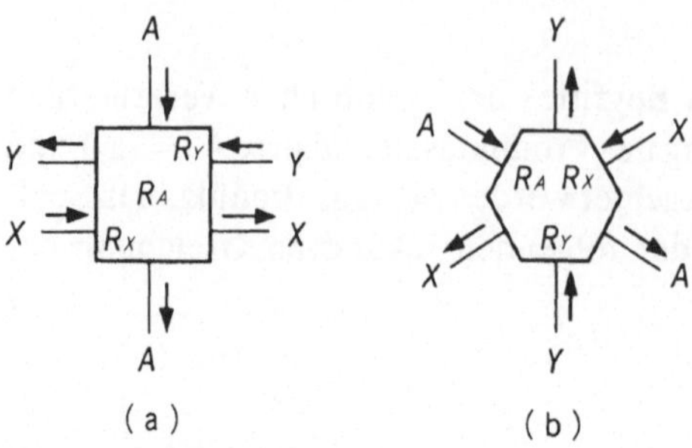

Bild 2:   Beispiele für Grundelemente zur Berechnung des inneren Produktes /4/

Systolisches Array

Wird ein Array aufgebaut, bei dem w der beschriebenen Grundelemente
aufgereiht und benachbarte Ein- und Ausgänge miteinander verbunden sind,
die Daten a_{ik} von oben eingegeben und bei jeweils einem Schritt die Daten x_k
und y_i nach dem Pipelineprinzip jeweils nach rechts und links gesendet werden,
so läßt sich der Wert der obigen rekursiven Gleichung bestimmen (Bild 3).
Dieses Array wird als systolisches Array und die Operation als systolische Operation bezeichnet. Der Grund für diese Bezeichnung wird im Abschnitt 5.4.3
erläutert.

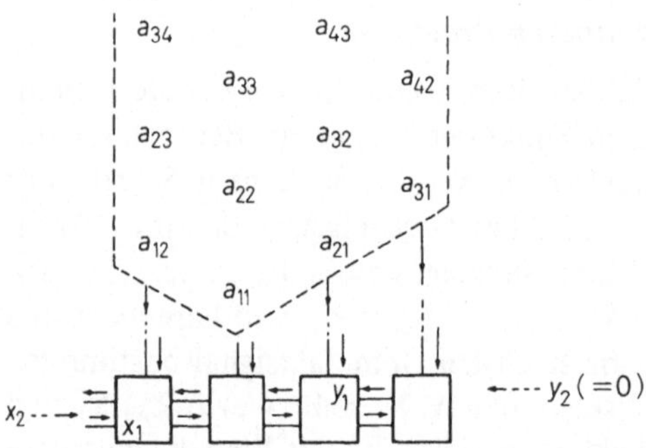

Bild 3:   Direkt verbundenes systolisches Array zur Bestimmung des Produktes Matrix-Vektor
          nach Bild 1 /4/

Rechenalgorithmus

Beim systolischen Array nach Bild 3 werden die y_i (Anfangswert 0) von
rechts, die x_k von links und die a_{ik} von oben schrittweise synchron transportiert.
Wie aus der Anordnung der Grundelemente hervorgeht, wird in R_A das neue
Element a_{ik} der Bandmatrix eingelesen, in R_x der Wert R_x des links benachbar-
ten Elementes (beim Element am linken Ende wird ein neues Element des
Vektors x eingelesen) und in R_Y der Wert R_Y des rechts benachbarten Elemen-
tes (in das Element am rechten Rand die Konstante 0). Weiterhin werden
Multiplikation und Addition vorgenommen, und man erhält $R_Y := R_Y +
R_A x R_x$. Das Ausgangssignal R_Y des Elementes am linken Rand ist das des
Gesamt-Arrays.

Um das Verständnis zu erleichtern, soll der Datenfluß der ersten 7 Schritte dieses Algorithmus unter Verwendung von Bild 4 erläutert werden. Die 4 Grundelemente werden von links beginnend als Element 1, 2, 3, 4 bezeichnet. Wenn y_i das systolische Array verläßt, hat es alle Glieder gesammelt und Gleichung (1) abgearbeitet. Die Anzahl der erforderlichen Einheiten ist gleich der Bandbreite w der Bandmatrix. Weiterhin ist für die Bestimmung aller Elemente von y, bei der ein Grundelement für die Berechnung des inneren Produktes verwendet wird, die Zeit nw erforderlich. Das hier verwendete systolische Berechnungsverfahren benötigt eine Zeit von 2n + w.

Dies ist nur ein Beispiel für die systolische Verarbeitung. Werden zum Beispiel die im Bild 2(a), (b) gezeigten Grundelemente zweidimensional miteinander verbunden (Bild 5(b), (c)), lassen sich kompliziertere Berechnungen durchführen. Anwendungsfälle sind neben der hier gezeigten Matrixberechnung in erster Linie die Signal- und Bildverarbeitung, weiterhin die nichtnumerische Datenverarbeitung und viele andere /5/.

Analogie zur Herzkontraktion

Das Wort "systolisch" hat seinen Ursprung im griechischen Wort συστολη (Kontraktion), gemeint ist die Kontraktion des Herzens /6/. Wie oben zu sehen ist, durchlaufen die Daten, die aus dem Hauptspeicher (des Host-Computers) entsprechend dem Takt nacheinander ausgesendet werden, eine Vielzahl von Grundelementen. Sie zirkulieren während der Berechnungen. Da dies dem durch Herzschlag im Körper zirkulierenden Blut etwas ähnelt, wurde die Bezeichnung gewählt (vgl. Bild 6). Geht man davon aus, daß Systole (Herzkontraktion) und Diastole (Erschlaffen des Herzens) gemeinsam einen Zyklus bilden, so wäre wohl der Terminus systaltisch (rhytmische Kontraktion), der beide Begriffe vereinigt, als Bezeichnung besser geeignet (siehe Bild 4).

Nr. des Schrittes, Datenfluß

0. Eingabe des Anfangswertes 0 von y_1 in das 4. Element

1. Gleichzeitig mit der Eingabe von x_1 in das 1. Element wird y_1 um ein Element nach links verschoben. (Nachfolgend werden x_1 und y_1 bei jedem Schritt um ein Element jeweils nach rechts bzw. links verschoben).

2. In das 2. Element wird a_{11} (von oben) eingegeben, a_1 wird in $y_1 := y_1 + a_{11}x_1$ umgewandelt, $y_1 = a_{11}x_1$

3. a_{12} wird in das 1. und a_{22} in das 3. Element eingegeben. Es werden gebildet:
$$y_1 = a_{11}.x_1 + a_{12}x_2, \quad y_2 = a_{21}.x_1.$$

4. Das erste Element gibt y_i aus. Es werden gebildet:
$$y_2 = a_{21}.x_1 + a_{22}.x_2, \quad y_3 = a_{31}x_1.$$

5. Es werden gebildet:
$$y_2 = a_{21}.x_1 + a_{22}.x_2 + a_{23}.x_3$$
$$y_3 = a_{31}.x_1 + a_{32}.x_2$$

6. y_2 wird ausgegeben, man erhält:
$$y_2 = a_{31}.x_1 + a_{32}.x_2 + a_{33}.x_3$$
$$y_4 = a_{42}.x_2$$

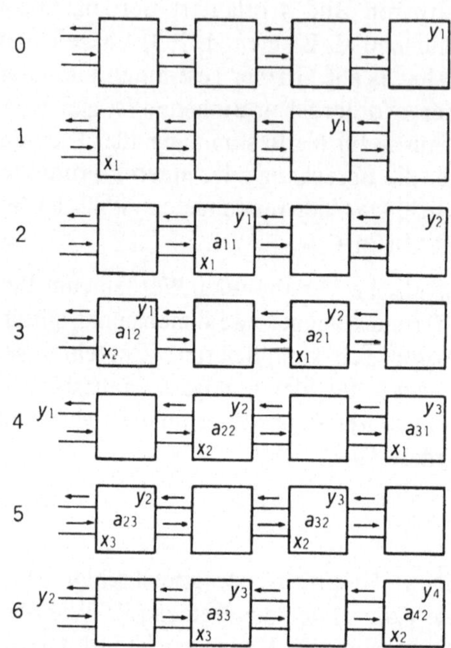

Bild 4:   Die Schritte 0. bis 6. des Algorithmus zur Multiplikation von Matrix und Vektor /4/

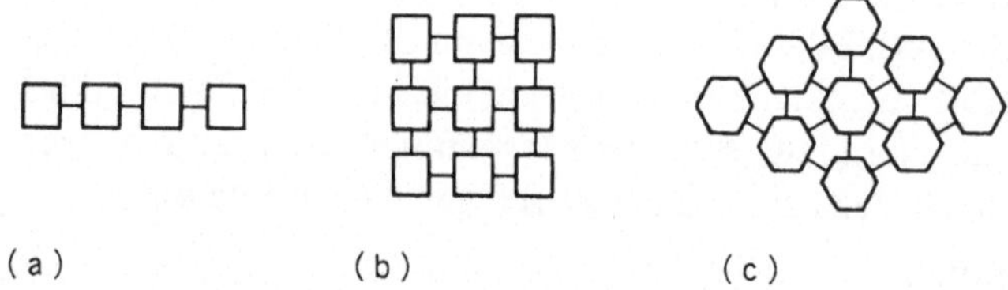

(a)   (b)   (c)

Bild 5:   Beispiele für Strukturen systolischer Arrays /4/

(a) Linienstruktur

(b) Rechteckstruktur

(c) Sechseckstruktur

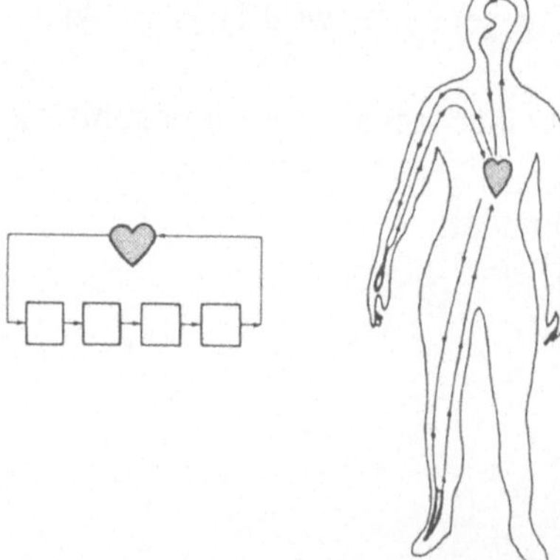

Bild 6:   Systolische Verarbeitung (Herzkontraktion)

5.4.4 Systolische Verarbeitung unter Verwendung von Licht

Der Versuch, den in Kapitel 5.4.3 erläuterten Algorithmus zur systolischen Berechnung optisch zu realisieren, ist relativ neu. In diesem Kapitel sollen mehrere bisher veröffentlichte Verfahren vorgestellt werden.

Verwendung von akustooptischen Modulatoren und optischen CCD-Sensoren

Zum ersten Mal wurde 1981 der Vorschlag veröffentlicht, mit optischen Verfahren eine systolische Verarbeitung durchzuführen /8/. Bild 7 zeigt den Aufbau des optischen Systems. Hier sind der Einfachheit halber nur 3 Grundelemente dargestellt. (Es können Berechnungen einer Bandmatrix mit einer Bandbreite $w = 3$ durchgeführt werden.)

In einem bestimmten Abstand, der durch die Taktfrequenz bestimmt wird, werden die Elemente a_{ik} der Matrix A als Lichtstärke der linken Lichtquelle und die Elemente x_k des Vektors x als Signale für den Modulationsgrad des akustooptischen Modulators eingegeben. Da sich die modulierte akustische Welle (Modulationsgrad x_k), die vom unteren Ende des akustooptischen Modulators gesendet wird, mit konstanter Schallgeschwindigkeit nach oben ausbreitet, wird die Lichtquelle entsprechend dem Timing des Taktsignals (mit einer Stärke, die proportional zu a_{ik} ist) zur Lichtemission angeregt, wenn die akustische Welle vor bestimmten Lichtquellen vorbeiläuft. Die Stärke des gebeugten Lichtes, das die Schallwelle durchlaufen hat, ist proportional zu $a_{ik}.x_k$. Dieses gebeugte Licht wird durch ein optisches System, das durch zwei Linsen und den dazwischenliegenden Raumfilter gebildet wird, vom nicht benötigten Licht getrennt. Die rechten optischen Sensoren werden damit bestrahlt, wobei einer für jede Lichtquelle vorhanden ist. Da der optische Sensor mit dem CCD-Array eine Einheit bildet, zum dem entsprechend der eingestrahlten Lichtmenge eine elektrische Ladung (gleichfalls durch den Taktimpuls getriggert) gesendet wird (im Bild 7 nach rechts), werden zusammen mit dem Takt das von unten gesendete y_i und das als Licht eingestrahlte $a_{ik}.x_k$ der Reihe nach addiert. So wird schließlich der im Abschnitt 5.4.3 dargelegte Algorithmus realisiert.

Mit der gegenwärtigen Technik erfordert die Multiplikation einer 50x50-Matrix mit einem Vektor eine Zeit von 10 µs (plus 10 µs latente Verzögerungszeit). Rechnet man dies in die Geschwindigkeit der Multiplikation selbst um, so beträgt sie $2,5 \times 10^8$ Multiplikationen pro Sekunde /7/. Für den Inhalt ist es ohne direkte Bedeutung, aber die Patentinhaber kommen von vier verschiedenen Einrichtungen. Beachtenswert ist hierbei, daß sie sich von der Industrie bis hin zu Universitäten erstrecken. Die vier Einrichtungen sind: Innovative Optics, Inc., Georgia Institute of Technology, Carnegie-Mellon University und Naval Underwater Systems Center.

Einführung des Multiplexverfahrens für akustische Frequenzen und der Restklassen-Arithmetik sowie deren Anwendung in der linearen Algebra

Für die Weiterentwicklung der systolischen Verarbeitung haben Casasent et al. von der Carnegie-Mellon-Universität ein Konzept vorgestellt /8/, nach dem von ihnen früher entwickelten "iterativen optischen Matrix-Vektor-Multiplikator mit Rückkopplungsschleife" die unter 5.4.4 dargelegten optischen systolischen Multiplikationsverfahren zu nutzen. Ein weiterer vor kurzem geäußerter Vorschlag bezieht sich auf die Staffelung der akustischen Frequenzen, die im optoakustischen Wandler verwendet werden /9/. Diese Frequenzstaffelung kann aber nicht als typisches systolisches Verfahren bezeichnet werden. Bild 8 zeigt ein Beispiel für ein optisches System, mit dem das Produkt c = (c_{ij}) zweier Matrizen A = (a_{ij}) und B = (b_{ij}) der Größe 3x3 bestimmt wird.

Im Bild 8 wird jede Lichtquelle ebenso wie im Abschnitt 5.4.4 gestaltet, jedoch wird eine Lichtmenge abgestrahlt, die dem jeweiligen Element b_{jk} von B proportional ist. Weiterhin wird bei jedem Taktschritt ein Signal an den akustooptischen Modulator angelegt, das allen Elementen einer Spalte der Matrix A entspricht (nicht wie im Bild einem Vektorelement, z. B. für die Spalte j: a_{1j}, a_{2j}, a_{3j}). Dies wird dadurch realisiert, daß die Amplituden der Schallwellen, die die Frequenzen f_1, f_2, f_3 entsprechend dem jeweiligen Element der Spalte haben, mit den jeweiligen Elementewerten a_{1j}, a_{2j}, a_{3j} moduliert werden. Als Ergebnis hat das gebeugte Licht, das von der Schallwelle abgestrahlt wird, eine Amplitude, die proportional zu $a_{ij}.b_{jk}$ ist. Da der Beugungswinkel des Lichtes, das durch die Schallwelle mit der Frequenz f_i gebeugt wird, proportional zu f_i ist, wird das Licht in der Brennpunktebene hinter der Linse zur Fouriertransformation an einer Stelle gesammelt, die sich in einer zu f_i proportionalen Entfernung ξ_i vom Ursprung befindet. Aufgrund der Eigenschaften der optischen Fouriertransformation wird unabhängig vom Ort der Lichtbeugung im akustooptischen Modulator das Licht auch gebrochen, bei gleichem f_i das gebeugte Licht an der gleichen Stelle ξ_i gesammelt. Wird daher an jedem Punkt ξ_i ein optischer Sensor angebracht, so kann entsprechend des Taktes der Wert jedes Elementes c_{ik} der Produktmatrix C als dessen eingestrahlte Lichtstärke erhalten werden. Um das Verständnis zu erleichtern, ist

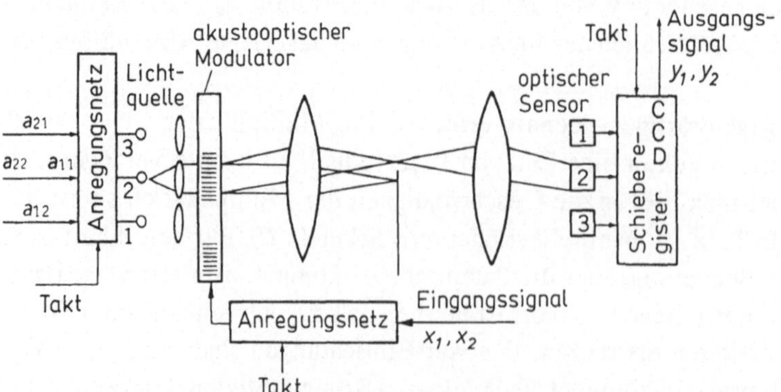

Bild 7:   Erster Vorschlag eines optischen Systems, das eine systolische Verarbeitung ausführt /7/

der Datenfluß jedes Schrittes in Tabelle 1 dargestellt. Zum Beispiel ist im Schritt T_3 die Lichtstärke, mit der derjenige optische Aufnehmer bestrahlt wird, der sich entsprechend f_2 an der Stelle ξ_2 befindet, proportional zu $a_{21}b_{11} + a_{22}b_{21} + a_{23}b_{31}$, d.h. zu c_{21}.

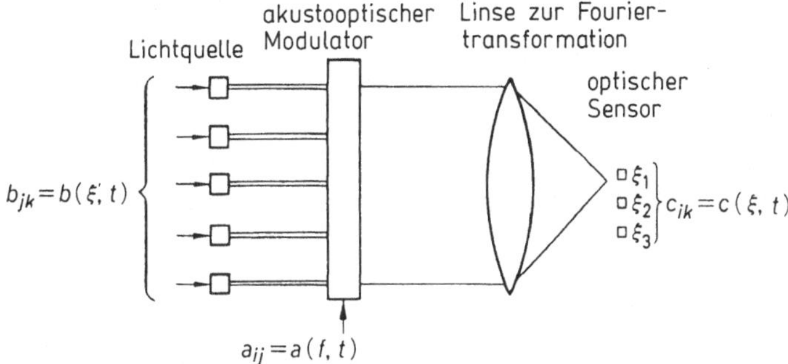

Bild 8: Bildung des Matrixproduktes unter Verwendung eines frequenzmultiplexen Eingangssignals für den akustooptischen Modulator /9/

Tabelle 1: Datenfluß in einem optischen System zur Berechnung des Matrixproduktes nach Bild 8 /9/

Schritt		T_1	T_2	T_3	T_4	T_5
Multiplexes Eingangs-signal des akustooptischen Modulators	f_1	a_{11}	a_{12}	a_{13}	-	-
	f_2	a_{21}	a_{22}	a_{23}	-	-
	f_3	a_{31}	a_{32}	a_{33}	-	-
Eingangssignale der 5 Lichtquellen		-	-	-	-	b_{13}
		-	-	-	b_{12}	b_{23}
		-	-	b_{11}	b_{22}	b_{33}
		-	-	b_{21}	b_{32}	-
		-	-	b_{31}	-	-
Ausgangssignale der optischen Sensoren	$\xi_1 \leftarrow f_1$	-	-	c_{11}	c_{12}	c_{13}
	$\xi_2 \leftarrow f_2$	-	-	c_{21}	c_{22}	c_{23}
	$\xi_3 \leftarrow f_3$	-	-	c_{31}	c_{32}	c_{33}

Weiterhin wurde die Einführung einer Restklassen-Arithmetik /10/ vorgeschlagen /11/. Hierbei werden die zu verarbeitenden Zahlen mit dem Restklassen-Verfahren dargestellt und die Berechnung des Matrizenproduktes mit Hilfe dieser Werte mit dem räumlich multiplexen optischen System nach Bild 8 durchgeführt. Bei diesem Verfahren sind die Ansprüche an den Dynamikbereich gering, und die Rechengenauigkeit erhöht sich.

Casasent et al. haben gezeigt, daß durch die Kombination dieses Verfahrens mit einer Rückkopplung (das Ausgangssignal des optischen Sensors wird auf den Eingang des akustooptischen Modulators gegeben) die Multiplikation dreier Matrizen sowie die Matrizeninversion möglich sind. Es lassen sich Anwendungen der Matrix-Vektor-Multiplikation auf die allgemeine lineare Algebra finden /12,13/. Zum Beispiel wurde die praktische Realisierung des Householder-Verfahrens untersucht, das ein numerisches Eigenwertverfahren ist /14/. Weiterhin wurde auch ein optisches Lösungsverfahren /15/ für ein Gleichungssystem mit einer Dreieckmatrix aufgezeigt, das mit diesem Verfahren erhalten wurde.

Verwendung von Lichtleitern und Optokopplern

Für die systolische Verarbeitung werden Verzögerungsleitungen benötigt. Bei dem Verfahren nach Bild 7 übernehmen akustooptischer Modulator und CCD diese Rolle. Es wurde untersucht /16/, ob Lichtleiter aus der optischen Nachrichtentechnik für diese Zwecke eingesetzt werden können. Dieses optische System ist eine gute Näherung für das Grundmodell eines systolischen Arrays (Bild 3). Wie der rechte Teil von Bild 9 zeigt, läßt sich mit zwei Lichtleitern, die in bestimmten Abständen mit optischen Kopplern verbunden sind, das Produkt von Matrix A und Vektor x bestimmen.

In einem Lichtleiter werden im Zeitabstand T_d, der der doppelten Laufzeit des Lichtes zwischen den oben beschriebenen optischen Kopplern entspricht, von der Lichtquelle auf der linken Seite (in diesem Fall ein Halbleiterlaser) Lichtimpulse eingestrahlt, die proportional zu den Elementen x_k des Eingangsvektors sind. Diese Lichtimpulse durchlaufen den Lichtleiter und den Optokoppler. Ein Teil des Lichtes wird zum 2. Lichtleiter transportiert. Es breitet sich von rechts nach links aus. Wird dieser Grad der Ausbreitung (Kopplungsfaktor) gleich dem Matrixelement a_{ik} gesetzt, läßt sich eine systolische Verarbeitung durchführen. Bisher wurden Systeme experimentell erprobt, bei denen

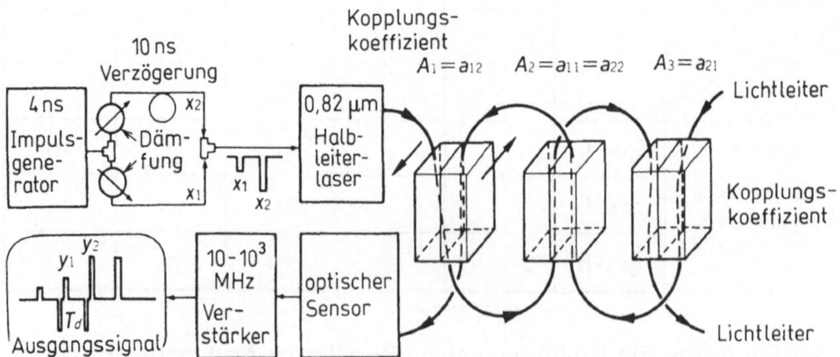

Bild 9:   Experimentiersystem zur systolischen Verarbeitung unter Verwendung von Lichtleitern und Optokopplern /16/

Optokoppler mit konstanten Kopplungskoeffizienten verwendet wurden. Das entspricht dem Fall, daß alle Matrixelemente a_{ij} mit gleicher Differenz (i-j) den gleichen Wert haben (also $a_{12} = a_{23} = a_{34} = ...$). Eine Matrix, bei der die Diagonalelemente und die dazu parallelen Elemente gleiche Werte haben, wird als Toeplitz-Matrix bezeichnet. Eine Multiplikation einer Toeplitz-Matrix mit einem Vektor entspricht einer Korrelations- oder Faltungsberechnung und hat daher auch praktische Bedeutung. Wird ein Optokoppler verwendet, bei dem sich der Kopplungskoeffizient von außen mit geringer Verzögerung steuern läßt, ist auch die Verwendung für allgemeine Matrizen möglich /17/.

Eine Gruppe der Standford-Universität, die dieses Verfahren vorgeschlagen hat, führte unter den in Bild 9 gezeigten Bedingungen Experimente mit der Multiplikation von 2x2-Toeplitz-Matrizen und Vektoren durch. Ihre Ergebnisse stimmten mit der Theorie überein. Werden Lichtleiter mit breiten Übertragungsbändern verwendet, ist es möglich, Rechengeschwindigkeit und -umfang stark zu erhöhen.

Vorschlag eines Pipeline-Polynom-Rechners, der optische integrierte Schaltkreise verwendet

Ein weiteres Verfahren, mit dem ein Gerät zur schnellen Verarbeitung großer Datenmengen auf der Grundlage eines optischen integrierten Schaltkreises entwickelt wurde, geht auf einen Vorschlag von Wissenschaftlern aus vier verschiedenen Forschungseinrichtungen zurück, wobei der wichtigste Beitrag vom Battelle-Columbus Laboratories kam /18/. Im Bild 10 ist als Beispiel ein Rechner für Polynome, der flächenhafte Lichtleiter verwendet, dargestellt, wobei die Berechnung für die ersten drei Glieder vorgenommen wird:

$$a_4 x^4 + a_3 x^3 + a_2 x^2 + a_1 x + a_0 \tag{2}$$

Alle Bauelemente wurden auf y-geschnittenem $LiNbO_3$ mit diffus verteiltem T_i hergestellt. Das Licht eines Halbleiterlasers, der mit einer Stärke emittiert, die den Koeffizienten a_i proportional ist, wird mit einer Luneburg-Linse aus As_2S_3 gebündelt. Nachdem es mit dem Licht von der linken Seite mit einem holografisch ausgeführten Gitter addiert wurde (a_4 des linken Randes ist das einfach reflektierte Signal), wird damit der elektrooptische Modulator bestrahlt, der kammförmige Elektroden hat. Da der Modulationsgrad des Modulators proportional zu der entsprechend x angelegten Spannung ist, bestrahlt das mit x modulierte Eingangslicht das folgende Gitter. Ändert sich x sehr schnell, so kann zu dem an den benachbarten Modulator angelegtem Signal eine Verzögerung erzeugt werden, die der Zeit entspricht, die für die Ausbreitung des Lichtes im Modulator erforderlich ist. Es wurde auch versucht, dem Licht den Koeffizienten a_i aufzuprägen /17/.

Rubic-Würfel

Im Abschnitt 5.4 wurden durch die Einführung des Freiheitsgrades der akustischen Frequenz die Berechnung des Produktes zweier Matrizen durchgeführt. Unter Ausnutzung der räumlichen Parallelverarbeitung des Lichtes läßt sich dieses, wie Bild 11 zeigt, auch mit einem optischen System mit räumlicher

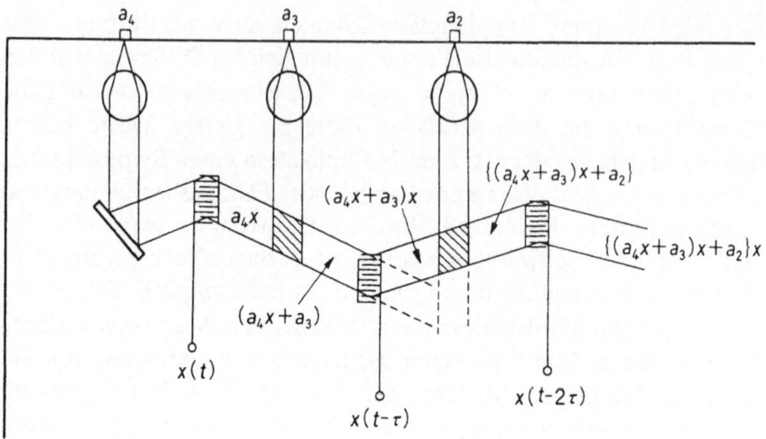

Bild 10: Grundstruktur eines Rechners für die Polynomberechnung mit optischen ICs /18/

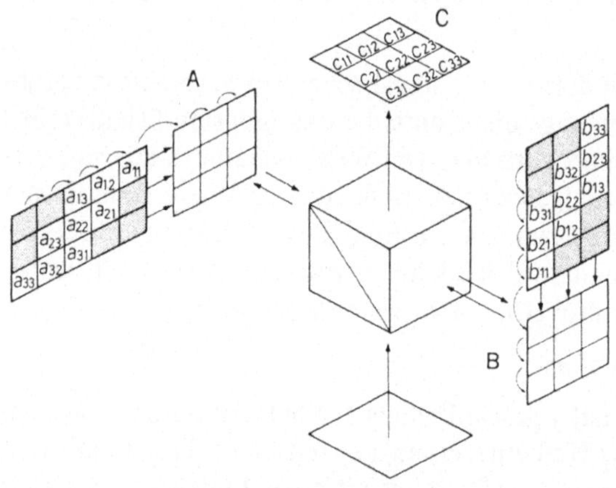

Bild 11: Prinzip des Rubic-Würfel-Rechners zur Bestimmung des Matrizenproduktes /19,20/

Struktur realisieren /19,20/. Dieses optische System hat in der Mitte einen Strahlteiler für polarisiertes Licht (Grant-Mason-Prisma), zwei reflektierende räumliche Lichtmodulatoren links hinten (A) und rechts vorn (B) sowie weiterhin ein zweidimensionales optisches Sensorarray (C) zur Integration über der Zeit im oberen Teil. Die von unten eingestrahlte ebene Welle (linear polarisiert) wird mit A, B durch Reflexion moduliert. Da die Eingangsdaten für A und B, wie das Bild zeigt, jeweils von links, rechts, oben und unten synchronisiert anliegen, wird schließlich das Licht, mit dem C bestrahlt wird, zeitlich insgesamt addiert, und man erhält:

$$c_{ik} = \sum_{j=1}^{3} a_{ij}\, b_{jk} \qquad (i, k = 1, 2, 3) \tag{3}$$

Nimmt man die ersten Buchstaben der 5 Wörter für die Bezeichnung dieses Elementes, rapid unbiased bipolar incoherent calculator cube, so erhält man die Abkürzung Rubic cube (Rubic-Würfel).

Shimada hat diesen auf die Forschungsgruppe NOSC zurückgehenden Vorschlag aufgegriffen und zur Diskussion des Konzeptes zukünftiger optischer Computer herangezogen /21/.

Wird in der Struktur von Bild 11 zwischen Lichtquelle und Strahlteiler ein lichtdurchlässiger optischer Modulator angebracht, kann gezeigt werden /22/, daß sich auch das Produkt dreier Matrizen berechnen läßt.

5.4.5 Zusammenfassung

Als ein Beispiel für die softwaregestützte Ausführung von optischen Computern wurde die systolische Verarbeitung eingeführt.

Praktisch kann man sagen, daß das hier vorgestellte systolische Verarbeitungsverfahren auf dem Gebiet der optischen Informationsverarbeitung nicht neu ist /23/. Von den Korrelatoren, die die bisher gut bekannten akustooptischen Modulatoren verwenden, lassen sich nach Kung /5/ die systolischen Verfahren zur zeitlichen Integration /24/ verwenden. Man kann sagen, daß die Korrelatoren der anderen Verfahren auch systolische Standardberechnungen verwenden. (Was hier nicht behandelt werden konnte, ist die Ausnutzung der Vorteile eines optischen Verfahrens durch die räumliche Datenübertragung von einem Punkt zu mehreren und umgekehrt, wobei ein "Standard"- systolisches (semi-systolisches) Verfahren auf der Grundlage einer "globalen Datenkommunikation" (nach Kung) Aufmerksamkeit verdient.)

Bedenkt man, daß ein wesentlicher Vorteil der optischen Verarbeitung in der Parallelverarbeitung liegt, so ist es natürlich, daß Verfahren, die eine optische Informationsverarbeitung vornehmen, selten noch allgemeinere Konzepte voranstellen.

Wie anfangs dargelegt, werden die Untersuchungen an zukünftigen optischen Computern solche Lösungsansätze in den Vordergrund rücken, die die Vorteile der optischen Informationsverarbeitung nutzen, wobei die Rechner keine Von-Neumann-Architektur haben /3,10/.

Literatur

1 Inhalt der auf dem 19. Symposium der Tohoku-Universität "Lösungsansätze für optische Computer" März 1983, Sendai, gehaltenen Vorträge. Literatur 2 enthält einige Korrekturen.

2 Ishihara, S.: Optische systolische Verarbeitung. Suri Kagaku 21 (1983) 5, S. 30-35 (in Japanisch)

3 Ishihara; Shimada; Sakurai: Optische Computer. Denshi Tsushin Gakkaishi 64 (1981) 1, S. 89-94 (in Japanisch)

4 Kung, H.T.; Leierson, C.E.: Algorithms for VLSI processor arrays, In: Introduction to VLSI systems (C. Mead and L. Conway., Eds.). Addison-Wesley, Reading Mass., (1980), p. 271-292

5 Kung, H.T.: Why systolic architectures? Computer 15 (1982) 1, p.37-46

6 Koine, Y. et al.: Neues Englisch-Japanisches Wörterbuch Kenkyusha Tokyo (1989). Der Begriff "systolic" bedeutet unter anderem Silbenverdichtung.

7 Caulfield, H.J.; Rhodes, W.T.; Foster, M.J.; Horvitz, S.: Optical implementation of systolic array processing. Optics Communications 40 (1981) 2, p. 86-90

8 Casasent, D.: Acoustooptic transducers in iterative optical vector-matrix processors. Applied Optics 21 (1982) 10, p. 1859- 1865

9 Casasent, D.; Jackson, J.; Neuman, C.: Frequency-multiplexed and pipelined iterative optical systolic array processors. Applied Optics 22 (1983) 1, p. 115-124

10 Ishihara, S.: Optische Verarbeitung mit Restklassen-Arithmetik (I)/(II). O plus E 5 (1980) 4, S. 63-68; 6(1980) 5, S. 68-76 (in Japanisch)

11 Jackson, J.; Casasent, D.: Optical systolic array processor using residue arithmetic. Applied Optics 22 (1983) 18, p. 2817- 2821

12 Casasent, D.; Ghosh, A.: Optical linear algebra. Proc. SPIE 388 (1983), p. 182-189

13 Casasent, D.: Guidelines for efficient use of optical systolic array processors. Proc. 10th International Optical Computing Conference (IEEE Catalog No.83CH1880-4) (1983), p. 209-213

14 Casasent, D.; Ghosh, A.: Direct and implicit optical matrix- vector algorithms. Applied Optics 22 (1983) 18, p. 3572-3578

15 Ghosh, A.; Casasent, D.: Triangular system solutions on an optical systolic processor. Applied Optics 22 (1983) 18, p. 1795- 1796

16 Tur, M.; Goodman, J.W.; Moslehi, B.; Bowers, J.E.; Shaw, H.J.: Fiber optic signal processor with applications to matrix-vector multiplication and lattice filtering. Optics Letters 7 (1982) 9, p. 463-465

17 Ishihara, S.; Yajima, H.: Optical computational array using optically controlled guided-wave devices. ICO-13 Conf. Digest. (1984), p. 158-159

18 Verber, C.M.; Kenan, R.P.; Caulfield, H.J.; Ludman, J.E.; Stilwell, P.D.,Jr.: Suggested integrated optical implementations of pipelined polynomial processors. Proc. SPIE 388 (1983), p. 221-227

19 Bocker, R.P.; Caulfield, H.J.; Bromley, K.: Rapid unbiased bipolar incoherent calculator cube. Applied Optics 22 (1983) 6, p. 804-807

20 Bocker, R.P.; Caulfield, H.J.; Bromley, K.: Rapid unbiased bipolar incoherent calculator cube. Proc. SPIE 388 (1983), p. 205-211

21 Shimada, J.: Persönliche Mitteilung (1981)

22 Bocker, R.P.: Advanced RUBIC Cube Processor. Applied Optics 22 (1983) 12, p. 2401-2402

23 Ishihara, S.: Optische systolische Verarbeitung. 1. Kongreß Optische Computer Universität Tokyo (1984) (in Japanisch)

24 Montgomery, R.M.: Acousto-optical signal processing system. US-Patent 364749 (1972)

5.5 Untersuchung der Möglichkeiten optischer Computer

Matsushita, M. (Oki Denki Kogyo)

5.5.1 Verfahren zur Realisierung optischer Computer

Es ist allgemein bekannt, daß Computer, die Licht nutzen, eine optische Verarbeitung von Impulsfolgen oder eine optische Analogverarbeitung vornehmen können. Verarbeitet ein optischer Computer Impulsfolgen, so ändert sich die Architektur gegenüber der herkömmlicher Computer nur geringfügig. Dies ist darauf zurückzuführen, daß die AND- und OR-Gatter sowie Flip-Flops nicht elektronisch, sondern mit optischen Bauelementen realisiert werden. In diesem Fall ist es das wichtigste Problem, ob die Schaltzeiten der optischen Bauelemente die der GaAs- und JJ- (Josephson-Übergang) Bauelemente übertreffen, die heute die fortgeschrittenste elektronische Technik bilden.

Man kann sagen, daß die theoretische Grenze für die Schaltzeit optischer Bauelemente bei 1 ps liegt. Da bei herkömmlichen TTL- und ECL-Flip-Flop diese Zeit 1 bis 3 ns beträgt, wachsen natürlich die Ansprüche und Wünsche an optische Bauelemente. Gegenwärtig werden bei der Verwendung von GaAs- und JJ- Bauelementen 10 ps erreicht. Vergleicht man diese Werte miteinander, so läßt sich theoretisch das Wachsen der Ansprüche an die Bauelemente nicht leugnen.

Aber auch wenn das Einzelbauelement hinsichtlich der Schaltgeschwindigkeit GaAs- und JJ-Bauelemente nicht übertrifft, bleibt eine Vielzahl von Problemen, wenn ein Computer nur unter Verwendung optischer Bauelemente aufgebaut wird. Es ist dies nicht nur eine Erweiterung der mit der Halbleitertechnologie gewonnenen Erfahrungen. Zum Beispiel müssen Probleme wie die Lichtübertragung (Mikrobearbeitung, Verzweigung usw.) und - verstärkung gelöst werden. Denkt man an die Verstärkung von Licht, mußte bisher das Licht in ein elektrisches Signal umgewandelt, verstärkt und wieder in Licht rückgewandelt werden. In diesem Fall kann man dann nicht von einem optischen Computer sprechen, und es kann auch keine hohe Geschwindigkeit erwartet werden. Können nicht alle logischen Berechnungen mit Licht erfolgen, lassen sich die Kennwerte der GaAs- und JJ-Bauelemente nicht überbieten. Weiterhin kommt es zu schnellen Fortschritten bei den Halbleitern. Daher ist es nicht extrem schwierig, daß diese die optischen Bauelemente übertreffen.

Ein Verfahren zur Realisierung eines optischen Computers mit optischer Analogverarbeitung besteht in der räumlichen Parallelverarbeitung unter Ausnutzung der Kohärenz eines Laserstrahles. Der große Vorteil besteht darin, daß zweidimensional verteilte Bilder mit einem optischen Linsensystem verarbeitet werden. Hierfür ist aber ein speziell auf das betreffende Bild ausgerichtetes System erforderlich, Flexibilität und Universalität gehen verloren. (Es ist nicht möglich, Programme abzuspeichern.) Da die Analoginformationen mit einem Linsensystem verarbeitet werden, gibt es Probleme hinsichtlich der Genauigkeit. Dies bedeutet, daß z.B. alle Merkmalvergleiche unter Wahrscheinlichkeitsaspekten erfolgen. Jedoch benötigt die räumliche Verarbeitung einen nur geringen Zeitaufwand, was ein Vorteil ist. Für den Mustervergleich ist aber keine sehr große Genauigkeit erforderlich, eine gewisse Ungenauigkeit ist zulässig. Daher sollte die Mustererkennung nach der üblichen Analogverarbeitung erfolgen.

Der Teil, in dem die optischen Informationen über ein Linsensystem mit anderen Strukturen verglichen werden, birgt noch viele Schwierigkeiten. Die Entwicklungsmuster zur räumlichen Analogverarbeitung unter Ausnutzung der Kohärenz des Laserstrahls haben noch lange nicht ihren Abschluß gefunden, sie weisen den Weg für zukünftige Anwendungen.

5.5.2 Probleme herkömmlicher Computer

Die gegenwärtig allgemein verwendeten Computer haben die von Von Neumann vorgeschlagene Architektur, bei der die Speicher mit Adressen versehen sind und die Verarbeitung durch Auslesen von Befehlsfolgen aus dem Speicher erfolgt. Es wurde oft hervorgehoben, daß es bei dieser Form des Computers Probleme hinsichtlich der Architektur gibt, wie zum Beispiel ein erheblicher Leerlauf und an einigen Stellen Flaschenhälse. Aufgrund dieser Situation wurde die Entwicklung der 5. Rechnergeneration im staatlichen Rahmen (Japan) initiiert.

Für die Schaffung einer Anlage, die den menschlichen Eigenschaften hinsichtlich assoziativer und deduktiver Verarbeitung von Wissen möglichst nahekommt, ist der sequentielle Computer herkömmlicher Form ein völlig ungeeignetes Mittel. Bezeichnet man die herkömmliche Architektur als den Von-Neumann-Computer, so kann man das neue Computerkonzept als einen Nicht-Von-Neumann-Typ bezeichnen. Vergleicht man diesen Nicht-Von-Neumann-Typ mit dem Von-Neumann-Rechner, so ist er ein Spezialrechner (hingegen der Von-Neumann-Typ ein Universalrechner). Die größten Schwierigkeiten bei der Realisierung des Von-Neumann-Computers ergeben sich für die Mustererkennung und die räumliche Parallelverarbeitung sowie dann, wenn Schlußfolgerungen aufgrund mehrdeutiger Informationen zu ziehen sind.

5.5.3 Struktur des menschlichen Gehirns

Das menschliche Gehirn besteht aus der rechten und linken Hälfte, die mit einer sehr großen Anzahl von Gehirnnerven verbunden sind. 1940 wurde zur ärztlichen Behandlung von Epileptikern, bei deren Anfällen Schaum vor dem Mund und Hinfallen auftreten, vermutet, daß die Epilepsie eine Art von Schwingungserscheinung zwischen den beiden Gehirnhälften ist. Da zu dieser Zeit die Mediziner die Rolle der rechten Gehirnhälfte noch nicht verstanden und annahmen, daß die rechte Gehirnhälfte für die Tätigkeiten des Menschen fast keine Rolle spielt, wurde angenommen, daß die Schwingungen für die Symptome wie das Absondern von Schaum und das Hinfallen verantwortlich sind. Als Maßnahme zur Behandlung der Epilepsie wurden daher die Gehirnnerven unterbrochen. Auch heute noch gibt es ca. 200 Personen mit diesem Krankheitsbild, bei denen die Gehirnnerven durchgetrennt wurden. Nach den weiteren Fortschritten der Medizin wird dieses Heilverfahren heute nicht mehr angewendet. Dies ist darauf zurückzuführen, daß anhand von Untersuchungen an Patienten mit durchgetrennten Gehirnnerven die Funktionen der rechten und linken Gehirnhälfte geklärt wurden.

Stark vereinfacht läßt sich die Funktion beider Gehirnhälften wie folgt erklären. Die linke Gehirnhälfte ist hauptsächlich für das Sprachverständnis, für logische Funktionen verantwortlich, die rechte Hirnhälfte für die Wahrnehmung von Gefühlen, für die räumliche Verarbeitung bzw. Mustererkennung. Das menschliche Gehirn ist nun so aufgebaut, daß die beiden Gehirnhälften durch Nerven optimal verbunden sind und miteinander kommunizieren.

Hiernach hat das menschliche Gehirn eine solche Funktionstrennung, daß die linke Hälfte hauptsächlich für das Sprachverständnis und die rechte für die Mustererkennung verantwortlich ist. Man kann hier die Analogie herstellen, daß die linke Gehirnhälfte dem universellen Computer und die rechte dem Computer der neuen 5. Generation entspricht. Das heißt, das Gehirn des Menschen als höchst entwickelter Computer von Lebewesen ist ein Hybrid eines Computers zur Mustererkennung sowie zum Ziehen von Schlußfolgerungen und dem Computer zur Sprach- und logischen Verarbeitung.

5.5.4 Wege zum optischen Computer

Gegenwärtig verfügt man bereits über universelle Computer, die eine Sprach- und logische Verarbeitung ermöglichen. Es fehlt aber noch ein Computer, mit dem sich effektiv räumliche Daten (Mustererkennung, Bilderkennung, Bildauswertung usw.) sowie unbestimmte Aussagen (Deduktionen, Assoziationen usw.) verarbeiten lassen.

Die Kohärenz des Laserlichtes ist der größte Vorteil des Lichtes, und es muß hier ein Weg zu seiner Nutzung gefunden werden. Beim Konkurrenzkampf zwischen Halbleitertechnik und Josephson-Elementen werden sich aufgrund der Überlegenheit der theoretischen Schaltgeschwindigkeit von Licht letztere durchsetzen; als besonders aussichtsreich auf dem Markt werden sich wohl aber Produkte erweisen, in denen Halbleiterbauelemente und Josephson-Elemente kombiniert eingesetzt werden.

Die optische Analogverarbeitung unter Ausnutzung der Kohärenz des Laserlichtes ist ein bleibender Vorteil des Lichtes. Gegenwärtig ist es ein noch relativ kompliziertes Problem, wie die Mustererkennung nach der Fouriertransformation durchzuführen ist. Natürlich lassen sich spezielle Anlagen zur Mustererkennung auf der Grundlage der Analogverarbeitung leichter realisieren als Verfahren, die auf Universalrechnern beruhen. Ein optischer Computer ist aber auf den Bereich der räumlichen Parallelverarbeitung beschränkt, er ist nicht universell einsetzbar. Wird diese Eigenschaft geschickt ausgenutzt, so kann davon ausgegangen werden, daß dies eine Anwendung des optischen Computers bleiben wird.

Werden ein auf Licht beruhender Analogcomputer und ein universeller Computer auf der Grundlage von Halbleitern und Josephson-Elementen als Hybridtyp vereinigt, so kann erwartet werden, daß man sich dem menschlichen Gehirn zumindest nähert.

5.6 An optische Computer geknüpfte Erwartungen

Uchida, T. (Nihon Denki)

Zunächst einmal ist der Stellenwert festzulegen, den die optischen Computer gegenwärtig haben. Heute ist er auf Datenbasen und teilweise Dateien und dergleichen mehr begrenzt. Es ist wohl noch nicht möglich, einen vollständig auf optischer Basis arbeitenden Computer zu entwickeln. Hier ist es wohl sinnvoll, einmal die technische Entwicklung zu verfolgen. Für die Informationsverarbeitung wurde ein seitenweise strukturierter holografischer Speicher in der ersten Hälfte 1965 untersucht. Für dessen Kosten kann folgende Abschätzung zugrundegelegt werden. Zunächst lassen sich 100 X 100, d.h. 10 000 Seiten holografisch speichern. Diese Seiten werden mit einem Argon-Laser adressiert. Es sind dies Informationen von 100 X 100 bit, die im Hologramm jeder Seite enthalten sind, daher ist es ein Speicherelement für insgesamt 10^8 Bit. Die Leseeinheit verwendet einen großen Argonlaser und befindet sich in einem normalen optischen System. Betrachtet man diese Einheit zusätzlich unter den Gesichtspunkten Stabilität, Größe und Preis, so wird sie sich auch in Zukunft kaum wirtschaftlich einsetzen lassen. Werden optische Systeme in die vorhandenen elektronischen eingeführt, so ist deren Anpassung an die gegenwärtigen Rechner unvermeidlich.

Geht man zum Beispiel von einem 10^8-bit-Speicher aus, so sind für den Aufbau eines 64 kDRAM ca. 1600 Bauelemente erforderlich. Rechnet man mit 1000 Yen (nach den gegenwärtigen Preisen) pro Stück, so kostet der Hauptteil ca. 1 600 000 Yen. Für den oben beschriebenen holografischen Speicher liegen die Kosten, wenn man den Argon-Laser, das optische Ablenksystem und weitere Teile berücksichtigt, um den Faktor 10 höher. Betrachtet man weiterhin Größe, Stabilität und Überschreibbarkeit, so kann man den holografischen Speicher mit einem Halbleiterspeicher überhaupt nicht vergleichen.

Das Einführen der neuen optischen Systeme in ein gegenwärtiges Computersystem soll anhand eines konkreten Beispiels erläutert werden, das eine Vorstellung von deren Bedeutung gibt. Die vor kurzem entwickelten optischen Platten haben bekanntlich eine Speicherkapazität von ca. 1 GByte. Diese ist gegenüber den herkömmlichen Magnetplatten um einige Dutzend Mal größer. Mit Videorecordern ist damit beispielweise eine Aufzeichnungsdauer von 30 bis 60 Minuten pro Plattenseite möglich. Gegenüber einer Magnetplatte ist hinsichtlich Wirtschaftlichkeit und Größe die Überlegenheit der optischen Platte offensichtlich. Es wird davon ausgegangen, daß die optischen Platten für die Daten- oder Videoaufzeichnung eine große Bedeutung haben. Unter Berücksichtigung der abgelaufenen Entwicklung läßt sich eine Prognose für die Zukunft treffen. Zunächst muß eine Unterteilung in die Übertragung von Nachrichten und den Austausch von Daten vorgenommen werden. Für die Nachrichtenübertragung wurden die optischen Systeme bisher im breiten Umfang eingeführt. Der Grundaufbau besteht aus Lichtquellen, Lichtleitern und optischen Sensoren. In diesem Bereich wurden die Konzepte speziell in Japan direkt verwirklicht. Die reguläre Einführung des Lichtes in die Informationsverarbeitung ist hingegen relativ schwierig. Der Austausch von Informationen wird bekanntlich hauptsächlich zeitmultiplex durchgeführt, der Unterschied zum Elektronenrechner ist fast aufgehoben. Bei der elektronischen Informationsverarbeitung läßt sich wie bei Elektronenrechnern eine Unterteilung in den Steuer- und den Übertragungsteil vornehmen. Die Signal-Übertragungsgeschwindigkeit eines Datennetzes beträgt maximal 32 Mbit/s. Andererseits lassen sich bei Nachrichten-Übertragungsnetzen dank der Glasfaser-Nachrichtenübertragung Signale mit hoher Geschwindigkeit von 400 Mbit/s und 1,6 Gbit/s übertragen. Als natürliche Folge können die aus dem Nachrichtennetz kommenden Signale hoher Geschwindigkeit im Kommunikationsgerät nicht direkt verarbeitet werden. Wird ein optischer Matrixschalter mit $LiNbO_3$ verwendet, ist ein Umschalten im ns-Bereich möglich. Eine Schwierigkeit besteht darin, daß aufgrund der zeitlichen Staffelung gleichzeitig mit dem Umschalten des Telefonnetzes eine Zeitscheibe eingefügt werden muß. Daher ist schließlich ein zeitliches Verschieben, d.h. ein optischer Speicher erforderlich. Hier ist es wie beim Konzept der alten Quecksilber-Verzögerungsleitung von Rechnern möglich, unter Verwendung einer optischen Verzögerungsleitung diese Zeitscheibe einzufügen. Für eine Verzögerung von 30 ns kann man einen ca. 6 m lange optische Faser verwenden. Da jedoch die optische Faser keine Verstärkung bewirkt, ist in irgendeiner Form ein optischer Speicher anzustreben. Aus diesem Grund wird angenommen, daß es zu keiner allzu schnellen Anwendung von Licht für das Schalten kommen wird. Weiterhin soll noch einmal die optische Informationsverarbeitung betrachtet werden, die dem optischen Schalten folgt.

Zunächst wird angenommen, daß die CPU gegenwärtig hauptsächlich aus elektronischen Halbleitern ausgeführt werden, optische Verarbeitungseinheiten werden hier vorläufig nicht zur Anwendung kommen. Zunächst soll die zweidimensionale optische Verarbeitung für spezielle Anwendungen, z.B. für Bildinformationen, betrachtet werden. Das einfachste Beispiel ist die Untersuchung einer Anlage, die vor ca. 10 Jahren durchgeführt wurde und strukturelle Defekte in IC-Masken im Raumfrequenzbereich ermittelt. Da die IC-Masken sich durch das Prüfverfahren verziehen, wurden sie praktisch nicht eingesetzt. Das gegenwärtige Verfahren verwendet einen Defektsensor für die IC-Masken mit dem äußerst einfachen Prinzip die Strukturen der IC-Masken rasterförmig abzutasten. Dieses Verfahren wird weltweit eingesetzt, daher ist es wenig sinnvoll, ein kompliziertes System zu entwickeln. Betrachtet man den Hauptspeicher eines Computers, so können sich, wie bereits dargelegt, die optischen Verfahren gegenüber den schnellen bipolaren Halbleiterbauelementen nicht durchsetzen. Da weiterhin solche Bauelemente wie HEMT und Josephson-Bauelemente entwickelt wurden, besteht kein großer Spielraum für die Einführung von Licht. Was Datenspeicher betrifft, so müssen bei den oben erwähnten optischen Platten Konzepte eingeführt werden, bei denen zukünftig ein Multiplexbetrieb mit verschiedenen Wellenlängen erfolgt. Es wird angenommen, daß überschreibbare optische Datenträger schnell entwickelt werden. Demnach läßt sich das Licht für die Speicherung von Dateien sinnvoll einsetzen. Bezüglich der Ein- und Ausgabe wird möglicherweise außer der

herkömmlichen Bildeingabe eine Simultaneingabe mit einer geringen Vorverarbeitung eingeführt. Es wird angenommen, daß es möglich ist, vor allem sy-
stemtechnisch den obigen Prozeß zu verfolgen.

Betrachtet man optische Bauelemente, speziell optische integrierte Bauelemente, so besteht ein großes Problem darin, ob GaAs- oder InP-Systeme verwendet werden sollen. Für optische GaAs-Systeme gilt der große Vorteil, daß
sie als elektronische Bauelemente in Form von FET und IC bereits weitgehend
erforscht und entwickelt wurden. Denkt man jedoch an die Erzeugung der
Schutzschicht (Passivierung), so gibt es Probleme durch Instabilität der Oberfläche. Das InP-System ist in dieser Hinsicht außerordentlich günstig, es ist
unempfindlich gegenüber atmosphärischen Einwirkungen. Ein weiteres Problem wird bei beiden Bauelementen wohl der Preis sein. Bei einem optischen
System kostet ein 64 k DRAM weniger als 1000 Yen, die Kosten für das Schlei-
fen der Linsen liegen aber bei einigen 10 000 Yen. Werden weiterhin in der
Anlage zur optischen Nachrichtenübertragung 10 000 optische Leitungen untergebracht, so ist neben den Materialkosten auch sehr viel Arbeitsaufwand
erforderlich. Gegenwärtig läßt sich die herkömmliche Technik des Schleifens,
wie sie auch gestaltet wird, nicht einsetzen. Auch wenn das Prinzip der optischen Nachrichtenübertragung einfach ist, stößt es hier auf eine hohe Barriere.
Denkt man daher an die Zukunft dieser optischen Schalt- und Informations-
verabeitungs-Systeme, kann man davon ausgehen, daß der Nachweis der Massenproduktion optischer Bauelemente noch unerläßlicher ist als bei der optischen Nachrichtenübertragung. Es wird eine Technologie angestrebt, bei der
die für die Konsumelektronik eingesetzten optischen Halbleiterlaser und optische IC nicht mit der Flüssigphasenepitaxie, sondern mit Gasphasen-Auftrage-
technologie, die eine Massenproduktion erwarten läßt, analog zu den heutigen
elektrischen IC- und LSI-Schaltkreisen hergestellt werden.

Abschließend wäre zu bemerken, daß der Mensch äußerst konservativ ist.
Zum Beispiel zweifelt heute keiner mehr die Vorteile der optischen Nachrichtenübertragung sowohl auf dem Festland als auch auf dem Meeresboden an.
Als jedoch vor ca. 10 Jahren, d.h. 1974, auf dem internationalen Kongreß CLE
in den USA über die erste optische Übertragung im km-Bereich, der 100
Mbit/s-Übertragung über ein 2 km langes Glasfaserkabel, berichtet wurde, gab
es auch zu dieser Zeit äußerst wenige, die eine derartig prosperierende Periode, wie es die optische Nachrichtentechnik jetzt nach 10 Jahren ist, vorausge-
sagt hätten. 1970 wurde der bei Raumtemperatur stetig schwingende Halbleiterlaser entwickelt, weiterhin ein Lichtleiter mit geringer Dämpfung sowie
hochempfindliche Si-Avalanche-Dioden. Es gab aber nur außerordentlich wenige, die annahmen, daß die Lichtleiter-Nachrichtentechnik zu dieser Zeit den
Damm durchbrechen würde. Es ist anzunehmen, daß der Durchbruch für die
Entwicklung von optischen Schalt- oder Informations-Übertragungssystemen
nicht auf die Algorithmen zurückzuführen ist. Vielmehr ist anzunehmen, daß
die Hardware-Entwicklungen verschiedener optischer Bauelemente zu einer
Erweiterung der zur Verfügung stehenden Mittel und damit zu einer neuen
Situation führen. Daher sind die optischen Bauelemente zunächst ohne Rück-
sicht darauf zu entwickeln, für welche speziellen Algorithmen sie geeignet sind

und in welcher Ebene sie eingesetzt werden sollen. Durch einen geringen Fortschritt kann es dabei zu einem plötzlichen Durchbruch kommen. Bis heute gibt es Schwierigkeiten; wie aber anhand der Beispiele aus der Vergangenheit der optischen Nachrichtentechnik zu sehen ist, lassen sich ohne beharrliche Anstrengungen auf dem Gebiet der optischen Informationsverarbeitung keine Durchbrüche erzielen.

5.7 Der optische Computer aus der Sicht des Herstellers

Nakahara, S. (Mitsubishi Denki)

Vom optischen Computer wird erwartet, daß er zum Nachfolger des elektronischen Computers wird. Zum gegenwärtigen Zeitpung ist sein Konzept aber noch nicht klar, er befindet sich in dem Stadium, daß verschiedene Vorschläge geprüft werden.

Hier sollen vom Standpunkt des Herstellers die Probleme aufgezählt werden, die bei der Entwicklung des optischen Computers auftreten, sowie seine zukünftige Entwicklung betreffende Gedanken.

Das erste Problem besteht darin, daß Anforderungen, daß die an einen optischen Computer gestellt werden, noch nicht klar abgegrenzt wurden. Die Hauptanstrengungen der Entwickler der heutigen Computer werden auf die Erhöhung der Leistung der elektronischen Rechenanlage und die Erweiterung der Einsatzgebiete gerichtet. Da die Erwartungen nicht mit den Entwicklungsmöglichkeiten in Zusammenhang gebracht wurden, gibt es gegenwärtig keine ausreichenden Untersuchungen über die Grenzen elektronischer Rechner. Das heißt, zum gegenwärtigen Zeitpunkt weiß man noch nicht, was man vom optischen Computer erwarten soll, es gibt keine positiven Vorschläge, und seine Notwendigkeit wird noch nicht ausreichend begründet.

Das zweite Problem besteht darin, daß die komplexen Untersuchungen an optischen Computern noch unzureichend sind. Betrachtet man die eingeschlagenen Forschungs- und Entwicklungsrichtungen der optischen Computer, die bis heute entwickelt wurden, so gibt es außerordentlich wenige Untersuchungen über das Grundkonzept eines optischen Computers, und es ist stark die Tendenz zu verspüren, die Funktionen, die die Elektronen ausführen, durch Bauelemente oder Einheiten zu realisieren, die Licht verwenden. Natürlich ist zunächst die Entwicklung der Hardware, die die Grundlage bildet, erforderlich, es genügt aber nicht, einfach Elektronen durch Licht zu ersetzen. Es ist vielmehr erforderlich, auf das Grundkonzept einschließlich der Architektur zurückzugehen sowie komplexe Untersuchungen durchzuführen. Speziell für das Grundkonzept ist ein prinzipieller Wechsel sowie die Nutzung der Eigenschaften des Lichtes erforderlich.

Betrachtet man schließlich die zukünftigen Entwicklungstendenzen, so gibt es vom Hersteller aus gesehen gegenwärtig sehr viele ungeklärte Probleme. Nachdem die Erfordernisse relativ klar sind, werden nachfolgend die Entwicklungen einsetzen. Hierzu sind Spezialisten auf dem Gebiet der Optik und der Rechentechnik zusammenzufassen und gemeinsame Anstrengungen zu unternehmen, um das Konzept eines optischen Computers zu entwickeln.

Gegenwärtig gibt es einen relativ klaren Bedarf an optischen Schaltern und Anlagen zur Echtzeit-Bildverarbeitung. Die ersteren sind besonders dann erforderlich, wenn in Zukunft die Kabel durch Lichtleiter ersetzt werden, wodurch sie die Aufmerksamkeit der Entwickler auf sich zogen. Letztere nutzen die Möglichkeiten der räumlichen Parallelverarbeitung, wobei das Licht große Vorteile aufweist. Es wird angenommen, daß es die zukünftig größer werdenden Anforderungen an die Bildverarbeitung erfüllen helfen wird. Da jedoch zum gegenwärtigen Zeitpunkt die Leistung der zu verwendenden Hardware noch unzureichend ist, wird der praktische Einsatz verzögert.

Da das Licht gegenüber den Elektronen herausragende Eigenschaften hat, sieht die Zukunft des optischen Computers, obwohl noch viele Schwierigkeiten zu überwinden sind, nicht aussichtslos aus.

Wenn in Zukunft der Zusammenhang zwischen Erfordernissen und Möglichkeiten geklärt ist, muß aufeinander abgestimmt die Entwicklung von Hard- und Software erfolgen.

Sachverzeichnis

Springer-Verlag und Umwelt

Als internationaler wissenschaftlicher Verlag sind wir uns unserer besonderen Verpflichtung der Umwelt gegenüber bewußt und beziehen umweltorientierte Grundsätze in Unternehmensentscheidungen mit ein.

Von unseren Geschäftspartnern (Druckereien, Papierfabriken, Verpackungsherstellern usw.) verlangen wir, daß sie sowohl beim Herstellungsprozeß selbst als auch beim Einsatz der zur Verwendung kommenden Materialien ökologische Gesichtspunkte berücksichtigen.

Das für dieses Buch verwendete Papier ist aus chlorfrei bzw. chlorarm hergestelltem Zellstoff gefertigt und im ph-Wert neutral.